数学·统计学系列

代数学教程（第一卷·集合论）

Algebra Course (Volume I. Set Theory)

● 王鸿飞 编著

哈尔滨工业大学出版社
HARBIN INSTITUTE OF TECHNOLOGY PRESS

内 容 简 介

本书共有五章,内容包括集合及其运算,关系·映射,基数理论,序型理论,策梅罗与弗伦克尔的公理系统.

本书适合大学师生及数学爱好者阅读参考.

图书在版编目(CIP)数据

代数学教程.第一卷,集合论/王鸿飞编著.—哈尔滨:哈尔滨工业大学出版社,2024.1(2024.9 重印)
ISBN 978-7-5603-8188-6

Ⅰ.①代… Ⅱ.①王…… Ⅲ.①代数-教材②集合-教材 Ⅳ.①O15

中国国家版本馆 CIP 数据核字(2023)第 114992 号

DAISHUXUE JIAOCHENG. DIYIJUAN, JIHE LUN

策划编辑	刘培杰　张永芹
责任编辑	宋　淼
封面设计	孙茵艾
出版发行	哈尔滨工业大学出版社
社　　址	哈尔滨市南岗区复华四道街 10 号　邮编 150006
传　　真	0451-86414749
网　　址	http://hitpress.hit.edu.cn
印　　刷	黑龙江艺德印刷有限责任公司
开　　本	787 mm×1 092 mm　1/16　印张 21.25　字数 369 千字
版　　次	2024 年 1 月第 1 版　2024 年 9 月第 2 次印刷
书　　号	ISBN 978-7-5603-8188-6
定　　价	58.00 元

(如因印装质量问题影响阅读,我社负责调换)

数学名家

乔治·康托(1845—1918)　　策梅罗(1871—1953)　　豪斯道夫(1868—1942)

冯·诺依曼(1903—1957)　　库尔特·哥德尔(1906—1978)　　弗雷格(1848—1925)

伯特兰·罗素(1872—1970)　　大卫·希尔伯特(1862—1943)　　柯恩(1934—2007)

　　这些学者曾为集合论(逻辑学)的发展奉献出极大的智慧和广博的学识,谨于此致敬最高礼赞!

编者的话

作为数学的一大分支——代数学,特别是古典代数学,已经积累了相当丰富的材料.然而,这些材料大多很分散,在目前似乎很难找到一本有关这方面的较为全面的中文专著,而很多科学部门又需要以其中的一些结论作为依据,这不能不说是一个缺憾!

其实早就有意做这样一件事情:搜集基础代数学各部门的有关材料加以整理和组织,编成一本教程,以填补这方面的一个空缺.然而由于各种原因,这个计划直到2010年年底才得以开始实施.

令人欣慰的是,目前,已经收集到了比较丰富的材料,并且整理成为了6个卷次:

第一卷:《集合论》;第二卷:《抽象代数基础》;第三卷:《数论原理》;第四卷:《代数方程式论》;第五卷:《多项式理论》;第六卷:《线性代数原理》.

把纷繁复杂的各式材料以统一的、符合逻辑的方式组织起来,把抽象高深的各种理论以浅显的、不乏严格的语言叙述出来是编者一直所追求的!Г.М.菲赫金哥尔茨的三卷本《微积分学教程》可以说是这方面的典范.今天来看,《微积分学教程》的内容和定理都堪称精彩,其中的众多证明过程充满了艺术性.人们赞扬"他的每一堂课都是一篇教学杰作,甚至他的板书也像是一幅艺术作品",对他的评价是:"天才加诚挚、善良,具有非凡的工作能力和高度的责任感".

就学术而言,本教程可能并没有创新之处,偶尔有的(编者引入的)几个小定理也仅是为了叙述上的方便而作为预备所设的. 但就教学而言,教程中诸多内容的叙述方式还是有着积极意义的. 例如,方程式的伽罗瓦理论一直是数学教育界的难点,克莱因在他的名著《数学在 19 世纪的发展》中就提到"……但在开始前,我想对现在大学里"伽罗瓦理论"这门课程的地位作一点评论. 有一个矛盾,使得教学双方都感到惋惜. 一方面,教者热切地想教授伽罗瓦理论,因为这个发现确实光辉,结果的本性又影响深远;另一方面,这门课程对一般的初学者理解起来又有很大的困难. 在绝大多数情况下,结果很糟糕:教的人受到激励,满腔热情地努力去做,但在绝大多数听众中却留不下任何印象,唤不起人们的理解. 伽罗瓦理论特别难讲解,自然也对此负有责任". 编者相信,《代数方程式论》卷中关于伽罗瓦理论的叙述还是比较成功的.

教程中丰富的材料,离开广博的文献是不可能的!在每卷书末,列出了相应的主要文献目录,这些书籍都对本教程的内容产生了直接的影响.

编者认为,作为一本有效的数学教程,所进行的陈述不能仅仅是概念(定义)、命题(定理)的机械堆积. 数学应该是自然的,新概念和新命题的产生,或是理论发展的需要,或是新现象的概括. 为此在课文中常常伴随一些背景式的叙述. 本教程在写法上,思路清晰、语言流畅,概念及定理解释得合理、自然,非常便于自学,适合大学师生以及数学爱好者阅读.

最后,编者对所有对本书的完成曾有帮助的人士,都致以衷心的感谢. 整个教程所含内容比较庞大,它的顺利成稿,离不开出版社张永芹、杜莹雪、穆青、陈雅君、李广鑫、宋淼等编辑老师的细致工作. 在这里还要特别提到哈尔滨工业大学出版社的刘培杰老师,整个教程的编辑与出版,正是在他的大力支持下完成的.

现在呈现在读者面前的就是这个教程的第一卷.

研究集合的运算和性质的数学部门称为集合论或者集论. 作为一种数学语言,集合论的主要概念(基数、序数、超限归纳)已经普遍用于数学各个分支. 在这个理论的文献中,存在有两种类型:一种是相当完整的公理化论述,它远远超出了初学者的需求;另一种极端情况是,只能找到一些介绍性的材料(例如,通常分析、代数或拓扑学的课程只会给出基础集合论的一个概貌),这又显得不够. 补足所指出的这些缺陷,便是本书的目的.

作为整个教程的基础,本书详尽地讨论了"朴素"(非公理化)集合论的所有主要内容;同时也讨论了集合论的公理化构成(但绝不是完全的). 由于这书是作为代数学的一部分,编者不得不放弃了分析性质的一些材料:点集理论,测度理论,等等.

集合论教程的构成可以有不同的原则.例如可以在预备知识的前几章以后,立刻引向公理集合论,并在此基础上讨论经典集合论的各式问题;也可以先作经典集合论的完全的叙述,直到最后才引出并讨论公理集合论.我们采用的是后面一种,因为后面一种构成方式容易被接受,而且也是遵循历史发展的.

如前所述,本教程分成两个部分.第一部分比较完整地叙述了经典集合论的各式问题:集合及其运算、关系·映射、基数理论以及序型理论.对应的,第二部分则是策梅洛—弗伦克尔的公理系统下讨论相同的问题.但是,两个部分采用了完全不同的陈述手法:第一部分是直观的、描述性质的;第二部分则是抽象的、公理性质的.例如,映射的概念在第一部分是作为特殊的对应引出的(但对应这概念本身是尚未明确的);在第二部分,映射则是作为多对一的关系,而关系的概念是严格定义了的.

编写这样的教程,对于年轻的作者来说尚属首次,错漏之处在所难免,恳请读者批评指正.

王鸿飞
2023 年 10 月 7 日
于浙江遂安

目录

第一部分 朴素集合论

第一章 集合及其运算 //3

§1 集合的基本概念 //3
- 1.1 集合及其表示 //3
- 1.2 集合的相等·子集 //6
- 1.3 数集 //8

§2 集合的运算 //9
- 2.1 集合的幂集·集合的后续 //9
- 2.2 集合的并与交 //12
- 2.3 集合的差 //15
- 2.4 集合的对称差 //19
- 2.5 有序对·集合的直乘积 //21
- 2.6 维恩图·容斥原理与抽屉原理 //27

§3 集合族·集合序列 //31
- 3.1 集合族 //31
- 3.2 集合序列的极限 //34

第二章 关系·映射 //41

§1 关系的基本概念 //41
  1.1 关系及其相关概念 //41
  1.2 等价关系 //44
  1.3 数学的公理结构·同构 //46

§2 集合的划分 //48
  2.1 集合的划分与覆盖 //48
  2.2 等价关系与划分的联系 //51
  2.3 划分的乘法与加法 //54

§3 映射 //56
  3.1 映射的基本概念 //56
  3.2 满射·单射·一一映射·映射的复合 //61
  3.3 映射的逆 //64
  3.4 子集的正象和逆象 //68
  3.5 映射的限制与延拓·映射的并与相容性 //73
  3.6 映射族·映射族的并 //75
  3.7 元素族 //79
  3.8 集合族的超积·选择公理 //81

§4 集合的特征函数与模糊子集 //83
  4.1 集合的特征函数 //83
  4.2 模糊子集合 //86

§5 有限集合的映射与组合论 //92
  5.1 组合论的基本原理 //92
  5.2 组合论的基本公式 //94

第三章 基数理论 //97

§1 有限集 //97
  1.1 历史摘述 //97
  1.2 集合的等价·有限集合的基本定理 //98
  1.3 有限集合的元素的个数·有限集合的性质 //101

§2　无限集　//103

　2.1　无穷集的特征·戴德金意义下的有穷与无穷　//103

　2.2　可数集　//105

　2.3　可数集的例子　//111

　2.4　不可数集合　//114

§3　集合的比较　//118

　3.1　基数的概念　//118

　3.2　自然数作为有限集合的基数　//121

　3.3　具有连续统基数的集合的例子　//123

　3.4　基数的比较　//127

　3.5　大于$\aleph$的基数·康托定理　//133

　3.6　集合论悖论·连续统假设　//136

§4　基数的运算　//138

　4.1　基数的和与积及其初等性质　//138

　4.2　基数的幂　//144

　4.3　基数运算的进一步性质　//150

　4.4　葛尼格定理　//154

第四章　序型理论　//158

§1　序型的基本概念　//158

　1.1　有序集　//158

　1.2　有序集的相似　//161

　1.3　序型　//163

　1.4　稠密的序型与连续的序型·有序集的分割　//165

　1.5　有序n元组的推广·任意个集合的直乘积　//168

§2　序型的运算　//171

　2.1　序型的和　//171

　2.2　序型的积　//174

　2.3　势$\aleph_0$与$\aleph$的型　//179

§3　良序集　//182

　3.1　良序集　//182

　3.2　选择公理与良序定理　//186

  3.3 部分序集·佐恩引理 //191
  3.4 需用选择公理的数学定理的例子 //194
§4 序数 //197
  4.1 序数及其大小 //197
  4.2 超限归纳法·超限递归定义 //201
  4.3 序数的运算 //204
  4.4 乘法的推广·康托积 //207
  4.5 自然和与自然积 //211
  4.6 普遍的积概念 //213
§5 可数超限数 //217
  5.1 可数超限数 //217
  5.2 可数超限数的进一步性质·敛尾性概念 //220
§6 阿列夫·数类 //222
  6.1 阿列夫 //222
  6.2 数类及其始数 //225
  6.3 规则的与不规则的序数·给定序型所敛尾的最小初始数 //232

第二部分 公理集合论

第五章 策梅罗与弗伦克尔的公理系统 //239

§1 引论 //239
  1.1 集论与数学基础 //239
  1.2 逻辑与记号 //241
  1.3 抽象公理模式与罗素悖论 //242
  1.4 其他悖论 //245
§2 一般的展开 //249
  2.1 序言、公式和定义 //249
  2.2 外延性公理和分出公理 //253
  2.3 集合的交,并和差 //257
  2.4 对偶公理和有序对 //262
  2.5 抽象定义 //264
  2.6 联集公理和集合的簇 //266

2.7　幂集公理　//272
2.8　集合的卡氏积　//274
2.9　正规性公理　//277
2.10　公理综述　//279
§3　关系和函数　//279
3.1　对二元关系的运算　//279
3.2　次序关系　//287
3.3　等价关系和分类　//294
3.4　函数　//298

参考文献 //302

第一部分
朴素集合论

集合及其运算

第一章

§1 集合的基本概念

1.1 集合及其表示

在很多情况下,我们都不是研究在孤立状态下的各个事物,而是在它们之间的联系中去研究它们.具有某种共同性质的事物可联合在一个整体内,一起被研究.这样,在算术内并不研究单独的数 3 或 5,而是研究所有素数的整体,即具有这样共同性质的数的整体,除了本身和单位 1 之外,被任何别的(自然)数都除不尽.在代数学中也讨论这样一些整体,如多项式、代数分式.在几何学中,研究所有三角形的性质,以及讨论具有某种共同性质的点的整体(轨迹)等.

这种整体的一般理论,叫作集合论.相对而言,"集合"是一个较新的数学名词,它在 100 多年前康托比较集合的基数时才出现.从有限集推进到无限集是康托的不朽贡献,这是通过一系列内心和外界的斗争而后完成的:对表面上存在着的怀疑,对因袭的成见、哲学的武断(无限不存在!),以及对普遍存在着的怀疑,而这就连 20 世纪的大数学家也不例外.康托由此成为一门崭新的学科 —— 集合论 —— 的缔造者.至今,集合论已经构成全部数学的基础了!

---

① 康托(Cantor,Georg Ferdinand Ludwig Philipp;1845.3.3—1918.1.6),德国数学家.

我们的研究对象——集合①——是数学中最基本的概念,就像几何学中"点"的概念一样——是不能用其他概念加以定义的概念. 对于集合,我们只给予一种描述:考虑若干具有某种共同属性且互不相同②的事物的整体(这里的事物,可以是具体的,也可以是抽象的),这个整体就称作集合(简称集),而集合中的事物,则称作该集合的元素(简称元).

例如,平面上的所有点的整体作成平面点集,而平面上的每个点是这个集合(平面点集)的元素.

通常用大写拉丁字母 $A, B, C, \cdots$ 表示集合;而用小写拉丁字母 $a, b, c, \cdots$ 表示组成集合的事物,即元素.

要说明的是,一事物对于一个给定的集合来说,要么是它的元素,要么不是它的元素,二者必居其一,但不可兼得. 也就是说,一个集合含有哪些事物,不含有哪些事物是完全确定的③.

一事物 a 与一集 A 之间的关系,依 G. 皮亚诺④,我们用下面的语句和式子来表示:a 是 A 的元素,即 $a \in A$,读作 a 属于 A.

这个断语的反面是:a 不是集合 A 中的元素,即 $a \notin A$,读作 a 不属于 A.

这里,与通常一样,我们用斜线划过某个符号,表示这个符号的意义的否定.

例如,设 A 是所有平面四边形的整体作成的一个集合,则每一个矩形或正方形都属于这个集合,而任何一个三角形则不属于这个集合.

只有有限个元素作成的集合,称为有限集(有穷集);反之,若一个集合含有无限个元素,则称它是无限集(无穷集).

为方便计,也容许有空集合(记作 $\varnothing$⑤),这是不含任何元素的集合. $A = \varnothing$

---

① 集合论的创始者康托是这样描述集合的:所谓集合,是指我们无意中或思想中将一些确定的、彼此完全不同的客体的总和考虑为一个整体. 这些客体叫作该集合的元素.

② 在本书中,涉及的集合都是由不同的对象(元素)组成的. 多重集合是集合概念的推广. 在一个集合中,相同的元素只能出现一次,因此只能显示出有或无的属性. 在多重集合之中,同一个元素可以出现多次.

一个元素在多重集合里出现的次数称为这个元素在多重集合里面的重数(或重次、重复度). 举例来说,$\{1,1,1,2,2,3\}$ 是一个多重集合,而不是一个集合. 其中元素 1 的重数是 3,2 的重数是 2,3 的重数是 1. 其元素个数是 6.

其实,集合可看成是每个元素重数均小于或等于 1 的多重集合.

③ 这样,一个集合以特有的但不可定义的方式确定了某些不同的事物:$a, b, c, \cdots$,而这些事物又反过来确定了这个集合.

④ G. 皮亚诺(Peano, Giuseppe;1858.8.27—1932.4.20),意大利数学家.

⑤ $\varnothing$ 是丹麦字母,发音为"ugh".

的意义是,集合 A 中没有元素,是空的,"消失了".要是不把空集当作集,则势必将在无数情况中,只要我们讲到一个集合,就得添上一个附注:"如果此集合是存在的".事实上,因为单凭一个集合的定义,往往还不知道这样的元素到底是否存在.例如,在 20 世纪末叶以前,人们并不知道能使方程

$$x^{n+2} + y^{n+2} = z^{n+2}$$

对自然数 x,y,z 可解的自然数 n 的集合是否为空(即著名的费马大定理①是否为真).故断语 $A=\varnothing$ 能表达一项实在的认识——自然,在别的一些情况中也可能是一件显见的事实.许多数学断言,甚至一切数学断言,若不顾烦琐,都可以转成 $A=\varnothing$ 的形式.因此,空集的引入正如数 0 的引入一样,系出于方便合用的理由.另一方面,这也常常是为了要明确地指出某集合在一个定理的假设下的不消失(正如某数的不消失).

对于有限集合 A,常用符号 $|A|$ 表示它所含元素的个数,并称 $|A|=0$ 的集合(例如 $\varnothing$)为 0 元集,$|A|=1$ 的集合为单元集或 1 元集,$|A|=2$ 的集合为 2 元集,……,$|A|=n$ 的集合为 n 元集($n \geqslant 1$).

转而讨论集合的表示.

如前所述,给定了若干具有共同属性的事物,便给出了一个集合.由此,通常用以下几种方法来表示集合:

1° 列举法:将集合中的元素一一列举出来,元素之间用逗号隔开,并用花括号将它们括起来:$\{a,b,\cdots,c,\cdots\}$②.这种表示集合的方法叫作列举法,它常用于表示有限集合.

如:$A=\{2,3,4\}$,这就表示集合 A 由元素 2,3,4 组成.

运用列举法表示集合时必须注意下面两点:

(1) 元素的无序性:这意思是说,对于一个集合,我们仅关心它含有哪些元素,至于列举时,元素出现的先后次序是无关紧要的,如集合 $\{-1,0,2,7\}$ 也可以表示为 $\{2,0,7,-1\}$;

(2) 元素的互异性:列举出来的元素应互不相同,两个相同的对象在同一个集合中时,只能算作这个集合的一个元素.例如,构成英文单词 usually 的字

---

① 费马大定理,又被称为"费马最后的定理",由 17 世纪法国数学家皮耶·德·费马(Pierre de Fermat;1601—1665)提出.他断言当整数 $n>2$ 时,关于 x,y,z 的方程 $x^n+y^n=z^n$ 没有正整数解.

费马大定理被提出后,经历多人猜想辩证,历经 300 多年的历史,最终在 1995 年被英国数学家安德鲁·怀尔斯(Andrew Wiles;1953—)彻底证明.

② 花括号"{ }"包含"所有"的意思,若写出{所有的自然数}{一切三角形}是错误的,符号"{ }"就是"所有"或"全体"之意.

母集合是$\{u,s,a,l,y\}$,而不是$\{u,s,u,a,l,l,y\}$.互异性使集合中的元素没有重复.

$2°$ 描述法:常用于表示无限集合,把集合中元素的共同属性用文字、符号或式子等描述出来①,写在大括号内:$\{x \mid P(x)\}$(x为该集合的元素的一般形式,$P(x)$则表示元素x所具有的某种性质).

这种表示集合的方法叫作描述法.

如:小于π的正实数组成的集合可表示为$\{x \mid 0 < x < \pi, x \in \mathbf{R}\}$.

1.2 集合的相等·子集

设A,B为两个集合,则产生这样的问题,即其中一个集合的元素是否也属于另一个集合.此时,根据情况的不同,引出不同的定义.

定义1.2.1 当A,B两个集合的元素完全相同,即A,B两个集合实际上是同一集合时,则称集合A,B相等,记作$A=B$.

若两个集合A,B不相等,则记作$A \neq B$.

例如,$A=\{3\}$,$B=\{1,4\}$,$C=\{x \mid x^2-5x+4=0\}$,则$A \neq B, B=C$.

定义1.2.2 设A,B是两个集合.若A的元素都是B的元素,则称集合A是集合B的子集②,这个关系用记号$A \subseteq B(B \supseteq A)$表示,而记号本身读作:$B$包含$A$($A$包含于$B$).

若A不是B的子集,则记作$A \nsubseteq B$.

特别地,当$A=B$时,亦存在关系:$A \subseteq B$.

例如,$A=\{a,b,c\}$,$B=\{a,b,c,d\}$,$C=\{c,d\}$,则$A \subseteq B, C \subseteq A, C \subseteq B$.

设A,B,C为三个集合,则下面的性质是显然的:

(1) $A \subseteq A$;

(2) 若$A \subseteq B$且$A \neq B$,则$B \nsubseteq A$;

(3) 若$A \subseteq B$且$B \subseteq C$,则$A \subseteq C$.

定义1.2.3 按定义,当$A=B$时,亦存在关系:$A \subseteq B$.进一步区分出下面概念:称集合A为集合B的真子集,记作$A \subset B(B \supset A)$,读作:B真包含A(A真包含于B).

由定义,若A是B的真子集,则B中至少有一个元素不属于A.

---

① 这样,集合中的元素,就由这个性质所决定:具有该性质的元素,则是该集合的元素;不具有该性质的元素,则不是该集合的元素.

② 这时亦称集合B是集合A的扩集.

若 A 不是 B 的真子集,则记作 $A \not\subset B$.

真包含关系具有下面的性质:

设 A,B,C 为三个集合,则:

(1) $A \not\subset A$;

(2) 若 $A \subset B$,则 $B \not\subset A$;

(3) 若 $A \subset B$ 且 $B \subset C$,则 $A \subset C$.

子集的概念使我们能够表述集合相等的条件.

定理 1.2.1 两个集合相等的充要条件是这两个集合互为子集.

证明 设任给两个集合 A,B.

必要性:若 $A=B$,则根据定义,它们有相同的元素.由此对于任意 $x \in A$,均有 $x \in B$,所以 $A \subseteq B$;同样对于任意 $x \in B$,均有 $x \in A$,故又有 $B \subseteq A$.

充分性:若 $A \subseteq B, B \subseteq A$,假设 $A \neq B$,则 A,B 的元素不完全相同.设存在 $x \in A$ 但 $x \notin B$,这与条件 $A \subseteq B$ 相矛盾;另一方面,若有一 $x \in B$ 但 $x \notin A$,这与条件 $B \subseteq A$ 相矛盾.故 A,B 的元素必相同,即 $A=B$.

这一结论是证明两个集合相等的常用的方法.

定理 1.2.2 空集是任何集合的子集.

证明 假设存在一集合 A,使 $\varnothing \not\subseteq A$,则至少存在一个元素 $x \in \varnothing$,且 $x \notin A$,这与空集的定义相矛盾,故对于任意集合 A,均有 $\varnothing \subseteq A$.

推论 空集是唯一的.

证明 设有两个空集 $\varnothing$ 和 $\varnothing'$,根据定理 1.2.2 有: $\varnothing \subseteq \varnothing', \varnothing' \subseteq \varnothing$.这样就证明了 $\varnothing = \varnothing'$,所以空集唯一.

对于任意集合,空集总是它的子集,另外,这个集合本身也是它的子集,常称这两种子集为平凡子集.

空集是一切集合的子集,从这个意义上讲,$\varnothing$ 是"最小"的集合.显然没有最大的集合,但当讨论某具体问题时,可以定义一个具有相对性的"最大"集合.

在某些讨论中,我们可以把所考虑的对象限制在某一集合中,这个集合称为论域.在文献中也常用"全集"这个词来代替论域.换句话说,当我们所讨论的集合都是某一集合的子集时,这个集合就称为全集,常记为 E.

从定义可以看出,全集的概念具有相对性.例如,当我们讨论区间 (a,b) 上的实数的性质时,可将 (a,b) 取为全集,当讨论区间 $[0,+\infty)$ 上的实数的性质时,可将 $[0,+\infty)$ 取成全集.这说明全集是根据具体情况而决定的,因而具有相对性.

又容易发现,根据某一具体情况定义的全集是不唯一的.讨论区间(a,b)上实数的性质时,当然可取(a,b)为全集,也可以取区间$[a,b),(a,b],(a,+\infty)$,甚至是实数集 **R** 为全集.又如,当讨论的集合都是$A=\{a,b,c\}$的子集时,可以取A为全集,也可以取$A=\{a,b,c,d\}$为全集,其实,可以取包含A的一切集合为全集,而A是所要求的全集中"最小"的全集,显然没有所要求的"最大"全集.

给定若干集合后,总可以找到包含它们的全集,因而在今后的讨论中,所涉及的集合都可以看成某个全集E的子集.

最后,"$\in$"与"$\subseteq$"是集合论中具有不同意义的符号,分别表示"属于""包含"两种关系.它们的主要区别有:

(1) 一般地讲,从属关系"$\in$"是元素与集合之间的关系,包含关系"$\subseteq$"是集合与集合之间的关系.

例如,$\{0,1\} \subseteq \{0,1,\{1\}\}$,而关系$\{0,1\} \in \{0,1,\{1\}\}$就不存在了.同样地,可以写$\{\varnothing\} \in \{\{\varnothing\}\}$,但不能写$\varnothing \in \{\{\varnothing\}\}$.

但也存在着这样的情况:集合A属于集合B,同时集合A又包含在集合B中,如:$A=\{a,b\}$,$B=\{a,b,\{a,b\}\}$,这里就有$A \in B$与$A \subseteq B$同时成立.

(2) "$\in$"是不加定义的,而"$\subseteq$"是由"$\in$"定义出来的.

(3) "$\subseteq$"具有传递性,即,若$A \subseteq B$,$B \subseteq C$,则$A \subseteq C$;而"$\in$"一般不具有传递性.

例如,虽然$1 \in \{0,1\}$,$\{0,1\} \in \{0,\{0,1\}\}$,但$1 \notin \{0,\{0,1\}\}$.

1.3 数集

在这里,我们将举出一些由数组成的集合作为例子,这种集合本身称为数集.下面这些是数学中常用的数集及其记法,在以后经常要遇到它们.

1° 全体自然数组成的集合称为自然数集,记作 **N**;

2° 全体整数组成的集合称为整数集,记作 **Z**;

3° 全体有理数组成的集合称为有理数集,记作 **Q**;

4° 全体实数组成的集合称为实数集,记作 **R**;

5° 全体复数组成的集合称为复数集,记作 **C**.

有时仅需考虑上述数集中的部分元素.这时常用下面的一些记号:"$+$"表示该数集中的元素都为正数,"$-$"表示该数集中的元素都为负数,"$*$"表示剔除该数集中的元素0.如此,所有正自然数组成的集合记作$\mathbf{N}_+$("$+$"标在右下角),称为正自然数集;同样$\mathbf{Z}_+,\mathbf{Q}_+,\mathbf{R}_+$分别表示所有正整数,正有理数,正实数组成的集合;而 $\mathbf{Z}_-$（$\mathbf{Q}_-$,$\mathbf{R}_-$）则表示所有负整数（负有理数,负实数）组成的集合.

除此之外,还有无理数集（可表示为差集 $\mathbf{R}-\mathbf{Q}$）、虚数集（$\mathbf{C}-\mathbf{R}$）等.

下面是数集与数集之间的几种显然的关系：

$\mathbf{N}^* \subset \mathbf{N} \subset \mathbf{Z} \subset \mathbf{Q} \subset \mathbf{R} \subset \mathbf{C}, \mathbf{Z}^* = \mathbf{Z}_+ \bigcup \mathbf{Z}_-$;

$\mathbf{Q} = \{\dfrac{n}{m} \mid n \in \mathbf{Z}, m \in \mathbf{N}^*\} = \{$分数$\} = \{$循环小数$\}$;

$\mathbf{R}^* = \mathbf{R} - \{0\} = \mathbf{R}_- \bigcup \mathbf{R}_+$;

$\mathbf{R} = \mathbf{R}_- \bigcup \mathbf{R}_+ \bigcup \{0\} = \mathbf{R}^* \bigcup \{0\} = \{$小数$\} = \mathbf{Q} \bigcup \{$无理数$\} = \{$循环小数$\} \bigcup \{$非循环小数$\}$.

在各种数集中,实数集的应用最广泛.这时用所谓区间来表示实数集及其子集是方便的.以下 a, b, x 等均表示实数.

(1) 称适合于 $a < x < b$[①] 的一切 x 的集为开区间,它的记号是 (a, b).

特别地,整个实数集可用区间表示为 $(-\infty, +\infty)$;小于 b 的所有实数可用区间表示为 $(-\infty, b)$,而 $(a, +\infty)$ 则表示所有大于 a 的实数所构成的集合.

(2) 称适合于 $a \leqslant x \leqslant b$ 的一切 x 的集为闭区间,记作 $[a, b]$.

(3) 称适合于 $a < x \leqslant b$ 的一切 x 的集为左开右闭区间,记作 $(a, b]$.

例如,所有小于或等于（大于或等于）a 的实数构成的集可用区间表示为 $(-\infty, a]$（$[a, +\infty)$）.

(4) 称适合于 $a \leqslant x < b$ 的一切 x 的集为右开左闭区间,记作 $[a, b)$.

左开右闭区间,右开左闭区间统称为半开半闭区间（半闭半开区间）；开区间,闭区间,半开半闭区间统称为区间.

包含无穷大 ∞ 的区间称为无穷区间,不包含无穷大 ∞ 的区间称为有穷区间.

以上所有情形中,a 称为区间的（左）端点,b 称为区间的（右）端点.

对于有穷区间（$[a, b]$,(a, b),$(a, b]$,$[a, b)$）,端点的差 $b - a$ 称为它的长度.

§2 集合的运算

2.1 集合的幂集·集合的后续

今转而建立集合的有关运算.所谓集合的运算,是指以给定的集合,按照某

---

① 这里自然假定 $a < b$,下同.

种确定的规则得到另外的集合①.

作为集合运算的例子,我们取集合 $A=\{a,b\}$,现在列出它的所有子集
$$\varnothing \subset A, \{a\} \subset A, \{b\} \subset A, \{a,b\} \subset A$$
那么,规则 ——A 的所有子集组成的集合给出了新的集合
$$\{\varnothing,\{a\},\{b\},\{a,b\}\}$$
这个例子使得我们引入:

定义 2.1.1 设 A 是一个集合,由集合 A 的所有子集为元素作成的集合称为 A 的幂集,记以 $P(A)$(或 2^A).

A 的幂集用描述法可表示为 $P(A)=\{X \mid X \subseteq A\}$. 得到幂集 $P(A)$ 的运算称为对 A 求幂.

因为 $\varnothing \subseteq A$ 且 $A \subseteq A$,所以 $\varnothing, A \in P(A)$,由此一个集合的幂集绝不会是空集. 特别地,$\varnothing$ 的幂集 $P(\varnothing)=\{\varnothing\}$ 有一个元素 $\varnothing$.

为了求出给定集合 A 的幂集,可以先找出 A 的由低到高元的所有子集,再将它们组成集合即可. 例如 $A=\{a,b,c\}$,求 2^A 的步骤如下:0 元子集为 $\varnothing$;1 元子集为 $\{a\},\{b\},\{c\}$;2 元子集为 $\{a,b\},\{a,c\},\{b,c\}$;3 元子集为 $\{a,b,c\}$,最后
$$2^A=\{\varnothing,\{a\},\{b\},\{c\},\{a,b\},\{a,c\},\{b,c\},\{a,b,c\}\}$$

正如从上面的例子所看到的,当一个集合包含两个元素时,它的幂集则包含四个元素;当一个集合包含三个元素时,它的幂集则包含八个元素. 把这种想法普遍化,就得到了下面的定理. 这个结论给出了我们采用名称"幂集"以及符号 2^A 的理由.

定理 2.1.1 若 A 为有限集,则其幂集 2^A 有 $2^{|A|}$ 个元素.

定理所表示的事实当 $|A|=0$ 及 $|A|=1$ 时亦正确. 前者表示 A 是空集,而 2^A 仅含一个元素即 A 自身;后者表示 A 是单元集,则 2^A 含有两个元素,一个为空集,一个为 A.

为了证明定理 2.1.1,我们先证明一个引理.

引理 若 A 为一有限集,$a \notin A$,则集合 $A \cup \{a\}$ 的子集合数目是 A 的子集合数目的两倍②.

证明 设 $B=A \cup \{a\}$. 对于 A 的每一个子集合,都能附加上或不附加上元素 a 而形成 B 的一个子集合. 由这一过程可以获得 B 的所有子集合. 这是因为对于 A 的每一子集合 C,都有 $C \subseteq B$ 且 $C \cup \{a\} \subseteq B$ 成立. 反之,对于任一集

---

① 运算概念的一般定义,要在《代数学教程(第二卷·抽象代数基础)》才给定.
② 这个引理以及下面的定理 2.1.2 将涉及"$\cup$""$\cap$"运算,关于它们见下一目.

合 $C \subseteq B$,若 C 中不含有 a,则 $C \subseteq A$,且也有 $\{a\} \cup C \subseteq B$,若 $a \in B$,则 C 中去掉元素 a,其他元素都一定是 A 的元素.所以 $C - \{a\} \subseteq A$. 由此,就证明了 B 的子集合数目是 A 的子集合数目的两倍.

现在回过头来证明定理 2.1.1,我们将用数学归纳法,也就是,对 A 的元素的数目作归纳.

对于每一自然数 n,令 $P(n)$ 表示这样一个命题:对于所有的集合 A,若 A 有 n 个元素,则其幂集 2^A 有 $2^{|A|}$,即 2^n 个元素.

首先,$P(0)$ 显然成立.因为只有空集包含 0 个元素,而 $2^0 = 1, 2^\varnothing = \{\varnothing\}$.

对于任意自然数 n,假设 $P(n)$ 成立:若 A 有 n 个元素,则 2^A 有 2^n 个元素.下面我们推演出 $P(n+1)$ 成立.令 $B = A \cup \{a\}, a \notin A$,即 B 有 $n+1$ 个元素.由引理,B 的子集合数目是 A 的子集合数目的两倍:$|2^B| = 2 \cdot 2^n$. 又 $2^{|B|} = 2^{n+1} = 2 \cdot 2^n$,所以 $|2^B| = 2^{|B|}$.由此 $P(n+1)$ 成立.

下面我们来指出求幂运算的一些性质.第一个结论意味着集合间的包含(相等)关系与其幂集间的包含(相等)关系是相互决定的.

定理 2.1.2 设 A,B 是两个集合,则有:

(1) $2^A \subseteq 2^B$ 当且仅当 $A \subseteq B$;

(2) $2^A = 2^B$ 当且仅当 $A = B$.

证明 (1) 当 $2^A \subseteq 2^B$ 时:设 $x \in A$,根据定义有 $\{x\} \in 2^A$,又 $2^A \subseteq 2^B$,故 $\{x\} \in 2^B$,根据幂集定义必有 $x \in B$,所以 $A \subseteq B$. 当 $A \subseteq B$ 时:设 $\{x\} \in 2^A$,根据定义有 $x \in A$,又 $A \subseteq B$,故 $x \in B$,又由定义得 $\{x\} \in 2^B$,所以 $2^A \subseteq 2^B$.

(2) 当 $2^A = 2^B$ 时,亦有关系: $2^A \subseteq 2^B, 2^B \subseteq 2^A$.由(1)知 $A \subseteq B, B \subseteq A$,故有 $A = B$;同理亦知其反面成立.

与"$\subseteq$"不同,求幂运算对于关系"$\in$"只是单方面决定的:

定理 2.1.3 设 A,B 是两个集合,若 $2^A \in 2^B$,则 $A \in B$.

事实上,由 $2^A \in 2^B$ 知 $2^A \subseteq B$. 由 $A \in 2^A, 2^A \subseteq B$ 即得 $A \in B$.

这个结论的逆是不成立的.作为反例可取
$$A = \{\varnothing\}, B = \{\{\varnothing\}\}$$
此时 $A \in B$.然而
$$2^A = \{\varnothing, \{\varnothing\}\}, 2^B = \{\varnothing, \{\{\varnothing\}\}\}$$
显然 $2^A \notin 2^B$.

最后一个性质是涉及两个运算的.

定理 2.1.4 设 A,B 是两个集合,则有:

(1) $2^A \cap 2^B = 2^{A \cap B}$;

(2) $2^A \bigcup 2^B \subseteq 2^{A \cup B}$.

证明 （1）任取 $\{x\} \in 2^A \bigcap 2^B$，则 $\{x\} \in 2^A$ 且 $\{x\} \in 2^B$，根据幂集定义有 $x \in A$ 且 $x \in B$，由此 $x \in A \bigcap B$，故 $\{x\} \in 2^{A \cap B}$，所以

$$2^A \bigcap 2^B \subseteq 2^{A \cap B}$$

反之，任取 $\{x\} \in 2^{A \cap B}$，根据幂集定义有 $x \in A \bigcap B$，即 $x \in A$ 且 $x \in B$，故 $\{x\} \in 2^A$ 且 $\{x\} \in 2^B$，即 $\{x\} \in 2^A \bigcap 2^B$，所以

$$2^{A \cap B} \subseteq 2^A \bigcap 2^B$$

最后我们有

$$2^A \bigcap 2^B = 2^{A \cap B}$$

（2）设 $\{x\} \in 2^A \bigcup 2^B$，则 $\{x\} \in 2^A$ 或 $\{x\} \in 2^B$，根据幂集定义有 $x \in A$ 或 $x \in B$，由此 $x \in A \bigcup B$，故 $\{x\} \in 2^{A \cup B}$，所以

$$2^A \bigcup 2^B \subseteq 2^{A \cup B}$$

结论(2)的包含式不能换成等式，这主要是由于不能由 $S \subseteq A \bigcup B$ 得到 $S \subseteq A$ 或 $S \subseteq B$. 例如，令 $S=\{1,2,3\}, A=\{1,2\}, B=\{3,4\}$，显然有 $S \subseteq A \bigcup B$，但没有 $S \subseteq A$ 或 $S \subseteq B$ 成立.

集合的另一个一元运算是后续运算，在很多时候，它有着重要作用（如自然数的建立）.

定义 2.1.2 设 A 为任一集合，由 A 及以 A 为唯一元素的单元集求并得到的一个集合，称为 A 的后续集合，简称 A 的后续，记作 A^+，即

$$A^+ = A \bigcup \{A\}$$

并称求集合的后续为后续运算.

由定义不难看出，$A \subseteq A^+$ 且 $A \in A^+$，这是后续的最重要的特征.

例如，若 A 为空集 $\varnothing$，则后续依次为 $\varnothing^+, (\varnothing^+)^+, ((\varnothing^+)^+)^+, \cdots$. 这些集合可写成如下形式

$$\{\varnothing\}, \{\varnothing, \{\varnothing\}\}, \{\varnothing, \{\varnothing\}, \{\varnothing, \{\varnothing\}\}\}, \cdots$$

对于任意的集合都有它的后续. 因为任给一集合 A，我们总可以有集合 $\{A\}$ 与 $A^+ = A \bigcup \{A\}$，即都有它的后续 A^+.

2.2 集合的并与交

集合的求幂与后续只涉及单个集合，下面的一些运算将涉及两个集合.

定义 2.2.1 设 A, B 是两个集合. 所有属于 A 或者属于 B 的元素作成的集合，称为 A 和 B 的并集，记以 $A \bigcup B$.

两个集合 A, B 的并集可用描述法表述为

$$A \cup B = \{x \mid x \in A \text{ 或 } x \in B\}$$

按此定义，两个集合 A,B 的并集的元素可以是属于 A 但不属于 B 的，也可以是属于 B 但不属于 A 的，以及同时属于集合 A 和集合 B 的.

两个集合经过"并"这种运算后，相比于原集，并集中的元素绝不会减少：$A \subseteq (A \cup B), B \subseteq (A \cup B)$. 但集合元素的互异性使得

$$|A \cup B| \leqslant |A| + |B|$$

例如，令 $A = \{a,b,c,d\}, B = \{b,d,e,f\}$，于是 $A \cup B = \{a,b,c,d,e,f\}$.

集合的并运算具有以下性质：

$1°$ $A \cup B = B \cup A$（交换律）；

$2°$ $(A \cup B) \cup C = A \cup (B \cup C)$（结合律）；

$3°$ $A \cup A = A$（等幂律）；

$4°$ $A \cup \varnothing = A$.

还可以从并的定义得到：$A \subseteq B$ 当且仅当 $A \cup B = B$.

我们可以把定义 2.2.1 推广到多个集合的并集.

由于集合的并运算满足结合律，故对 n 个集合 $A_1, A_2, \cdots, A_n$ 的并集可简单地记成

$$A_1 \cup A_2 \cup \cdots \cup A_n, \text{ 或 } \bigcup_{k=1}^{n} A_k$$

定义 2.2.2 设 A,B 是两个集合. 由属于 A 又属于 B 的元素作成的集合，称为 A 和 B 的交集，记以 $A \cap B$.

两个集合 A,B 的交集可表述为

$$A \cap B = \{x \mid x \in A \text{ 且 } x \in B\}$$

两个集合经过"交"运算后，相比于原集，交集中的元素绝不会增加

$$(A \cap B) \subseteq A, (A \cap B) \subseteq B$$

例如，前面那个例子中 $A(A = \{a,b,c,d\}), B(B = \{b,d,e,f\})$ 的交 $A \cap B = \{b,d\}$.

完全类似于并运算，集合的交运算具有性质：

$1°$ $A \cap B = B \cap A$（交换律）；

$2°$ $(A \cap B) \cap C = A \cap (B \cap C)$（结合律）；

$3°$ $A \cap A = A$（等幂律）；

$4°$ $A \cap \varnothing = \varnothing$.

此外还可以从交的运算得到：$A \subseteq B$ 当且仅当 $A \cap B = A$.

同样，我们可以把定义 2.2.2 推广到多个集合的交集.

因为集合的交运算满足结合律,故对 n 个集合 $A_1,A_2,\cdots,A_n$ 的交集可简单地记成

$$A_1 \cap A_2 \cap \cdots \cap A_n, \text{或} \bigcap_{k=1}^{n} A_k$$

设 A,B 为两个集合,当 $A \cap B = \varnothing$ 时,也就是它们没有"公共"元素,这种情况较为特殊,这时称 A,B 是不相交的;一般若 n 个集合 $A_1,A_2,\cdots,A_n$ 满足:对于任意的 $i \neq j(1 \leqslant i,j \leqslant n)$,均有 $A_i \cap A_j = \varnothing$,则称 $A_1,A_2,\cdots,A_n$ 是互不相交的.

分配律的成立与否并不像交换律和结合律的情形那样显然,我们把它表述成一个定理如下:

定理 2.2.1 设 A,B,C 为三个集合,则下列分配律成立:
(1) $A \cap (B \cup C) = (A \cap B) \cup (A \cap C)$;
(2) $A \cup (B \cap C) = (A \cup B) \cap (A \cup C)$.

证明 (1) 任取 $a \in A \cap (B \cup C)$,即 $a \in A, a \in B$ 或 $a \in A, a \in C$. 于是 $a \in A \cap B$ 或者 $a \in A \cap C$,故

$$a \in (A \cap B) \cup (A \cap C)$$

即证得

$$A \cap (B \cup C) \subseteq (A \cap B) \cup (A \cap C)$$

任取 $a \in (A \cap B) \cup (A \cap C)$,即 $a \in A \cap B$ 或者 $a \in A \cap C$,亦即 $a \in A$ 并且 $a \in B$ 或者 $a \in A$ 并且 $a \in C$,总之,$a \in A$,且 $a \in B$ 或者 $a \in C$,即 $a \in A$ 且 $a \in B \cup C$,故 $a \in A \cap (B \cup C)$,即证得

$$(A \cap B) \cup (A \cap C) \subseteq A \cap (B \cup C)$$

综上,我们得到了

$$A \cap (B \cup C) = (A \cap B) \cup (A \cap C)$$

同样可以证明式(2).

容易发现,将第一式中的 $\cap$ 与 $\cup$ 互换便得第二式,第二式中的 $\cap$ 与 $\cup$ 互换便得第一式. 我们把具有这种关系的两个等式叫作相互对偶. 在集合论中,成对偶的等式很多[1]. 例如,下面的吸收律以及以后将要遇到的所谓德·摩根[2]公式都是相互对偶等式的例子.

---

[1] 事实上,关于集合运算的任一等式,如果将其中的 $\cap$ 与 $\cup$ 互换、$\subseteq$ 与 $\supseteq$ 互换、$\varnothing$ 与 E(全集)互换,A 与 $\overline{A_E}$(补集)互换,则所得的定理也成立. 这在集合论中称作对偶原则.

[2] 德·摩根(Augustus de Morgan;1806.6.27—1871.3.18),英国数学家.

定理 2.2.2　设 A,B 为任意两个集合，则成立吸收律：

(1) $A \cup (A \cap B) = A$；

(2) $A \cap (A \cup B) = A$.

证明　(1) 显然 $A \subseteq A \cup (A \cap B)$. 另一方面，由 $A \subseteq A, A \cap B \subseteq A$，可知

$$A \cup (A \cap B) \subseteq A$$

最后

$$A \cup (A \cap B) = A$$

(2) 显然 $A \cap (A \cup B) \subseteq A$. 另一方面，由 $A \subseteq A, A \subseteq A \cup B$，可知

$$A \subseteq A \cap (A \cup B)$$

最后

$$A \cap (A \cup B) = A$$

2.3　集合的差

假如要求我们考虑不是 3 的倍数的那些整数. 于是，我们想到像 $1,2,4,5,-1,-2$ 这样的整数. 如果还要求我们描述由这样的数所组成的集合，我们可以写 $A = \{x \mid x \in \mathbf{Z} \text{ 且 } x \text{ 不是 3 的倍数}\}$.

然而，这并不是令人十分满意的描述，因为它只不过是"不是 3 的倍数的那些整数"的符号表达而已. 大概，容易首先想到，所有 3 的倍数的整数所组成的集合，那么集合 A 就由从 $\mathbf{Z}$ 中"移去"3 的倍数后留下的数所组成. 这就提出了下面的定义，并提供了描述 A 的另一种方法.

定义 2.3.1　设 A,B 是两个集合. 属于集合 A 而不属于集合 B 的所有元素组成的集合，称为 A 与 B 的差集，记以 $A-B$.

两个集合 A,B 的差集可表述为

$$A - B = \{x \mid x \in A \text{ 且 } x \notin B\}$$

例如，令 $A = \{a,b,c,d\}, B = \{b,d,e,f\}$，于是 $A - B = \{a,c\}, B - A = \{e,f\}$. 这个例子表明了集合的差运算与算术中数的差运算并不完全一致

$$A - B \supset \varnothing, B - A \supset \varnothing$$

可以同时存在.

集合的差运算具有下面的性质：

$1°\ A - A = \varnothing$；

$2°\ A - \varnothing = A$；

$3°\ A \cap (B - A) = \varnothing$；

$4°\ A \cup (B-A) = A \cup B$.

一般来说,集合的差运算不满足交换律和结合律
$$A - B \neq B - A,\ (A-B) - C \neq A - (B-C)$$

除此之外,还可以对差运算作以下讨论. 根据定义,$A-B$ 使集合 A "失去"同时属于 A 和 B 的那些元素,且仅"失去"这些元素,所以
$$A - B = A - (A \cap B)$$

另一方面,将集合 A 中的元素分成两类:属于集合 A 同时属于集合 B 的;属于集合 A 但不属于集合 B 的. 显然第一类元素构成的集合即为 $A \cap B$,第二类元素构成的集合即为 $A - B$. 由于 A 中的元素要么属于集合 B,要么不属于集合 B,故集合 A 中的元素不在集合 $A \cap B$ 中,就必然在集合 $A - B$ 中,所以
$$(A-B) \cup (A \cap B) = A\ 且\ (A-B) \cap (A \cap B) = \emptyset$$

定理 2.3.1 设 A,B,C 为三个集合,则下列关系成立:

(1) $A \cap (B-C) = A \cap B - C = (A \cap B) - (A \cap C)$;

(2) $A \cup B - C = (A-C) \cup (B-C)$;

(3) $A - (B \cap C) = (A-B) \cup (A-C)$;

(4) $A - (B-C) = (A-B) \cup (A \cap C)$,特别地,$A - (A-B) = A \cap B$;

(5) $A - (B \cup C) = A - B - C = (A-B) \cap (A-C)$;

(6) $(A-B) - C = A - (B \cup C)$.

证明 (1) 集合
$$\begin{aligned}A \cap (B-C) &= \{x \mid x \in A\ 且\ (x \in B\ 且\ x \notin C)\} \\ &= \{x \mid (x \in A\ 且\ x \in B)\ 且\ x \notin C\} \\ &= A \cap B - C\end{aligned}$$

由于
$$C \supseteq A \cap C \supseteq A \cap B \cap C$$

由差集定义可知
$$A \cap B - C \subseteq (A \cap B) - (A \cap C) \subseteq (A \cap B) - (A \cap B \cap C)$$

另一方面,由前面可知
$$A \cap B - C = (A \cap B) - (A \cap B \cap C)$$

故
$$A \cap (B-C) = (A \cap B) - (A \cap C)$$

(2) $A \cup B - C = \{x \mid (x \in A\ 或\ x \in B)\ 且\ x \notin C\}$
$$= \{x \mid (x \in A\ 且\ x \notin C)\ 或\ (x \in B\ 且\ x \notin C)\}$$
$$= (A-C) \cup (B-C)$$

要注意的是,由于一般来说集合
$$\{x \mid x \in A \text{ 或}(x \in B \text{ 且 } x \notin C)\} \neq \{x \mid (x \in A \text{ 或 } x \in B) \text{ 且 } x \notin C\}$$
所以
$$A \cup (B - C) \neq A \cup B - C$$

(3) $A - (B \cap C) = \{x \mid x \in A \text{ 且 } x \notin (B \cap C)\}$
$= \{x \mid x \in A \text{ 且 }(x \notin B \text{ 或 } x \notin C)\}$
$= \{x \mid (x \in A \text{ 且 } x \notin B) \text{ 或 }(x \in A \text{ 且 } x \notin C)\}$
$= (A - B) \cup (A - C)$

(4) $A - (B - C) = \{x \mid x \in A \text{ 且 } x \notin (B - C)\}$
$= \{x \mid x \in A \text{ 且 }(x \notin B \text{ 或 } x \in C)\}$
$= \{x \mid (x \in A \text{ 且 } x \notin B) \text{ 或 }(x \in A \text{ 且 } x \in C)\}$
$= (A - B) \cup (A \cap C)$

(5) $A - (B \cup C) = \{x \mid x \in A \text{ 且 } x \notin (B \cup C)\}$
$= \{x \mid x \in A \text{ 且 }(x \notin B \text{ 且 } x \notin C)\}$
$= \{x \mid (x \in A \text{ 且 } x \notin B) \text{ 且 } x \notin C\}$
$= A - B - C$

$A - (B \cup C) = \{x \mid x \in A \text{ 且 }(x \notin B \text{ 且 } x \notin C)\}$
$= \{x \mid (x \in A \text{ 且 } x \notin B) \text{ 且 }(x \in A \text{ 且 } x \notin C)\}$
$= (A - B) \cap (A - C)$

(6) 若 $x \in (A - B) - C$,则由定义有 $x \in A - B$ 且 $x \notin C$. 从前者又得到 $x \in A$ 且 $x \notin B$. 因此,我们有 $x \notin B$ 且 $x \notin C$, 这就意味着不能有"$x \in B \cup C$",即有 $x \notin B \cup C$. 所以有"$x \in A$ 且 $x \notin B \cup C$"成立,由此 $x \in A - (B \cup C)$.

另一方面,若 $x \in A - (B \cup C)$,由定义有"$x \in A$ 且 $x \notin B \cup C$"成立. 而这意味着"$x \notin B$ 且 $x \notin C$". 但是,这时,我们已有"$x \in A$ 且 $x \notin B$"成立,即"$x \in A - B$"成立,这样就有"$x \in A - B$ 且 $x \notin C$"成立,所以有"$x \in (A - B) - C$"成立.

最后,等式
$$(A - B) - C = A - (B \cup C)$$
成立.

我们知道,$\varnothing$ 是任一集合的子集合,因此对于任一集合 A 来说,总有 $\varnothing \in P(A)$. 两个集合的差集的幂集合与这两个集合的幂集的差存在下面的关系.

定理 2.3.2 对于任意的集合 A 与 B,都有

$$P(A-B) \subseteq (P(A) - P(B)) \cup \{\varnothing\}$$

证明 对于任意的非空集合 C，若 $C \in P(A-B)$，则 $C \subseteq A-B$，即 $C \subseteq A$ 且 $C \not\subseteq B$，由此 $C \in P(A)$ 且 $C \notin P(B)$，即 $C \in P(A) - P(B)$. 这样，就得到了欲证的结果.

上述证明中，当 C 为空集时，由 $C \subseteq A-B$ 不能得到 $C \subseteq A$ 且 $C \not\subseteq B$，事实上，总有 $\varnothing \subseteq B$，所以，空集总是要特别指出. 因为 $\varnothing \in P(A-B)$，所以，$\varnothing \notin (P(A) - P(B))$.

由差集运算可以派生出补集（余集）的概念：

设 $A \subseteq E$，则 E 与 A 的差集称为 A 关于 E 的余集或补集，记以 $\overline{A_E}$.

记号 $\overline{A_E}$ 已经隐含着：$A \subseteq E$. 有时不需特别指出 E 时，可将 $\overline{A_E}$ 简记为 $\overline{A}$.

例如，令 $E = \{a,b,c,d,e,f\}$，$A = \{b,c\}$，于是 $\overline{A_E} = \{a,d,e,f\}$.

由补集的定义，可知：

1° $A \cup \overline{A_E} = E$，$A \cap \overline{A_E} = \varnothing$；

2° $\overline{(\overline{A_E})_E} = A$，$\overline{E_E} = \varnothing$；

3° 若 $A \subseteq B$，则 $\overline{B_E} \subseteq \overline{A_E}$；

4° $A - B = A \cap \overline{B_E}$.

最后一个性质特别有用，它使差运算转化成交与补的运算.

关于集合的差集，还成立下面的德·摩根公式.

定理 2.3.3 设 A,B,C 为三个集合，则下列等式成立：

(1) $\overline{(A \cup B)_E} = \overline{A_E} \cap \overline{B_E}$；

(2) $\overline{(A \cap B)_E} = \overline{A_E} \cup \overline{B_E}$.

证明 (1) 任取 $a \in \overline{(A \cup B)_E}$，即 $a \notin A \cup B$，亦即 $a \notin A$ 且 $a \notin B$，于是 $a \in \overline{A_E}$ 且 $a \in \overline{B_E}$，故 $a \in \overline{A_E} \cap \overline{B_E}$，所以

$$\overline{(A \cup B)_E} \subseteq \overline{A_E} \cap \overline{B_E}$$

另一方面，任取 $a \in \overline{A_E} \cap \overline{B_E}$，即 $a \in \overline{A_E}$ 且 $a \in \overline{B_E}$，亦即 $a \notin A$ 且 $a \notin B$，于是 $a \notin A \cup B$，故 $a \in \overline{(A \cup B)_E}$，这就证得了

$$\overline{A_E} \cap \overline{B_E} \subseteq \overline{(A \cup B)_E}$$

最后，我们便得到了

$$\overline{(A \cup B)_E} = \overline{A_E} \cap \overline{B_E}$$

(2) 由上面的结果我们知道

$$\overline{(\overline{A_E} \cup \overline{B_E})_E} = \overline{(\overline{A_E})_E} \cap \overline{(\overline{B_E})_E}$$

即
$$\overline{(\overline{A_E} \cup \overline{B_E})_E} = A \cap B$$

这样
$$\overline{(\overline{(\overline{A_E} \cup \overline{B_E})_E})_E} = \overline{(A \cap B)_E}$$

也就是
$$\overline{(A \cap B)_E} = \overline{A_E} \cup \overline{B_E}$$

由数学归纳法，可将德·摩根公式推广到多个集合的情况：

(1′) $\overline{(\bigcup\limits_{k=1}^{n} A_k)_E} = \bigcap\limits_{k=1}^{n} \overline{(A_k)_E}$；

(2′) $\overline{(\bigcap\limits_{k=1}^{n} A_k)_E} = \bigcup\limits_{k=1}^{n} \overline{(A_k)_E}$.

德·摩根公式是一个很有用的公式，它使我们能通过补集运算把并集变为交集，把交集变为并集．

2.4 集合的对称差

最后，我们再引入一个集合的运算——对称差．

定义 2.4.1 设 A,B 是两个集合．所有属于 A，或属于 B，但不同时属于 A 和 B 的元素组成的集合称为 A 与 B 的对称差[①]，记作 $A \ominus B$.

也就是说，A 与 B 的对称差中含有这样的元素：属于 $A \cup B$ 但不属于 $A \cap B$，故
$$A \ominus B = (A \cup B) - (A \cap B)$$

由于
$$(A \cap B) \subseteq (A \cup B)$$

故 A 与 B 的对称差又可表示成
$$A \ominus B = \overline{(A \cap B)_{(A \cup B)}}$$

对称差的另一个等价定义是
$$A \ominus B = (A - B) \cup (B - A)[②]$$

[①] "对称差"又称"闵可夫斯基和"；赫尔曼·闵可夫斯基(Hermann Minkowski，1864. 6.22—1909.1.12)，德国数学家．

[②] $(A-B) \cup (B-A) = (A \cap \overline{B}) \cup (B \cap \overline{A}) = ((A \cap \overline{B}) \cup B) \cap ((A \cap \overline{B}) \cup \overline{A}) = ((A \cup B) \cap (B \cup \overline{B})) \cap ((A \cup \overline{A}) \cap (\overline{B} \cup \overline{A})) = (A \cup B) \cap \overline{(A \cap B)} = (A \cup B) - (A \cap B)$.

这也是这个运算取名"对称差"的原因.

集合的对称差运算具有以下性质:

1° $A \ominus B = B \ominus A$（交换律）;

2° $(A \ominus B) \ominus C = A \ominus (B \ominus C)$（结合律）.

事实上
$$A \ominus (B \ominus C) = (A - (B \ominus C)) \cup ((B \ominus C) - A)$$

而
$$A - (B \ominus C) = A - ((B - C) \cup (C - B))$$
$$= (A - (B - C)) \cap (A - (C - B)) \quad (定理\ 2.3.1)$$
$$= ((A - B) \cup (A \cap C)) \cap ((A - C) \cup (A \cap B)) \quad (定理\ 2.3.1)$$
$$= (((A - B) \cup (A \cap C)) \cap (A - C)) \cup (((A - B) \cup (A \cap C)) \cap (A \cap B))$$
$$= (((A - B) \cap (A - C)) \cup ((A \cap C) \cap (A - C))) \cup (((A - B) \cap (A \cap B)) \cup ((A \cap C) \cap (A \cap B)))$$
$$= ((A - B - C) \cup \varnothing) \cup (\varnothing \cup (A \cap B \cap C)) \quad (定理\ 2.3.1)$$
$$= (A - B - C) \cup (A \cap B \cap C)$$
$$(B \ominus C) - A = (B - C) \cup (C - B) - A$$
$$= (B - C - A) \cup (C - B - A) \quad (定理\ 2.3.1)$$

最后
$$A \ominus (B \ominus C) = ((A - B - C) \cup (A \cap B \cap C)) \cup ((B - C - A) \cup (C - B - A))$$
$$= (A - B - C) \cup (B - C - A) \cup (C - B - A) \cup (A \cap B \cap C)$$

同样地
$$(A \ominus B) \ominus C = C \ominus (A \ominus B)$$
$$= (C - A - B) \cup (A - B - C) \cup (B - A - C) \cup (C \cap A \cap B)$$
$$= (A - B - C) \cup (B - C - A) \cup (C - B - A) \cup (A \cap B \cap C)$$

3° $A \ominus A = \varnothing$;

4° $A \ominus \varnothing = A$.

定理 2.4.1 设 A, B, C 为三个集合,则成立交关于对称差的分配律
$$A \cap (B \ominus C) = (A \cap B) \ominus (A \cap C)$$

证明 $A \cap (B \ominus C) = A \cap ((B - C) \cup (C - B))$
$$= (A \cap (B - C)) \cup (A \cap (C - B))$$

$$= ((A \cap B) - (A \cap C)) \cup$$
$$((A \cap C) - (A \cap B)) \quad (定理\ 2.3.1)$$
$$= (A \cap B) \ominus (A \cap C)$$

要注意的是,并关于对称差的分配律不一定成立:$A \cup (B \ominus C) \neq (A \cup B) \ominus (B \cup C)$.

这是因为
$$A \cup (B \ominus C) = A \cup ((B \cup C) \cap (\overline{B \cap C}))$$
$$= (A \cup B \cup C) \cap (A \cup \overline{B} \cup \overline{C})$$
$$= A \cup (\overline{B} \cap C) \cup (B \cap \overline{C})$$

而
$$(A \cup B) \ominus (B \cup C) = (A \cup B \cup C) \cap (\overline{A} \cap (\overline{B \cap C}))$$
$$= (\overline{A} \cap B \cap \overline{C}) \cup (\overline{A} \cap \overline{B} \cap C)$$

由此可知,前者含 A,而后者含在 A 内,只要 $A \neq \varnothing$,一般总有 $A \cup (B \ominus C) \neq (A \cup B) \ominus (B \cup C)$.

最后,对称差 $\ominus$ 的逆运算还是 $\ominus$,因为成立等式
$$A \ominus (A \ominus B) = B$$

此外,若 $A \ominus B = C$,则有 $B = A \ominus C$.

事实上,等式 $(A \ominus B) \ominus C = A \ominus (B \ominus C)$(性质 2°),$A \ominus A = \varnothing$(性质 3°)和 $A \ominus \varnothing = A$(性质 4°)蕴含
$$A \ominus (A \ominus C) = (A \ominus A) \ominus C = \varnothing \ominus C = C$$

这样就得到了等式
$$A \ominus (A \ominus B) = B$$

若 $A \ominus B = C$,则
$$A \ominus (A \ominus B) = A \ominus C$$

由等式
$$A \ominus (A \ominus B) = B$$

即得 $B = A \ominus C$.

2.5 有序对·集合的直乘积

如前所述,集合中的元素具有无序性,例如,对于含有两个元素的集合而言,$\{a,b\} = \{b,a\}$. 但在数学研究中,许多事物成对出现,并具有一定的次序. 这样代替单个的元,我们考虑按一定次序并立的两个元 $\langle a,b \rangle$,称为有序二元组,其中 a 是第一个元素,b 是第二个元素. 两个这样的有序二元组,当且仅当它们

具有相同的第一个元素和相同的第二个元素时,方为相等：$\langle a,b \rangle = \langle d,e \rangle$,当且仅当 $a=d, b=e$.

据此,当 $a \neq b$ 时,$\langle a,b \rangle$ 与 $\langle b,a \rangle$ 不等.另一方面,并不妨碍用两个相同的元作成有序组 $\langle a,a \rangle$.例如组合自然数,得到下列有序二元组 $\langle 1,1 \rangle$, $\langle 1,2 \rangle$, $\langle 2,1 \rangle$, $\langle 2,2 \rangle$, $\langle 3,2 \rangle$, $\cdots$.

这类有序二元组可以代表行列式或者矩阵中元素的双指标.组合实数则得有序实数组 $\langle x,y \rangle$：以此作为笛卡儿坐标(横坐标 x 与纵坐标 y 不得互换),则可表示平面上的点.

显然,有序二元组 $\langle a,b \rangle$ 是一个与二元集 $\{a,b\}$ 不同的概念,后者的 a,b 乃假定相异,且与次序无关.

如果有序对的第一个元素为有序二元组 $\langle a,b \rangle$,第二个元素为 c,此时称有序对 $\langle \langle a,b \rangle, c \rangle$ 为有序三元组.由有序对相等的定义,可以知道 $\langle \langle a,b \rangle, c \rangle = \langle \langle d,e \rangle, f \rangle$,当且仅当 $\langle a,b \rangle = \langle d,e \rangle$, $c=f$,即 $a=d, b=e, c=f$.今后约定三元组可记作 $\langle a,b,c \rangle$.

要注意的是,$\langle \langle a,b \rangle, c \rangle \neq \langle a, \langle b,c \rangle \rangle$,因为依照定义 $\langle a, \langle b,c \rangle \rangle$ 不是有序三元组.

一般地,我们有如下定义：一个有序 $n(n \geq 2)$ 元组是一个有序对,它的第一个元素为有序的 $n-1$ 元组 $\langle a_1, a_2, \cdots, a_{n-1} \rangle$,第二个元素为 a_n,记为 $\langle a_1, a_2, \cdots, a_n \rangle$,即

$$\langle a_1, a_2, \cdots, a_n \rangle = \langle \langle a_1, a_2, \cdots, a_{n-1} \rangle, a_n \rangle$$

有序 n 元组 $\langle a_1, a_2, \cdots, a_n \rangle$ 的第 i 个元素 a_i,有时称作它的第 i 个坐标或第 i 个分量.

我们也规定一元组：$\langle a \rangle = a$.

定理 2.5.1 $\langle a_1, a_2, \cdots, a_n \rangle = \langle b_1, b_2, \cdots, b_n \rangle$ 当且仅当 $a_i = b_i, i = 1, 2, \cdots, n$.

证明 当 $a_i = b_i, i = 1, 2, \cdots, n$ 时

$$\langle a_1, a_2, \cdots, a_n \rangle = \langle b_1, b_2, \cdots, b_n \rangle$$

成立.

反之,若 $\langle a_1, a_2, \cdots, a_n \rangle = \langle b_1, b_2, \cdots, b_n \rangle$,依定义有

$$\langle \langle a_1, a_2, \cdots, a_{n-1} \rangle, a_n \rangle = \langle \langle b_1, b_2, \cdots, b_{n-1} \rangle, b_n \rangle$$

根据有序二元组的定义有

$$a_n = b_n, \langle a_1, a_2, \cdots, a_{n-1} \rangle = \langle b_1, b_2, \cdots, b_{n-1} \rangle$$

同样依定义又有

$$a_{n-1}=b_{n-1}, \langle a_1,a_2,\cdots,a_{n-2}\rangle = \langle b_1,b_2,\cdots,b_{n-2}\rangle$$

继续这种推理,最后我们将得到
$$a_n=b_n, a_{n-1}=b_{n-1},\cdots,a_1=b_1$$

即对于任意的 $1\leqslant i\leqslant n$,有 $a_i=b_i$.

n 维空间中的点的坐标 $(x_1,x_2,\cdots,x_n)$ 亦可看作有序 n 元组.

把有序对坐标的选取限制在已知集合中的元素上,我们就得到卡氏[①]积(或称为笛卡儿积,直乘积)的概念. 该名称源于法国哲学家、数学家笛卡儿最先用来标记平面上各点的著名方法.

定义 2.5.1 设 A,B 是两个集合,由 A 中元素为第一个元素, B 中元素为第二个元素的所有有序对组成的集合,称为 A,B 的直乘积,记以 $A\times B$.

直乘积可以表述为
$$A\times B=\{\langle x,y\rangle | x\in A \text{ 且 } y\in B\}$$

由直乘积的定义可知,当 $A=\varnothing$ 或 $B=\varnothing$ 时有 $A\times B=\varnothing$;反之,如果 $A\times B=\varnothing$,则必有 $A=\varnothing$ 或 $B=\varnothing$. 另外,由于有序对 $\langle a,b\rangle\neq\varnothing$,所以对于任意集合 A,B, $\varnothing\notin A\times B$.

例如,令 A 是直角坐标系中 x 轴上的点集, B 是 y 轴上的点集,于是 $A\times B$ 就和平面点集一一对应.

由于直乘积的元素是序偶,故一般地说,直乘积运算不满足交换律
$$A\times B\neq B\times A$$

另外,直乘积运算也不满足结合律,即
$$(A\times B)\times C\neq A\times(B\times C)$$

事实上,根据定义有
$$(A\times B)\times C=\{\langle\langle a,b\rangle,c\rangle | \langle a,b\rangle\in A\times B \text{ 且 } c\in C\}$$
$$A\times(B\times C)=\{\langle a,\langle b,c\rangle\rangle | a\in A \text{ 且 } \langle b,c\rangle\in B\times C\}$$

由于 $\langle a,\langle b,c\rangle\rangle$ 不是三元组,故
$$(A\times B)\times C\neq A\times(B\times C)$$

定理 2.5.2 直乘积运算对并、交、差运算满足分配律,即对于任意集合

[①] 笛卡儿的姓氏是 Descartes,这其实是一个复合词,可以分解为 des Cartes 或者 de les Cartes,翻译成英文是"of the Maps",这可能是因为笛卡儿的某位祖先是从事地图绘制的,所以就以职业为姓氏了.

在姓氏拉丁化的时候,附加成分(比如法语的 Des,德语的 von 等)要忽略掉. 所以实际上拉丁化的并不是 Descartes,而是 Cartes,结果就是 Cartesius,再形容词化就有了 Cartesian.

A, B, C, 成立：

(1) $A \times (B \cup C) = (A \times B) \cup (A \times C)$；

(2) $(B \cup C) \times A = (B \times A) \cup (C \times A)$；

(3) $A \times (B \cap C) = (A \times B) \cap (A \times C)$；

(4) $(B \cap C) \times A = (B \times A) \cap (C \times A)$；

(5) $A \times (B - C) = (A \times B) - (A \times C)$；

(6) $(B - C) \times A = (B \times A) - (C \times A)$.

证明 (1) $A \times (B \cup C)$
$= \{\langle x, y \rangle \mid x \in A \text{ 且 } y \in (B \cup C)\}$
$= \{\langle x, y \rangle \mid x \in A \text{ 且 } (y \in B \text{ 或 } y \in C)\}$
$= \{\langle x, y \rangle \mid (x \in A \text{ 且 } y \in B) \text{ 或 } (x \in A \text{ 且 } y \in C)\}$
$= \{\{\langle x, y \rangle \mid x \in A \text{ 且 } y \in B\} \text{ 或 } \{\langle x, y \rangle \mid x \in A \text{ 且 } y \in C\}\}$
$= (A \times B) \cup (A \times C)$

(2) $(B \cup C) \times A = \{\langle x, y \rangle \mid x \in (B \cup C) \text{ 且 } y \in A\}$
$= \{\langle x, y \rangle \mid (x \in B \text{ 或 } x \in C) \text{ 且 } y \in A\}$
$= \{\langle x, y \rangle \mid (x \in B \text{ 且 } y \in A) \text{ 或 } (x \in C \text{ 且 } y \in A)\}$
$= \{\{\langle x, y \rangle \mid x \in B \text{ 且 } y \in A\} \text{ 或 } \{\langle x, y \rangle \mid x \in C \text{ 且 } y \in A\}\}$
$= (B \times A) \cup (C \times A)$

(3) $A \times (B \cap C) = \{\langle x, y \rangle \mid x \in A \text{ 且 } y \in (B \cap C)\}$
$= \{\langle x, y \rangle \mid x \in A \text{ 且 } (y \in B \text{ 且 } y \in C)\}$
$= \{\langle x, y \rangle \mid (x \in A \text{ 且 } y \in B) \text{ 且 } (x \in A \text{ 且 } y \in C)\}$
$= \{\{\langle x, y \rangle \mid x \in A \text{ 且 } y \in B\} \text{ 且 } \{\langle x, y \rangle \mid x \in A \text{ 且 } y \in C\}\}$
$= (A \times B) \cap (A \times C)$

(4) $(B \cap C) \times A = \{\langle x, y \rangle \mid x \in (B \cap C) \text{ 且 } y \in A\}$
$= \{\langle x, y \rangle \mid (x \in B \text{ 且 } x \in C) \text{ 且 } y \in A\}$
$= \{\langle x, y \rangle \mid (x \in B \text{ 且 } y \in A) \text{ 且 } (x \in C \text{ 且 } y \in A)\}$
$= \{\{\langle x, y \rangle \mid x \in B \text{ 且 } y \in A\} \text{ 且 } \{\langle x, y \rangle \mid x \in C \text{ 且 } y \in A\}\}$
$= (B \times A) \cap (C \times A)$

(5) 设
$$\langle x, y \rangle \in (A \times B) - (A \times C)$$

则
$$\langle x, y \rangle \in (A \times B) \text{ 且 } \langle x, y \rangle \notin (A \times C)$$

对于 $\langle x, y \rangle \notin (A \times C)$ 有 3 种情况：

① $x \notin A, y \in C$;② $x \in A, y \notin C$;③ $x \notin A, y \notin C$.

情况①③中 $x \notin A$,与 $\langle x,y \rangle \in (A \times B)$ 矛盾,故

$$(A \times B) - (A \times C) = \{\langle x,y \rangle \mid \langle x,y \rangle \in (A \times B) \text{ 且 } (x \in A, y \notin C)\}$$
$$= \{\langle x,y \rangle \mid (x \in A \text{ 且 } y \in B) \text{ 且 } (x \in A, y \notin C)\}$$
$$= \{\langle x,y \rangle \mid (x \in A \text{ 且 } y \in B \text{ 且 } y \notin C\}$$
$$= \{\langle x,y \rangle \mid (x \in A \text{ 且 } (y \in B \text{ 且 } y \notin C)\}$$
$$= A \times (B - C)$$

(6) 类似于(5)知

$$(B \times A) - (C \times A) = \{\langle x,y \rangle \mid \langle x,y \rangle \in (B \times A) \text{ 且 } (x \notin C, y \in A)\}$$
$$= \{\langle x,y \rangle \mid (x \in B \text{ 且 } y \in A) \text{ 且 } (x \notin C, y \in A)\}$$
$$= \{\langle x,y \rangle \mid x \in B \text{ 且 } y \in A \text{ 且 } x \notin C\}$$
$$= \{\langle x,y \rangle \mid (x \in B \text{ 且 } x \notin C) \text{ 且 } y \in A\}$$
$$= (B - C) \times A$$

定理 2.5.3 设 A, B, C, D 是非空集合,若 $A \subseteq C$ 且 $B \subseteq D$,则 $A \times B \subseteq C \times D$,并且当 $A = B = \varnothing$ 或 $A \neq \varnothing$ 且 $B \neq \varnothing$ 时,其逆为真.

证明 任取 $\langle x,y \rangle \in A \times B$,则 $x \in A, y \in B$,由 $A \subseteq C, B \subseteq D$ 知 $x \in C, y \in D$,故 $\langle x,y \rangle \in C \times D$,于是 $A \times B \subseteq C \times D$.但反之不一定成立,例如取 $A = C = \varnothing$,而 $B \supset D$,此时 $A \times B = \varnothing \subseteq C \times D = \varnothing$,但 $B \not\subseteq D$.

当 $A = B = \varnothing$ 时,其逆显然成立.当 $A \neq \varnothing$ 且 $B \neq \varnothing$ 时,设 $x \in A, y \in B$,则 $\langle x,y \rangle \in A \times B$,由 $A \times B \subseteq C \times D$,知 $\langle x,y \rangle \in C \times D$,即 $x \in C, y \in D$,故 $A \subseteq C$ 且 $B \subseteq D$.

因为两集合的直乘积仍是一个集合,故对有限个集合可以进行多次的直乘积.由于直乘积运算不满足结合律,我们约定

$$A_1 \times A_2 \times A_3 = (A_1 \times A_2) \times A_3$$
$$A_1 \times A_2 \times A_3 \times A_4 = (A_1 \times A_2 \times A_3) \times A_4$$
$$= ((A_1 \times A_2) \times A_3) \times A_4$$

一般地

$$A_1 \times A_2 \times \cdots \times A_n = (A_1 \times A_2 \times \cdots \times A_{n-1}) \times A_n$$
$$= \{\langle a_1, a_2, \cdots, a_n \rangle \mid a_i \in A_i, i = 1, 2, \cdots, n\}$$

作了这样的约定后,我们给出 n 个集合直乘积的概念.

定义 2.5.2 设 $A_1, A_2, \cdots, A_n$ 是 $n(n \geqslant 2)$ 个集合,称集合

$$\{\langle a_1, a_2, \cdots, a_n \rangle \mid a_i \in A_i, i = 1, 2, \cdots, n\}$$

为集合 $A_1, A_2, \cdots, A_n$ 的 n 维直乘积,记作 $A_1 \times A_2 \times \cdots \times A_n$.

$A_1 \times A_2 \times \cdots \times A_n$ 是由有序 n 元组构成的集合. 特别地，$A \times A \times \cdots \times A$ 可写成 A^n.

n 维直乘积有着与二维直乘积类似的性质.

最后，设 $A_1 \times A_2 \times \cdots \times A_n$ 均为有限集合，根据"乘法原理"，有

$$|A_1 \times A_2 \times \cdots \times A_n| = \prod_{i=1}^{n} |A_i|$$

将所给集合表成其他集合的笛卡儿积的形式，就有可能将集合的研究归结为对一些更简单的集合的研究（将研究集合 $A_1 \times A_2 \times \cdots \times A_n$ 归结为研究集合 $A_1, A_2, \cdots, A_n$. 反之，可借助于形成笛卡儿积的运算构成更复杂的集合）.

例如，三维空间 V 中的每个点由其在坐标轴上的投影来确定，即由位于三条直线上的点的有序组来确定. 由此得出，集合 V 是三条直线的笛卡儿积. 在这三条直线上选择坐标，就得到三维空间的坐标系统，从而建立起空间 V 和空间 $\mathbf{R}^3$ 之间的一一对应，$\mathbf{R}^3$ 是三个实数集合 $\mathbf{R}$ 的笛卡儿积.

我们从笛卡儿积 $A_1 \times A_2 \times \cdots \times A_n$ 的子集中分出形如 $B_1 \times B_2 \times \cdots \times B_n$ 的子集（$B_k \subset A_k, 1 \leqslant k \leqslant n$）. 例如，在平面上划分出一些长方形，它们的边平行于坐标轴. 这些长方形自然地被看作两条线段——长方形在坐标轴上的投影——的笛卡儿积（图 1）. 坐标平面的每四分之一部分是两条半轴的笛卡儿积，而上部的半平面是横坐标轴与纵坐标轴的正半轴的笛卡儿积.

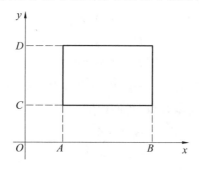

图 1

我们用同样的方式在坐标空间划分出它们的棱平行于坐标轴的长方体、卦限、上部和下部的半空间以及类似的图形. 但在空间存在一些更复杂的图形，它们是某一平面图形和线段的笛卡儿积. 也就是，设 F 是位于平面 xOy 上的某一平面图形，所有的点（它们在平面 xOy 上的投影属于图形 F）的总集构成一个柱体（若 F 是 xOy 上的一条线，则那些点的总集构成一个柱面）.

2.6 维恩图・容斥原理与抽屉原理

在集合的个数不多时,许多集合之间的关系以及运算可以用一种工具表示出来,并且可借助最少的直觉得出很多结论.

这个工具就是全集及其一些子集的简单的图解图像.全集由一个大矩形域表示,而全集的子集用圆来表示.如果某一集合只有一部分在全集中,就可以用其一部分在矩形内的圆域来表示它.这样的图按照其创立者的名字称为维恩①图.

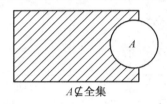

$A \not\subseteq$ 全集

图 2

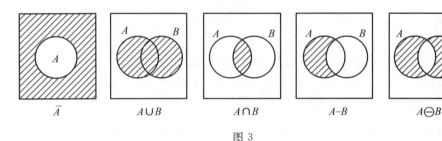

$\overline{A}$　　　$A \cup B$　　　$A \cap B$　　　$A-B$　　　$A \ominus B$

图 3

首先我们来看几个图例.这里我们恒用矩形表示全集,阴影部分表示运算的结果.

容易看出,用圆来表示集合并非本质的要求,例如用椭圆,甚至用任意封闭的若尔当②曲线都可以,只要它将平面分为内部和外部两部分即可.

从维恩图中很容易看出几个集合之间的关系与某些集合等式的正确性,例如下图所示的这些例子.

利用维恩图除可以直观地说明某些集合等式的正确性之外,还可以确定一些有限集合元素数的公式.

---

① 维恩(John Venn;1834.8.4—1923.4.4)英国的哲学家和数学家.1880年,维恩在发表的论文中介绍了自创的集合归类方法维恩图,可以用于展示在不同的事物群组(集合)之间的数学或逻辑关系,尤其适合用来表示集合或类之间的"大致关系".

② 若尔当(Jordan,Marie Ennemond Camille;1838.1.5—1922.1.20)法国数学家.若尔当曲线是由连续函数 $x=f(t), y=g(t)(t_0 \leqslant t \leqslant t_1)$ 表示的点的集合,并且对 $t, t' \in (t_0, t_1)$,有 $f(t) \neq f(t')$ 或 $g(t) \neq g(t')$,也就是说,对于每个点 (x,y),只存在一个相应的 t.

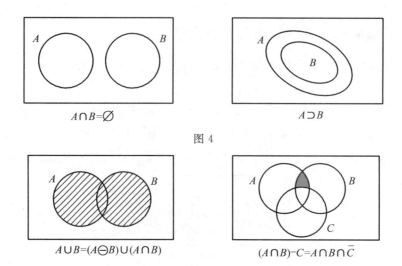

图 4

图 5

例如，$|A \cup B| \leq |A| + |B|$，$|A \cap B| \leq \min(|A|, |B|)$，$||A| - |B|| \leq |A - B|$，$|A - B| \leq |A| + |B| - 2|A \cap B|$，这些式子的正确性从集合运算的定义也很容易得出.

在有限集的元素计数问题中，下面的定理有着更广泛的应用（它通过维恩图也很容易被发现）.

定理 2.6.1 设 A, B 是两个有限集合，则 $|A \cup B| = |A| + |B| - |A \cap B|$.

证明 依定义，集合 $A \cap B$ 与集合 $A - B$ 满足：$(A \cap B) \cup (A - B) = A$，$(A \cap B) \cap (A - B) = \varnothing$. 这样一来，集合 A 就能被分成两个互不相交的集合：$A \cap B$ 与 $A - B$. 这时，依照自然数的加法①的定义，有 $|A| = |A - B| + |A \cap B|$.

另一方面，集合 $A \cup B$ 亦能被分成两个互不相交的集合：B 与 $A - B$. 故成立等式：
$$|A \cup B| = |B| + |A - B|$$
最后联立二等式消去 $|A - B|$ 便得到了 $|A \cup B| = |A| + |B| - |A \cap B|$.

定理 2.6.1 所表示的结果是 19 世纪英国数学家西尔维斯特②首先建立的，通常叫作容斥原理，又称为包含排斥原理，它可推广到多个有限集合的情况.

---

① 参看第三章 §1.
② 西尔维斯特(Sylvester, James Joseph；1814.9.3—1897.3.15) 英国数学家.

定理 2.6.2 设 $A_1, A_2, \cdots, A_n$ 是 n 个有限集合，则
$$|A_1 \cup A_2 \cup \cdots \cup A_n| = \sum_{1 \leqslant i \leqslant n} |A_i| - \sum_{1 \leqslant i < j \leqslant n} |A_i \cap A_j| + \sum_{1 \leqslant i < j < k \leqslant n} |A_i \cap A_j \cap A_k| + \cdots + (-1)^{n-1} |A_1 \cap A_2 \cap \cdots \cap A_n|$$

证明 我们用数学归纳法证明．

(1) 归纳基础：由定理 2.6.1 知 $|A_1 \cup A_2| = |A_1| + |A_2| - |A_1 \cap A_2|$．

(2) 归纳假设：假设等式对于 $r-1$ 个集合成立．

对于 r 个集合 $A_1, A_2, \cdots, A_{r-1}, A_r$，由归纳基础可得：
$$|A_1 \cup A_2 \cup \cdots \cup A_{r-1} \cup A_r|$$
$$= |A_1 \cup A_2 \cup \cdots \cup A_{r-1}| + |A_r| - |A_r \cap (A_1 \cup A_2 \cup \cdots \cup A_{r-1})|$$
$$= |A_1 \cup A_2 \cup \cdots \cup A_{r-1}| + |A_r| - |(A_r \cap A_1) \cup (A_r \cap A_2) \cup \cdots \cup (A_r \cap A_{r-1})| \tag{1}$$

对于 $r-1$ 个集合 $A_r \cap A_i (i=1,2,\cdots,r-1)$，由归纳假设
$$|(A_r \cap A_1) \cup (A_r \cap A_2) \cup \cdots \cup (A_r \cap A_{r-1})|$$
$$= \sum_{1 \leqslant i \leqslant r-1} |A_r \cap A_i| - \sum_{1 \leqslant i < j \leqslant r-1} |(A_r \cap A_i) \cap (A_r \cap A_j)| + \cdots + (-1)^{r-2} |(A_r \cap A_1) \cap (A_r \cap A_2) \cap \cdots \cap (A_r \cap A_{r-1})|$$
$$= \sum_{1 \leqslant i \leqslant r-1} |A_r \cap A_i| - \sum_{1 \leqslant i < j \leqslant r-1} |A_r \cap A_i \cap A_j| + \cdots + (-1)^{r-2} |A_1 \cap A_2 \cap \cdots \cap A_{r-1} \cap A_r| \tag{2}$$

另外对 $r-1$ 个集合 $A_i(i=1,2,\cdots,r-1)$，由归纳假设有：
$$|A_1 \cap A_2 \cap \cdots \cap A_{r-1}|$$
$$= \sum_{1 \leqslant i \leqslant r-1} |A_i| - \sum_{1 \leqslant i < j \leqslant r-1} |A_i \cap A_j| + \sum_{1 \leqslant i < j < k \leqslant r-1} |A_i \cap A_j \cap A_k| + \cdots + (-1)^{r-2} |A_1 \cap A_2 \cap \cdots \cap A_{r-1}| \tag{3}$$

将 (2), (3) 代入 (1) 得
$$|A_1 \cup A_2 \cup \cdots \cup A_{r-1} \cup A_r|$$
$$= \sum_{1 \leqslant i \leqslant r-1} |A_i| - \sum_{1 \leqslant i < j \leqslant r-1} |A_i \cap A_j| + \cdots + (-1)^{r-2} |A_1 \cap A_2 \cap \cdots \cap A_{r-1}| + |A_r| - \left(\sum_{1 \leqslant i \leqslant r-1} |A_r \cap A_i| - \sum_{1 \leqslant i < j \leqslant r-1} |A_r \cap A_i \cap A_j| + \cdots + (-1)^{r-2} |A_1 \cap A_2 \cap \cdots \cap A_r|\right)$$

整理后得:
$$|A_1 \cup A_2 \cup \cdots \cup A_n| = \sum_{1 \leqslant i \leqslant n} |A_i| - \sum_{1 \leqslant i < j \leqslant n} |A_i \cap A_j| + \sum_{1 \leqslant i < j < k \leqslant n} |A_i \cap A_j \cap A_k| + \cdots + (-1)^{n-1} |A_1 \cap A_2 \cap \cdots \cap A_n|$$

定理得证.

利用定理 2.6.2,可以导出组合学中的一个重要定理:

定理 2.6.3 如果把 $n+1$ 个元素分成 n 个集合,那么不管怎么分,都存在一个集合,其中至少含有两个元素.

证明 设把这 $n+1$ 个元素分给 n 个集合 $A_1, A_2, \cdots, A_n$. 那么这 n 个集合是两两不交的,从而

$$|A_i \cap A_j| = \varnothing, |A_i \cap A_j \cap A_k| = \varnothing, \cdots, |A_1 \cap A_2 \cap \cdots \cap A_n| = \varnothing.$$

按照定理 2.6.2,可写

$$|A_1 \cup A_2 \cup \cdots \cup A_n| = \sum_{1 \leqslant i \leqslant n} |A_i|.$$

若 $A_1, A_2, \cdots, A_n$ 中的每一个元素都少于 2,那么

$$\sum_{1 \leqslant i \leqslant n} |A_i| \leqslant \sum_{1 \leqslant i \leqslant n} 1 = n$$

这与

$$|A_1 \cup A_2 \cup \cdots \cup A_n| = |A| = n+1$$

矛盾.

这个定理通常叫作抽屉原理,19 世纪德国数学家狄利克雷(Dirichlet,1805—1859)曾明确地把这个原理用于数学证明(见下面的例子)并把它叫作抽屉原理.有时这个定理也称为"狄利克雷原理"或"鸽巢原理".

在定理 2.6.3 的叙述中,可以把"元素"改为"物件",把"集合"改成"抽屉",抽屉原理正是由此得名.这样它可通俗地表达成:如果将 $n+1$ 本书放入 n 个抽屉中,那么至少在一个抽屉中有两本(或两本以上)书.它还可推广为:如果将 $mn+1$ 本书放入 n 个抽屉中,那么至少在一个抽屉中有 m 本(或 m 本以上)书.同样,可以把"元素"改成"鸽子",把"分成 n 个集合"改成"飞进 n 个鸽笼中"."鸽笼原理"由此得名.

抽屉原理还可推广为:

把多于 mn 个的物体放到 n 个抽屉里,则至少有一个抽屉里有 $m+1$ 个或多于 $m+1$ 个的物体.

抽屉原理非常简单直观,是数学中证明存在性的一种特殊方法,用它可以

解决组合数学和其他学科中的许多问题.

下面我们将举出一个例子,它正是利用抽屉原理来解决数学问题的第一个例子,这是狄利克雷在 1842 年证明的关于有理数逼近实数的一个著名结论:

对任一给定的实数 x 和正整数 n,一定存在正整数 $p \leqslant n$ 和整数 q,使得

$$|p \cdot x - q| < \frac{1}{n}$$

证明 把 0 到 1 的实数区间 $[0,1]$ 等分成 n 个左闭右开的区间 $\left[\frac{i-1}{n}, \frac{i}{n}\right)(i=1,2,\cdots,n)$,它们成为 n 个"抽屉". 再考察 $n+1$ 个实数 $mx - [mx](m=1,2,\cdots,n$,这里 $[a]$ 表示 $\leqslant a$ 的最大整数),它们显然都在实数区间 $[0,1]$ 之中. 根据抽屉原理,这 $n+1$ 个数中一定有 2 个属于同一"抽屉",即一定有正整数 $i \leqslant n$ 和非负整数 $m' < m'' \leqslant n$,使得

$m'x - [m'x]$ 和 $m''x - [m''x]$ 都属于 $\left[\frac{i-1}{n}, \frac{i}{n}\right)$,从而有

$$|(m''-m')x - ([m''x]-[m'x])x| < \frac{1}{n}$$

取 $p = m'' - m', q = [m''x] - [m'x]$,即得命题.

§3 集合族·集合序列

3.1 集合族

幂集有一个特点,它的元素本身也是集合. 现在考虑一般的每个元素都是集合的集合. 对于这样的集合,我们可以讨论这个集合中每个元素作为集合的性质,如它们之间的包含关系以及它们的元素等. 现给予这种集合一个专门的名称.

定义 3.1.1 每个元素都是集合的集合称为集合族.

如果将 $\varnothing$ 看作集合族,则称 $\varnothing$ 为空集合族.

集合族一般用大写花体字母 $\mathscr{A}, \mathscr{B}, \mathscr{C}$ 等表示.

设 I 为一集合,若对于任意的 $i \in I$,都存在唯一的集合(记为 A_i)与之对应,则 $\mathscr{A} = \{A_i \mid i \in I\}$ 是集合族,这时 I 称为这个集合族的指标集或索引集.

我们指出,任一非空集合族都可以表示成以某个非空集合为指标集的集合族. 设 $\mathscr{A}$ 是一非空集合族,令 $I = \mathscr{A}$,对任意 $i \in I$,令 $A_i = i$,则 $\mathscr{A} = \{A_i \mid i \in I\}$,

所以每个集合族都可以用指标集 I 将其表示为 $\{A_i \mid i \in I\}$.

讨论集合族时,经常使用指标集的形式,当然同一个集合族可以用不同的指标集来表示.

现在可以将集合间的并、交、差、对称差等运算定义到集合族上.

定义 3.1.2 设 $\mathscr{A}$ 是一个集合族,称由 $\mathscr{A}$ 中全体元素的元素组成的集合为 $\mathscr{A}$ 的广义并集,记作 $\bigcup \mathscr{A}$,此时称"$\bigcup$"为广义并运算符,读作"大并".

属于 $\bigcup \mathscr{A}$ 的元素总是属于 $\mathscr{A}$ 中的某个集合,并且包含了属于 $\mathscr{A}$ 中所有集合的那些元素. 因此 $\bigcup \mathscr{A}$ 可用描述法表示为

$$\bigcup \mathscr{A} = \{x \mid \text{存在 } A \in \mathscr{A}, \text{使得 } x \in A\}$$

按定义,$\mathscr{A}$ 中每个集合都是 $\bigcup \mathscr{A}$ 的子集.

例如,设 $\mathscr{A} = \{\{a,b,c\}, \{d,e\}, \{e,f\}\}$,则 $\bigcup \mathscr{A} = \{a,b,c,e,f\}$.

当 $\mathscr{A}$ 是以 I 为指标集的集族时,$\bigcup \mathscr{A} = \bigcup \{A_i \mid i \in I\}$,常常将 $\bigcup \{A_i \mid i \in I\}$ 记作 $\bigcup_{i \in I} A_i$,它可以看作 n 个集合并[2.2目]的推广.

设 S 为所有正实数的集合,则它可以表示为无限个区间的并

$$S = \bigcup_{k=1}^{\infty} (k-1, k]$$

下面的性质是显然的:

$1°$ 若对于任意的 $A \in \mathscr{A}$,都存在 $B \in \mathscr{B}$,使得 $A \subseteq B$,则 $\bigcup \mathscr{A} \subseteq \bigcup \mathscr{B}$;

$2°$ 若 $\mathscr{A} \in \mathscr{B}$,则 $\mathscr{A} \subseteq \bigcup \mathscr{B}$.

$3°$ $\bigcup (\mathscr{A} \cup \mathscr{B}) = (\bigcup \mathscr{A}) \cup (\bigcup \mathscr{B})$.

定义 3.1.3 设 $\mathscr{A}$ 是一个非空集合族,称由 $\mathscr{A}$ 中全体元素的公共元素组成的集合为 $\mathscr{A}$ 的广义交集,记作 $\bigcap \mathscr{A}$,此时称"$\bigcap$"为广义交运算符,读作"大交".

由于属于 $\bigcap \mathscr{A}$ 的元素恰好是属于 $\mathscr{A}$ 中每个集合的元素,故

$$\bigcap \mathscr{A} = \{x \mid \text{对任意 } A \in \mathscr{A}, \text{均有 } x \in A\}$$

与 $\bigcup \mathscr{A}$ 相反,$\bigcap \mathscr{A}$ 是 $\mathscr{A}$ 中每个集合的子集.

这样,若取 $\mathscr{A} = \{\{1,2\}, \{1,a\}, \{1,\varnothing\}\}$,则 $\bigcap \mathscr{A} = \{1\}$.

当 $\mathscr{A}$ 是以 I 为指标集的集族时

$$\bigcap \mathscr{A} = \bigcap \{A_i \mid i \in I\} = \bigcap_{i \in I} A_i$$

下面是若干简单性质.

$1°$ 若 $\mathscr{A} \neq \varnothing$,且对于任意的 $A \in \mathscr{A}$,都存在 $B \in \mathscr{B}$,使得 $B \subseteq A$,则 $\bigcap \mathscr{B} \subseteq \bigcap \mathscr{A}$;

$2°$ 若 $\mathscr{A} \in \mathscr{B}$,则 $\bigcap \mathscr{B} \subseteq \mathscr{A}$;

$3°$ 若 $\mathscr{A} \neq \varnothing$,则 $\bigcap \mathscr{A} \subseteq \bigcup \mathscr{A}$.

4° 若 $\mathscr{A} \neq \varnothing$,有 $\cap (\mathscr{A} \cap \mathscr{B}) = (\cap \mathscr{A}) \cap (\cap \mathscr{B})$.

现在我们考察当 $\mathscr{A} = \varnothing$ 时,能否定义 $\cap \varnothing$? 由定义,我们知道,当 $\mathscr{A} \subseteq \mathscr{B}(\mathscr{A} \neq \varnothing)$,就有 $\cap \mathscr{B} \subseteq \cap \mathscr{A}$,即 $\cap \mathscr{B}$"小于" $\cap \mathscr{A}$. 换言之,当 $\mathscr{A}$ 越来越大时, $\cap \mathscr{A}$ 越来越小. 一个特殊的情况,就是我们说的 $\mathscr{A} = \varnothing$ 时, $\cap \mathscr{A}$ 是怎样的情况呢? 定义中用来指明交集元素的命题:"对任意 $A \in \mathscr{A}$,均有 $x \in A$" 与条件命题:"$A \in \mathscr{A} \to x \in A$"等价. 在 $\mathscr{A} = \varnothing$ 的情况下,该命题对所有对象 x 显然都是真的. 因此 $\cap \mathscr{A} = \{x \mid$ 对于所有 $A \in \varnothing$,有 $x \in A\}$ 是一个含有所有集合的集合,可是这隐含着悖论(见第四章,§3,3.3). 因此,在定义 3.1.3 中 $\mathscr{A} \neq \varnothing$ 是不能去掉的.

在特例,如果族 $\mathscr{A}$ 由两个集合 A,B 组成: $\mathscr{A} = \{A,B\}$ 时,则
$$\cup \mathscr{A} = A \cup B, \quad \cap \mathscr{A} = A \cap B$$

换句话说,两个集合的并和交可看作集合族大并和大交的特殊情形. 不过,两个集合的并(交)是一个二元运算①,而一个集合族的大并(大交)是一元运算.

另外,在广义并与广义交的运算中,将集族中的元素仍看成集合. 例如,给定下列集族
$$\mathscr{A}_1 = \{a,b,\{c,d\}\}, \mathscr{A}_2 = \{\{a,b\}\}$$
$$\mathscr{A}_3 = \{a\}, \mathscr{A}_4 = \{\varnothing, \{\varnothing\}\}, \mathscr{A}_5 = \{a\}(a \neq \varnothing), \mathscr{A}_6 = \varnothing$$

不难看出,它们的广义并集与广义交集分别为
$$\cup \mathscr{A}_1 = a \cup b \cup \{c,d\}, \cap \mathscr{A}_1 = a \cap b \cap \{c,d\}, \cup \mathscr{A}_2 = \{a,b\}$$
$$\cap \mathscr{A}_2 = \{a,b\}, \cup \mathscr{A}_3 = a, \cap \mathscr{A}_3 = a$$
$$\cup \mathscr{A}_4 = \{\varnothing\}, \cap \mathscr{A}_4 = \varnothing, \cup \mathscr{A}_5 = \cup a$$
$$\cap \mathscr{A}_5 = \cap a, \cup \mathscr{A}_6 = \varnothing, \cap \mathscr{A}_6 \text{ 无意义}$$

相对于广义并与广义交的运算来说,我们将定义 2.2.1 和定义 2.2.2 中给出的并和交分别称为初级并和初级交. 为了规定运算的优先级,将以上各种运算(将求集合的幂集也看成运算)分成两类,其中的求补、求幂、广义并、广义交为第 1 类运算,而初级并、初级交、求差(非补)、对称差等运算为第 2 类运算. 在第 1 类运算中,按由右向左的顺序进行,在第 2 类运算中,顺序往往由括号来决定,多个括号并排或无括号部分则按由左向右的顺序进行.

值得注意的是下面的性质.

定理 3.1.4 对于任意集合 A,有 $\cup P(A) = A$.

---

① 关于一元运算和二元运算,参看《代数学教程(第二卷·抽象代数基础)》.

这个定理的证明是简单的
$$\bigcup P(A) = \{x \mid 存在集合 B, 使得 x \in B 且 B \in P(A)\}$$
$$= \{x \mid 存在集合 B, 使得 x \in B 且 B \subseteq A\}$$
$$= \{x \mid x \in A\}$$
$$= A$$

按照定理的结论,从某种意义上可以说,广义并运算是幂运算的逆:对于任一集合 A,先求 A 的幂 $P(A)$,再求 $P(A)$ 的广义并,即得到 A. 我们知道,对于一集合 A 来说,它的幂集合的元素恰好是 A 的子集合,子集合比元素多一层花括号(多了一个层次),例如
$$A = \{a, b\}, P(A) = \{\emptyset, \{a\}, \{b\}, \{a, b\}\}$$
$P(A)$ 的元素(除 $\emptyset$ 外)都比 A 的元素多了一层花括号,即高了一个层次,而 $\bigcup P(A) = A$,$\bigcup P(A)$ 比 $P(A)$ 低了一个层次,少了一层花括号. 一般来说,对于有穷集合 A 而言,$\bigcup A$ 都比 A 要低一个层次.

当 $A = \{\emptyset\}$ 时,$\bigcup A = \emptyset$,即 $\bigcup \{\emptyset\} = \emptyset$,得到了空集合,即到了最低层次(0 层的集合)就不能再低了,并且,由定义可知:$\bigcup \emptyset = \emptyset$.

最后指出,初级并和初级交等运算的运算律如交换律,结合律,分配律,德·摩根律,吸收律都可推广到集合族的情况.

例如,设 $\{A_\alpha \mid \alpha \in S\}$ 为一集合族,B 为一集合,则分配律的形式为
$$B \cup (\bigcap_{\alpha \in S} A_\alpha) = \bigcap_{\alpha \in S} (B \cup A_\alpha); B \cap (\bigcup_{\alpha \in S} A_\alpha) = \bigcup_{\alpha \in S} (B \cap A_\alpha)$$
德·摩根律的形式为
$$\overline{(\bigcup_{\alpha \in S} A_\alpha)_E} = \bigcap_{\alpha \in S} \overline{(A_\alpha)_E}, \overline{(\bigcap_{\alpha \in S} A_\alpha)_E} = \bigcup_{\alpha \in S} \overline{(A_\alpha)_E}$$
$$B - \bigcup_{\alpha \in S} A_\alpha = \bigcap_{\alpha \in S} (B - A_\alpha), B - \bigcap_{\alpha \in S} A_\alpha = \bigcup_{\alpha \in S} (B - A_\alpha)$$

3.2 集合序列的极限

我们可以将数列的极限这一进行无限运算的工具移植到集合论中来. 首先引进集合列的概念.

若集合族 $\{A_i \mid i \in I\}$ 的指标集 I 为 $\mathbf{N}_+$ 即正自然数集,则称这个集合族为集合列,简记为 $\{A_n\}$.

定义 3.2.1 设 $\{A_n\}$ 为一个给定的集合列,由属于集合列中无限个集合的那种元素组成的集合,称为 $\{A_n\}$ 的上极限集,简称 $\{A_n\}$ 的上极限,记作 $\varlimsup\limits_{n \to \infty} A_n$. 它可表示为
$$\varlimsup_{n \to \infty} A_n = \{x \mid 存在无限个 n, 使 x \in A_n\}$$

由于 $\overline{\lim\limits_{n\to\infty}} A_n$ 中的元素属于 $\{A_n\}$ 中无限个集合,故对于 $\overline{\lim\limits_{n\to\infty}} A_n$ 中任一元素 x,无论 n_0 多大,总存在大于 n_0 的自然数 n,使 $x \in A_n$,故集合列的上极限还可表示成

$$\overline{\lim_{n\to\infty}} A_n = \{x \mid 对于任意 n_0 \in \mathbf{N},都存在自然数 n:n > n_0 使 x \in A_n\}$$

定义 3.2.2 设 $\{A_n\}$ 为一个给定的集合列,由不属于集合列中有限个集合的那种元素组成的集合,称为 $\{A_n\}$ 的下极限集,简称 $\{A_n\}$ 的下极限,记作 $\underline{\lim\limits_{n\to\infty}} A_n$. 它可表示为

$$\underline{\lim_{n\to\infty}} A_n = \{x \mid 只有有限个 n,使 x \notin A_n\}$$

也就是说,下极限集中的任一元素 x,当 n 充分大后,均有 $x \in A_n$,因而必存在正整数 n_0,使得 $n > n_0$ 后,都有 $x \in A_n$. 故

$$\underline{\lim_{n\to\infty}} A_n = \{x \mid 存在 n_0 \in \mathbf{N},使得 n > n_0 时,均有 x \in A_n\}$$

有时亦称 $\underline{\lim\limits_{n\to\infty}} A_n$ 中元素属于几乎所有的 $\{A_n\}$ 中的元素.

如果 $\{A_n\}$ 的上、下极限相同

$$\overline{\lim_{n\to\infty}} A_n = \underline{\lim_{n\to\infty}} A_n$$

则称集合列 $\{A_n\}$ 是有极限的或收敛的,并称 $A = \overline{\lim\limits_{n\to\infty}} A_n = \underline{\lim\limits_{n\to\infty}} A_n$ 为 $\{A_n\}$ 的极限集,简称极限,记作 $\lim\limits_{n\to\infty} A_n$.

考察几个例子.

(1) 设 S_1, S_2 为两个集合,作集合如下

$$A_k = \begin{cases} S_1, k \text{ 为奇数}, \\ S_2, k \text{ 为偶数}, \end{cases} \quad k = 1, 2, \cdots$$

讨论 $\{A_k\}$ 的收敛情况.

易知

$$\overline{\lim_{k\to\infty}} A_k = S_1 \cup S_2, \underline{\lim_{k\to\infty}} A_k = S_1 \cap S_2$$

当 $S_1 = S_2$ 时,$\{A_k\}$ 收敛于 $S_1(S_2)$;当 $S_1 \neq S_2$ 时,$\{A_k\}$ 不收敛.

(2) 设在集合列 $\{A_k\}$ 中,$A_k = [0, k]$,讨论 $\{A_k\}$ 的收敛情况.

由定义

$$\overline{\lim_{k\to\infty}} A_k = \underline{\lim_{k\to\infty}} A_k = [0, +\infty)$$

所以 $\{A_k\}$ 收敛,并且 $\lim\limits_{k\to\infty} A_k = [0, +\infty)$.

(3) 给定集合列 $\{A_k\}$,其中

$$\begin{cases} A_{2k-1} = [0, 2 - \dfrac{1}{2k-1}] \\ A_{2k} = [0, 1 + \dfrac{1}{2k}] \end{cases}$$

而 $k = 1, 2, \cdots$, 确定 $\{A_k\}$ 的上、下极限.

将实数集 **R** 分成 4 个区间

$$S_1 = (-\infty, 0), S_2 = [0, 1], S_3 = (1, 2), S_4 = [2, +\infty)$$

此时

$$S_1 \cap A_{2k-1} = \varnothing, S_4 \cap A_{2k-1} = \varnothing, S_2 \subseteq A_k, k = 1, 2, \cdots$$

而对于任意的 $x \in S_3$, 必存在 $k_0(x)$, 使得当 $k \geqslant k_0(x)$ 后, 有

$$1 + \frac{1}{2k} < x < 2 - \frac{1}{2k-1}$$

即当 $k \geqslant k_0(x)$ 时, 有 $x \in A_{2k-1}$, 而 $x \notin A_{2k}$. 因而对于任意的 $x \in S_3 = (1, 2)$, $\{A_k\}$ 有无限多个集合含 x, 又有无限多个集合不含 x, 于是

$$\overline{\lim_{k \to \infty}} A_k = S_1 \cup S_2 = [0, 2), \underline{\lim_{k \to \infty}} A_k = S_2 = [0, 1]$$

以上结果说明 $\{A_k\}$ 不收敛.

(4) 设

$$A_n = \{\frac{m}{n} \mid m \in \mathbf{Z}, n \in \mathbf{N}_+\}$$

则

$$\underline{\lim_{n \to \infty}} A_n = \mathbf{Z}, \overline{\lim_{n \to \infty}} A_n = \mathbf{Q}$$

首先有

$$\mathbf{Z} \subseteq \underline{\lim_{n \to \infty}} A_n \subseteq \overline{\lim_{n \to \infty}} A_n \subseteq \mathbf{Q}$$

参看定理 3.2.1.

现在证明第一式. 假设 $\underline{\lim\limits_{n \to \infty}} A_n \neq \mathbf{Z}$, 则存在 $x \in \mathbf{Q} - \mathbf{Z}$, 使 $x \in \underline{\lim\limits_{n \to \infty}} A_n$, 即存在自然数 $n_0 > 0$, 当 $n > n_0$ 时, 有 $x \in A_n$, 特别地, $x \in A_n, x \in A_{n+1}$, 所以存在 $m_1, m_2 \in \mathbf{Z}$, 使 $x = \dfrac{m_1}{n}, x = \dfrac{m_2}{n+1}$, 由此 $\dfrac{m_1}{n} = \dfrac{m_2}{n+1}$, 从而 $m_2 = m_1 + \dfrac{m_1}{n}$, 这与 $m_2 \in \mathbf{Z}$ 矛盾, 所以假设不成立, 即 $\underline{\lim\limits_{n \to \infty}} A_n = \mathbf{Z}$.

再证明第二式. 对于任意的 $x \in \mathbf{Q}$, 则存在 $m, n \in \mathbf{Z}$, 使得 $x = \dfrac{m}{n}$, 所以

$$x = \frac{m}{n} = \frac{m \cdot n}{n^2} = \cdots = \frac{m \cdot n^k}{n^{k+1}} = \cdots$$

所以 $x \in A_{n^k}(k=1,2,\cdots)$，从而 $x \in \varliminf_{n\to\infty} A_n$，所以 $\varlimsup_{n\to\infty} A_n = \mathbf{Q}$.

定理 3.2.1　设 $\{A_n\}$ 为集合列，则：

(1) $\varliminf_{n\to\infty} A_n \subseteq \varlimsup_{n\to\infty} A_n$；

(2) $\varlimsup_{n\to\infty} A_n = \bigcap_{m=1}^{\infty} \bigcup_{n=m}^{\infty} A_n$；

(3) $\varliminf_{n\to\infty} A_n = \bigcup_{m=1}^{\infty} \bigcap_{n=m}^{\infty} A_n$；

(4) 设 E 是全集，$(\varliminf_{n\to\infty} A_n)_E = \varlimsup_{n\to\infty} (A_n)_E$，$(\varlimsup_{n\to\infty} A_n)_E = \varliminf_{n\to\infty} (A_n)_E$.

证明　(1) 由于 $\varliminf_{n\to\infty} A_n$ 中的元素除可能不属于 $\{A_n\}$ 中有限个集合外，属于 $\{A_n\}$ 中所有集合，因此 $\varliminf_{n\to\infty} A_n$ 中的元素也必属于 $\{A_n\}$ 中无限个集合，也就是说，$\varliminf_{n\to\infty} A_n$ 中元素必属于 $\varlimsup_{n\to\infty} A_n$；但反过来，$\varlimsup_{n\to\infty} A_n$ 中的元素却不一定属于 $\varliminf_{n\to\infty} A_n$，所以 $\varliminf_{n\to\infty} A_n \subseteq \varlimsup_{n\to\infty} A_n$.

(2) 如果 $x \in \varlimsup_{n\to\infty} A_n$，则有无限个 n，使 $x \in A_n$. 因此对于任意 m，在 A_m，A_{m+1}，A_{m+2}，$\cdots$ 中一定还有包含 x 的集合，因此 $x \in \bigcup_{n=m}^{\infty} A_n$，注意到 m 的任意性，所以 $x \in \bigcap_{m=1}^{\infty} \bigcup_{n=m}^{\infty} A_n$. 反之，如果 $x \in \bigcap_{m=1}^{\infty} \bigcup_{n=m}^{\infty} A_n$，则对任意 m，$x \in \bigcup_{n=m}^{\infty} A_n$，所以必有 $n \geqslant m$ 使 $x \in A_n$，这说明使 $x \in A_n$ 的 n 必有无限多个，因而 $x \in \varlimsup_{n\to\infty} A_n$，故 $\varlimsup_{n\to\infty} A_n = \bigcap_{m=1}^{\infty} \bigcup_{n=m}^{\infty} A_n$.

(3) 若 $x \in \varliminf_{n\to\infty} A_n$，则只有有限个 n，使 $x \notin A_n$，所以存在 m_0，使 $n \geqslant m_0$ 时，都有 $x \in A_n$，从而 $x \in \bigcap_{n=m_0}^{\infty} A_n$，于是 $x \in \bigcup_{m=1}^{\infty} \bigcap_{n=m}^{\infty} A_n$. 反之，如果 $x \in \bigcup_{m=1}^{\infty} \bigcap_{n=m}^{\infty} A_n$，则有 m_0 使 $x \in \bigcap_{n=m_0}^{\infty} A_n$，这说明当 $n \geqslant m_0$ 时，最多有 $m_0 - 1$ 个 n 使 $x \notin A_n$，因而 $x \in \varliminf_{n\to\infty} A_n$. 这就证明了 $\varliminf_{n\to\infty} A_n = \bigcup_{m=1}^{\infty} \bigcap_{n=m}^{\infty} A_n$.

(4)
$$\overline{(\varlimsup_{n\to\infty} A_n)_E} = \overline{(\bigcap_{m=1}^{\infty} \bigcup_{n=m}^{\infty} A_n)_E}$$
$$= \bigcup_{m=1}^{\infty} \overline{(\bigcup_{n=m}^{\infty} A_n)_E}$$
$$= \bigcup_{m=1}^{\infty} (\bigcap_{n=m}^{\infty} \overline{(A_n)_E})$$
$$= \bigcup_{m=1}^{\infty} \bigcap_{n=m}^{\infty} \overline{(A_n)_E}$$

$$= \varliminf_{n\to\infty} \overline{(A_n)_E};$$

同理可证

$$\overline{(\varliminf_{n\to\infty} A_n)_E} = \varlimsup_{n\to\infty} \overline{(A_n)_E}.$$

定理 3.2.2 设 $\{A_n\}$ 为一集合列，B 为一集合，则：

(1) $B - \varlimsup\limits_{n\to\infty} A_n = \varliminf\limits_{n\to\infty}(B - A_n)$；

(2) $B - \varliminf\limits_{n\to\infty} A_n = \varlimsup\limits_{n\to\infty}(B - A_n)$.

证明 (1) $B - \varlimsup\limits_{n\to\infty} A_n = B - \bigcap\limits_{m=1}^{\infty} \bigcup\limits_{n=m}^{\infty} A_n$

$$= \bigcup_{m=1}^{\infty}(B - \bigcap_{m=n}^{\infty} A_n) \quad (\text{德·摩根律})$$

$$= \bigcup_{m=1}^{\infty} \bigcap_{n=m}^{\infty}(B - A_n) \quad (\text{德·摩根律})$$

$$= \varliminf_{n\to\infty}(B - A_n)$$

类似可证明 (2).

设 $\{A_i\}$ 为一集合列，令 $E = \bigcup\limits_{i\in \mathbf{N}_+} A_i$ 为全集，$B_i = \overline{(A_i)_E}$，$i = 1, 2, \cdots$，则设 $\{B_i\}$ 亦为一集合列. 这时，集合列 $\{A_i\}$，$\{B_i\}$ 的上极限与下极限有下面的关系.

定理 3.2.3 $E = \varliminf\limits_{i\to\infty} A_i \cup \varlimsup\limits_{i\to\infty} B_i = \varlimsup\limits_{i\to\infty} A_i \cup \varliminf\limits_{i\to\infty} B_i$.

证明 首先证明 $E \subseteq \varliminf\limits_{i\to\infty} A_i \cup \varlimsup\limits_{i\to\infty} B_i$. 对于任意的 $x \in E = \bigcup\limits_{i\in \mathbf{N}_+} A_i$ 只有下面两种可能：

(1) x 属于几乎所有的 A_i，即存在 $n_0(x)$，使得当 $i \geqslant n_0(x)$ 时，$x \in A_i$，于是 $x \in \varliminf\limits_{i\to\infty} A_i$.

(2) 当 (1) 不成立时，必有无限个 $\{A_i\}$ 中的集合不含 x，因而必有无限个 $\{B_i\}$ 中的集合含 x，因而必有 $x \in \varlimsup\limits_{i\to\infty} B_i$.

由 (1) 或 (2) 的成立可知，$x \in \varliminf\limits_{i\to\infty} A_i \cup \varlimsup\limits_{i\to\infty} B_i$，即

$$E \subseteq \varliminf_{i\to\infty} A_i \cup \varlimsup_{i\to\infty} B_i$$

反之，由于 $\varliminf\limits_{i\to\infty} A_i \subseteq E$，且 $\varlimsup\limits_{i\to\infty} B_i \subseteq E$，因而

$$\varliminf_{i\to\infty} A_i \cup \varlimsup_{i\to\infty} B_i \subseteq E$$

综上所述，$E = \varliminf\limits_{i\to\infty} A_i \cup \varlimsup\limits_{i\to\infty} B_i$ 成立.

类似可证 $E = \varlimsup\limits_{i\to\infty} A_i \cup \varliminf\limits_{i\to\infty} B_i$.

下面讨论单调集合列及其性质.

定义 3.2.3 设 $\{A_i\}$ 为一集合列,若 $A_1 \supseteq A_2 \supseteq \cdots \supseteq A_i \supseteq \cdots$,则称 $\{A_i\}$ 为递减集合列. 若 $A_1 \subseteq A_2 \subseteq \cdots \subseteq A_i \subseteq \cdots$,则称 $\{A_i\}$ 为递增集合列. 递减和递增集合列统称为单调集合列.

关于单调集合列,下面的定理成立.

定理 3.2.4 单调集合列必收敛,并且,若 $\{A_i\}$ 是递增的,则
$$\lim_{i \to \infty} A_i = \bigcup_{n=1}^{\infty} A_n$$
若 $\{A_i\}$ 是递减的,则
$$\lim_{i \to \infty} A_i = \bigcap_{n=1}^{\infty} A_n$$
换句话说,递减集合列收敛于集合的并,递增集合列收敛于集合的交.

证明 对任一集列 $\{A_i\}$,总有
$$\bigcap_{n=1}^{\infty} A_n \subseteq \varliminf_{i \to \infty} A_i \subseteq \varlimsup_{i \to \infty} A_i \subseteq \bigcup_{n=1}^{\infty} A_n \tag{1}$$

设 $\{A_i\}$ 是单调增加的. 对任何 $x \in \bigcup_{n=1}^{\infty} A_n$,必有某个 n_0 使得 $x \in A_{n_0}$,因为 $\{A_i\}$ 是单调增加的,所以 $x \in A_n (n \geqslant n_0)$,从而 $x \in \varliminf_{i \to \infty} A_i$. 但 x 是在 $\bigcup_{n=1}^{\infty} A_n$ 中任取的,所以 $\bigcup_{n=1}^{\infty} A_n \subseteq \varliminf_{i \to \infty} A_i$. 由(1)就得到
$$\bigcup_{n=1}^{\infty} A_n \subseteq \varliminf_{i \to \infty} A_i \subseteq \varlimsup_{i \to \infty} A_i \subseteq \bigcup_{n=1}^{\infty} A_n \tag{2}$$

式(2)两端是同一个集,因此
$$\varliminf_{i \to \infty} A_i = \varlimsup_{i \to \infty} A_i = \bigcup_{n=1}^{\infty} A_n$$

设 $\{A_i\}$ 是单调下降的. 对任何 $x \in \varlimsup_{i \to \infty} A_i$,必存在自然数的单调序列 $\{n_k\}$ 使得 $x \in A_{n_k}$,设 n 是任一给定的自然数,取 $n_k \geqslant n$,由于 $x \in A_{n_k} \subset A_n$,因此 x 必属于一切 A_n,即 $x \in \bigcap_{n=1}^{\infty} A_n$,由此得到
$$\bigcap_{n=1}^{\infty} A_n \subseteq \varliminf_{i \to \infty} A_i \subseteq \varlimsup_{i \to \infty} A_i \subseteq \bigcap_{n=1}^{\infty} A_n \tag{3}$$
因此
$$\varliminf_{i \to \infty} A_i = \varlimsup_{i \to \infty} A_i = \bigcap_{n=1}^{\infty} A_n.$$

例如,设 $A_i = [i, +\infty), i = 1, 2, \cdots$,则 $\{A_i\}$ 是递减集合列,$\lim_{i \to \infty} A_i = \bigcap_{n=1}^{\infty} A_n = \varnothing$;又设 $A_i = [0, i), i = 1, 2, \cdots$,则 $\{A_i\}$ 是递增集合列,$\lim_{i \to \infty} A_i = \bigcup_{n=1}^{\infty} A_n = [0,$

$+\infty)$.

定理 3.2.5 设集合列 $\{A_i\}$ 是单调递减的,则

(1) 集合列 $\{A_i - A_{i+1}\}$ 是不交的;

(2) $(\bigcup\limits_{i \geqslant 0}(A_i - A_{i+1})) \cap (\bigcap\limits_{i \geqslant 0} A_i) = \varnothing$;

(3) $A_0 = (\bigcup\limits_{i \geqslant 0}(A_i - A_{i+1})) \cup (\bigcap\limits_{i \geqslant 0} A_i)$.

证明 (1) 任给 $i,j \in N$,如果 $A_i - A_{i+1} \neq A_j - A_{j+1}$,则 $i \neq j$,不妨设 $i < j$,则 $i + 1 \leqslant j$,由单调递减性得:$A_j \subseteq A_{i+1}$.由此 $A_j - A_{j+1} \subseteq A_{i+1}$,所以 $(A_i - A_{i+1}) \cap (A_j - A_{j+1}) = \varnothing$;

(2) 若 $x \in \bigcap\limits_{i \geqslant 0} A_i$,则任给 $i \in N$,都有 $x \in A_{i+1}$,所以任给 $i \in N$,都有 $x \notin A_i - A_{i+1}$,由集合族的并的定义得 $x \notin \bigcup\limits_{i \geqslant 0}(A_i - A_{i+1})$.因此, $(\bigcup\limits_{i \geqslant 0}(A_i - A_{i+1})) \cap (\bigcap\limits_{i \geqslant 0} A_i) = \varnothing$;

(3) 由 $\{A_i \mid i \in N\}$ 的单调递减性,任给 $i \in N$,都有 $A_i \subseteq A_0$,从而 $A_i - A_{i+1} \subseteq A_0$,所以 $\bigcup\limits_{i \geqslant 0}(A_i - A_{i+1}) \subseteq A_0$ 且 $\bigcap\limits_{i \geqslant 0} A_i \subseteq A_0$.

如果 $x \in A_0$,则当 $\{j \mid j \in N \text{ 且 } x \notin A_j\} = \varnothing$ 时,有任给 $i \in N$,都有 $x \in A_i$,所以 $x \in \bigcap\limits_{i \geqslant 0} A_i$;当 $\{j \mid j \in N \text{ 且 } x \notin A_j\} \neq \varnothing$ 时,由 $x \in A_0$ 可知它的最小数不为0,可设这个最小数为 $i + 1$,由 $i + 1$ 的定义得 $x \in A_i$ 且 $x \notin A_{i+1}$,所以 $x \in A_i - A_{i+1}$,因此存在 $i \in N$,使得 $x \in A_i - A_{i+1}$,由集合族的并的定义得 $x \in \bigcup\limits_{i \geqslant 0}(A_i - A_{i+1})$.在两种情况下都有 $x \in (\bigcup\limits_{i \geqslant 0}(A_i - A_{i+1})) \cup (\bigcap\limits_{i \geqslant 0} A_i)$,因此 $A_0 \subseteq (\bigcup\limits_{i \geqslant 0}(A_i - A_{i+1})) \cup (\bigcap\limits_{i \geqslant 0} A_i)$.

定理 3.2.5 的直观意义是: $A_0, A_1, \cdots, A_n, \cdots$ 是一系列单调下降的集合,则可以将 A_0 分解成一系列用 $A_0, A_1, \cdots, A_n, \cdots$ 表示的互不相交的集合 $A_0 - A_1$, $A_1 - A_2, \cdots, A_n - A_{n+1}, \cdots, \bigcap\limits_{i \geqslant 0} A_i$(图1).

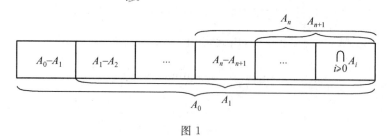

图 1

关系·映射

§1 关系的基本概念

1.1 关系及其相关概念

到现在为止,我们仅研究了集合的这些性质,即关联到集合和它的元素之间存在着的基本关系的性质,或者是关联到两个集合对它们元素关系的性质.我们还未曾讨论到同一个集合的元素间的任何关系,所有元素我们都是一律平等地看待.然而在数学中,这种"纯粹"的集合是很少遇见的.通常研究的集合,其元素之间总是存在着这样或那样的关系.例如,在几何学中,同一平面上的两条直线可以是相交的,也可以是相互平行的;一条直线上的三个点之间存在关系:三个点中的一个位于其他两个之间;在算术中,数之间存在相等关系,整除关系,大小关系等.

这一节,我们要在一般的形式下来考虑关系的概念.

定义 1.1.1 设 X, Y 是两个集合,若规定一种规则 R,使对任何 $x \in X$ 和对任何 $y \in Y$ 均可确定 x 和 y 是否适合这个规则,若适合这个规则,就说 x 和 y 有二元关系 R,记作 xRy;否则记作 $x\not{R}y$.

例如,"直线 x 和圆周 y 相切"给出了平面上直线的集合 X 与同一平面上圆周的集合 Y 相切的二元关系.在这里,成为规则的是直线与圆只有一个交点.

X 和 Y 之间的一个二元关系 R 也可以用 $X \times Y$ 的如下子集来表示
$$S_R = \{\langle x,y \rangle \mid x \in X, y \in Y, xRy\}$$
反之，$X \times Y$ 的任何一个子集 S 也确定了 X 和 Y 之间的一个二元关系 R：xRy 当且仅当 $\langle x,y \rangle \in S$.

在许多情况下，集合 X 和 Y 是相同的：$X = Y$. 这时就说是在集合 X 上的二元关系. 如前，实数集合中的关系 ">" 可表示为
$$> = \{\langle x,y \rangle \mid x, y \text{ 是实数且 } x \text{ 大于 } y\}$$
因为 $X \subseteq (X \cup Y)$ 和 $Y \subseteq (X \cup Y)$，所以 $X \times Y$ 中的任何一个子集对应于在 $(X \cup Y)^2$ 中由同样的序偶组成的子集. 换言之，X 和 Y 之间的每一个关系，唯一地与集合 $X \cup Y$ 中的一个关系相对应. 这就有可能只在一个集合中使用关系这个概念. 但在对应理论的实际应用中，利用集合 X 和 Y，比利用它们的并 $X \cup Y$ 要更方便一些.

同时我们指出，对各种不同形式的关系，通常不是用指出 $X \times Y$ 中相应的子集的方法来给出的，而是用指出属于这一子集的有序对 $\langle x,y \rangle$ 的某一性质的方法来给出的. 例如，为了说明什么是直线和圆周相切，一般不是用由相切的直线和圆周的序偶组成的集合来表示，而是这样来限定，即指出这样的直线和圆周有且只有一个公共点. 集合论的观点可以用来明确说明，借助元素的性质来定义的哪些规则是等价的（即它们什么时候与 $X \times Y$ 中的序偶的同一个集合是一致的）. 例如，"直线 x 与圆周 y 相切"这个规则，等价于"直线 m 到圆周的中心的距离等于这个圆的半径"这个规则. 虽然第一种情况下所说的是两条线的交点的个数，而第二种情况下所说的是某些距离，满足这些条件的序偶 $\langle x,y \rangle$ 的集合却是相同的.

另一方面，既然关系可以看作集合，因此有时用处理集合的方法处理关系是方便的. 因而有子关系，关系的并、交、差、余等运算①.

如，R, Q 是集合 X 与 Y 上的两个二元关系，若 $R \subseteq Q$，则称 R 为 Q 的子关系；对任意 $x \in X, y \in Y$，有：

$x(R \cup S)y$ 当且仅当 xRy 或者 xSy；

$x(R \cap S)y$ 当且仅当 xRy 并且 xSy；

$x(R - S)y$ 当且仅当 xRy 并且 $x\overline{S}y$；

$x\overline{R}_{X \times Y} y$ 当且仅当 xRy.

---

① 同一域上的关系才能进行集合的运算.

当然，集合的并、交、差、余运算诸性质对关系运算也成立．需要注意的是，作为关系时，余运算是对全关系（即 $X\times Y$）而言的．

考察一个例子．

设 $X=\{1,2,3\}$，则 X 上的小于关系、恒等关系、大于关系分别为
$$<_X=\{\langle 1,2\rangle,\langle 1,3\rangle,\langle 2,3\rangle\}$$
$$I_X=\{\langle 1,1\rangle,\langle 2,2\rangle,\langle 3,3\rangle\}$$
$$>_X=\{\langle 2,1\rangle,\langle 3,1\rangle,\langle 3,2\rangle\}$$

小于关系与恒等关系的并即为小于或等于关系
$$<_X\cup I_X=\leqslant_X=\{\langle 1,2\rangle,\langle 1,3\rangle,\langle 2,3\rangle,\langle 1,1\rangle,\langle 2,2\rangle,\langle 3,3\rangle\}$$

小于关系与大于关系的并即为不等关系
$$<_X\cup >_X=\neq_X=\{\langle 1,2\rangle,\langle 1,3\rangle,\langle 2,3\rangle,\langle 2,1\rangle,\langle 3,1\rangle,\langle 3,2\rangle\}$$

另外大于关系的补即为小于或等于关系．

如果 R 是一个从集合 X 到 Y 的二元关系，我们常常会有机会涉及所有 X 的元素（它对 Y 的元素有关系 R）的集合，以及 Y 的元素（X 的元素对它有关系 R）的集合．在下面的定义中，我们将对每一类元素的集合赋予名称和符号．

定义 1.1.2 设 R 为集合 X 与 Y 间的二元关系，满足 $\langle x,y\rangle\in R$ 的所有 x 组成的集合称为关系 R 的定义域，记为 dom R，即 dom $R=\{x\mid$ 存在 y 使得 $\langle x,y\rangle\in R\}$；满足 $\langle x,y\rangle\in R$ 的所有 y 组成的集合称为关系 R 的值域，记为 ran R，即 ran $R=\{y\mid$ 存在 x 使得 $\langle x,y\rangle\in R\}$．又称 X 为 R 的前域，称 Y 为 R 的陪域．

设 $R_1=\{a,b\}$，$R_2=\{a,b,\langle c,d\rangle,\langle e,f\rangle\}$，$R_3=\{\langle 1,2\rangle,\langle 3,4\rangle\}$，当 a,b 不是有序对时，R_1,R_2 均不是关系．由定义可知
$$\text{dom }R_1=\varnothing,\text{ran }R_1=\varnothing$$
$$\text{dom }R_2=\{c,e\},\text{ran }R_2=\{d,f\}$$
$$\text{dom }R_3=\{1,3\},\text{ran }R_3=\{2,4\}$$

两个关系进行"并"运算后，它们的定义域（值域）亦作同样的运算．

定理 1.1.1 设 R,Q 是任意两个二元关系，则：

(1) dom$(R\cup Q)=$ dom $R\cup$ dom Q；

(2) ran$(R\cup Q)=$ ran $R\cup$ ran Q．

例如我们来证明第一个结论．对任意 $x\in\text{dom}(R\cup Q)$，存在 y，使得 $\langle x,y\rangle\in R\cup Q$，即 $\langle x,y\rangle\in R$ 或 $\langle x,y\rangle\in Q$，这就是说 $x\in\text{dom }R$ 或 $x\in\text{dom }Q$，即 $x\in\text{dom }R\cup\text{dom }Q$．故 $\text{dom}(R\cup Q)=\text{dom }R\cup\text{dom }Q$．

关系的其他运算，类似于定理 1.1.1 的结论并不成立，但是可以证明：

定理 1.1.2 设 R,Q 是任意两个二元关系，则

(1) $\text{dom}(R \cap Q) \subseteq \text{dom } R \cap \text{dom } Q$;

(2) $\text{ran}(R \cap Q) \subseteq \text{ran } R \cap \text{ran } Q$;

(3) $\text{dom } R - \text{dom } Q \subseteq \text{dom}(R - Q)$;

(4) $\text{ran } R - \text{ran } Q \subseteq \text{ran}(R - Q)$;

(5) 若 $R \subseteq Q$,则 $\text{dom } R \subseteq \text{dom } Q$, $\text{ran } R \subseteq \text{ran } Q$.

证明 作为例子我们证明(2)(3).

(2) 对任意 $y \in \text{ran}(R \cap Q)$,存在 x,使得 $\langle x,y \rangle \in R \cap Q$,即 $\langle x,y \rangle \in R$ 且 $\langle x,y \rangle \in Q$,这就是说存在 x,使得 $\langle x,y \rangle \in R$ 且 $\langle x,y \rangle \in Q$,于是 $y \in \text{ran } R$ 且 $y \in \text{ran } Q$,即 $y \in \text{ran } R \cap \text{ran } Q$. 故 $\text{ran}(R \cap Q) \subseteq \text{ran } R \cap \text{ran } Q$.

(3) 对任意 $x \in (\text{dom } R - \text{dom } Q)$,即 $x \in \text{dom } R$ 且 $x \notin \text{dom } Q$,也就是存在 y 使得 $\langle x,y \rangle \in R$ 且对于任意 z 均有 $\langle x,z \rangle \notin Q$,故 $\langle x,y \rangle \in (R-Q)$,即 $x \in \text{dom}(R-Q)$,所以 $\text{dom } R - \text{dom } Q \subseteq \text{dom}(R-Q)$.

请读者举例说明定理 1.1.2 中 (1) $\sim$ (5) 中等号不一定成立.

1.2 等价关系

某个集合中的元素之间的相等 $a = b$,我们理解为元素间这样的关系:它们是一致的或者是恒等的.

由此,按照纯逻辑的基础,将引出相等的以下几个基本性质:

(1) $a = a$ (自反性);

(2) 若 $a = b$,则 $b = a$ (对称性);

(3) 若 $a = b, b = c$,则 $a = c$ (传递性).

但是,正如我们知道的,另一些关系也具有这些性质. 例如,几何学中图形相似:a 相似于 a;若 a 相似于 b,则 b 相似于 a;a 相似于 b,b 相似于 c,则 a 相似于 c.

现在我们给予这类关系一个同样的名称.

定义 1.2.1 设 R 是非空集合 A 的一个关系. 如果 R 具有自反性、对称性、传递性,则称 R 是一个等价关系. 若 xRy,则称 x 等价于 y,亦称 x, y 是等价的,记作 $x \sim y$.

再举出一些常见的例子.

例如,设 $A = \{$平面几何图形$\}$,则关系 $\{\langle x,y \rangle \mid x, y$ 是平面几何图形且 x 的面积等于 y 的面积$\}$ 就是 A 上的一个等价关系.

另外 A 的恒等关系 I_X 与全关系 $X \times X$ 均是等价关系,前者是最小的等价关系,后者是最大的等价关系.

注意，当 R 是 A 上的一个等价关系时，并不是说 A 中任意两个元素都有 R 关系．例如上面的例子中并不是任何两个平面几何图形都有面积相等这个关系．

在整数论中，同余的概念起着重要的作用．给定一个正整数 m，两个整数 a,b，若它们除以 m 所得的余数相等，则称 a,b 对于模 m 同余，记作 $a \equiv b(\bmod m)$．由同余的概念我们构造一个整数集 $\mathbf{Z}$ 上的一个关系 R：设 $m \in \mathbf{Z}, R = \{\langle a,b \rangle \mid a,b \in \mathbf{Z}, \text{且} a \equiv b(\bmod m)\}$，关系 R 常称为同余关系．

现在我们证明整数集 $\mathbf{Z}$ 上的同余关系是一个等价关系．

事实上，R 的自反性和对称性是显然的．现在证明 R 也是传递的．

设 $a \equiv b(\bmod m), b \equiv c(\bmod m)$，则表示 a, b 除以 m 所得的余数相等，b, c 除以 m 所得的余数相等，于是 a, c 除以 m 所得的余数相等，所以 $a \equiv c(\bmod m)$．

研究等价关系的目的在于将集合中的元素进行分类，然后选取每类的代表元素，并通过研究这个"较小"的集合来降低问题的复杂度．

定义 1.2.2 设 A 是一个非空集合，R 是 A 上的等价关系．A 的一个非空子集 M 叫作一个等价类，如果：

(1) 若 $a \in M, b \in M$，则 aRb；

(2) 若 $a \in M, b \notin M$，则 $a\cancel{R}b$；或者若 $a \in M, aRb$，则 $b \in M$．

换句话说，如果 M 中任意两个元素等价，而 M 中的任意元素与 M 外的任意元素不等价，则 M 就是一个等价类．

例如，上面提到的，所有面积相等的几何图形组成一个等价类（在面积相等关系下）．

设集合 A 上有一个等价关系 R，则相应于关系 R 的等价类总是存在的．事实上，任取 $a \in A$，令
$$M = \{b \mid b \in A \text{ 并且 } bRa\}$$
显然，M 非空．

任取 $x_1 \in M, x_2 \in M$，由于 $x_1 R a, x_2 R a$，而 R 具有对称性，传递性，所以 $x_1 R x_2$．

任取 $x_1 \in M$，若 $x_1 R y$，则由于 $x_1 R a$，所以 $y R a$，故 $y \in M$．

于是，M 是一个等价类．

$M = \{b \mid b \in A \text{ 并且 } bRa\}$ 作为等价类，它含有 A 中所有与 a 等价的元素，且仅含这些元素．由于这个原因，这个等价类被称为由 a 确定的 R 等价类，记作 $[a]_R$．由 R 的自反性，任意 $a \in A$，均有 $a \in [a]_R$．

下面是等价类的一个基本性质．

定理 1.2.1 设 R 是集合 A 上的等价关系，$a,b \in A$，则：

(1) $[a]_R = [b]_R$ 当且仅当 aRb；

(2) 若 $[a]_R \neq [b]_R$，则 $[a]_R \cap [b]_R = \varnothing$.

证明 (1) 充分性. 首先 $a \in [a]_R$，由于 $[a]_R = [b]_R$，故 $a \in [b]_R$，故有 aRb.

必要性. 设 $x \in [a]_R$，则 xRa，由 aRb 以及 R 的传递性知 xRb，故 $x \in [b]_R$，即有 $[a]_R \subseteq [b]_R$；作同样推理可得 $[b]_R \subseteq [a]_R$，于是 $[a]_R = [b]_R$.

(2) 假设 $[a]_R \cap [b]_R \neq \varnothing$，则必存在 $x \in [a]_R \cap [b]_R$，即 $x \in [a]_R$ 且 $x \in [b]_R$，这样就有 xRa 且 xRb，由 R 的对称性和传递性，有 aRb，由 (1) 可得 $[a]_R = [b]_R$，这与假设矛盾.

按照定理 1.2.1，可以引入一个新的集合.

定义 1.2.3 设 R 是非空集合 A 上的等价关系，以 R 的所有不同等价类为元素作成的集合称为 A 的商集，简称 A 的商集，记作 A/R.

A 的商集 A/R 可表示成 $A/R = \{[a]_R \mid a \in A\}$.

例如，设 $A = \{1,2,3,4,5,8\}$，$R = \{\langle a,b \rangle \mid a,b \in A, \text{且 } a \equiv b \pmod 3\}$，则 $A/R = \{[1]_R, [2]_R, [3]_R\} = \{\{1,4\}, \{2,5,8\}, \{3\}\}$.

关于商集的定理，我们将在 2.3 目给出.

1.3 数学的公理结构·同构

每一种数学理论都是研究元素之间具有某种关系的集合，而这些关系是具有某些性质的. 理论的内容在于：用一些关系（或概念）定义另一些关系（或概念），以及以有些性质为基础证明这些关系（或概念）的另一些性质. 例如，在有序集的理论中"大于"和"小于"的关系之一是利用另一关系来定义的. 并借助于它们，定义了"最先元素"等概念；在环的理论中，关系"$a-b=c$"和概念"零"是利用关系"$a+b=c$"来定义的. 关系和概念之间没有什么原则的差异，关系的本身也可以看作是概念，我们将使用"关系"这个术语，仅希望着重地指出：这些概念是表达集合的元素间的联系的.

显然，对所有概念和关系都下定义，对所有概念和关系的性质都加以证明，这是不可能的（由于纯粹逻辑的缘故）. 本来，每一个定义仅在于由已知的概念引导出另外的概念，而每一个证明仅在于由另外的性质引导出这个性质. 因此，必须有某些概念（或关系）是不下定义的，把它们叫作基本概念或者基本关系. 同样，这些基本关系的性质也必有不须加证明的，把这些性质叫作基本性质或公理. 基本概念和公理的一览表是理论的基础，利用它们，借纯粹逻辑的方法就可建立该理论的全部内容.

研究我们感兴趣的概念和关系的性质,以便记它们应用到该概念及关系已被定义的任意集合上去,这是数学科学近代结构的抽象性质的基本特点. 在这样的各个集合中,元素的具体意义及它们的所有具体性质(除了在该数学理论中被研究的性质以外),对于该定理来说就是完全没有差异的. 例如,在《代数学教程(第二卷·抽象代数基础)》中定义的环与域,这里作为元素间具有已知关系(加法和乘法的运算),而这些关系具有给定的基本性质(对于环来说是性质 Ⅰ～Ⅵ,而对于域来说是性质 Ⅰ～Ⅷ)的任意集合,又几何的公理化结构也是这样的例子,那里点、直线、平面是所讨论的对象,对于几何结构来说,它们的本性是完全没有区别的,仅在于它们之间被定义了满足基本条件(几何公理)的基本关系("点在直线上"等). 但是,既然这样,人们就可以认为存在不止一种,而是好多种环和域的理论;存在着不止一种,而是好多种不同的几何学,就看我们将该理论建立在何种具体的集合上. 为了摆脱这种困难,应该精确地确定该数学理论的内容. 本来,正如上面已说过的,数学理论不在于研究集合的元素的所有性质,而仅在于研究对于它们已定义的基本关系的性质,研究由基本性质(公理)给出的一些性质,而基本性质是从属于基本关系的. 其余的所有性质不是该理论所研究的对象(虽然这些性质对于其本身来说,可能是非常重要的). 理论是从这些性质中抽象出来的. 因此,元素间已定义了基本关系的所有集合(对于每一个集合来说,基本关系是以它的元素的具体性质为基础而定义的),只要从属于这些基本关系的基本性质相同,那么从研究该理论的观点来看,它们之间是没有差别的. 但是,因为对每一个集合定义基本关系都是以它的元素的具体性质为依据的,故以抽象的形式研究基本关系的性质时,数学理论也就研究了某些具体集合的整个类的某些具体性质. 这是任何一门学科都具有的抽象的性质和具体性质辩证的统一,不过,在数学中这种现象可以更明显地被看到.

元素间的关系有相同性质,因而在给定的公理化理论范围内没有差别的集合的概念,从下面一般的概念同构得到精确的表述:

定义 1.3.1 两个集合 M 与 M',每一个集合的元素间都定义了一些关系,组成某个关系组 S,如果 M 与 M' 间存在着一个一一对应,保持关系组 S 中所有关系,即如果 M 的任何元素间具有 S 中某个关系,则与之相应的 M' 的元素间也具有该关系,且逆命题也正确,那么就说 M 与 M' 关于关系组 S 同构(或者简单地说 M 与 M' 同构),用符号 $M \cong M'$ 表示.

可以这样说,公理化理论所研究的集合,它们之间的关系,至多不过是关于该理论的基本关系组是同构的.

显然,同构的概念具有三个基本性质:

(1) $M \cong M'$;

(2) 如果 $M \cong M'$,则 $M' \cong M$;

(3) 如果 $M \cong M', M' \cong M''$,则 $M \cong M''$.

例如,在没有任何关系的情形(这种情形,关系组 S 是空集)定义 1.3.1 就变成等价关系的定义,而在仅有一种关系"a 在 b 前面"并且满足相应公理的情形,定义 1.3.1 就变成相似的定义.

这样,同构的概念实际表达了所有被讨论过的集合的同一性,可以用下面的一般命题来描述它:

定理 1.3.1(关于同构的基本定理) 如果集合 M 与 M' 关于某个关系组 S 是同构的,集合 M 中用关系组 S 的术语所描述的任何性质,在集合 M' 中也成立,且逆定理也成立.

证明 集合 M 的上述类型的任何性质,归根结底归纳为两种类型之一的若干论断. 设 A 是集合 M 的非空子集,s 是用关系组 S 定义的某个关系,于是:对于这个给定的关系 s,集合 A 的元素:(1) 满足这个关系,或者(2) 不满足这个关系. 需要证明,如果在 M 中论断(1) 成立或者(2) 成立,那么在 M' 中也成立. 设 A' 是在同构映射之下 M' 中的与 A 对应的子集. 在(1) 的情形,由于 M 与 M' 在同构对应之下保持关系 s,故 A' 的元素也满足这个关系,在(2) 的情形,假定论断在 M' 中不真,即存在着集合 $A' \subseteq M'$,它的元素也满足关系 s,因为 M' 到 M 的同构映象也保持这个关系 s,故 A 中的元素也满足这个关系,这与(2) 的条件矛盾.

§2 集合的划分

2.1 集合的划分与覆盖

在很多情况下,研究集合的元素时往往不会对单个元素逐一地考查,而是按某种规定或性质把集合分成若干个子集来考查,以便进行处理. 由此,我们引出如下定义:

定义 2.1.1 设 A 是非空集合,π 是 A 的若干个非空子集组成的集合,即:$\pi \subseteq 2^A - \{\varnothing\}$,若:

(1) 对于任意 $S_1, S_2 \in \pi$,要么 $S_1 \cap S_2 = \varnothing$,要么 $S_1 = S_2$;

(2) $\bigcup_{a\in\pi} S = A$.

则称 π 是集合 A 的一个划分.

有时,为了表明划分 π 是集合 A 的划分,将 π 记为 π_A.

划分中的元素称为块(要注意的是,定义 2.1.1 中划分的块数可以是无限的),如果 π 是有限集,那么称 $|\pi|$ 为划分的秩,如果 π 是无限集,那么称 π 的秩为无限.通常将秩是(自然数)k 的划分,简记为 k-划分.

根据定义,划分中的每一块都是非空的,并且划分中的每一块与其他块没有公共元素,最后 A 的一个划分"耗尽"了 A 的所有元素.也就是说,将一个集合划分成若干块时,集合中的每一元素"恰好"属于划分中的某一块.

下面是划分的一些例子.

设 $X = \{1,2,3,4\}$,容易验证下列均是 X 的划分:

$\pi_{X_1} = \{\{1\},\{2\},\{3\},\{4\}\}$, $\pi_{X_2} = \{\{1,2\},\{3\},\{4\}\}$, $\pi_{X_3} = \{\{1,2\},\{3,4\}\}$,

$\pi_{X_4} = \{\{1\},\{2,3,4\}\}$, $\pi_{X_5} = \{\{1,2,3,4\}\}$.

这些划分可用下面的图 1 加以形象表示:

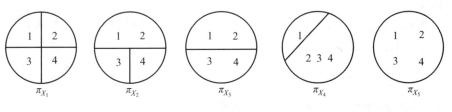

图 1

若去掉划分定义中划分块不相交的限制,则得到所谓覆盖的概念.

定义 2.1.2 设 A 是非空集合,π 是 A 的若干非空子集组成的集合,若 $\bigcup_{a\in\pi} S = A$,则称 π 是集合 A 的覆盖.

这样一来,划分就可作为特殊的覆盖.

对于一给定的非空集合,它的划分显然并不是唯一的,下面我们来讨论有多少种不同的方法将一 n 元集合划分成若干块.

定义 2.1.3 将一 n 元集合划分成 k 块的方法数称为第二类斯特林[①]数,用 $S(n,k)$ 表示.

显然,对于任意的自然数 n,当 $k > n$ 时,有 $S(n,k) = 0$,且 $S(n,1) = 1$,

---

① 在组合数学中,产生第二类斯特灵数的模型是:将 n 个不同的球放入 r 个相同的盒中去,并且要求无空盒,问有多少种不同的放法? 这里要求 $n \geqslant r$.

詹姆斯·斯特林(James Stirling;1696.3.22—1770.12.5),苏格兰数学家.

$S(n,n) = 1$.

定理 2.1.1 $S(n,2) = 2^{n-1} - 1$，其中 $n \geq 2$.

证明 设 A 为一 n 元集，我们来计算 A 的不同的 2-划分的数目.

一方面，A 有 2^n 个子集，其中 $\varnothing$ 和 A 不能作为 A 的 2-划分的块. 另一方面，若 $B \subseteq A$（其中 $B \neq \varnothing, A$），则 $\{B, A-B\}$ 是一 2-划分，且任何 2-划分皆有此形式. 这说明 B 有 $2^n - 2$ 种取法，但有一半重复，故

$$S(n,2) = \frac{2^n - 2}{2} = 2^{n-1} - 1$$

定理 2.1.2 $S(n,k) = S(n-1,k-1) + k \cdot S(n-1,k)$，其中 $2 < k < n$.

证明 设 $A = \{a_1, a_2, \cdots, a_{n-1}, a_n\}$ 是一 n 元集. 我们观察 A 中元素 a_n 在 A 的 k-划分中的情况，它或者单独构成一块，或者与其他元素一起构成一块. 若 a_n 单独构成一块，则 $\{a_1, a_2, \cdots, a_{n-1}\}$ 必须划分成 $k-1$ 块，其方法数为 $S(n-1, k-1)$；若 a_n 不是单独构成一块，则 $\{a_1, a_2, \cdots, a_{n-1}\}$ 必须划分成 k 块，a_n 可加入其中的任一块，共有 $k \cdot S(n-1, k)$ 种方法.

总之，$S(n,k) = S(n-1,k-1) + k \cdot S(n-1,k)$.

结合定理 2.1.1 与定理 2.1.2，然后用数学归纳法，可以得到以下定理：

定理 2.1.3 对于 $n(n \geq 1)$，下列公式成立

$$S(n,k) = \frac{1}{k!} \sum_{i=0}^{k-1} (-1)^i C_k^i (k-i)^n$$

对于不同的划分，有时要比较它们的"大小".

定义 2.1.4 设 A 是非空集合，π_A 与 π_A' 是它的两个划分，如果 π_A 中的每一块均包含于 π_A' 的某块中，则称划分 π_A 比 π_A' 细，或说 π_A 是 π_A' 的加细，或 π_A 细分 π_A'，记为 $\pi_A \leq \pi_A'$.

划分 π_A 比 π_A' 细也称划分 π_A' 比 π_A 粗.

例如，上面的划分中 $\pi_{A_1} = \{\{1\},\{2\},\{3\},\{4\}\}$ 是 A 的最细划分，$\pi_{A_5} = \{\{1,2,3,4\}\}$ 是 A 的最粗划分，这些从图中也容易看出. 一般地，对于任意非空集合 A，$\{\{x\} \mid x \in A\}$ 为 A 的最细划分，$\{A\}$ 为 A 的最粗划分.

定理 2.1.4 设 $\pi_A = \{A_1, A_2, \cdots, A_k\}$，$\pi_A' = \{A_1', A_2', \cdots, A_s'\}$ 是 A 的两种划分，则存在比它们都细的第三种划分

$$\pi = \{A_i \cap A_j' \mid A_i \in \pi_A, A_j' \in \pi_A' \text{ 且 } A_i \cap A_j' \neq \varnothing\}.$$

我们记 $\pi = \pi_A \pi_A'$，并称 π 是 π_A 和 π_A' 的交叉划分.

证明 由 π_A, π_A' 是划分得

$$\bigcup_{i=1}^{k} A_i = \bigcup_{j=1}^{s} A_j' = A, \quad A_i \cap A_j = A_i' \cap A_j' = \varnothing \quad (i \neq j)$$

故 $\bigcup \pi = \bigcup_{i=1}^{k} \bigcup_{j=1}^{s} (A_i \cap A_j') = \bigcup_{i=1}^{k} (A_i \cap (\bigcup_{j=1}^{s} A_j')) = \bigcup_{i=1}^{k} (A_i \cap A) = \bigcup_{i=1}^{k} A_i = A.$

设 $A_i \cap A_j'$ 与 $A_p \cap A_q'$ 是 π 中任意两个不同元素,此时或 $i \neq p$,或 $j \neq q$,无论是哪种情况均有

$$(A_i \cap A_j') \cap (A_p \cap A_q') = (A_i \cap A_p) \cap (A_j' \cap A_q') = \emptyset$$

于是 π 是 A 的划分.

此外,由于 $A_i \cap A_j' \subseteq A_i, A_i \cap A_j' \subseteq A_j'$,故 π 比 π_A, π_A' 都细,即 $\pi \leqslant \pi_A$,$\pi \leqslant \pi_A'$.

注意:交叉划分同划分的交不同.

例如,对于集合 $\{a,b,c,d\}$ 来说,$\pi_1 = \{\{a,b\},\{c,d\}\}, \pi_2 = \{\{a,b\},\{c\},\{d\}\}$ 均是划分,但 $\pi_1 \cap \pi_2, \pi_1 \cup \pi_2, \pi_1 - \pi_2$ 均不是划分.

2.2 等价关系与划分的联系

对于所有的等价关系,可以证明一个非常一般的定理.

定理 2.2.1 设 A 为一个非空集合,R 为 A 上的任意一个等价关系,则对应 R 的商集 A/R 为 A 的一个划分.

证明 由等价类的定义我们知道 A/R 的每一元素作为一个集合来说均非空.

任取 $a \in A$,均有 $a \in [a]_R$,由于 $[a]_R$ 是 A/R 中的一个元素,故 $a \in \bigcup (A/R)$,于是 $A \subseteq \bigcup (A/R)$;另外,由于 A/R 中的任何元素均是 A 的子集,故 $\bigcup A/R \subseteq A$;于是 $\bigcup (A/R) = A$.

由定理 2.2.1 可知 A/R 的任何两个元素都是不交的,这样集合 A/R 满足划分的所有条件,所以 A/R 是 A 的一个划分.

作为 A 的一个划分,A/R 本身就被称为是由等价关系 R 诱导出的 A 的划分,记为 $\pi_A(R)$.

定理 2.2.2 设 R 和 R' 均为 A 上的等价关系,则 $R \subseteq R'$ 当且仅当 $\pi_A(R) \leqslant \pi_A(R')$.

证明 充分性. 任取 $[a]_R \in \pi_A(R)$,对于任意 $b \in [a]_R$,均有 $\langle a,b \rangle \in R$,因为 $R \subseteq R'$,故 $\langle a,b \rangle \in R'$,于是 $[a]_R \subseteq [a]_{R'}$,即 $\pi_A(R)$ 中的每一块均包含于 $\pi_A(R')$ 的某块中,根据定义有 $\pi_A(R) \leqslant \pi_A(R')$.

必要性. 对于任意 $\langle a,b \rangle \in R$,均有 $b \in [a]_R$,因为 $\pi_A(R) \leqslant \pi_A(R')$,故有 $[a]_R \subseteq [a]_{R'}$,于是 $b \in [a]_{R'}$,从而有 $\langle a,b \rangle \in R'$,$R \subseteq R'$.

这个定理说明等价关系越小,对应的划分越细,划分中的块越多或对应的

商集的元素越多，即如果 R 和 R' 均为 A 上的等价关系，则有若 $R \subseteq R'$，则 $|A/R'| \leqslant |A/R|$.

最小的等价关系是恒等关系 I_A，它对应的划分最细：A 中每个元素自成一块，$A/I_A = \{\{a\} \mid a \in A\}$，此时划分（商集）中有 $|A|$ 块；最大的等价关系是全关系 $A \times A$，它对应的划分最粗：A 中元素均在一块中，$A/(A \times A) = \{A\}$，此时划分（商集）中仅有 1 块.

定理 2.2.1 的逆也是成立的.

设 π_A 是 A 的划分，在 A 上定义关系如下：
$$R(\pi_A) = \{\langle a, b \rangle \mid a, b \in A, 并且 a, b 属于 \pi_A 的同一划分块\}.$$

定理 2.2.3 $R(\pi_A)$ 是 A 上的等价关系.

证明 对任意的 $a \in A$，因为 π_A 是划分，则存在非空集合 B，$B \in \pi_A$；任取 $b \in B$，根据定义 $\langle b, b \rangle \in R(\pi_A)$，故 $R(\pi_A)$ 是自反的. $R(\pi_A)$ 的对称性，传递性均是显然的. 所以 $R(\pi_A)$ 是 A 上的等价关系.

等价关系 $R(\pi_A)$ 也可称为同块关系，它是由划分 π_A 诱导出的 A 的等价关系.

设 $\pi_A = \{A_1, A_2, \cdots, A_k\}$，则显然有
$$R(\pi_A) = (A_1 \times A_1) \cup (A_2 \times A_2) \cup \cdots \cup (A_k \times A_k)$$

定理 2.2.4 设 π_A 与 π_A' 是 A 的两个划分，它们分别导出 A 的等价关系 $R(\pi_A)$ 和 $R(\pi_A')$，则 $\pi_A(R) \leqslant \pi_A(R')$ 当且仅当 $R(\pi_A) \subseteq R(\pi_A')$.

证明 先证明：若 $\pi_A(R) \leqslant \pi_A(R')$，则 $R(\pi_A) \subseteq R(\pi_A')$. 对任一 $\langle a, b \rangle \in R$，存在 $\pi_A(R)$ 的某块 S，使 $a, b \in S$. 因为 $\pi_A(R) \leqslant \pi_A(R')$，所以必存在块 $S' \in \pi_A(R')$ 使 $S \subseteq S'$. 因此，$a, b \in S'$，于是 $\langle a, b \rangle \in R'$，故 $R(\pi_A) \subseteq R(\pi_A')$.

再证明：若 $R(\pi_A) \subseteq R(\pi_A')$，则 $\pi_A(R) \leqslant \pi_A(R')$. 设 S 是 $\pi_A(R)$ 的任一块，$a \in S$，则 $S = [a]_R = \{b \mid b \in A$ 并且 $bRa\}$. 对 S 中的任一 b，因 $R(\pi_A) \subseteq R(\pi_A')$，所以由 bRa 推得 $bR'a$. 因此 $\{b \mid b \in A$ 且 $bRa\} \subseteq \{b \mid b \in A$ 且 $bR'a\}$，即 $[a]_R \subseteq [a]_{R'}$，也就是 $\pi_A(R)$ 的每一块均包含在 $\pi_A(R')$ 的一块中，所以 $\pi_A(R) \leqslant \pi_A(R')$.

定理 2.2.5 设 R 和 R' 均为 A 上的等价关系，则：

(1) $R \cap R'$ 也是集合 A 的等价关系；

(2) 等价关系 $R \cap R'$ 诱导出的划分 $\pi_A(R \cap R')$ 恰是 $\pi_A(R)$，$\pi_A(R')$ 的交叉划分；

(3) $\pi_A(R \cap R')$ 是比 $\pi_A(R)$，$\pi_A(R')$ 这两种划分均细的最粗划分，即对于任意划分 π_A，如果 $\pi_A \leqslant \pi_A(R)$，$\pi_A \leqslant \pi_A(R')$，则 $\pi_A \leqslant \pi_A(R \cap R')$.

证明 (1) 设关系 $R, R', R \cap R'$ 所确定的 $X \times Y$ 的子集分别为 $R, R', R \cap R'$. 因为 R 与 R' 都为 A 上的等价关系,必有 $\langle a,a \rangle, \langle b,b \rangle, \langle c,c \rangle, \cdots$ 同时属于 R 与 R',所以所有自反项也就属于 R 与 R' 的交集. 所以关系 $R \cap R'$ 是自反的.

若有 $\langle a,b \rangle$ 同时属于 R 和 R',那么也必有 $\langle b,a \rangle$ 同时属于 R 与 R',也就是说 $R \cap R'$ 是对称的.

若有 $\langle a,b \rangle, \langle b,c \rangle$ 属于 $R \cap R'$,即 $\langle a,b \rangle, \langle b,c \rangle$ 同时属于 R 与 R',由 R 与 R' 的传递性知 $\langle a,c \rangle$ 同时属于 R 与 R',即 $\langle a,c \rangle$ 属于 $R \cap R'$,所以 $R \cap R'$ 是可传递的.

综上所述,$R \cap R'$ 也为 A 上的等价关系.

(2) 设 $R \cap R'$ 诱导出的划分为 $\pi_A(R \cap R') = \{[a]_{R \cap R'} \mid a \in A\}$.

任取 $b \in [a]_{R \cap R'}$,则 $\langle a,b \rangle \in R \cap R'$,即 $\langle a,b \rangle \in R$ 且 $\langle a,b \rangle \in R'$,故 $b \in [a]_R$ 且 $b \in [a]_{R'}$,即 $b \in [a]_R \cap [a]_{R'}$;

反之,若 $b \in [a]_R \cap [a]_{R'}$,即 $\langle a,b \rangle \in R$ 且 $\langle a,b \rangle \in R'$,则 $\langle a,b \rangle \in R \cap R'$,故 $b \in [a]_{R \cap R'}$. 故得 $[a]_{R \cap R'} = [a]_R \cap [a]_{R'}$,于是 $\pi_A(R \cap R')$ 是 $\pi_A(R), \pi_A(R')$ 的交叉划分.

(3) 设划分 π_A 诱导出的等价关系为 R_1,即 $\pi_A = \pi_A(R_1)$,由 $\pi_A(R_1) \leqslant \pi_A(R), \pi_A(R_1) \leqslant \pi_A(R')$,根据定理 2.2.2 可知此时有 $R_1 \subseteq R$ 且 $R_1 \subseteq R'$,于是得 $R_1 \subseteq R \cap R'$,再由定理 2.2.2 可知 $\pi_A \leqslant \pi_A(R \cap R')$.

一般来说,一个关系不一定具有上面讨论过的某些性质(自反性、对称性或传递性等),但均可以通过对该关系的扩充(在关系中添序偶)①,使扩充后的关系具有所要求的性质. 这种包含该关系的最小扩充称为该关系关于这种性质的闭包.

设集合 A 上的等价关系 R 和 R',容易发现 $R \cup R'$ 是 A 上的自反和对称关系,但不一定是具有传递性,换句话说,$R \cup R'$ 不一定是 A 上的等价关系. 记关系 $R \cup R'$ 的传递闭包为 $(R \cup R')^+$,那么可以证明下面的定理.

定理 2.2.6 设 R 和 R' 均为 A 上的等价关系,则:

(1) $(R \cup R')^+$ 也是集合 A 的等价关系;

(2) 等价关系 $(R \cup R')^+$ 诱导出的划分 $\pi_A((R \cup R')^+)$ 是比 $\pi_A(R), \pi_A(R')$ 这两种划分均粗的最细划分,即对于任意划分 π_A,如果 $\pi_A(R) \leqslant \pi_A$, $\pi_A(R') \leqslant \pi_A$,则 $\pi_A((R \cup R')^+) \leqslant \pi_A$.

---

① 由于全关系 $A \times A$ 总是具有自反、对称和传递性的,因此传递闭包肯定是存在的.

证明 （1）显然.

（2）因 $R \subseteq (R \cup R')^+$, $R' \subseteq (R \cup R')^+$, 由定理 2.2.2 知 $\pi_A((R \cup R')^+)$ 比 $\pi_A(R), \pi_A(R')$ 均粗;

设划分 π_A 诱导出的等价关系为 R_1, 即 $\pi_A = \pi_A(R_1)$, 由 $\pi_A(R) \leqslant \pi_A(R_1)$, $\pi_A(R') \leqslant \pi_A(R_1)$, 根据定理 2.2.2 可知此时有 $R \subseteq R_1$ 且 $R' \subseteq R_1$, 由 $(R \cup R')^+$ 的最小性知 $(R \cup R')^+ \subseteq R_1$, 再由定理 2.2.2 可知 $\pi_A(R \cap R') \leqslant \pi_A$.

定理 2.2.7 设 π_A 是 A 上的划分, R 是 A 上的等价关系, 则 $\pi_A = \pi_A(R)$ 当且仅当 $R(\pi_A) = R$.

证明 充分性. 任取 $\langle a,b \rangle \in R(\pi_A)$, 则存在 π_A 的块 B, 使得 $a,b \in B$; 由于 $\pi_A = \pi_A(R)$, 故块 B 是等价关系 R 的某一等价类, 所以 $\langle a,b \rangle \in R$, 从而 $R(\pi_A) \subseteq R$; 反之, 任取 $\langle a,b \rangle \in R$, 则 a,b 必属于 R 的同一等价类 M, 由于 $\pi_A = \pi_A(R)$, 故 M 是 π_A 的划分块, 所以 $\langle a,b \rangle \in R(\pi_A)$, 从而 $R \subseteq R(\pi_A)$, 这样我们就得到了 $R(\pi_A) = R$.

必要性. 任取 $B \in \pi_A$, 由于 $R = R(\pi_A)$, 故 B 是 R 的一等价类; $B \in A/R$, 而 $\pi_A(R) = A/R$, 故 $B \in \pi_A(R)$; 反之, 任取 $B' \in \pi_A(R)$, 而 $\pi_A(R) = A/R$, 故 $B' \in A/R$, 也就是说 B' 是 R 的一等价类, 由于 $R = R(\pi_A)$, 即 R 的等价类均是 π_A 的块, 故 $B' \in \pi_A$. 所以 $\pi_A = \pi_A(R)$.

此定理说明, 如果 π_A 是 A 上的划分, R 是 A 上的等价关系, 则有

$$\pi_A = \pi_A(R(\pi_A)), R(\pi_A(R)) = R$$

也就是说, 划分诱导出的等价关系就是该划分本身; 等价关系确定的划分诱导出的等价关系刚好是该等价关系自身. 因此, A 上的划分与 A 上的等价关系有着一一对应的关系, 于是 A 上有多少不同的划分, 就产生同样个数的不同的等价关系, 反之亦然.

2.3 划分的乘法与加法

最后我们再给出两个划分的积与和的概念.

定义 2.3.1 设 π_A 与 π_A' 是非空集合 A 的两个划分, 如果 A 有划分 S 满足下列条件:

(1) π 比 π_A, π_A' 都细;

(2) 若存在 A 的比 π_A, π_A' 都细的划分 π, 则 S 比 π 粗.

那么称 S 是 π_A 与 π_A' 的积, 记作 $S = \pi_A \cdot \pi_A'$;

如果 A 有划分 T 满足下列条件:

(1) π_A, π_A' 都比 π 细;

(2) 若存在 A 的比 π_A, π_A' 都粗的划分 π,则 T 比 π 细;

那么称 S 是 π_A 与 π_A' 的和,记作 $T = \pi_A + \pi_A'$.

从定义看,$\pi_A \cdot \pi_A'$ 是 π_A 与 π_A' 的加细,并且是同时比 π_A 与 π_A' 都细的最粗划分(划分块最少). 从图 2 可以知道,划分 $\pi_A \cdot \pi_A'$ 的边界由划分 π_A 与划分 π_A' 两者的全部"边界"组成.

  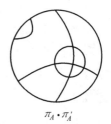

π_A π_A' $\pi_A \cdot \pi_A'$

图 2

显然,对于 $a, b \in A$,a, b 在划分 $\pi_A \cdot \pi_A'$ 的同一块中当且仅当 a, b 在 π_A 的同一块中,且在 π_A' 的同一块中.

$\pi_A + \pi_A'$ 是 π_A 与 π_A' 的加粗,并且是同时比 π_A 与 π_A' 都粗的最细划分(划分块数最多). 从图 3 可以知道,划分 $\pi_A + \pi_A'$ 的边界由划分 π_A 与划分 π_A' 两者的公共"边界"组成.

π_A π_A' $\pi_A + \pi_A'$

图 3

自然发生这样的问题:两个划分的积与和是否存在,以及如果存在的话又是否唯一?这个问题的肯定回答由下面的定理给出.

定理 2.3.1 设 π_A 与 π_A' 是非空集合 A 的两个划分,则 π_A 与 π_A' 的积与和存在且唯一.

证明 设 π_A, π_A' 分别诱导出 A 上的等价关系 $R(\pi_A), R(\pi_A')$.

先证积与和的存在性.

由定理 2.2.5 知 $\pi_A(R(\pi_A) \bigcap R(\pi_A'))$ 是比 $\pi_A(R(\pi_A))$ 即 $\pi_A, \pi_A(R(\pi_A'))$ 即 π_A' 这两种划分均细的最粗划分,依积的定义,$\pi_A(R(\pi_A) \bigcap R(\pi_A'))$ 就是 π_A 与 π_A' 的积.

55

由定理 2.2.6 知 $\pi_A((R(\pi_A) \bigcup R(\pi_A'))^+)$ 是比 π_A, π_A' 这两种划分均细的最粗划分,依和的定义,$\pi_A((R(\pi_A) \bigcup R(\pi_A'))^+)$ 就是 π_A 与 π_A' 的和.

再证明积与和的唯一性.

设 S, S' 都是 π_A 与 π_A' 的积,由定义知 S 与 S' 互为加细,故 S 与 S' 所导出的等价关系互相包含,因而两个导出的等价关系相等,据定理 2.2.7 知 $S = S'$.

同样可知 π_A 与 π_A' 的和是唯一的.

由定理 2.2.5 知当 π_A, π_A' 只有有限块时,则 $\pi_A \pi_A' = \pi_A \cdot \pi_A'$,即它们的交叉划分和划分的积相等.

划分 $\pi_A + \pi_A'$ 还有下述特性.

定理 2.3.2 设 A 是一个集合,$a, b \in A$,a, b 在划分 $\pi_A + \pi_A'$ 的同一块中,当且仅当在 A 中存在元素序列 $a, c_1, c_2, \cdots, c_k, b$,使得在序列中每相邻两个元素在 π_A 的同一块中或在 π_A' 的同一块中.

证明 由 $\pi_A + \pi_A'$ 的定义知,a, b 在划分 $\pi_A + \pi_A'$ 的同一块中,对应于 $\langle a, b \rangle \in (R(\pi_A) \bigcup R(\pi_A'))^+$,由 $(R(\pi_A) \bigcup R(\pi_A'))^+ = \bigcup\limits_{i=1}^{\infty} (R(\pi_A) \bigcup R(\pi_A'))^+$,知存在正整数 $k+1$,使 $a(R(\pi_A) \bigcup R(\pi_A'))^{k+1} b$,即存在 k 个元素 $c_1, c_2, \cdots, c_k \in A$,使 $a(R(\pi_A) \bigcup R(\pi_A'))c_1, c_1(R(\pi_A) \bigcup R(\pi_A'))c_2, \cdots, (R(\pi_A) \bigcup R(\pi_A'))b$. 因为 $R(\pi_A), R(\pi_A')$ 是 A 上的等价关系,所以 a, c_1 在 π_A 或 π_A' 的同一块中,c_1, c_2 在 π_A 或 π_A' 的同一块中,$\cdots\cdots$,c_k, b 在 π_A 或 π_A' 的同一块中(即 a, b 是链接的). 反之亦然.

§3 映 射

3.1 映射的基本概念

在数学中,函数的概念和集合的概念一样,也起着非常重要的作用. 函数究竟是什么呢? 人们常说,函数是依另一变量(自变量)而变的变量. 把它应用到中学数学中所学的通常的函数,例如,$y = \sin x$,这是完全合适的. 然而,我们的任务在于更加精确地阐明函数这个概念的本质,并且引出它的近代定义. 首先,如果取函数 $y = \sin^2 x + \cos^2 x$ 来看,那么它的值已经不是依 x 的值而变的了. 其次,所谓量,通常理解为这样的对象,它们之间是可以互相比较的,亦即它们之间存在着大于和小于的关系. 其实,在数学上所讨论的函数,不一定就能建立起这样的关系.例如复数,或者更一般的,某个集合的元素.仔细地研究起来,就可发现在函数的概念里,主要的并不是它随着自变量的变化而变化,而是一个对应的规则,根据它,对于每一个自变数值,唯一地确定与之对应的函数值.例如,函数 $y=\sin^2 x+\cos^2 x$,可以简单地这样定义,对于每一个实数值 x,函数值 y 与之对应.对应是一个规则,它可以对应某个集合 X 的每一个元素 x,唯一地指出某一个对象(与这个已知元素对应的).这句话仅是说明对应的概念,但不应理解为是它的定义.对应的概念,和集合的概念一样,被采取作为不下定义的基本概念.于是,最一般的函数定义可以这样给出:

定义 3.1.1 给出在(或者定义在)某个集合 X 的函数,是指这样的一个对应,根据它,对于集合 X 中的任一元素 x,确定某个(对应于 x 的)对象 $f(x)$.集合 X 称之为函数的定义域,而对应于集合 X 的所有元素的对象的集合 Y,称之为函数的值域.

例 1 $y=\sin x$.可以取所有实数的集合作为函数的定义域.于是,函数的值域为闭区间 $[-1,1]$.

例 2 $y=\tan x$.可以取所有异于形式 $n\pi+\dfrac{\pi}{2}$ 的实数作为函数的定义域,此处 n 取得所有整数值(因为对于这样 x 的值,函数未被定义).于是函数值域为所有实数的集合.

例 3 狄利克雷函数

$$f(x)=\begin{cases}0, & \text{当 } x \text{ 是无理数时}\\ 1, & \text{当 } x \text{ 是有理数时}\end{cases}$$

函数的定义域是所有实数的集合,函数值域是两个元素所组成的集合.

与函数的概念非常接近的是映射的概念.

定义 3.1.2 设给出两个非空集合 X 和 Y.集合 X 到 Y 里的一个映射是指这样的对应,由于它,对于每一个元素 $x \in X$,有(唯一的)元素 $y \in Y$ 与之对应.特别的,如果每一个元素 $y \in Y$ 至少对应于一个元素 $x \in X$,那么这样的对应就叫作集合 X 到集合 Y 上的一个映射[①].

通常用字母 $f,g,h,\cdots$ 来表示映射.要指出 f 是 X 到 Y 的映射这件事实,就写成

$$f:X \to Y$$

[①] 在有的文献中,为了强调定义域是 X 而不是 X 的子集,将我们这里定义的映射称为"全映射",而将允许定义域是 X 的子集的"单值"二元关系叫作"部分映射".

如果 y 对应于 x,则称 y 为 x 的象,x 为 y 的原象.写作 $x \to y$,或者 $y=f(x)$①.所有有同一象 $y \in Y$ 的元素 $x \in X$ 的集合 A,叫作元素 y 的完全的原象.同时,称 X 为映射 f 的定义域,记作 $\operatorname{dom} f$;称 Y 为映射 f 的上域;定义由一切 f 的一切象组成的 Y 的子集为 f 的值域,记作 $\operatorname{ran} f$.

如前所述,$y=f(x)$ 这种记法既表示 x,y 有对应关系 f,又表示 x 在映射 f 下的映象 $f(x)$ 就是 y.

这里的 x,一般而言,并不代表 X 中的固定元素,而是代表 X 中的一般元素,是"变化"着取 X 中的元素,这时 x 本身就称为变元.当 X 是数集时,就称为变量.特别在函数的情况下,x 就称自变量,而称 y 为因变量,因为这时 y 是随着 x 的变化而变化的.

如果 $Y=X$,则称 $f:X \to X$ 是 X 上的映射.恒等映射 $I_X:X \to X$ 定义为对一切 $x \in X, I_X(x)=x$.如果取 $X=\mathbf{R}$,则 $I_X(x)$ 是过原点且斜率为 1 的直线.

设 f,g 均是 X 到 Y 的映射,如果对任意的 $x \in X$,均有 $f(x)=g(x)$,则称映射 f 与 g 相等,记为 $f=g$.

如果对 X 中的每一元素 x,它的象 $f(x)$ 确定了,则这个映射就确定了.所以只要对 X 中每个元素 x 描述了映射 $f(x)$,也就描述了 X 到某个集合 Y(这里 $Y \supseteq \{f(x) \mid x \in X\}$)的映射 f.这种描述方法表示为
$$f:X \to Y, f(x)=y$$
换句话说,表达一个映射,并不一定要事先指出值域.

有些场合,把原象写成映射的附标的形式,例如 f_x.我们所熟知的各种序列 x_n 的记法就是这种类型,它是(我们现在可以这样说)定义在自然数集(或正整数集)上的映射(函数).再,如果 $x=\langle x_1,x_2,\cdots,x_n\rangle$,则 $f(x)$ 常记为 $f(x_1,x_2,\cdots,x_n)$.注意 $f(x_1,x_2,\cdots,x_n)$ 是一个元素 $\langle x_1,x_2,\cdots,x_n\rangle$ 的象,而不是 n 个元素 $x_1,x_2,\cdots,x_n$ 的象.

若在考察映射 $y=f(x)$ 时,有时我们希望注出,对应于某一 x 的特别原象 x_0 的映象,就使用记号 $f(x_0)$,例如,若
$$f:\mathbf{R} \to \mathbf{R}, \text{其中} f(x)=\frac{1}{1+x^2}$$
则 $f(1)$ 表示在 $x=1$ 时的映象,即化简后的数 $\frac{1}{2}$.

常说映射 f 是合理定义的(或单值的)如果 f 的值是唯一的.法则 $g\left(\dfrac{b}{a}\right)=$

---

① 这个记法读作:y 等于 fx.

$a \cdot b$ 定义了映射 $g: \mathbf{Q} \to \mathbf{Q}$ 吗？分数的写法有很多种. 因为 $\frac{1}{2} = \frac{3}{6}$，但

$$g\left(\frac{1}{2}\right) = 1 \cdot 2 \neq 3 \cdot 6 = g\left(\frac{3}{6}\right)$$

从而 g 不是合理定义的，所以 g 不是映射. 如果法则 $g\left(\frac{b}{a}\right) = a \cdot b$ 只对 $\frac{b}{a}$ 是既约形式时成立，则 g 是映射.

法则 $f\left(\frac{b}{a}\right) = \frac{b}{a}$ 定义了一个映射 $f: \mathbf{Q} \to \mathbf{Q}$，因为它是合理定义的：如果 $\frac{b}{a} = \frac{b'}{a'}$，则

$$f\left(\frac{b}{a}\right) = \frac{b}{a} = \frac{b'}{a'} = f\left(\frac{b'}{a'}\right)$$

从而 f 确实是一个映射，即 f 是合理定义的.

设 X 和 Y 是两个任意的非空有限集，那么有时需要考虑 X 到 Y 的映射的全体构成的集合，这个集合我们用记号 Y^{X}① 表示，即

$$Y^X = \{ f \mid f: X \to Y \}$$

一个重要的例子：设 $A = \{a, b\}$ 由两个元所组成；A^M 即所有这样的映射 $f(m)$ 的集，对于这种映射有

$$f(m) = a \text{ 或 } b$$

每一个这样的映射 $f(m)$，都决定②一集 M_a 及一集 M_b，它们分别是由满足 $f(m) = a$ 及 $f(m) = b$ 的一切 m 所组成的集，这里

$$M = M_a \cup M_b$$

是将 M 分成两个互补子集的一个分解. 反之，若 M_a 是 M 的一个任意子集，$M_b = M - M_a$ 是它在 M 中的补集，而定义

$$f(m) = a \text{ 当 } m \in M_a, f(m) = b \text{ 当 } m \in M_b$$

即得上述映射 $f(m)$ 之一. 由此可见，诸映射 $f(m)$ 与诸集 $M_a \subseteq M$ 成一一对应，即 A^M 与 M 的一切子集所组成的集合（A 的幂集）是对等的.

同样，对于三个元组成的集 $A = \{a, b, c\}$，A^M 对等于 M 的一切如下分解所组成的集，这种分解

$$M = M_a \cup M_b \cup M_c$$

---

① 以后我们将知道采用这个记号的理由（第三章）.
② 当 $a = 1, b = 0$ 时，$f(m)$ 即是集合 M_a 的特征函数[4.1].

将 M 分成互不相交的三个子集,并且是一一对应的,即分解 $M = M_{a'} \cup M_{b'} \cup M_{c'}$ 当且仅当 $M_{a'} = M_a, M_{b'} = M_b, M_{c'} = M_c$ 时方与上列分解相等.

定理 3.1.1 设 X, Y 均是集合,若 $Y \subseteq Z$,则 $Y^X \subseteq Z^X$.

事实上,设 $f \in Y^X$,则 f 是 X 到 Y 的映射,因为 $Y \subseteq Z$,则 f 也是 X 到 Z 的映射,故 $f \in Z^X$.

作为映射定义(定义 3.1.2)的补充,有时候我们也讨论所考虑的集 X, Y 为空集的情形.现在要问,什么时候集合 Y^X 非空?很清楚,如果 X 和 Y 都非空,则 Y^X 非空.讨论 X 或 Y 为空集的其他情形:

若 $X \neq \varnothing$ 而 $Y = \varnothing$,因为没有 $y \in Y$,与 $x \in X$ 对应,就是说,不存在 X 到 Y 上的映射,即,此时 $Y^X = \varnothing$.

若 $X = \varnothing$ 而 Y 是任意的,则因为 $X = \varnothing$ 中没有元素,我们不能按照定义 3.1.2 来讨论 X 到 Y 上的映射.为统一起见,对于任意集合 Y,规定 $\varnothing$ 到 Y 有一个映射,称为空映射,记为 $\varnothing$.

为了更清楚地解释上述的论证和规定.我们来对映射作一个一般性的讨论.设 f 是 X 到 Y 的映射,现在把原象 x 与其相应的映象 $y = f(x)$ 组成有序对 $\langle x, y \rangle$ 时,那么映射 f 即可看作 X 到 Y 的满足下列条件的特殊关系:

(1) $\mathrm{dom}\, f = X$;

(2) 如果 $\langle x, y_1 \rangle \in f$ 且 $\langle x, y_2 \rangle \in f$,则 $y_1 = y_2$.

回到要解释的问题.首先是第一个情形.设 $f \in \varnothing^X$,这里 $X \neq \varnothing$.则 $f \subseteq X \times \varnothing = \varnothing$,所以 $f = \varnothing$.但是 $\mathrm{dom}\, f = \{x \mid x \in X,$ 对于某个 $y \in \varnothing$,有 $\langle x, y \rangle \in f\} = \varnothing \neq X$.因此,在这种情况下,$\varnothing$ 不是一个从 X 到 $\varnothing$ 的映射.因为 $f = \varnothing$ 是仅有的可能.所以 $\varnothing^X = \varnothing$.

对于第二个情形.如果 $f \in Y^\varnothing$,这里 $Y \neq \varnothing$.则 $f \subseteq \varnothing \times Y = \varnothing$,所以 $f = \varnothing$,而且,$\mathrm{dom}\, f = \{x \mid x \in \varnothing,$ 对于某个 $y \in Y$,有 $\langle x, y \rangle \in f\} = \varnothing$,同时命题"如果 $\langle x, y_1 \rangle \in f$ 且 $\langle x, y_2 \rangle \in f$,则 $y_1 = y_2$"是虚满足的.因此,$\varnothing$ 是 $\varnothing$ 到非空集合 Y 的映射,且是唯一的映射,即 $Y^\varnothing = \{\varnothing\}$.

在上述规定和意义下,我们有下面的定理.

定理 3.1.2 设 X, Y 均是集合,则有:

(1) $Y^\varnothing = \{\varnothing\}$;

(2) $\varnothing^X = \varnothing$ 当且仅当 $X \neq \varnothing$;

(3) $Y^X = \varnothing$ 当且仅当 $Y = \varnothing$ 且 $X \neq \varnothing$.

证明 (1) 详见上述规定.

(2) 当 $X = \varnothing$ 时,按规定有 X 到 $\varnothing$ 的映射,即空映射;当 $X \neq \varnothing$ 时,仍不

存在 X 到 $\varnothing$ 的映射.

(3) 如果 $X = \varnothing$ 时,由(1)知 $Y^X = \{\varnothing\}$,如果 $Y \neq \varnothing$,则无论 $X = \varnothing$ 还是 $X \neq \varnothing$,均有 $Y^X \neq \varnothing$. 当 $Y = \varnothing$ 且 $X \neq \varnothing$ 时,由(2)知 $Y^X = \varnothing$.

3.2 满射・单射・一一映射・映射的复合

从两个例子出发:

例 1 设 **R** 是所有实数的集合. 对应 $x \to |x|$ 是集合 D 到自身的一个映射,而且是集合 **R** 到所有非负实数的集合上的一个映射. 0 的映象是 0;$y > 0$ 的数有两个原象 $+y$ 与 $-y$.

例 2 设使正方形的每一点与这个点在底上的正射影相对应. 于是得到正方形到线段(闭区间)上的一个映射. 底上每一点的原象是这一点在底上所作的垂线在正方形上的所有点的集合.

这两个例子指出,对于集合 X 到 Y 的映射来说,一方面,Y 的某些元素可能完全没有原象,而另一方面,又可能有一些元素各有多个(甚至无穷多个)原象. 如果这两种情形都不发生,那么映射就叫作一对一的,因此,我们导出下面的若干定义.

定义 3.2.1 称映射 $f: X \to Y$ 是满的(或到上的,称为满射),如果值域与上域重合

$$\operatorname{ran} f = Y$$

这样,如果每个 $y \in Y$,存在某个元素 $x \in X$,使得 $y = f(x)$,则 f 是满射.
与满射的情形相反,如果 X 在 f 映射下的象是 Y 的真子集,就称 f 是内射.
下面的定义给出映射可能具有的另一个重要性质:

定义 3.2.2 设 $f: X \to Y$ 是映射,如果对于 X 的不同元素 x_1 和 x_2 必有 $f(x_1) \neq f(x_2)$,就称该映射是单一的(称为单射). 等价的,称 f 是单射,如果每对 $x_1 \in X, x_2 \in X$ 都有

$$f(x_1) = f(x_2) \text{ 蕴含 } x_1 = x_2$$

读者要注意单射是合理定义的倒置:如果 $x_1 = x_2$ 蕴含 $f(x_1) = f(x_2)$,则 f 是合理定义的;如果 $f(x_1) = f(x_2)$ 蕴含 $x_1 = x_2$,则 f 是单射.

定义 3.2.3 如果 f 是 X 到 Y 上的单一映射,则称 f 是 X 到 Y 的一一映射(简称双射).

因此,f 是一一映射,则 f 既是到上的,又是单一的.

有时为了方便起见,会用一一映射的另一种等价定义:所谓 f 是 X 到 Y 上的一一映射,就是对 X 中任意元素 x,可以确定 Y 中的一个元素 $y = f(x)$;反过

来,Y 中任一元素 y,必有 X 中唯一的元素 x,使 $f(x)=y$.

任何严格单调函数都可以看作其定义域到值域上的一一映射.其实,我们还可以指出更一般的结论:

任何单一映射 $f:X \to Y$ 一定是 X 到其值域上的一一映射.

这是很明显的,因为映射 f 是单一的,同时又是到其值域上的.

设 f 是集合 X 到 Y 的映射,那么如前所述,Y 的某些元素可能完全没有原象,换句话说,f 的值域一般是上域 Y 的子集,习惯上也常用 $f[X]$ 表示这个集合,即

$$f[X] = \{y \mid y = f(x), x \in X\} = \{f(x) \mid x \in X\}$$

在有限集合的情形,可以证明下面的定理.

定理 3.2.1 设 X, Y 均为非空有限集合,f 是 X 到 Y 的映射,则:

(1) f 是 X 到 Y 的满射的必要条件是 $|X| \geqslant |Y|$;

(2) f 是 X 到 Y 的单射的必要条件是 $|X| \leqslant |Y|$;

(3) f 是 X 到 Y 的双射的必要条件是 $|X| = |Y|$.

证明 (1) 由于 f 是满射,有 $f[X] = Y$,从而 $|f[X]| = |Y|$;另一方面,由映射的定义,$|f[X]| \leqslant |X|$,故得 $|Y| \leqslant |X|$.

(2) f 是单射,则有 $|f[X]| = |X|$,又 $f[X] \subseteq Y$,故 $|f[X]| \leqslant |Y|$,于是得 $|X| \leqslant |Y|$.

(3) 由于 f 是单射,$|X| \leqslant |Y|$;f 是满射,$|X| \geqslant |Y|$,故 $|X| = |Y|$.

定理 3.2.2 设 X, Y 是非空有限集合,$f:X \to Y$ 是 X 到 Y 的映射,若 $|X| = |Y|$,那么 f 是单射当且仅当 f 是满射.

证明 必要性. 若 f 是单射,则 $|X| = |f[X]|$,由 $|X| = |Y|$ 得 $|f[X]| = |Y|$,而 $f[X] \subseteq Y$ 且 Y 是有限集,故 $f[X] = Y$,因此,f 是一个满射.

充分性. 若 f 是满射,则 $|f[X]| = |Y|$,于是 $|X| = |Y| = |f[X]|$,因为 X 是有限集,故 f 是单射.

必须指出,这一结论只在有限集的情况下才有效,对于无限集之间的映射不一定成立.

如:$f:\mathbf{N} \to \mathbf{N}$,其中 $f(n) = 2n$,f 是单射但不是满射;又如 $g:\mathbf{N} \to \mathbf{N}$,其中 $g(n) = \left[\dfrac{n}{2}\right]$,$g$ 是满射但不是单射.

设 X, Y, Z 是三个非空集合,f 是 X 到 Y 的映射,g 是 Y 到 Z 的映射.

对任一 $x \in X$,因映射 f,有 $y = f(x) \in Y$ 与之对应,而对每一 $x \in X$;又

映射 g，有 $z=g(y)\in Z$ 与之对应. 从而对每一 $x\in X$，有 $z=g(f(x))\in Z$ 与之对应，这样便得到一个从 X 到 Y 的映射，记为 h，并称新映射是 h 映射 f 和 g 的复合，记为

$$h = f \circ g$$

值得注意的是，当且仅当 f 的值域与 g 的定义域相同时，$f \circ g$ 才是有定义的.

设 $(f\circ g)(x)=z$，则存在 $y\in Y$，有 $y=f(x),z=g(y)$，故得 $z=g(f(x))$，这里 f 与 g 的书写顺序与 $f\circ g$ 中顺序相反，故将映射 f,g 的复合写成 $g*f$，即 $g*f=f\circ g$，这里 $g*f$ 采用的是从右到左的顺序，称这种复合为左复合，此时有 $gf=g(f(x))$. 有时还将 $g*f$ 简单地写成 gf，并且说是映射 f 与 g 的积.

当 X,Y,Z 都是数集时，这就是通常意义下的复合函数概念. 例如，由函数 $y=\sqrt{x}$ 与 $z=\cos y$ 复合得函数 $z=\cos\sqrt{x}$. 反过来，复合函数又可以分解为比较简单的函数，如 $y=\ln\sin x$ 可以分解为两个函数 $y=\ln z, z=\sin x$. 由几个比较简单的函数经函数复合的步骤（有限次）得到比较复杂的函数；反之，将一个比较复杂的函数分解为几个比较简单的函数（当然这种分解并非唯一），这在分析学是经常用到的.

映射复合时，一些性质常能保持：

定理 3.2.3 两个满射（单射，双射）之积仍是满射（单射，双射）.

证明 设 f 是 X 到 Y 上的映射，g 是 Y 到 Z 上的映射. 对任意的 $z\in Z$，由 f,g 是满射知存在 $y\in Y, x\in X$，使 $z=g(y), y=f(x)$，即得 $z=g(f(x))=g*f(x)$，故 $g*f$ 是满射.

如果 f,g 都是单射，我们来证明 $g*f$ 是单射：设 $x_1, x_2 \in X$，且 $x_1 \neq x_2$，由 f,g 是单射，得出 $f(x_1)\neq f(x_2), g(x_1)\neq g(x_2)$，由此 $g*f(x_1)\neq g*f(x_2)$，故 $g*f$ 是单射.

由前面的结论即知，若 f,g 均为双射，则 $g*f$ 也为双射.

反过来，由映射之积也能确定出因子的性质.

定理 3.2.4 如果两个映射之积是满的（单的），则其左（右）因子是单的（满的）.

证明 设 f 是 X 到 Y 上的映射，g 是 Y 到 Z 上的映射.

结论的第一部分：设 $z\in Z$，则由 $g*f$ 为满射，可知存在 $x\in X$ 有 $z=g*f(x)=g(f(x))$，设 $y=f(x)$，则有 $z=g(y)$，故 g 为满射.

结论的第二部分：设 $x_1, x_2 \in X, f(x_1)=f(x_2)$，则有 $g(f(x_1))=g(f(x_2)), g*f(x_1)=g*f(x_2)$，因为 $g*f$ 为单射，故得 $x_1=x_2$，于是得 f 为单射.

除了两个映射的复合外,还可以讨论三个甚至多个映射的复合. 设 $f:X \to Y, g:Y \to Z, h:Z \to W$ 是三个映射. 任给 $x \in X$, f 将 x 映成 $f(x) \in Y$, 再由 g 将 $f(x)$ 映成 $g(f(x)) \in Z$, 最后由 h 将 $g(f(x))$ 映成 $h(g(f(x))) \in W$, 这样就得到了 X 到 W 的一个映射.

这个映射有两种看法. 一是看作将 X 中的元素先由 $g*f$ 映到 Z, 再由 h 映到 W; 二是看作将 X 中的元素先由 f 映到 Y, 再由 $h*g$ 映到 W. 按前一种看法, 这个映射是 $h*(g*f)$, 按后一种看法, 这个映射是 $(h*g)*f$. 重要的是, 它们是相等的

$$h*(g*f) = (h*g)*f$$

换句话说, 映射的复合满足结合律.

事实上, 任给 $x \in X$, 都有

$$h*(g*f)(x) = h[(g*f)(x)] = h(g(f(x)))$$

和

$$(h*g)*f(x) = (h*g)[f(x)] = h(g(f(x)))$$

另一方面, 映射的复合通常不满足交换律. 这就是说, 存在映射 f 和 g, 尽管 $g*f$ 和 $f*g$ 都是有定义的, 但是 $g*f \neq f*g$. 首先, 为使 $g*f$ 和 $f*g$ 有定义, 有必要使 $f:X \to Y$ 和 $g:Y \to X$. 在这种情况下, $g*f:Y \to Y$, $g*f:X \to X$, 因而当 $X \neq Y$ 时必定有 $g*f \neq f*g$.

下面的例子我们会明白, 即使 $X=Y, g*f$ 也不一定等于 $f*g$.

设 $X=\{a,b\}$, 又设 $f:X \to X$ 和 $g:X \to X$, 由

$$f(a)=a, f(b)=a; f(a)=b, f(b)=b$$

定义, 则 $f \neq g$. 而且, 由于 $f*g=f, g*f=g$, 所以有 $f*g \neq g*f$.

3.3 映射的逆

设 f 是集合 X 到集合 Y 中的映射, 那么对于 X 中每一个元素 x, 都存在 Y 的元素 y 和它对应. 现在考虑集合 Y 到 X 中的一个对应: 它刚好使 Y 中的 $y=f(x)$ 对应于 X 中的 x. 这个对应称之为对应 f 的逆对应.

容易想象, 映射作为一种对应, 其逆对应一般并不再是映射. 因为映射意味着一个或多个原象(第一元素)对应一个象(第二元素), 所以它的逆对应可能是一个第一元素对应多个第二元素, 这显然不再是映射. 要使其逆对应是一个第一元素只对应一个第二元素, 则要求原映射只能是一对一的, 即单射. 另外, 还要求原映射一定是满射, 才能确保逆对应的定义域满足映射的条件, 因此当且仅当映射是双射时, 作为特殊对应的映射, 其逆对应才是映射, 并且同时还是

双射.

这些讨论得出下面的定义和定理.

定义 3.3.1 设 $f: X \to Y$ 是集合 X 到集合 Y 中的一一映射,如果对于 Y 中的每一个元素 y,使 y 在 X 中的原象 x 和它对应,这样得到的映射称为映射 f 的逆映射,记作 f^{-1}.

按照定义,显然有

$$y = f(x) \text{ 当且仅当 } x = f^{-1}(y), x = f^{-1}(f(x)), y = f(f^{-1}(y))$$

定理 3.3.1 一一映射的逆映射也是一一映射.

下面两个定理是关于映射的混合运算的:

定理 3.3.2 一一映射和它逆的左复合等于其定义域上的恒等映射;一一映射和它逆的右复合等于其值域上的恒等映射.即若 f 是 X 到 Y 的一一映射,则

$$f^{-1} * f = I_X, f * f^{-1} = I_Y$$

这里 I_X, I_Y 分别表示 X 和 Y 上的恒等映射.

证明 对任意 $x \in X$,设 $y = f(x)$,则有 $f^{-1}(y) = x$,于是

$$(f^{-1} * f)(x) = f^{-1}(f(x)) = f^{-1}(y) = x = I_X(x)$$

故得 $f^{-1} * f = I_X$.

同样可得 $f * f^{-1} = I_Y$.

定理 3.3.3 一一映射的左复合的逆等于各因子逆的右复合.即设 $f: X \to Y, g: Y \to Z$ 均是双射,则

$$(f * g)^{-1} = g^{-1} * f^{-1}, (g * f)^{-1} = f^{-1} * g^{-1}$$

证明 对任意 $z \in Z$,设 $z = g(y)$,而 $y = f(x)$,则有 $g^{-1}(z) = y, f^{-1}(y) = x$,于是

$$(g * f)(x) = g(f(x)) = g(y) = z$$

由此得 $(f * g)^{-1}(z) = x$.

另外由 $(f^{-1} * g^{-1})(z) = f^{-1}(g^{-1}(z)) = f^{-1}(y) = x$ 得

$$(g * f)^{-1}(z) = (f^{-1} * g^{-1})(z)$$

由 z 的任意性得 $(g * f)^{-1} = f^{-1} * g^{-1}$.

同样可得 $(f * g)^{-1} = g^{-1} * f^{-1}$.

由于定理 3.3.2,引入定义.

定义 3.3.2 设 $f: X \to Y$,如果存在 $g: Y \to X$,使得 $g * f = I_X$,则称 f 是左可逆的,并称 g 为 f 的左逆;如果存在 $g: Y \to X$,使得 $f * g = I_Y$,则称 f 是右可逆的,并称 g 为 f 的右逆;若 f 既是左可逆的,又是右可逆的,则称 f 是可逆

的.

显然若 $f:X \to Y$ 为一一映射,则 f^{-1} 既是 f 的左逆,也是 f 的右逆,f 是可逆的.

下面我们指出一个具有启发性的例子. 设 f_1, f_2, g_1, g_2 都是定义在 Z 上的映射,其中

$$f_1(x) = \begin{cases} 0, x = 0 \text{ 或 } x = 1 \\ x - 2, x \geqslant 2 \end{cases}$$

$$f_2(x) = \begin{cases} 1, x = 0 \text{ 或 } x = 1 \\ x - 2, x \geqslant 2 \end{cases}$$

$$g_1(x) = x + 2$$

$$g_2(x) = \begin{cases} 0, x = 0 \\ x + 2, x \geqslant 1 \end{cases}$$

则有

$$f_1 * g_1 = f_2 * g_1 = f_1 * g_2 = I_Z$$

即 f_1 和 f_2 同是 g_1 的左逆,g_1 和 g_2 同是 f_1 的右逆.

这个例子说明,一个映射的左逆(右逆、逆)不一定存在;就是存在,也不一定唯一. 但如果限制在一一映射,那么情况就有所不同了.

定理 3.3.4 一一映射的左逆和右逆是唯一的,并且都等于该映射的逆.

证明 设 f 是 X 到 Y 的一一映射,而 g 是 Y 到 X 的一一映射,如果 $g * f = I_X, f * g = I_Y$,我们来证明 $f = g^{-1}, g = f^{-1}$.

事实上,由于 I_X 和 I_Y 都是双射,这样从 $g * f = I_X$ 可知 f 是单射,g 是满射;又从 $f * g = I_Y$ 可知 f 也是满射,g 是单射,从而 f 和 g 都是双射,于是

$$g = g * I_Y = g * (f * f^{-1}) = (g * f) * f^{-1} = I_X * f^{-1} = f^{-1}$$

而

$$f = f * I_X = f * (g * g^{-1}) = (f * g) * g^{-1} = I_Y * g^{-1} = g^{-1}$$

上目定义 3.2.1 是用 X 的元素和 Y 的元素来阐述的,而在下面的定理中,则只用一些更基础的映射和复合概念所阐述的条件来刻画满射和单射的特征.

定理 3.3.5 一个映射是满的当且仅当它存在右逆.

证明 设 $f: X \to Y$ 而 h 是 f 的一个右逆,即 $f * h = I_Y$. 因为恒等映射 I_Y 是满的,由定理 3.2.4 知 f 是满射的.

再证充分性.

由于 f 不一定是单的,因而 f^{-1} 不一定是映射,但由于 f 是满的,故 f 一定是值域为 Y 的对应,现构造 Y 到 X 的映射 h 如下:

对任意的 $y \in Y$,由于 f 是满的,因而 $f^{-1}(\{y\}) = \{x \mid f(x) = y\} \neq \varnothing$,取一个 $x_0 \in f^{-1}(\{y\})$,并令 $h(y) = x_0$,则对任意 $y \in Y$,有
$$f * h(y) = f(h(y)) = y$$
故 h 是 f 的右逆.

定理 3.3.6 设 $f: X \to Y$ 为映射,则 f 为满射的当且仅当下面的条件得到满足:对于任一非空集合 A,两个映射 $u: Y \to A$ 和 $v: Y \to A$ 当 $u * f = v * f$ 时相等. 简单地说,一个映射是满的当且仅当它是右可消的.

证明 假定 f 是满射,且对于映射 $u: Y \to A$ 和 $v: Y \to A$ 有 $u * f = v * f$. 既然 A 非空,则由于 f 是 X 到 Y 的满射,所以对于每个 $b \in Y$,存在 $a \in X$ 使得 $f(a) = b$. 于是对于每个 $b \in Y$,有
$$u(b) = u(f(a)) = u * f(a) = v * f(a) = v(f(a)) = v(a)$$
因而 $u = v$,这就证明了条件的必要性.

反之,我们假定定理的条件对于映射 $f: X \to Y$ 成立. 因为 $X \neq \varnothing$,则值域 $f[X]$ 非空. 今设 $f[X] \neq Y$,又设 $b_0 \in Y - f[X]$,则映射 $v: Y \to Y$ 存在,使得 $v(b_0) \in f[X]$,且对于每个 $b \in Y - \{b_0\}$,有 $v(b) = b$. 现在,$I_Y * f = v * f$,但 $I_Y \neq v$,这与定理的条件矛盾. 由此可见,假设 $f[X] \neq Y$ 是错误的,因而 f 是一个满射.

类似的两个定理是:

定理 3.3.7 一个映射是单的当且仅当它存在左逆.

证明 必要性. 设 $f: X \to Y$,g 是 f 的一个左逆,则 $g * f = I_X$,而 I_X 是单射的,由定理 3.2.4 知 f 是单射的.

充分性. 因为 f 是单的,而 $X \neq \varnothing$,故对于任意的 $y \in f(X)$,必存在唯一的 $x \in X$ 使得 $f(x) = y$. 任取 $x_0 \in X$,构造 Y 到 X 的映射 g 如下
$$g(y) = \begin{cases} x, & \text{若 } y \in f(X) \text{ 且 } f(x) = y \\ x_0, & \text{若 } y \notin f(X) \end{cases}$$
则 g 为 f 的一个左逆. 事实上由 g 的构造可知,对任意的 $x \in X$,有
$$g * f(x) = g(f(x)) = x$$
即 $g * f = I_X$.

定理 3.3.8 设 $f: X \to Y$ 为映射,则 f 为单射的当且仅当下面的条件得到满足:对于任一非空集合 A,两个映射 $u: A \to X$ 和 $v: A \to X$ 当 $f * u = f * v$ 时相等. 简单地说,一个映射是单的当且仅当它是左可消的.

证明 若 f 是单射,显然 f 左可消. 反过来,假设存在 X 中的不同元素 x_1, x_2 使得 $f(x_1) = f(x_2)$. 令 $A = \{0\}$,u, v 定义如下:$u(0) = x_1, v(0) = x_2$,则 $f * u =$

$f*v$,但 $u \neq v$,于是 f 不是左可消的.

3.4 子集的正象和逆象

映射 $f: X \to Y$ 使 X 中每个子集 A 都有 Y 中唯一的一个子集
$$f[A] = \{y \mid y = f(x), x \in A\} = \{f(x) \mid x \in A\}$$
与之对应,其中,$f[A]$ 称为 A 在 f 作用下的正象.这种联系按通常的方法定义了幂集 $P(X)$ 到 $P(Y)$ 内的一个映射.对于这个映射,我们将不再引进特别的记号,还是用 $f: P(X) \to P(Y)$ 表示.

例如,设 $f: \mathbf{R} \to \mathbf{R}, \mathbf{R}$ 为实数集,且 $f(x) = x^2$,现取
$$A_1 = [0, +\infty), A_2 = [1, 3), A_3 = \mathbf{R}$$
则
$$f(A_1) = [0, +\infty), f(A_2) = [1, 9), f(A_3) = [0, +\infty)$$

所考虑的新映射相对于符号"$\subseteq(\subset)$,$\cup$,$\cap$"和"$-$"的作用情况表述如下.

定理 3.4.1 两个集合的真包含关系导致它们的正象的包含关系:若 $A_1 \subset A_2$,则 $f[A_1] \subseteq f[A_2]$.

证明 任取 $y \in f[A_1]$,则存在 $x \in A_1$,使得 $f(x) = y$,由 $A_1 \subset A_2$ 得 $x \in A_2$,所以 $f(x) \in f[A_2]$,即 $y \in f[A_2]$.因此 $f[A_1] \subseteq f[A_2]$.

定理 3.4.2 两个集合的并集的正象等于它们的正象的并集 $f[A_1 \cup A_2] = f[A_1] \cup f[A_2]$.

证明 任取 $y \in f[A_1 \cup A_2]$,则存在 $x \in A_1 \cup A_2$,使得 $f(x) = y$,当 $x \in A_1$ 时有 $f(x) \in f[A_1]$,当 $x \in A_2$ 时有 $f(x) \in f[A_2]$,在两种情形下都有 $f(x) \in f[A_1] \cup f[A_2]$,于是 $f[A_1 \cup A_2] \subseteq f[A_1] \cup f[A_2]$.

另一方面,由 $A_1, A_2 \subseteq A_1 \cup A_2$ 及定理 3.4.1 得 $f[A_1] \cup f[A_2] \subseteq f[A_1 \cup A_2]$.所以 $f[A_1] \cup f[A_2] = f[A_1 \cup A_2]$.

虽然对于所有被 X 包含的 A_1 和 A_2 来说,等式 $f[A_1 \cup A_2] = f[A_1] \cup f[A_2]$ 为真,但是等式 $f[A_1 \cap A_2] = f[A_1] \cap f[A_2]$ 并非总能成立:

定理 3.4.3 两个集合的交集的正象是它们的正象的交集的子集:$f[A_1 \cap A_2] \subseteq f[A_1] \cap f[A_2]$.

证明 我们来证明一个更强的结论:$f[A_1] \cap f[A_2] = f[A_1 \cap A_2] \cup (f[A_1 - A_2] \cap f[A_2 - A_1])$.

首先,A_1, A_2 可分解为
$$A_1 = (A_1 \cap A_2) \cup (A_1 - A_2)$$

$$A_2 = (A_1 \cap A_2) \cup (A_2 - A_1)$$

由 $A_1 = (A_1 \cap A_2) \cup (A_1 - A_2)$ 和定理 3.4.2 得
$$f[A_1] = f[(A_1 \cap A_2) \cup (A_1 - A_2)]$$
$$= f[(A_1 \cap A_2)] \cup f[(A_1 - A_2)]$$

由 $A_2 = (A_1 \cap A_2) \cup (A_2 - A_1)$ 和定理 3.4.2 得
$$f[A_2] = f[(A_1 \cap A_2) \cup (A_2 - A_1)]$$
$$= f[(A_1 \cap A_2)] \cup f[(A_2 - A_1)]$$

于是
$$f[A_1] \cap f[A_2] = (f[(A_1 \cap A_2)] \cup (A_1 - A_2)]) \cap$$
$$(f[(A_1 \cap A_2)] \cup f[(A_2 - A_1)])$$
$$= f[A_1 \cap A_2] \cup (f[A_1 - A_2] \cap f[A_2 - A_1])$$

定理 3.4.4 两个集合的差集的正象包含它们的正象的差集:$f[A_1] - f[A_2] \subseteq f[A_1 - A_2]$.

证明 我们来证明:$f[A_1] - f[A_2] = f[A_1 - A_2] - f[A_2]$,因此 $f[A_1] - f[A_2] \subseteq f[A_1 - A_2]$.

由 $f[A_1] = f[(A_1 - A_2) \cup (A_1 \cap A_2)] = f[(A_1 - A_2)] \cup f[(A_1 \cap A_2)]$,
$f[A_1] - f[A_2] = (f[(A_1 - A_2)] \cup f[(A_1 \cap A_2)]) - f[A_2] = (f[(A_1 - A_2)] - f[A_2]) \cup (f[(A_1 \cap A_2)] - f[A_2])$,又由定理 3.4.1 知 $f[(A_1 \cap A_2)] \subseteq f[A_2]$,故 $f[(A_1 \cap A_2)] - f[A_2] \neq \varnothing$,于是 $f[A_1] - f[A_2] = f[A_1 - A_2] - f[A_2]$.

在映射是单一的时候,可以证明下面的定理.

定理 3.4.5 对于单射而言,两个不相交的集合的正象亦不相交:若 $A_1 \cap A_2 = \varnothing$,则 $f[A_1] \cap f[A_2] = \varnothing$.

证明 反证法.设 $f[A_1] \cap f[A_2] \neq \varnothing$,则存在 $y \in f[A_1] \cap f[A_2]$,即 $y \in f[A_1]$ 且 $y \in f[A_2]$.由 $y \in f[A_1]$ 得存在 $x_1 \in A_1$,使得 $f(x_1) = y$;由 $y \in f[A_2]$ 得存在 $x_2 \in A_2$,使得 $f(x_2) = y$,由此 $f(x_1) = f(x_2)$,又 f 是单射,故必有 $x_1 = x_2$,于是 $x_1 \in A_1$ 且 $x_2 \in A_2$,即存在 x,使得 $x_1 \in A_1 \cap A_2$,可是这和 $A_1 \cap A_2 = \varnothing$ 矛盾.

现在来指出单射时定理 3.4.3 和定理 3.4.4 是怎样的情形.

定理 3.4.6 对于单射而言,两个集合的交(差)集的正象等于它们的正象的交(差):$f[A_1 \cap A_2] \subseteq f[A_1] \cap f[A_2](f[A_1] - f[A_2] \subseteq f[A_1 - A_2])$.

证明 第一部分:由 $(A_1 - A_2) \cap (A_2 - A_1) = \varnothing$,以及定理 3.4.5 得 $f[A_1 - A_2] \cap f[A_2 - A_1] = \varnothing$,再由定理 3.4.3 得 $f[A_1 \cap A_2] = f[A_1] \cap$

$f[A_2]$;

第二部分：由定理 3.4.4，得 $f[A_1] - f[A_2] = f[A_1 - A_2] - f[A_2] = f[A_1 - A_2] - (f[A_1 - A_2] \cap f[A_2])$ [第二个等号利用了集合的差的性质 $A - B = A - (A \cap B)$]，又 $(A_1 - A_2) \cap A_2 = \varnothing$，由定理 3.4.5 得 $f[(A_1 - A_2)] \cap f[A_2] = \varnothing$，于是 $f[A_1 - A_2] = f[A_1] - f[A_2]$.

对于任意的映射 $f: X \to Y$，我们也可按通常的方法定义 $P(Y)$ 到 $P(X)$ 内的一个映射，这个映射在 Y 的每个子集 B 的值是 X 的子集 $f^{-1}[B] = \{ x \mid y = f(x), y \in B \}$，称为 y 在 f 作用下的逆象. 对于 Y 的单元集 $\{y\}$，$f^{-1}[\{y\}]$ 通常用 $f^{-1}[y]$ 表示. 这个映射相对于符号 "$\subseteq (\subset), \cup, \cap$" 和 "$-$" 的运算是性能良好的.

定理 3.4.7 两个集合的包含关系导致它们的逆象的包含关系：如果 $B_1 \subseteq B_2$，则 $f^{-1}[B_1] \subseteq f^{-1}[B_2]$.

证明 任取 $x \in f^{-1}[B_1]$，则 $f(x) \in B_1$，由 $B_1 \subseteq B_2$，知 $f(x) \in B_2$，于是 $x \in f^{-1}[B_2]$，故 $f^{-1}[B_1] \subseteq f^{-1}[B_2]$；

定理 3.4.8 两个集的并（交、差）集的逆象等于它们的逆象的并（交、差）集：$f[A_1 \cup A_2] = f[A_1] \cup f[A_2]$ ($f^{-1}[B_1 \cap B_2] = f^{-1}[B_1] \cap f^{-1}[B_2]$, $f^{-1}[B_1 - B_2] = f^{-1}[B_1] - f^{-1}[B_2]$).

证明 由于论证的相似性，我们只证明定理的第一部分

$$f^{-1}[B_1 \cup B_2] = \{x \mid x \in f^{-1}[B_1 \cup B_2]\}$$
$$= \{x \mid f(x) \in B_1 \cup B_2\}$$
$$= \{x \mid f(x) \in B_1 \text{ 或 } f(x) \in B_2\}$$
$$= \{x \mid x \in f^{-1}[B_1] \text{ 或 } x \in f^{-1}[B_2]\}$$
$$= \{x \mid x \in f^{-1}[B_1] \cup f^{-1}[B_2]\}$$
$$= f^{-1}[B_1] \cup f^{-1}[B_2]$$

定理的第三部分的一个特别情形是：$f^{-1}[\overline{(B_2)_Y}] = f^{-1}[Y - B_2] = f^{-1}[Y] - f^{-1}[B_2] = X - f^{-1}[B_2] = \overline{(f^{-1}(B_2))_X}$.

子集的象和原象有以下关系.

定理 3.4.9 设 f 是 X 到 Y 的映射，$A \subseteq X, B \subseteq Y$，则：

(1) 若 f 是单射且 $f(x) \in f[A]$，则 $x \in A$；

(2) $A \subseteq f^{-1}[f[A]]$，若 f 是单射，则 $f^{-1}[f[A]] = A$；

(3) $f[f^{-1}[B]] \subseteq B$，若 f 是满射，则 $f[f^{-1}[B]] = B$；

(4) $f[f^{-1}[B]] = B \cap \operatorname{ran} f$；

(5) $f[A \cap f^{-1}[B]] = f[A] \cap B$;

(6) $A \cap f^{-1}[B] \subseteq f^{-1}[f[A] \cap B]$.

证明 (1) 由于 $f(x) \in f[A]$，故存在 $x' \in A$，使得 $f(x') = f(x)$；又 f 是单射，故 $x' = x$，故 $x \in A$.

(2) 任取 $x \in A$，则 $f(x) \in f[A]$，也就是 $x \in f^{-1}[f[A]]$，于是 $A \subseteq f^{-1}[f[A]]$；当 f 是单射时，任取 $x \in f^{-1}[f[A]]$，则 $f(x) \in f[A]$，由(1)知 $x \in A$，故 $f^{-1}[f[A]] \subseteq A$，最后 $f^{-1}[f[A]] = A$；

(3) 任取 $y \in f[f^{-1}[B]]$，则存在 $x \in f^{-1}[B]$ 且 $y = f(x)$，也就是 $f(x) \in B$ 且 $y = f(x)$，故 $y \in B$，于是 $f[f^{-1}[B]] \subseteq B$；当 f 是满射时，则对于任意 $y \in B$，均存在 $x \in X$，使得 $y = f(x)$，也就是 $y = f(x)$ 且 $x \in f^{-1}[B]$，故 $B \subseteq f[f^{-1}[B]]$，最后 $f[f^{-1}[B]] = B$；

(4) $\quad B \cap \operatorname{ran} f = B \cap f[X]$
$$= \{y \mid y \in B \text{ 且 } y \in f[X]\}$$
$$= \{y \mid y \in B \text{ 且存在 } x \in X \text{ 使 } y = f(x)\}$$
$$= \{y \mid x \in f^{-1}[B] \text{ 且 } y = f(x)\}$$
$$= f[f^{-1}[B]]$$

(5) $\quad f[A \cap f^{-1}[B]] = \{y \mid \text{存在 } x \in A \cap f^{-1}[B] \text{ 使 } y = f(x)\}$
$$= \{y \mid \text{存在 } x \in A \text{ 且 } x \in f^{-1}[B] \text{ 使 } y = f(x)\}$$
$$= \{y \mid \text{存在 } x \in A \text{ 且 } f(x) \in B \text{ 使 } y = f(x)\}$$
$$= \{y \mid \text{存在 } x \in A \text{ 使 } y = f(x) \text{ 且 } y \in B\}$$
$$= f[A] \cap B$$

(6) $A \cap f^{-1}[B] = \{x \mid x \in A \text{ 且 } x \in f^{-1}[B]\} = \{x \mid x \in A \text{ 且 } f(x) \in B\}$，设 $x \in \{x \mid x \in A \text{ 且 } f(x) \in B\}$，则 $f(x) \in f(A)$ 且 $f(x) \in B$，即 $f(x) \in f(A) \cap B$，亦即 $x \in f^{-1}(f(A) \cap B)$，于是 $A \cap f^{-1}[B] \subseteq f^{-1}[f[A] \cap B]$.

此命题的(2)是说，对于一般映射，能与 A 有相同映象的 X 的子集不比 A 小(象的逆象不变小)，但如果 f 还是单射，那么这种子集就不会比 A 大.

此命题的(3)说明就逆象而言：在一般映射 f 下，B 的逆象不会比 B 大(逆象的象不变大)，但如果 f 还是满射，那么这种象作为 Y 的子集就不会比 B 小.

在(两个)映射的复合下，子集的正象和逆象有以下性质.

定理 3.4.10 设 f 和 g 分别是 X 到 Y，Y 到 Z 的映射，$A \subseteq X, B \subseteq Y$，则：

(1) 对任意的 $A \subseteq X$，都有 $(g \circ f)[A] = g[f[A]]$；

(2) 对任意的 $B \subseteq Z$，都有 $(g \circ f)^{-1}[B] = f^{-1}[g^{-1}[B]]$；

(3) $g * f[A] = g[f[A]]$；

(4) $g * f[A \cup f^{-1}[B]] \subseteq g[f[A] \cup B]$;

(5) $g * f[A \cap f^{-1}[B]] = g[f[A] \cap B]$.

证明 (1) 任取 $z \in (g \circ f)[A]$, 存在 $x \in A$, 使得 $(g \circ f)(x) = z$, 所以 $z = g(f(x))$. 由 $x \in A$ 得 $f(x) \in f[A]$, 由 $f(x) \in f[A]$ 得 $g(f(x)) \in g[f[A]]$, 因此 $z \in g[f[A]]$;

反之, 任取 $z \in g[f[A]]$, 存在 $y \in f[A]$, 使得 $g(y) = z$. 由 $y \in f[A]$ 得存在 $x \in A$, 使得 $f(x) = y$, 所以 $z = g(y) = g(f(x)) = (g \circ f)(x)$, 因此 $z \in (g \circ f)[A]$;

于是, $(g \circ f)[A] = g[f[A]]$.

(2) 任取 $x \in (g \circ f)^{-1}[B]$, 都有 $(g \circ f)(x) \in B$, 所以 $g(f(x)) \in B$. 由 $g(f(x)) \in B$ 得 $f(x) \in g^{-1}[B]$, 由 $f(x) \in g^{-1}[B]$ 得 $x \in f^{-1}[g^{-1}[B]]$;

反过来, 任取 $x \in f^{-1}[g^{-1}[B]]$, 都有 $f(x) \in g^{-1}[B]$, 所以 $g(f(x)) \in B$, 即 $(g \circ f)(x) \in B$, 由此得 $x \in (g \circ f)^{-1}[B]$;

综上, $(g \circ f)^{-1}[B] = f^{-1}[g^{-1}[B]]$.

(3) $g * f[A] = \{z \mid 存在 x \in A 使 z = g * f(x)\}$
$= \{z \mid 存在 x \in A 且存在 y \in B 使 z = g(y) 且 y = f(x)\}$
$= \{z \mid 存在 y \in B 且存在 x \in A 使 y = f(x) 且 z = g(y)\}$
$= \{z \mid 存在 y \in B 使 y \in f[A] 且 z = g(y)\}$
$= \{z \mid z \in g[f[A]]\}$
$= f[g[A]]$

(4) $g * f[A \cup f^{-1}(B)] = \{z \mid 存在 x \in A \cup f^{-1}(B) 使 z = g * f(x)\}$
$= \{z \mid 存在 x \in A 或 x \in f^{-1}(B) 使 z = g(f(x))\}$
$= \{z \mid 存在 x \in A 或 f(x) \in B 使 z = g(f(x))\}$
$= \{z \mid 存在 x \in A 或存在 y \in B 使 z = g(y) 且 y = f(x)\}$
$\subseteq \{z \mid 存在 y \in f[A] 或 y \in B 使 z = g(y)\}$
$= \{z \mid 存在 y \in f[A] \cup B 使 z = g(y)\}.$
$= \{z \mid z \in g[f[A] \cup B]\}$
$= g[f[A] \cup B]$

(5) $g * f[A \cap f^{-1}[B]] = \{z \mid 存在 x \in A \cap f^{-1}(B) 使 z = g * f(x)\}$
$= \{z \mid 存在 x \in A 且 x \in f^{-1}(B) 使 z = g(f(x))\}$
$= \{z \mid 存在 x \in A 且 f(x) \in B 使 z = g(f(x))\}$
$= \{z \mid 存在 x \in A 且存在 y \in B 使 z = g(y) 且 y = f(x)\}$
$= \{z \mid 存在 y \in f[A] 且 y \in B 使 z = g(y)\}$

$$= \{z \mid 存在 y \in f[A] \cap B 使 z = g(y)\}$$
$$= \{z \mid z \in g[f[A] \cap B]\}$$
$$= g[f[A] \cap B]$$

3.5 映射的限制与延拓·映射的并与相容性

给出一个确定的映射,譬如说从 A 到 B 的 f,那么缩小 f 的定义域后,可能会得到一个具有 f 所不具有的特性的新映射,这在很多时候是有益的. 例如,若 f 是映上的,但不是 $1-1$ 的,则可望保持 f 的对应不变的同时缩小 f 的定义域后形成一个新映射,它不仅是映上的,而且也是 $1-1$ 的. 当然这个新映射的定义域与 f 的定义域不相同. 但可以看成是从 A 的某一子集映上到 B 上的一个 $1-1$ 映射. 一般说来对映射定义域的这样的限制,称为这个映射的限制. 下面的定义会使这个概念更为明晰.

定义 3.5.1 如果 f 是一个从 A 到 B 的映射,而 g 是从 A_1 是到 B 的映射,这里 A_1 是 A 的一个子集.

如果对任意的 $x \in A_1$,均有 $g(x) = f(x)$,则 g 称为 f 在集合 A_1 的限制. 这个关系用符号记为 $g = f \upharpoonright A_1$.

我们有时把 $f \upharpoonright A_1$ 读作"f 收缩到 A_1"或"f 裁剪到 A_1".

与映射的限制对应的概念是映射的延拓.

定义 3.5.2 设 f 和 g 映射,如果 g 是 f 的一个限制,则 f 称为 g 的延拓.

任何映射向其定义域的非空子集的限制映射是唯一存在的,因此一个映射的限制的数目与它的定义域的子集的数目一样多. 而一个映射向其定义域的扩集的延拓映射则可用多种方式给出.

除了映射的限制与延拓外,映射的并也是产生新映射的方法. 设 $A_1 \cap B_1 = \emptyset$,$f: A_1 \to B_1$ 和 $g: A_2 \to B_2$ 是两个映射. 现在我们由 f 和 g 构造一个 $A_1 \cup A_2$ 到 $B_1 \cup B_2$ 的映射 h:

$$h: A_1 \cup A_2 \to B_1 \cup B_2, h(x) = \begin{cases} f(x), x \in A_1 \\ g(x), x \in A_2 \end{cases}$$

显然,h 满足:

任给 $x \in A_1$,都有 $h(x) = f(x)$,

任给 $x \in A_2$,都有 $h(x) = g(x)$.

容易证明满足如此性质的映射是唯一的,所以我们可以不使用构造的方法,而利用 h 所满足的性质来定义 h,这种定义方法可以推广到一般情形.

定义 3.5.3 设 f_1 是 A_1 到 B_1 的映射,f_2 是 A_2 到 B_2 的映射. h 是集合

$A_1 \bigcup A_2$ 到集合 $B_1 \bigcup B_2$ 的映射,并且

    任意 $x \in A_i$,都有 $h(x) = f_i(x), i = 1,2.$

则称 h 是映射 f_1 和 f_2 的并,记作 $h = f_1 \bigcup f_2.$

    要注意的是,并非任意两个映射都有并映射的存在.

    与定义 3.5.3 的情形相反,有时候我们也会考虑两个映射在它们定义域的交集上的异同,这就导致了下面映射的相容性这一新概念.

定义 3.5.4   设 f,g 是两个映射,如果 f,g 在它们定义域的交集上的限制相等,即

$$\text{任意 } x \in \text{dom } f \bigcap \text{dom } g, \text{均有 } f(x) = g(x),$$

则称 f 与 g 是相容的.

    相容性的概念可以使我们来表述两个映射存在并的一个充要条件.

定理 3.5.1   两个映射 f,g 存在并映射 $f \bigcup g$ 的充要条件是它们是相容的.

    证明   首先假定映射 f,g 是相容的.为了证明 $f \bigcup g$ 是一映射,只要证明定义域的并

$$\text{dom } f \bigcup \text{dom } g$$

的任意 x,在 $f \bigcup g$ 之下,有且仅有一个元素对之对应.

    为此将 $\text{dom } f \bigcup \text{dom } g$ 分解为三个不相交的部分:

$\text{dom } f \bigcup \text{dom } g = (\text{dom } f - \text{dom } g) \bigcup (\text{dom } g - \text{dom } f) \bigcup (\text{dom } f \bigcap \text{dom } g)$

对第一个集合中的任一 x(即 $x \in \text{dom } f$ 且 $x \notin \text{dom } g$),

$$(f \bigcup g)(x) = f(x)$$

换句话说,这时 x 在 $f \bigcup g$ 下取得了唯一的 $f(x)$.

    同样,第二个集合中的任一 x 将在 $f \bigcup g$ 下取得了唯一的 $g(x)$.

    最后,第三个集合的 x,由相容性知 $f(x) = g(x)$.如此 x 在 $f \bigcup g$ 下亦取得了唯一的像.

    反之,设 $f \bigcup g$ 是一个映射,如果 f,g 不相容,则必定有一 x,使得

$$x \in \text{dom } f \bigcap \text{dom } g$$

且 $f(x) \neq g(x)$.可是这样的话,就意味着在对应 $f \bigcup g$ 下,x 有两个不等的元素

$$f(x), g(x)$$

与之成对应,这与 $f \bigcup g$ 为一映射相矛盾.

    因此 f 与 g 是相容的.

3.6 映射族·映射族的并

在这一目,我们将研究由特殊元素——映射——构成的集合.

定义 3.6.1 每个元素都是映射的非空集合称为映射族.

在以后,映射族一般用大写希腊字母 $\Sigma, \Gamma, \Phi, \Psi$ 等表示.

设 I 是一个非空集合,如果任给 $i \in I$,f_i 是 A_i 到 B_i 的映射,则 $\{f_i \mid i \in I\}$ 即是映射族,称为以 I 为指标集的映射族. 和集合族类似,任意映射族都可以表示为以某个非空集合为指标集的映射族.

为简单起见,以后使用映射族 $\{f_i \mid i \in I\}$ 时,总是假定 f_i 是 A_i 到 B_i 的映射.

一个集合的所有子集组成重要的集合族——幂集,类似的,一个集合 A 到另一个非空集合 B 的所有映射也组成一个重要的映射族:$B^A = \{f \mid f: A \to B\}$. 特别地,有 $B^\varnothing = \{\varnothing\}$,但当 $B = \varnothing$ 时,$\varnothing^A = \varnothing$ 不是映射族.

映射族既然是集合,所以可以有它到别的集合的映射,也有别的集合到它的映射. 为了清楚起见,这样的映射一般用大写英文字母 F, G, H 等表示. 引入若干个这样的例子.

(1) 设 $A \cap B = \varnothing$,任给 $h \in C^{A \cup B}$,h 在 A 上和 B 上的限制分别是 $h \upharpoonright A$ 和 $h \upharpoonright B$. 构造 $C^{A \cup B}$ 到 $C^A \times C^B$ 的映射:
$$F: C^{A \cup B} \to C^A \times C^B, F(h) = \langle h \upharpoonright A, h \upharpoonright B \rangle$$

下面证明 F 是 $1-1$ 映射.

任取 $h, k \in C^{A \cup B}$,如果 $h \neq k$,则存在 $x \in A \cup B$,使得 $h(x) \neq k(x)$. 当 $x \in A$ 时,有 $h \upharpoonright A(x) \neq k \upharpoonright A(x)$,所以 $h \upharpoonright A \neq k \upharpoonright A$;当 $x \in B$ 时,有 $h \upharpoonright B(x) \neq k \upharpoonright B(x)$,所以 $h \upharpoonright B \neq k \upharpoonright B$. 由此,$\langle h \upharpoonright A, h \upharpoonright B \rangle \neq \langle k \upharpoonright A, k \upharpoonright B \rangle$,因此 F 是单射.

任取 $\langle f, g \rangle \in C^A \times C^B$,现在构造映射 $h \in C^{A \cup B}$:
$$h: A \cup B \to C, h(x) = \begin{cases} f(x), x \in A \\ g(x), x \in B \end{cases}$$

(h 是映射是容易验证的)则 $h \upharpoonright A = f, h \upharpoonright B = g$,所以 $F(h) = \langle h \upharpoonright A, h \upharpoonright B \rangle = \langle f, g \rangle$. 因此,$F$ 是满射.

如果 f 是集合 A 到映射族的映射,则对任意的 $x \in A$,$f(x)$ 是映射,而 $\mathrm{dom}(f(x))$ 中的元素 y 的象就是 $f(x)(y)$. 通过这种形式可以定义新的映射.

(2) 设 $f: A \to C^B$,可以构造 $B \times A$ 到 C 的映射
$$f^*: B \times A \to C, f^*(y, x) = f^*(x)(y);$$

从而可以构造 $(C^B)^A$ 到 $C^{B\times A}$ 的映射

$$F:(C^B)^A \to C^{B\times A}, F(f)=f^*$$

$h:B\times A \to C$，可以构造 A 到 C^B 的映射如下：首先对于任意的 $x\in A$，构造 B 到 C 的映射：

$$h_x:B\to C, h_x(y)=h(\langle y,x\rangle)$$

然后构造 A 到 C^B 的映射：

$$f:A\to C^B, f(x)=h_x$$

可以证明 $f^*=h_x$.

讨论映射族的运算. 两个映射的并的概念可以推广到映射族的情形.

定义 3.6.2 设 $\Gamma=\{f_i \mid i\in I\}$ 是映射族，h 是 A 到 B 的映射，其中 $A=\bigcup\limits_{i\in I}A_i$，$B=\bigcup\limits_{i\in I}B_i$. 如果 h 满足：

$$\text{任给 } i\in I, \text{任给 } x\in A_i, \text{都有 } h(x)=f_i(x)$$

则称 h 是映射族 Γ 的并映射.

注意映射不是集合，这里的"并"不是集合意义上的"并"，这里只是在映射族上使用这种含义的"并".

首先我们来证明一个映射族的并的唯一性.

定理 3.6.1 如果 h 和 k 都是映射族 $\Gamma=\{f_i\mid i\in I\}$ 的并，则 $h=k$.

证明 显然有 $\mathrm{dom}\, h = \bigcup\limits_{i\in I}A_i = \mathrm{dom}\, k$.

任给 $x\in\bigcup\limits_{i\in I}A_i$，存在 $i\in I$，使得 $x\in A_i$，所以 $h(x)=f_i(x)=k(x)$. 因此，$h=k$.

由于并是唯一的，以后将映射族 Γ 的并记为 f_Γ.

上一目定理 3.5.1 的结果也可以推广到映射族的情形.

定义 3.6.3 由某些映射构成的集合 Γ 叫做相容的，如果 Γ 中任意两个映射设 f 和 g 都是相容的.

定理 3.6.2 映射族的并存在的充分必要条件是这个映射族是相容的；且并映射的定义域等于各映射定义域的并.（注：定理 3.6.2 及其证明系从 3.6 目中移来）

证明 如果 Γ 是一相容的映射族，令 $F=\bigcup\Gamma$，我们来证明 F 是一映射. 设 Γ 的所有映射的定义域的并集为 D，则对于任一 $u\in D$，均有若干个 $f_i\in\Gamma$，使得在 $\bigcup\Gamma$ 之下对应为 $f_i(x)$. 既然 Γ 是相容的，所以诸 $f_i(x)$ 相等. 也就是说，与 u 对应的像是唯一的. 因此 $\bigcup\Gamma$ 是映射.

条件的必要性留给读者完成它的证明.

第二部分是关于定义域的证明,也就是证明 dom $F=\bigcup\{\text{dom } f \mid f \in \Gamma\}$. 设
$$x \in \text{dom } F$$
则有一 y,使得 $F(x)=y$,这样,就存在一个
$$f \in \Gamma, 使得 f(x)=y$$
因此 $x \in \text{dom } f$,所以 $x \in \bigcup\{\text{dom } f \mid f \in \Gamma\}$. 由此,
$$\text{dom } F \subseteq \bigcup\{\text{dom } f \mid f \in \Gamma\}$$

反之,若 $x \in \bigcup\{\text{dom } f \mid f \in \Gamma\}$,这时,就一定有一 $f \in \Gamma$,使得 $x \in \text{dom } f$,因此,有一 y,使得
$$f(x)=y$$
所以 $F(x)=y$,由此,$x \in \text{dom } F$. 这样,就有:
$$\bigcup\{\text{dom } f \mid f \in \Gamma\} \subseteq \text{dom } F$$
综上,我们有
$$\text{dom } F=\bigcup\{\text{dom } f \mid f \in \Gamma\}$$

下面的定理给出了判断并映射存在的(相比定理 3.6.2)方便些的若干条件.

定理 3.6.3 设 $\Gamma=\{f_i \mid i \in I\}$ 是映射族,令 $\Sigma=\{A_i \mid i \in I\}$,如果 Σ 是不交的,则并映射 f_Γ 存在.

证明 任给 $i,j \in I$,如果 $i=j$,则对任意 $x \in A_i \cap A_j$,有 $f_i(x)=f_j(x)$;如果 $i \neq j$,则由 Σ 是不交的得 $A_i \cap A_j = \varnothing$,所以不存在满足 $x \in A_i \cap A_j$ 的 x,因此也有 $f_i(x)=f_j(x)$. 这就证明了

任给 $i,j \in I$,任给 $x \in A_i \cap A_j$,都有 $f_i(x)=f_j(x)$.

由定理 3.6.2 知 f_Γ 存在.

定理 3.6.4 设 $\Gamma=\{f_i \mid i \in I\}$ 是映射族,令 $\Sigma=\{A_i \mid i \in I\}$,那么并映射 f_Γ 是存在的,如果 Σ 是单调的,且满足:对任意的 $i,j \in I$,如果 $A_i \subseteq A_j$,就有:$x \in A_i, f_i(x)=f_j(x)$.

证明 任给 $i,j \in I$,由 Σ 是单调的,知 $A_i \subseteq A_j$ 或 $A_j \subseteq A_i$,不妨设 $A_i \subseteq A_j$,此时 $A_i \cap A_j=A_i$,则对任意 $x \in A_i \cap A_j$,均有 $x \in A_i$,由定理条件得 $f_i(x)=f_j(x)$.

这样,任给 $i,j \in I$,任给 $x \in A_i \cap A_j$,都有 $f_i(x)=f_j(x)$,由定理 3.6.2 知 f_Γ 存在.

转而讨论并映射的性质. 所要表述的定理的部分结论涉及了下面的概念.

设 $\mathscr{A}=\{A_i \mid i \in I\}$ 是一个集合族,在指标集其中 I 是全序集的情况下,且对任意的 $i,j \in I$,

(1) 如果 $i \leqslant j$ 则 $A_j \subseteq A_i$,则称集合族 A 是单调下降的,

(2) 如果 $i \leqslant j$ 则 $A_i \subseteq A_j$,则称集合族 A 是单调上升的,

单调下降和单调上升的集合族统称为单调的.

定理 3.6.5 设 $\Gamma=\{f_i \mid i \in I\}$ 是映射族,$f_\Gamma: \bigcup_{i \in I} A_i \to \bigcup_{i \in I} B_i$,是 Γ 的并映射,令 $\Sigma_1=\{A_i \mid i \in I\}$,$\Sigma_2=\{B_i \mid i \in I\}$,则

(1) 任给 $i \in I$,若 f_i 都是满射,则 f_Γ 是满射;

(2) 如果 Σ_1 是单调的,并且任给 $i \in I$,f_i 都是单射,则 f_Γ 是单射;

(3) 如果 Σ_2 是不交的,并且任给 $i \in I$,f_i 都是单射,则 f_Γ 是单射.

证明 (1) 首先,$\operatorname{ran} f_\Gamma = \bigcup_{i \in I} \operatorname{ran} f_i$. 任给 $y \in \operatorname{ran} f_\Gamma$,存在 $x \in \bigcup_{i \in I} A_i$,使得 $f_\Gamma(x) = y$. 由 $x \in \bigcup_{i \in I} A_i$,知

$$存在 i \in I, 使得 x \in A_i$$

所以

$$y = f_\Gamma(x) = f_i(x) \in \operatorname{ran} f_i$$

因此

$$y \in \bigcup_{i \in I} \operatorname{ran} f_i$$

这就证明了

$$任给 y \in \operatorname{ran} f_\Gamma, 均有 y \in \bigcup_{i \in I} \operatorname{ran} f_i$$

因此,$\operatorname{ran} f_\Gamma \subseteq \bigcup_{i \in I} \operatorname{ran} f_i$.

反过来,任取 $y \in \bigcup_{i \in I} \operatorname{ran} f_i$,则存在存在 $i \in I$,使得 $y \in \operatorname{ran} f_i$,所以

$$存在 x \in A_i, 使得 f_i(x) = y$$

因此

$$y = f_i(x) = f_\Gamma(x) \in \operatorname{ran} f_\Gamma$$

于是

$$\bigcup_{i \in I} \operatorname{ran} f_i \subseteq \operatorname{ran} f_\Gamma$$

最后,$\operatorname{ran} f_\Gamma = \bigcup_{i \in I} \operatorname{ran} f_i$.

任给任给 $i \in I$,f_i 都是满射,则任给 $i \in I$,都有 $B_i = \operatorname{ran} f_i$,所以 $\operatorname{ran} f_\Gamma = \bigcup_{i \in I} \operatorname{ran} f_i = \bigcup_{i \in I} B_i$,因此 f_Γ 是满射.

(2) 任给 $x,y \in \bigcup_{i \in I} A_i$,由 Σ_1 的单调性得①

$$存在 i \in I,使得 x,y \in A_i$$

若 $x \neq y$,则 $f_i(x) \neq f_i(y)$,所以

$$f_\Gamma(x) = f_i(x) \neq f_i(y) = f_\Gamma(x)$$

因此 f_Γ 是单射.

(3) 任给 $x,y \in \bigcup_{i \in I} A_i$,存在 $i,j \in I$,使得 $x \in A_i$ 且 $y \in A_j$,所以 $f_i(x) \in B_i$ 且 $f_j(y) \in B_j$. 如果 $x \neq y$,则当 $i = j$ 时,由 f_i 是单射得 $f_i(x) \neq f_j(x)$;当 $i \neq j$ 时,由 $B_i \cap B_j = \varnothing$($\Sigma_2$ 是不交的)得 $f_i(x) \neq f_j(x)$. 所以在两种情况下都有 $f_\Gamma(x) = f_i(x) \neq f_j(y) = f_\Gamma(y)$,因此 f_Γ 是单射.

3.7 元素族

在数学中,为了便于阐述和易于论证,我们经常引进下指标、上指标等来指明我们所要讨论的对象(如点、线、不定元等),这些指标通常是数字或字母. 更一般的是,给定两个集合 A 和 I,从集合 I 取出元素(指标)对 A 中某些元素添加指标,这种方法实际上涉及映射的概念. 在施行这种加标方法后,我们应该把注意力集中到 A 中的加标元素以及它们的指标上面. 为了有效地处理这种情况,我们先来介绍族的概念.

定义 3.7.1 设 A 是一个集合. A 的元素族是一个三元有序组 $\langle F, I, f \rangle$,其中 F 是 A 的一个子集,I 是一个集合,$f: I \to F$ 是一个满射.

因此,集合 A 的元素族 $\langle F, I, f \rangle$ 与集合 B 的元素族 $\langle G, J, g \rangle$ 相等当且仅当 $I = J$ 且对于每个 $i \in I$,有 $f(i) = g(i)$. 这两个条件显然是必要的,也是充分的. 因为从这两个条件和关于两个映射 f 和 g 都是满射的假定,可以得出等式 $F = G$.

设 $\langle F, I, f \rangle$ 为集合 A 的元素族. 若对于每个 $i \in I$,我们用 x_i 表示 A 中的元素 $f(i)$,那么,我们就可以用更方便的形式 $(x_i)_{i \in I}$ 来表示 A 的元素族 $\langle F, I, f \rangle$. 集合 I 称为族 $(x_i)_{i \in I}$ 的指标集,A 中元素 x_i 称为该族中指标为 i 的项,简称为该族的第 i 项. 在采用这种表示法之后,两个族相等的充分必要条件用下面的定理给出:

定理 3.7.1 设 $(x_i)_{i \in I}$ 是集合 A 的一个元素族,$(y_j)_{j \in J}$ 是集合 B 的一个

---

① 因 $x, y \in \bigcup_{i \in I} A_i$,故存在 $i, j \in I$,使得 $x \in A_i$ 且 $y \in A_j$. 不妨设 $i \leqslant j$,则由 Σ_1 的单调性有 $A_i \subseteq A_j$(或 $A_i \supseteq A_j$),故 $x, y \in A_j$(或 $\in A_i$).

元素族.则这两个族相等当且仅当 $I=J$ 且对于每个 $i \in I$,有 $x_i = y_j$.

给定集合 A 的一个元素族 $\langle F, I, f \rangle = (x_i)_{i \in I}$,集合 F 有时称为族 $(x_i)_{i \in I}$ 的所有项的集合.显然,由定理 3.7.1,两个不相同的族也许恰好有同一个项集.因此,我们必须仔细地把族 $(x_i)_{i \in I}$ 的所有项所组成的集合与族 $(x_i)_{i \in I}$ 本身区别开来.

反之,给定一个集合 A,三元序组 $\langle F, I, i_A \rangle$ 是 A 的一个元素族,其中 $i_A: A \to A$ 是集合 A 的恒等映射.这个族用 $(x_x)_{x \in A}$ 表示,其中对于所有 $x \in A$ 有 $x_x = x$.该族所有的项所组成的集合显然就是集合 A 本身.

与子集和空集概念相对应,我们定义子族和空族如下:

定义 3.7.2 设 $(x_i)_{i \in I}$ 是集合 A 的一个元素族.集合 B 的元素族 $(y_j)_{j \in J}$ 为族 $(x_i)_{i \in I}$ 的一个子族当且仅当 J 是 I 的子集,且对于每个 $j \in J$,有 $y_j = x_i$.

作为集合 A 的元素族 $(x_i)_{i \in I}$ 的子族的一个例子,族 $(x_i)_{i \in I}$ 本身以及集合 A 的元素的空族 $(x_i)_{i \in \varnothing}$ 值得提一提.由集合 A 的元素的空族 $(x_i)_{i \in \varnothing}$ 的所有项所组成的集合显然是空集合.

我们特别感兴趣的是集合的族和一个集合的子集族,它们的定义如下:

定义 3.7.3 设 $(A_i)_{i \in I}$ 是集合 A 的一个元素族.若集合 A 的元素本身是集合,则 $(A_i)_{i \in I}$ 称为一个集合族.

特别是,若 $A = P(B)$,即若 A 是集合 B 的幂集,则 $(A_i)_{i \in I}$ 称为集合 A 的一个子集族.

让我们来探讨应用刚才的结论把交和并的概念推广到集合族的可能性.

设 A 是集合,$(A_i)_{i \in I}$ 是 A 的一个子集族.于是该族的全体项所组成的集合 A,显然是幂集 $P(A)$ 的一个子集.集合 A 的元素的交和并分别定义为 A 的子集 $(A_i)_{i \in I}$ 的交 $\bigcap_{i \in I} A_i$ 和并 $\bigcup_{i \in I} A_i$.容易看出:$\bigcap_{i \in I} A_i = \{x \in A \mid 对所有的 i \in I 有 x \in A_i\}$,$\bigcup_{i \in I} A_i = \{x \in A \mid 对某个 i \in I 有 x \in A_i\}$.

很明显,在包含的意义上,$\bigcap_{i \in I} A_i$ 就是 A 中被每个 A_i 所包含的最大子集;同时在包含的意义上,$\bigcup_{i \in I} A_i$ 是 A 中包含各个 A_i 的最小子集.特别地,对于 A 的子集空族 $(A_i)_{i \in \varnothing}$,我们有

$$\bigcap_{i \in \varnothing} A_i = A, \quad \bigcup_{i \in \varnothing} A_i = \varnothing$$

要注意的是,等式 $\bigcap_{i \in \varnothing} A_i = A$ 表明,空族的交依赖于我们在其中构造交集的那个集合,现在这种情况下是集合 A.为了说明这种情况,我们来考察一个例子.设 A 和 B 是两个不同的集合,若 f 为唯一的映射 $f: \varnothing \to \varnothing$,则族 $\langle \varnothing, \varnothing, f \rangle$ 为集合 A 的子集空族,同时,它是集合 B 的子集空族.如果把 $\langle \varnothing, \varnothing, f \rangle$ 的交集

看作集合 A 的一个子集族,那么该交集就是 A,但是,若把 $\langle\varnothing,\varnothing,f\rangle$ 的交集看作集合 B 的一个子集族,那么该交集却是 B.

最后,我们不难明白,集合 A 的子集族 $(A_i)_{i\in I}$ 的交与集合族 $(A_i)_{i\in I}$ 的交相同(只要 $I\neq\varnothing$);集合 A 的子集族 $(A_i)_{i\in I}$ 的并与集合族 $(A_i)_{i\in I}$ 的并相同.此外,对于任意的两个集合 A 和 B,在第一章所定义的交 $A\cap B$ 和并 $A\cup B$ 分别与 $\bigcap_{i\in I}C_i$ 和 $\bigcup_{i\in I}A_i$ 相同,其中,$I=\{0,1\}$,$C_0=A$,$C_1=B$.

3.8 集合族的超积·选择公理

在第一章 §2 中,我们把两个集合 A 和 B 的卡氏积 $A\times B$ 定义为全体有序对 $\langle a,b\rangle$ 的集合,其中 $a\in A$,$b\in B$. 虽然早在第一章 §2,我们同样介绍过三元有序组和 n 元有序组的概念,然而它们不是用作构造集合任意族的卡氏积的适当工具.我们先把有序对的概念同族的概念比较一下.为了便于比较,设 X 是一个集合,$I=\{0,1\}$(在这里,用数 0 和 1 是不重要的.事实上,恰好由任意两个元素,如 $\{\varnothing,\{\varnothing\}\}$ 所组成的集合也可).于是,由 X 的元素所组成的每个有序对 $\langle a,b\rangle$ 按照 $a=x_0$,$b=x_1$ 的方式确定了 X 唯一一个元素 $(x_i)_{i\in I}$,反之,每个族 $(x_i)_{i\in I}$ 按照 $x_0=a$,$x_1=b$ 的方式确定了唯一的一个有序对 $\langle a,b\rangle$.应用这个对应关系,我们期望能找到由 $A\cup B$ 的元素族 $(x_i)_{i\in I}$ 所组成的与卡氏积 $A\times B$ 相对应的集合,然后把它推广,给出符合要求的集合族的卡氏积定义.

设 A,B 是集合,$X=A\cup B$,$I=\{0,1\}$.于是,$(x_i)_{i\in I}$ 是两个集合的族,其中 $x_0=A$,$x_1=B$.考虑所有那些族 $x=(x_i)_{i\in I}$ 所组成的集合 P,其中如 $x_0\in X_0=A$,$x_1\in X_1=B$.容易验证,由对应

$$G(x)=\langle x_0,x_1\rangle \quad (x\in P)$$

所定义的映射 $G:P\to A\times B$ 是双射.就是说,集合 P 与集合 $A\times B$ 一一对应.因此,虽然集合 P 与集合 $A\times B$ 不相等,但它们的差别可看作仅仅是记号而已.

我们现在可以直截了当地推广卡氏积的概念了.下面的定义是恰当的.

定义 3.8.1[①] 设 $(A_i)_{i\in I}$ 是一个集合族.这个族的超积(卡氏积)是集合 $\prod_{i\in I}A_i$,它是由 $\bigcup_{i\in I}A_i$ 中使得对于一切 $i\in I$ 有 $x_i\in A_i$ 的所有那些元素族 $x=(x_i)_{i\in I}$ 组成的.

设 U 是使得 A_i 为其子集的一个集合,其中所有 $i\in I$.则根据定理 3.7.2,

[①] 有些著者把集合 A 的元素族定义为一个映射 $f:I\to A$,而把集合族 $(A_i)_{i\in I}$ 的卡氏积定义为使得 $f(i)\in A_i$(其中 $i\in I$) 的所有映射 $f:I\to\bigcup_{i\in I}A_i$ 的集合.

U 中所有元素族 $x=(x_i)_{i\in I}$（其中 $x_i\in A_i$）所组成的集合与定义 3.8.1 中所定义的卡氏积相等. 因此，我们可以使用任何具有上述性质的集合 U 去定义卡氏积.

使用类似的证明方法，我们就得到下面的定理：

定理 3.8.1[①] 设 $(A_i)_{i\in I}$ 和 $(B_i)_{i\in I}$ 为两个集合族，其中对于所有 $i\in I$，B_i 为 A_i 的一个子集，则 $\prod_{i\in I} B_i$ 是 $\prod_{i\in I} A_i$ 的一个子集.

既然对于任一集合族我们已经得到称为该族的卡氏积的一个集合，那么，最好是了解在什么条件下这个卡氏积是一个非空集合. 在这一点上，我们还是限于了解能找出所需条件的几种特殊情形.

与第二章 §3 定理 3.1.2 相对应，我们有下列两种特殊情形：

定理 3.8.2 设 $(A_i)_{i\in I}$ 是一个集合族，P 是该族的卡氏积. 则下列命题成立：

(1) 若 $I=\varnothing$，则 P 为单元集；

(2) 若 $I\neq\varnothing$，且对于某个 $j\in I$ 有 $A_j=\varnothing$，则 $P=\varnothing$.

证明 (1) P 仅仅包含空族作为它的元素.

(2) 假定 P 非空，那么在 P 中应当存在一个元素 $x=(x_i)_{i\in I}$，对于这个元素，我们总有 $x_j\in A_j$. 由于 A_j 是空集，所以导出矛盾.

如果 I 为非空集合，且对于 I 中所有指标 i，子集 A_i 非空，则我们有下面的结论：

(3) 若指标集 I 为单元集，则容易看出该族的卡氏积和该族的唯一（非空）集合是一一对应的. 因此，这个卡氏积非空.

(4) 若指标集 I 恰好由两个元素组成，那么，如前面所证明的，按定义 3.8.1 的意义，该族的卡氏积和集合 $A\times B$ 是一一对应的. 因此，我们又有一个非空卡氏积.

(5) 更一般地，我们得到下面的结论：有穷非空集合族的卡氏积是非空的（关于定义，请参阅第三章）.

对于一般非空集合族，关于它的卡氏积我们不想再讨论了. 由于存在比上面所提到的那些族"较大"的族，所以，要是非空集合的一个"较大"族的卡氏积

---

① 若把集合族 $(A_i)_{i\in I}$ 的卡氏积定义为映射族 $\{f\mid f:I\to\bigcup_{i\in I}A_i$，任给 $i\in I$，都有 $f(i)\in A_i\}$，那么，定理 3.7.2 不成立，因而定理 3.8.1 的弱形式为真：若 $(A_i)_{i\in I}$ 和 $(B_i)_{i\in I}$ 都是集合族，且对于所有 $i\in I$，B_i 为 A_i 的一个子集，那么族 $(B_i)_{i\in I}$ 的卡氏积与族 $(A_i)_{i\in I}$ 的卡氏积的一个子集一一对应.

是空的,而非空集合的一个"较小"族的卡氏积不空,看起来确实很奇怪.因此,承认下面的公理是明智的.

选择公理[①]　非空集合的非空族的卡氏积非空.

作为本公理的某些应用,下面给出的等价阐述是很有用的.

定理 3.8.3　选择公理与下面的命题等价:对于任一非空集合 A,存在 A 的一个选择函数 φ,即存在映射 $\varphi:P(A)-\{\varnothing\}\to A$,使得对于 A 中所有非空子集 B 有,$\varphi(B)\in B$.

证明　设选择公理成立,A 是一个非空集.令 $X=P(A)-\{\varnothing\}$,我们有 A 中非空子集的一个非空族 $(B_B)_{B\in X}$,其中 $B_B=B$.于是,非空卡氏积 $\prod\limits_{B\in X} B_B$ 的每个元素产生 A 的一个选择函数.

反之,假定对于任一非空集合存在一个选择函数,又设 $(A_i)_{i\in I}$ 是非空集合的一个非空族,那么,该族的并集 A 是非空的.若 φ 为 A 的一个选择函数,则由对于所有 $i\in I$ 有 $f(i)=\varphi(A_i)$ 定义的映射 $f:I\to A$,我们得到该族卡氏积的一个元素.

§4　集合的特征函数与模糊子集

4.1　集合的特征函数

设 E 是全集,考虑从全集 E 到集合 $\{0,1\}$ 的映射的全体所构成的集合,按 §3 的记号,可表示为 $\{0,1\}^E$,亦即
$$\{0,1\}^E=\{f\mid f:E\to\{0,1\}\}$$

下面我们将指出,对于 E 的任何一个子集,均有 $\{0,1\}^E$ 中的一个映射与之对应,且不同的子集对应不同的映射.此外,任意一个映射也必存在一个子集与之对应.也就是说,在 E 的幂集与 $\{0,1\}^E$ 之间存在一个双射.

定理 4.1.1　在 E 的全体子集与映射族 $\{0,1\}^E$ 之间存在着双射 f,有
$$f:P(A)\to\{0,1\}^E$$

证明　对任意的集合 $A\subseteq E$,令 $f=\psi_A$,其中

[①]　关于选择公理的细节,参阅第四章.

$$\psi_A(x) = \begin{cases} 1, & \text{若 } x \in A \\ 0, & \text{若 } x \notin A \end{cases}$$

下面证明 f 是单射.

设 A 与 B 是 E 的任意子集,且 $\psi_A = \psi_B$. 对于任意的 $x \in A$,当且仅当 $\psi_A(x) = 1$,由 $\psi_A = \psi_B$ 知当且仅当 $\psi_B(x) = 1$,即 $\psi_B(x) = 1$,亦即 $x \in B$,所以 $A = B$,f 是单射.

再证 f 是满射.

对每一个特征函数 $\psi : E \to \{0,1\}$,均有集合 $A = \{x \mid \psi(x) = 1\}$,使得 $\psi = \psi_A(x)$,因此 f 是满射.

综上所述,f 是双射.

由此可见,映射 $\psi_A(x)$ 能够刻画集合 A,这种映射通常被称为集合的特征函数.

定义 4.1.1 设 E 是全集,$A \subseteq E$,$\psi : E \to \{0,1\}$,令
$$\psi_A(x) = \begin{cases} 1, & \text{若 } x \in A \\ 0, & \text{若 } x \notin A \end{cases}$$
称 $\psi_A(x)$ 为集合 A 的特征函数.

例如,设全集 E 为 $\{a,b,c\}$,它有 8 个子集. 对于子集 $\varnothing$ 有
$$\psi_\varnothing(a) = 0, \psi_\varnothing(b) = 0, \psi_\varnothing(c) = 0$$
于是子集 $\varnothing$ 的特征函数为
$$\psi_\varnothing = \{\langle a,0 \rangle, \langle b,0 \rangle, \langle c,0 \rangle\}$$
对于子集 $\{a\}$ 有
$$\psi_{\{a\}}(a) = 1, \psi_{\{a\}}(b) = 1, \psi_{\{a\}}(c) = 1$$
于是子集 $\{a\}$ 的特征函数为
$$\psi_{\{a\}} = \{\langle a,1 \rangle, \langle b,0 \rangle, \langle c,0 \rangle\}$$
类似地可求得其他子集的特征函数.

下面的定理指出,集合之间的关系就可以用特征函数之间的关系来表达.

定理 4.1.2 给定全集 E,A 和 B 是 E 的子集,则对于任意 $x \in E$,下列关系式成立:

(1) $\psi_A(x) = 0$ 当且仅当 $A = \varnothing$;

(2) $\psi_A(x) = 1$ 当且仅当 $A = E$;

(3) $\psi_A(x) \leqslant \psi_B(x)$ 当且仅当 $A \subseteq B$;

(4) $\psi_A(x) = \psi_B(x)$ 当且仅当 $A = B$;

(5) $\psi_{A \cap B}(x) = \psi_A(x) \times \psi_B(x)$;

(6) $\psi_{A \cup B}(x) = \psi_A(x) + \psi_B(x) - \psi_{A \cap B}(x)$;

(7) $\psi_{\overline{A_E}}(x) = 1 - \psi_A(x)$;

(8) $\psi_{A \cap \overline{B_E}}(x) = \psi_A(x) \times \psi_{\overline{B_E}}(x) = \psi_A(x) - \psi_{A \cap B}(x)$.

其中特征函数间的运算"$+,-,\times$"就是通常意义下数字之间的算术运算"$+,-,\times$".

证明 (1) 根据特征函数的定义可知 $\psi_A(x) = 0$ 当且仅当 $A = \varnothing$;

(2) 根据特征函数的定义可知 $\psi_A(x) = 1$ 当且仅当 $A = E$;

(3) 若 $A \subseteq B$, 则有以下三种情况:

① $x \in A, x \in B$, 此时 $\psi_A(x) = \psi_B(x) = 1$;

② $x \notin A, x \in B$, 此时 $\psi_A(x) = 0 < \psi_B(x) = 1$;

③ $x \notin A, x \notin B$, 此时 $\psi_A(x) = \psi_B(x) = 0$.

综合①②③, 即有 $\psi_A(x) \leqslant \psi_B(x)$.

反之, 若对于任意 $x \in E, \psi_A(x) \leqslant \psi_B(x)$ 成立, 为证明 $A \subseteq B$ 用反证法. 假设 $A \not\subseteq B$, 从而存在 $x \in A$, 但 $x \notin B$, 于是 $\psi_A(x) = 1 > \psi_B(x) = 0$, 这与 $\psi_A(x) \leqslant \psi_B(x)$ 矛盾. 故 $A \subseteq B$.

(4) 由(3) 知(4) 成立.

(5) 若 $x \in A \cap B$, 即 $x \in A$ 且 $x \in B$, 则 $\psi_{A \cap B}(x) = 1 = 1 \times 1 = \psi_A(x) \times \psi_B(x)$; 若 $x \notin A \cap B$, 即 $x \notin A$ 或 $x \notin B$, 一方面由 $x \notin A \cap B$ 知 $\psi_{A \cap B}(x) = 0$, 另一方面由 $x \notin A$ 或 $x \notin B$ 知 $\psi_A(x) = 0$ 或 $\psi_B(x) = 0$, 于是 $\psi_{A \cap B}(x) = \psi_A(x) \times \psi_B(x)$; 故对于任意 $x \in E$, 均有 $\psi_{A \cap B}(x) = \psi_A(x) \times \psi_B(x)$.

(6) 将全集 E 分成不相交的四个子集

$$A \cap B, A \cap \overline{B_E}, \overline{A_E} \cap B, \overline{A_E} \cap \overline{B_E}$$

则存在以下四种情况:

① 若 $x \in A \cap B$, 则 $\psi_{A \cup B}(x) = 1, \psi_A(x) = 1, \psi_B(x) = 1, \psi_{A \cap B}(x) = 1$, 这时 $\psi_{A \cup B}(x) = \psi_A(x) + \psi_B(x) - \psi_{A \cap B}(x)$ 成立;

② 若 $x \in A \cap \overline{B_E}$, 则 $\psi_{A \cup B}(x) = 1, \psi_A(x) = 1, \psi_B(x) = 0, \psi_{A \cap B}(x) = 0$, 这时 $\psi_{A \cup B}(x) = \psi_A(x) + \psi_B(x) - \psi_{A \cap B}(x)$ 成立;

③ 若 $x \in \overline{A_E} \cap B$, 则 $\psi_{A \cup B}(x) = 1, \psi_A(x) = 0, \psi_B(x) = 1, \psi_{A \cap B}(x) = 0$, 这时 $\psi_{A \cup B}(x) = \psi_A(x) + \psi_B(x) - \psi_{A \cap B}(x)$ 成立;

④ 若 $x \in \overline{A_E} \cap \overline{B_E}$, 则 $\psi_{A \cup B}(x) = 0, \psi_A(x) = 0, \psi_B(x) = 0, \psi_{A \cap B}(x) = 0$, 这时 $\psi_{A \cup B}(x) = \psi_A(x) + \psi_B(x) - \psi_{A \cap B}(x)$ 成立;

综合①②③④, 对于任意 $x \in E$, 有 $\psi_{A \cup B}(x) = \psi_A(x) + \psi_B(x) - \psi_{A \cap B}(x)$.

(7) 设 $B = \overline{A_E} = E - A$，则 $A \cup B = E, A \cap B = \varnothing$，于是 $\psi_{A \cup B}(x) = 1$，$\psi_{A \cap B}(x) = 0$。由(6) 知 $1 = \psi_{A \cup B}(x) = \psi_A(x) + \psi_B(x) - \psi_{A \cap B}(x) = \psi_A(x) + \psi_B(x)$，故 $\psi_{\overline{A_E}}(x) = \psi_B(x) = 1 - \psi_A(x)$。

(8) $\psi_A(x) - \psi_{A \cap B}(x) = \psi_A(x) - \psi_A(x) \times \psi_B(x) = \psi_A(x)(1 - \psi_B(x)) = \psi_A(x) \times \psi_{\overline{B_E}}(x) = \psi_{A \cap \overline{B_E}}(x) = \psi_A(x) - \psi_{A \cap B}(x)$。

应用特征函数的性质，可以证明集合恒等式的正确性。

例如，让我们来证明 $(A \cup B) - C = (A - C) \cup (B - C)$。

证明
$$\psi_{((A-C) \cup (B-C))}(x)$$
$$= \psi_{(A-C)}(x) + \psi_{(B-C)}(x) - \psi_{((A-C) \cap (B-C))}(x)$$
$$= \psi_A(x) - \psi_C(x) + \psi_B(x) - \psi_C(x) - \psi_{(A-C)}(x) \times \psi_{(B-C)}(x)$$
$$= \psi_A(x) - \psi_C(x) + \psi_B(x) - \psi_C(x) - (\psi_A(x) - \psi_C(x)) \times (\psi_B(x) - \psi_C(x))$$
$$= \psi_A(x) - \psi_A(x) \times \psi_C(x) + \psi_B(x) - \psi_B(x) \times \psi_C(x) - \psi_A(x) \times \psi_B(x) + \psi_A(x) \times \psi_B(x) \times \psi_C(x)$$
$$= \psi_{A \cup B}(x) - (\psi_A(x) + \psi_B(x) - \psi_A(x) \times \psi_B(x)) \times \psi_C(x)$$
$$= \psi_{A \cup B}(x) - \psi_{A \cup B}(x) \times \psi_C(x) = \psi_{(A \cup B - C)}(x)$$

由定理 4.1.2 知 $(A \cup B) - C = (A - C) \cup (B - C)$。

4.2 模糊子集合

由集合的特征函数可知，从 E 到 $\{0,1\}$ 的任一映射，都能唯一地确定一个 E 的子集合，如果 x 的特征函数值为 1，则 x 属于此集合，否则，x 不属于此集合，二者必居其一。

如果考虑的是从 E 到区间 $[0,1]$ 的映射，此时，按照已知的集合概念，这样定义的映射已不能再理解为集合的特征函数。因为，假定这映射也定义了一个集合 A，当 $a \in E$ 的映象为 0.5 时，无法解释 x 是否属于集合 A。

然而正是在这一点上，美国控制论专家 L.A. 扎德(Lotfi A. Zadeh, 1921 年 2 月生于苏联巴库)提出把 0.5 理解为属于集合 A 的程度，也就是说，这时 x 既不是完全属于所考虑的集合 A，也不是完全不属于集合 A。按照这样的理解，集合 A 与以前所讨论过的集合是不同的。于是，从 E 到闭区间 $[0,1]$ 的一个映射，定义了一种新的集合，对于这个集合可能有一些元素"部分"地属于它。在这种意义下特征函数的概念获得一个有趣的推广，并由此定义出了与以前概念不同的集合，称为模糊子集合。

现在，我们给出由 L.A. 扎德引出的概念的严格定义。

定义 4.2.1　设 E 是一个集合,可数的或不可数的,同时, x 是 E 的元素,则 E 的模糊子集 $\underset{\sim}{A}$ 是一个有序对的集合
$$\{\langle x,\mu_{\underset{\sim}{A}}(x)\rangle \mid x \in E\}$$
其中 $\mu_{\underset{\sim}{A}}(x)$ 是 x 属于 $\underset{\sim}{A}$ 的隶属程度(隶属度).因此,如果 $\mu_{\underset{\sim}{A}}(x)$ 在集 M 中取值, M 称为隶属度集,我们可以说 x 通过函数 $\mu_{\underset{\sim}{A}}(x)$ 在 M 中取值,记为
$$x \underset{\mu_{\underset{\sim}{A}}}{\bigcap} \to M$$
同时,这个函数称为隶属函数.

在这里,普通集或普通子集用大写拉丁字母表示,而模糊子集指定在大写拉丁字母下面加符号 $\sim$,即用 $\underset{\sim}{A}, \underset{\sim}{B}, \cdots$ 表示.

模糊子集的隶属度从某种程度上可以显示它的层次等级,因此,我们可以考虑:在人的集合中,很高的人为模糊子集,在基本颜色的集合中,深绿色为模糊子集.在各种决策的集合中,好的决策为一模糊子集,如此等等.

一元素与一模糊子集之间的"模糊"从属关系我们用符号
$$\underset{\sim}{\in}(模糊属于) 和 \underset{\sim}{\notin}(模糊不属于)$$
表示.

为了使特征函数成为隶属函数的特殊情形,我们用下面的定义来代替上面的定义.

定义 4.2.1′　设 E 是一个集合,可数的或不可数的,又设 x 是 E 的元素,则 E 的模糊子集 $\underset{\sim}{A}$ 是一个有序对的集合
$$\{\langle x, \mu_{\underset{\sim}{A}}(x)\rangle \mid x \in E \}$$
其中 $\mu_{\underset{\sim}{A}}(x)$ 是 x 属于 $\underset{\sim}{A}$ 的隶属函数,它取值于全序集 M[①] 中,这些值表示隶属程度(隶属度), M 称为隶属度集.

特别地,若 $M = \{0,1\}$,"模糊子集"就当作非模糊子集或普通子集来理解,那么函数 $\mu_{\underset{\sim}{A}}(x)$ 就是特征函数.这样模糊子集的概念就与普通集的概念联系起来了.

我们将考虑若干个例子.

近似等于已知实数 x_0 的数 x 为模糊子集,这里 $x_0 \in \mathbf{R}$.

非常接近于零的整数为模糊子集.

设 a 是一个实数,同时 x 对于已知 a 是一个很小的正增量,于是 $a+x$ 在实数集中构成一个模糊子集.

---

① 关于全序集的概念,参看第三章.

在下面,我们考虑比定义 4.2.1′ 中还要特殊的隶属度集,即全序集 M 是闭区间 $[0,1]$,而 $\mu_A(x)$ 在这个区间上取值. 这时,如果用符号"∈"连同写在下面的取自 $[0,1]$ 中的数字,来表示所属关系,那是很方便的. 因此

$$x \underset{1}{\in} \underset{\sim}{A} \text{ 表示 } x \in \underset{\sim}{A}, \text{ 即 } \text{``} x \text{ 是 } \underset{\sim}{A} \text{ 的元素''}$$

$$x \underset{0}{\in} \underset{\sim}{A} \text{ 表示 } x \notin \underset{\sim}{A}, \text{ 即 } \text{``} x \text{ 不是 } \underset{\sim}{A} \text{ 的元素''}$$

$$x \underset{0.8}{\in} \underset{\sim}{A} \text{ 表示 } x \text{ 是 } \underset{\sim}{A} \text{ 的元素,隶属度为 } 0.8$$

如此等等. 与此同时,隶属函数像通常的函数那样,可以用图像表示出来(图 4).

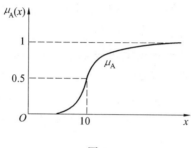

图 4

下面考察几个例子.

(1) 考虑一个有限集 $E = \{a,b,c,d,e,f\}$,和有限的有序集 $M = \{0, \frac{1}{2}, 1\}$,于是

$$\underset{\sim}{A} = \{\langle a,0\rangle, \langle b,1\rangle, \langle c,\tfrac{1}{2}\rangle, \langle d,0\rangle, \langle e,\tfrac{1}{2}\rangle, \langle f,0\rangle\}$$

是 E 的一个模糊子集,同时我们可以写为

$$a \underset{0}{\in} \underset{\sim}{A}, b \underset{1}{\in} \underset{\sim}{A}, c \underset{\frac{1}{2}}{\in} \underset{\sim}{A}$$

等.

(2) 设 $\mathbf{N} = \{0,1,2,3,\cdots\}$ 是自然数集,并考虑由"较小的"自然数所构成的模糊子集 $\underset{\sim}{A}$,有

$$\underset{\sim}{A} = \{\langle 0,1\rangle, \langle 1,0.8\rangle, \langle 2,0.6\rangle, \langle 3,0.4\rangle,$$
$$\langle 4,0.2\rangle, \langle 5,0\rangle, \langle 6,0\rangle,\cdots\}$$

当然,在这里函数值 $\mu_{\underset{\sim}{A}}(x)$ 已事先给定.

(3) 设模糊集合 $\underset{\sim}{A}$ 为"接近于 0 的实数",则我们可以定义模糊集合 $\underset{\sim}{A}$ 为

$$\{\langle x, \mu_{\underset{\sim}{A}}(x)\rangle \mid x \in \mathbf{R}\}$$

其中隶属函数的定义为:$\mu_{\underset{\sim}{A}}(x) = \dfrac{1}{1 + 10x^2}$,模糊集合 $\underset{\sim}{A}$ 也可以表示为

$$\{\langle x,\mu_{\underset{\sim}{A}}(x)\rangle \mid x\in \mathbf{R}, \mu_{\underset{\sim}{A}}(x)=\frac{1}{1+10x^2}\}$$

下面是这隶属函数 $\mu_{\underset{\sim}{A}}(x)$ 的图像,如图 5 所示.

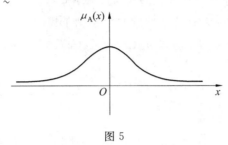

图 5

用模糊集合描述模糊现象时,隶属函数的确定是关键,一般都是根据实际经验和数学方法结合起来处理它.

注意区别隶属函数和概率.对所有 $x\in E, \mu_{\underset{\sim}{A}}(x)$ 之和不是 1,这与概率不同;另外概率反映客观事件发生的可能性,隶属函数反映主观认为隶属程度的大小.

转而给出常用的模糊子集的一些表示方法.

设全集 E 是有限集 $\{x_1,x_2,\cdots,x_n\}$, E 的任一模糊子集 $\underset{\sim}{A}$,其隶属函数为 $\mu_i=\mu_{\underset{\sim}{A}}(x_i), i=1,2,\cdots,n$.

1° 有序对表示法
$$\underset{\sim}{A}=\{\langle x_1,\mu_1,\rangle,\langle x_2,\mu_2\rangle,\cdots,\langle x_n,\mu_n\rangle\}$$

2° 向量(矩阵)表示法
$$\underset{\sim}{A}=\begin{pmatrix} x_1 & x_2 & \cdots & x_n \\ \mu_1 & \mu_2 & \cdots & \mu_n \end{pmatrix}$$

3° L. A. 扎德表示法:

模糊子集 $\underset{\sim}{A}$ 记作 $\underset{\sim}{A}=\sum_{i=1}^{n}\frac{\mu_i}{x_i}$.

需要指出的是,$\sum_{i=1}^{n}\frac{\mu_i}{x_i}$ 不是分式求和,只是一个符号而已."分母"是全集 E 的元素,"分子"是相应元素的隶属程度,当隶属度为 0 时,该项可以不写入.

L. A. 扎德表示法可以推广到全集 E 是无限集的情形.设 $\underset{\sim}{A}$ 是一般集 E 的一模糊子集,则 $\underset{\sim}{A}$ 可表示为
$$\underset{\sim}{A}=\int_{x\in E}\frac{\mu_A(x)}{x}$$

同样,这里积分号不表示积分,也不表示求和,而是表示全集 E 中各个元素

与其隶属程度对应关系的一个总括.

这种方法可以推广到有限、无限、离散、连续等各种情况.

下面给出一些与普通集合类似的概念与运算.

定义 4.2.2 设 $\underset{\sim}{A}, \underset{\sim}{B}$ 是集合 E 的两个模糊子集.

(1) 若对所有的 $x \in E$,均有 $\mu_{\underset{\sim}{A}}(x) = \mu_{\underset{\sim}{B}}(x)$,则称 $\underset{\sim}{A}, \underset{\sim}{B}$ 是相等的,记作 $\underset{\sim}{A} = \underset{\sim}{B}$;

(2) 若对所有的 $x \in E$,均有 $\mu_{\underset{\sim}{A}}(x) \leqslant \mu_{\underset{\sim}{B}}(x)$,则称 $\underset{\sim}{A}$ 是 $\underset{\sim}{B}$ 的子集,记作 $\underset{\sim}{A} \subseteq \underset{\sim}{B}$;

(3) 定义模糊子集 $\{\langle x, 1 - \mu_{\underset{\sim}{A}}(x) \rangle \mid x \in E\}$ 为 $\underset{\sim}{A}$ 的补集,记作 $\overline{\underset{\sim}{A}_E}$;

(4) 包含模糊子集 $\underset{\sim}{A}, \underset{\sim}{B}$ 两者在内的最小模糊子集称为 $\underset{\sim}{A}, \underset{\sim}{B}$ 的并集,记作 $\underset{\sim}{A} \cup \underset{\sim}{B}$,即

$$\underset{\sim}{A} \cup \underset{\sim}{B} = \{\langle x, \sup\{\mu_{\underset{\sim}{A}}(x), \mu_{\underset{\sim}{B}}(x)\}\rangle \mid x \in E\}$$

(5) 被模糊子集 $\underset{\sim}{A}, \underset{\sim}{B}$ 两者包含之内的最大模糊子集称为 $\underset{\sim}{A}, \underset{\sim}{B}$ 的交集,记作 $\underset{\sim}{A} \cap \underset{\sim}{B}$,即

$$\underset{\sim}{A} \cap \underset{\sim}{B} = \{\langle x, \inf\{\mu_{\underset{\sim}{A}}(x), \mu_{\underset{\sim}{B}}(x)\}\rangle \mid x \in E\}$$

下面的图 6 直观地表达了上面的一些定义:

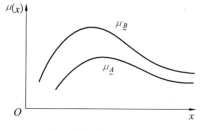
(a) 子集关系:$\underset{\sim}{A} \subseteq \underset{\sim}{B}$

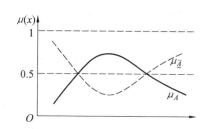
(b) $\underset{\sim}{A}$ 的补集

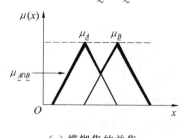
(c) 模糊集的并集

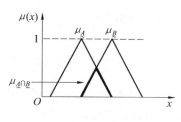
(d) 模糊集的交集

图 6

不难验证,模糊子集具有以下性质:

(1) $\underset{\sim}{A} \subseteq \underset{\sim}{A}$;

(2) 若 $\underset{\sim}{A} \subseteq \underset{\sim}{B}, \underset{\sim}{B} \subseteq \underset{\sim}{A}$,则 $\underset{\sim}{A} = \underset{\sim}{B}$;

(3) 若 $\underset{\sim}{A} \subseteq \underset{\sim}{B}, \underset{\sim}{B} \subseteq \underset{\sim}{C}$,则 $\underset{\sim}{A} \subseteq \underset{\sim}{C}$;

(4) $\underset{\sim}{A} \cup \underset{\sim}{A} = \underset{\sim}{A}, \underset{\sim}{A} \cap \underset{\sim}{A} = \underset{\sim}{A}$;

(5) $\underset{\sim}{A} \cup \underset{\sim}{B} = \underset{\sim}{B} \cup \underset{\sim}{A}, \underset{\sim}{A} \cap \underset{\sim}{B} = \underset{\sim}{B} \cap \underset{\sim}{A}$(交换律);

(6) $(\underset{\sim}{A} \cup \underset{\sim}{B}) \cup \underset{\sim}{C} = \underset{\sim}{A} \cup (\underset{\sim}{B} \cup \underset{\sim}{C}), (\underset{\sim}{A} \cap \underset{\sim}{B}) \cap \underset{\sim}{C} = \underset{\sim}{A} \cap (\underset{\sim}{B} \cap \underset{\sim}{C})$(结合律);

(7) $\underset{\sim}{A} \cup (\underset{\sim}{A} \cap \underset{\sim}{B}) = \underset{\sim}{A}, \underset{\sim}{A} \cap (\underset{\sim}{A} \cup \underset{\sim}{B}) = \underset{\sim}{A}$(吸收律);

(8) $\underset{\sim}{A} \cup (\underset{\sim}{B} \cap \underset{\sim}{C}) = (\underset{\sim}{A} \cup \underset{\sim}{B}) \cap (\underset{\sim}{A} \cup \underset{\sim}{C})$;

$\underset{\sim}{A} \cap (\underset{\sim}{B} \cup \underset{\sim}{C}) = (\underset{\sim}{A} \cap \underset{\sim}{B}) \cup (\underset{\sim}{A} \cap \underset{\sim}{C})$(分配律);

(9) $\overline{(\overline{\underset{\sim}{A}_E})_E} = \overline{\underset{\sim}{A}_E}$;

(10) $\overline{(\underset{\sim}{A} \cup \underset{\sim}{B})_E} = \overline{\underset{\sim}{A}_E} \cap \overline{\underset{\sim}{B}_E}, \overline{(\underset{\sim}{A} \cap \underset{\sim}{B})_E} = \overline{\underset{\sim}{A}_E} \cup \overline{\underset{\sim}{B}_E}$(德•摩根律);

(11) $\underset{\sim}{A} \cup E = E, \underset{\sim}{A} \cap E = \underset{\sim}{A}$;

(12) $\underset{\sim}{A} \cup \varnothing = \underset{\sim}{A}, \underset{\sim}{A} \cap \varnothing = \varnothing$;

可是,模糊子集的补运算与普通集合不同:

(13) $\underset{\sim}{A} \cup \overline{\underset{\sim}{A}_E} \neq E, \underset{\sim}{A} \cap \overline{\underset{\sim}{A}_E} \neq \varnothing$.

例如,若取隶属度集为闭区间$[0,1]$,则我们仅有 $\mu_{\underset{\sim}{A} \cup \overline{\underset{\sim}{A}}}(x) = \max\{\mu_{\underset{\sim}{A}}(x), \mu_{\underset{\sim}{B}}(x)\} \geq \frac{1}{2}, \mu_{\underset{\sim}{A} \cap \overline{\underset{\sim}{A}}}(x) = \min\{\mu_{\underset{\sim}{A}}(x), \mu_{\underset{\sim}{B}}(x)\} \leq \frac{1}{2}$.

可以将模糊子集的并、交运算推广到模糊子集族上.

例如,$\underset{t \in T}{\cup} \underset{\sim}{A}^{(t)}$ 表示 $\{\langle x, \sup\{\mu_{\underset{\sim}{A}^{(t)}}(x) \mid t \in T\}\rangle \mid x \in E\}$, $\underset{t \in T}{\cap} \underset{\sim}{A}^{(t)}$ 表示 $\{\langle x, \inf\{\mu_{\underset{\sim}{A}^{(t)}}(x) \mid t \in T\}\rangle \mid x \in E\}$. 这里 E 是全集,而 T 是模糊子集族 $\{\underset{\sim}{A}^{(t)} \mid t \in T\}$ 的指标集[①].

这时分配律亦成立

$$\underset{\sim}{A} \cap (\underset{t \in T}{\cup} \underset{\sim}{A}^{(t)}) = \underset{t \in T}{\cup} (\underset{\sim}{A} \cap \underset{\sim}{A}^{(t)})$$

$$\underset{\sim}{A} \cup (\underset{t \in T}{\cap} \underset{\sim}{A}^{(t)}) = \underset{t \in T}{\cap} (\underset{\sim}{A} \cup \underset{\sim}{A}^{(t)})$$

除了上面的概念与运算外,模糊子集合还有一些特殊的概念与运算.

定义 4.2.3 设 $\underset{\sim}{A}, \underset{\sim}{B}$ 是集合 E 的两个模糊子集.

(1) 模糊子集 $\underset{\sim}{A}, \underset{\sim}{B}$ 的"相似程度"$E(\underset{\sim}{A}, \underset{\sim}{B})$,定义为 $\frac{\mu_{\underset{\sim}{A} \cap \underset{\sim}{B}}}{\mu_{\underset{\sim}{A} \cup \underset{\sim}{B}}}$. 特别地,若 $\underset{\sim}{A} \subseteq \underset{\sim}{B}$,则可定义模糊集合 $\underset{\sim}{B}$ 对模糊集合 $\underset{\sim}{A}$ 的"包含程度"$S(\underset{\sim}{A}, \underset{\sim}{B}), S(\underset{\sim}{A}, \underset{\sim}{B}) = \frac{\mu_{\underset{\sim}{A} \cap \underset{\sim}{B}}}{\mu_{\underset{\sim}{A}}}$;

[①] 当指标集 T 为有限的情形,$\sup = \max$, $\inf = \min$.

(2) 模糊子集 $\underset{\sim}{A}, \underset{\sim}{B}$ 的代数积，记为 $\underset{\sim}{AB}$，其隶属度函数可定义：$\mu_{\underset{\sim}{AB}}(x) = \mu_{\underset{\sim}{A}}(x)\mu_{\underset{\sim}{B}}(x)$，即

$$\underset{\sim}{AB} = \{\langle x, \mu_{\underset{\sim}{A}}(x)\mu_{\underset{\sim}{B}}(x)\rangle \mid x \in E\}$$

(3) 模糊子集 $\underset{\sim}{A}, \underset{\sim}{B}$ 的代数和，记为 $\underset{\sim}{A} \oplus \underset{\sim}{B}$，其隶属度函数可定义为：$\mu_{\underset{\sim}{A} \oplus \underset{\sim}{B}}(x) = \mu_{\underset{\sim}{A}}(x) + \mu_{\underset{\sim}{B}}(x) - \mu_{\underset{\sim}{AB}}(x)$，即 $\underset{\sim}{A} \oplus \underset{\sim}{B} = \{\langle x, \mu_{\underset{\sim}{A}}(x) + \mu_{\underset{\sim}{B}}(x) - \mu_{\underset{\sim}{A}}(x)\mu_{\underset{\sim}{B}}(x)\rangle \mid x \in E\}$；

代数和 $\underset{\sim}{A} \oplus \underset{\sim}{B}$ 也表示为代数积与补的混合运算 $\underset{\sim}{A} \oplus \underset{\sim}{B} = \overline{(\overline{\underset{\sim}{A}_E}\, \overline{\underset{\sim}{B}_E})_E}$.

(4) 模糊子集 $\underset{\sim}{A}, \underset{\sim}{B}$ 的绝对差，记为 $|\underset{\sim}{A} - \underset{\sim}{B}|$，其隶属度函数可定义为 $\mu_{|\underset{\sim}{A}-\underset{\sim}{B}|}(x) = |\mu_{\underset{\sim}{A}}(x) - \mu_{\underset{\sim}{B}}(x)|$，即 $|\underset{\sim}{A} - \underset{\sim}{B}| = \{\langle x, |\mu_{\underset{\sim}{A}}(x) - \mu_{\underset{\sim}{B}}(x)|\rangle \mid x \in E\}$.

§5 有限集合的映射与组合论

5.1 组合论的基本原理

有限集的映射与组合论问题紧密地联系着. 组合论是离散数学的一部分，它研究有限集有多少具有给定性质的子集，有多少种方法可以将有限集的元素在一定的条件下安排到这些位置上，一个有限集到另一个有限集内有多少个映射具有指定的性质等. 简单地说，在组合论中要研究有限集理论中的列举问题.

各种各样的组合公式可以从关于有限集与有序组的两个基本原理导出：

① 如果有限集 X 与 Y 不相交，$X \cap Y = \varnothing$，那么集合 $X \cup Y$ 的元素个数等于 X 的元素个数与 Y 的元素个数之和

$$|X \cup Y| = |X| + |Y| \tag{1}$$

② 有限集 X 与 Y 的笛卡儿积中有序对的个数等于 X 的元素个数与 Y 的元素个数的积（见第三章相关内容）

$$|X \times Y| = |X| \times |Y| \tag{2}$$

其中第一个叫作加法原理. 第二个叫作乘法原理. 利用数学归纳法可将这两个原理推广到任意有限个有限集的并集与笛卡儿积：

①′ 如果 $X_i \cap X_j = \varnothing (i \neq j, 1 \leqslant i, j \leqslant n)$，那么

$$\left|\bigcup_{i=1}^{n} X_i\right| = \sum_{i=1}^{n} |X_i| \tag{1′}$$

②′
$$|X_1 \times X_2 \times \cdots \times X_n| = \prod_{i=1}^{n} |X_i| \tag{2′}$$

特别地,由公式(2′)可得
$$|X^m| = |X|^m \tag{3}$$

属于集 X^m(其中 $|X|=n$)的有序组通常叫作从 n 个元素中每次取出允许重复的 m 个元素的排列,它的个数记作 $\overline{A_n^m}$.因此公式(3)可以写成
$$\overline{A_n^m} = n^m \tag{4}$$

由集 X 的元素组成的长度(即分量个数)为 m 的有序组唯一确定集合 $N_m = \{1,2,\cdots,m\}$ 到 X 中的映射(数 k 对应于有序组的第 k 个元素);反之,每一个这样的映射给定上述形式的有序组,所以由公式(4)可得如下结论:

如果 $|X|=n$,那么 N_m 到 X 中的映射的个数等于 n^m.

显然,集 N_m 可以用任意的 m 元集来代替,所以可得结论:

如果 X 与 Y 是有限集,那么集 Y 到集 X 中的映射的个数等于 $|X|^{|Y|}$.

集合 X 的任一子集 A 给定 X 到集合 $\{0,1\}$ 的一个映射,即若 $x \in A$,则 $f(x)=1$;若 $x \notin A$,则 $f(x)=0$.因此.集合 X 的子集的个数等于 X 到集合 $\{0,1\}$ 的映射的个数,由公式(4)可得有限集 X 的子集的个数等于 $2^{|X|}$.

在组合论问题中往往并不是研究使 $x \in X, y \in Y$ 的所有有序对 $\langle x,y \rangle$,而仅仅考察按某些补充要求列举的有序对.每一个有序对集合 A 给定 X 与 Y 间的某一对应 f.如果对于一切 $x \in X$,集合 $f(x)$ 具有相同的元素个数 k,那么在 A 中有序对的个数容易算出,这时很明显,$|A|=k|X|$.于是,有如下的命题成立:

设集合 X 由 n 个元素组成,并且每一 $x \in X$ 对应着包含 k 个元素的子集 $f(x) \subseteq Y$,这时,使 $x \in X, y \in f(x)$ 的有序对 $\langle x,y \rangle$ 的个数为 nk.

这个命题不难推广到长度为 m 的有序组:

设有序组 $\langle x_1, x_2, \cdots, x_m \rangle$ 是这样取出来的,x_1 有 k_1 种选法;对于 x_1 的每一种选法,元素 x_2 有 k_2 种选法;对于有序对 $\langle x_1, x_2 \rangle$ 的每一种选法,元素 x_3 有 k_3 种选法;……;对于有序组 $\langle x_1, x_2, \cdots, x_{m-1} \rangle$ 的每一种选法,元素 x_m 可以有 k_m 种选法.这时选取有序组的总数等于 $k_1 k_2 \cdots k_m$.

事实上,对于有序组 $\langle x_1, x_2, \cdots, x_m \rangle$ 的每一种选法,我们将选取 x_r 的所有方法的编号为 $1,2,\cdots,k_r$.这时每一有序组 $\langle x_1, x_2, \cdots, x_m \rangle$ 对应着由数值组成的有序组,并且第一个元素取值为 $1,2,\cdots,k_1$;第二个元素取值为 $1,2,\cdots,k_2$;……;第 m 个元素取值为 $1,2,\cdots,k_m$.取出的有序组与数值有序组之间是双

方单值对应,所以只要求出数值有序组的个数就可以了. 但是上述形式的数值有序组的集合是笛卡儿积 $N_{k_1} \times N_{k_2} \times \cdots \times N_{k_m}$,其中 $N_k = \{1, 2, \cdots, k\}$,因此它的个数等于 $k_1 k_2 \cdots k_m$. 这就是说,取出的有序组的个数等于 $k_1 k_2 \cdots k_m$.

5.2 组合论的基本公式

我们将上一目末尾所得的结果应用于解下列问题:

已知集 X 由 n 个元素组成,由这些元素可以组成多少个长度为 m 的有序组,使每一有序组的各元素是不同的.

由有序组的选法可知,第一个元素可以有 n 种选法,第二个元素有 $n-1$ 种选法(因为不能重复选取),第三个元素有 $n-2$ 种选法,……,第 m 个元素有 $n-m-1$ 种选法,因此有序组的总数等于

$$n(n-1) \cdots (n-m-1) = \frac{n!}{(n-m)!}$$

上述形式的有序组叫作从 n 个元素中取出 m 个元素的无重复的排列. 其个数记作 A_n^m. 我们证得

$$A_n^m = \frac{n!}{(n-m)!} \tag{1}$$

特别地,当 $m = n$ 时,这样的排列叫作集合 X 的置换,它的个数记作 P_n. 由公式(1)可得

$$P_n = n! \tag{2}$$

所得的结果也与有限集的映射密切相关. 即从 n 个元素中取出 m 元的无重复的排列可用如下方式确定. 我们考察集合 $N_m = \{1, 2, \cdots, m\}$ 到由 n 元组成的集合 Y 中的单射. 由于单射性将得到长度为 m 的元素没有重复的有序组,即得到无重复的排列.

因此,等式(1)可以这样来叙述:

设集合 X 含有 m 个元素,集合 Y 含有 n 个元素,则集合 X 到集合 Y 内的单射的个数等于 A_n^m,即 $\frac{n!}{(n-m)!}$.

公式(2)有下面的意义:

如果集合 X 含有 n 个元素,则集合 X 到 X 上的双射的个数等于 $n!$.

再考察下面的问题.

已知集合 X 由 n 个元素组成,求集合 X 的 m 元子集的个数.

要求的子集的个数记作 C_n^m. 设 $A = \{x_1, x_2, \cdots, x_m\}$ 是一个子集,由它可以组成元素 $x_1, x_2, \cdots, x_m$ 的 $m!$ 个置换. 这些置换的每一个是 n 元中取 m 元的无

重复的排列，并且每一个这样的排列可以由上述方法得到. 显然，如果子集 A 与 B 不同，则对应的排列也不同.

因此，从 n 个元素中取出 m 个元素的无重复的全部排列的集合可以分成 C_n^m 类，每一类包含 $m!$ 个置换，由此得 $A_n^m = m! \cdot C_n^m$，所以

$$C_n^m = \frac{A_n^m}{m!} = \frac{n!}{m!(n-m)!} \tag{3}$$

这个公式也与映射的计数有关. 我们假设集合 X 与 Y 分别含有 m 与 n 个元素，且是线性有序（关于这个概念，参阅第四章 §3）的. 并考察 X 到 Y 内的严格保序映射（即这样的映射，由 $x_1 < x_2$ 得 $f(x_1) < f(x_2)$），每一个这样的映射由集合 X 的象 $f(X)$ 唯一确定. 因为由 $x_1 \neq x_2$ 得 $f(x_1) \neq f(x_2)$，所以映射 f 是单射，从而 $|f(X)| = m$. 这就意味着 X 到 Y 内的严格保序映射的个数等于 Y 中的 m 元子集的个数，即 C_n^m.

现在我们讲一讲允许重复的置换与组合. 取有序组 $a = \langle a_1, a_2, \cdots, a_n \rangle$，其元素是集合 $X = \{x_1, x_2, \cdots, x_t\}$ 中的元素（这些元素编上号码）. 我们称有序数组 $\langle n_1, n_2, \cdots, n_t \rangle$ 为有序组的组成，其中 n_k 表示在 a 中集合 X 的元素 x_k 出现的次数.

我们来解决下列问题：

已知集合 $X = \{x_1, x_2, \cdots, x_t\}$，由这个集合的元素可以形成多少个具有组成 $\langle n_1, n_2, \cdots, n_t \rangle$ 的有序组？

我们看到，所形成的有序组的长度 n 等于 $n_1 + n_2 + \cdots + n_t$，集 X 的每一个元素 x_k 对应着 n_k 个形如 $x_k^{(s)}$ 的符号，$1 \leqslant s \leqslant n_k$. 这样的符号的总数等于 $n = n_1 + n_2 + \cdots + n_s$，因此由它们可以形成 $n!$ 个置换. 在每一个这种置换中一切 $x_k^{(s)}$ ($1 \leqslant s \leqslant n_k$) 换成 x_k ($1 \leqslant k \leqslant t$)，就得到要求组成的有序组.

应该指出，列入置换组成的符号 $x_k^{(s)}$ ($1 \leqslant s \leqslant n_k$) 本身构成了 n_k 个元素的置换. 如果"擦去"上标，则这些符号的任一置换什么也没有改变，这样的置换的个数等于 $n_k!$. 由乘法原理可得，符号 $x_k^{(s)}$ ($1 \leqslant k \leqslant t, 1 \leqslant s \leqslant n_k$) 的置换的总数等于 $n_1! \, n_2! \cdots n_r!$，每一个这种置换都不改变给出的重复置换，因此不同的重复置换的个数等于

$$P(n_1, n_2, \cdots, n_t) = \frac{n!}{n_1! \, n_2! \cdots n_t!}$$

其中 $n = n_1 + n_2 + \cdots + n_s$.

关于元素属于集合 $X = \{x_1, x_2, \cdots, x_t\}$ 且长度为 n 的有序组的另一类问题是计算这些有序组不同的组成的个数. 这样的组成叫作从 t 个元素中取出 n 个

元素允许重复的组合.为了求这些组合的个数.我们注意到有序组的任一组成,即非负整数的序列$\langle n_1,n_2,\cdots,n_t\rangle$可以改写成从$t-1$个白球和$n$个黑球的置换,其中$n=n_1+n_2+\cdots+n_t$.为此只要放上$n_1$个黑球后,再放上一个白球,然后放上$n_2$个黑球后,再放上一个白球等,到最后放上$n_t$个黑球.因此,由$t-1$个白球和$n$个黑球允许重复的置换个数就等于非负整数的序列$\langle n_1,n_2,\cdots,n_t\rangle$的个数,其中$n=n_1+n_2+\cdots+n_t$,而这样的重复置换种数等于

$$P(t-1,n)=\frac{(n+t-1)}{(t-1)n!}=C_{n+t-1}^n$$

因此允许重复的组合数$\overline{C_t^n}$就等于C_{n+t-1}^n,即$\overline{C_t^n}=C_{n+t-1}^n$.

我们来证明$\overline{C_t^n}$等于n个元素的线性有序集X到t个元素的线性有序集Y的(非严格)保序映射的个数.在这种映射下,由以$x_1\leqslant x_2$可得$f(x_1)\leqslant f(x_2)$.事实上,任一个这种映射唯一确定一个有序组$\langle n_1,n_2,\cdots,n_t\rangle$,其中$n_k$是在$f^{-1}(y_k)$中的元素个数(前$n_1$个元素映射成$y_1$,接着的$n_2$个元素映射成$y_2$,等等).因为这些有序组的个数等于$\overline{C_t^n}$,所以,所考虑形式的映射的个数也等于这个数.

解决组合论问题的集合论方法使我们便于证明组合恒等式,也可以提出新的组合论问题.

基数理论

第三章

§1 有限集

1.1 历史摘述

集合或汇合的概念大概与数的概念一样原始.事实上,正如我们将会看到的那样,两者不是完全无关的.例如,一般认为,当人们听到"二"这个字时,很容易就会想到一个由他所体验过的两个事物组成的集合.因此,把某些事物汇合成一个单一的整体的想法,似乎就是非常自然的了.20世纪的数学家从这个简单的概念引出的数学成果是很多的,而人们可能在几百年以前,就曾期望在这个领域中能有一些发现.然而,一直到了19世纪后期,德国数学家乔治·康托才提出把集合作为数学实体的最早的形式处理.

康托在其分析研究中得出这样一点结论:即似乎必须超出通常的有穷的理解,把数的概念一般化.他需要一个把"实在的无穷"引进数学的概念.当康托在这方面进一步研究时,他发现,不仅能把无穷数的概念形式化,而且还能把无穷数分成各种不同的类型!只要知道像高斯(在 1831 年)[①]那样的数学家都拒绝实在无穷的概念,并且认为这样的想法在数学中是不能

[①] 高斯在 1831 年 7 月 12 日给他的朋友舒马赫尔的信中说"我必须是最强烈地反对你把无穷作为一种完成的东西来使用,因为这在数学中是从来不允许的.无穷只不过是一种谈话方式,它是指一种极限,某些比值可以任意地逼近它,而另一些则容许没有限制地增加."这里极限概念只不过是一种潜在的无穷过程.这里高斯反对那些哪怕是偶尔用一些无穷的概念,甚至是无穷的记号的人,特别是当他们把无穷当成是普通数一样来考虑时.

允许的,那就会明白康托的这种态度在他同时代的数学世界中是多么大胆啊! 而且,古希腊学者及其以后的大多数数学家都认为,无穷概念只适合于神学及哲学的研究,而与数学无缘.

确实,在康托的著作之前出现过各种"无穷"概念. 然而,这个"无穷"是由极限的研究得来的. 这个研究是 18,19 世纪期间数学研究的中心课题之一. 例如,一般认为当 x 的值越来越小的时候,表达式 $\frac{1}{x^2}$ 的值就变大,并会超出有限的界. 事实上,我们今天所用的数学缩写,即"$\lim_{x \to 0} \frac{1}{x^2} = \infty$",反映已接受了这种无穷的看法. 但绝不能认为是这个概念导出了一个真正的无穷. 恰恰相反,使用像"当 x 接近零时,$\frac{1}{x^2}$ 变为无穷"这样的符号表示和各种短语,是想作为:"给定任一正数 M,可以找出一个正数 ε,使得当 $0 < |x| < \varepsilon$ 时,$\frac{1}{x^2} > M$"这个精确概念的缩写.

假定有一个实在的无穷数,它并不是通过使用极限来指定的. 为什么在我们的数系中不允许有称为"无穷",并能通过对应的极限关系,具有它所期望的特性的数呢? 答案之一是:如果这样做,我们会失去数系运算中的一些有价值的性质. 例如,"无穷"这个数(我们敢写为"∞"吗?)的一个自然特性是:给定任一实数 a,我们应有 $a + \infty = \infty$. 然而在实数系中加法的一个重要性质是消去律,即如果 a, b 和 c 是实数,且 $a + c = b + c$,则 $a = b$. 注意,如果我们把 ∞ 包括在实数内,那我们就失去了这个消去律. 因为如果我们设 $a = 1, b = 2$ 而 $c = \infty$. 若是消去律仍正确的话,就会得出 $1 = 2$,这是我们所不能接受的.

具有讽刺意味的是,大约在康托的集合论开始为人们所接受的时候,通过对这门学科的更深入的研究发现了称之为悖论的某些矛盾,表明集合论是不协调的. 为了克服悖论所带来的困难,人们开始对集合论进行改造,即对康托的集合定义加以限制,"从现有的集合论成果出发,反求足以建立这一数学分支的原则. 这些原则必须足够狭窄,以保证排除一切矛盾,另一方面,又必须充分广阔,使康托集合论中一切有价值的内容得以保存下来"(策梅罗语). 这就是集合论公理化方案.

1.2 集合的等价·有限集合的基本定理

在上一目中,我们曾指出集合论是由康托在致力于系统地研究"无穷"这个几世纪以来使数学家和哲学家同样感到棘手的概念时发明的. 由芝诺(Zero)

悖论到分析基础,我们发现了需要系统地处理"无穷"的证据.而1895年康托朝着满足这种需要的方向走出了第一步.

我们将在这章讨论的形式化概念可用下面的方法导出.我们在依赖于读者直觉观念的纯粹素朴的意义下,联系来使用"无穷"这个词.在这种素朴意义下,如果我们可以有次序地数某一的元素的个数,并且这个过程可以达到终点,则这个就是有穷的.这样,我们把每个"有穷"集与一个正整数 n 联系起来,实际上可以用从 1 到 n 所含的全部正整数作为下标列出它的元素.

继续从朴素的意义来看,一个"无穷"的集合就应该是元素的计数过程永远不会完结的,即它应该是一个非有穷的集合.因此,所有自然数(或正整数)的集合 N 就是一个无穷集,因为我们不可能想象出一个最大的自然数,所以,我们的计数过程就永远不会完结.同样,由所有实数组成的集合也是一个无穷集.康托的最大成就之一就是证明把某些"无穷"集互相区分开来是可能的.这样,如果每个对应于某个数的话,那么计数的概念就扩大到超出"有穷"范围之外了.下面我们就着手形式地讨论这些概念.

我们经常看到.对于"有穷"集性质的认识提供了对一般的性质的洞察力.实际上,我们常常选择一些特殊的有穷集去说明某一特点,然后跟着就建立必要的理论结构,借助于直觉去证明一般概念是正确的.然而,正如读者所知,有时直觉会引入歧途,在这种情况下,唯一的依靠就是完全借助于理论.因此,当我们从特别简单的"有穷"集的研究移到较复杂的"无穷"集的研究时,须防止对直觉的依赖性.因此,在最后的分析中,所有的直觉必须用本理论中的公理、定义和公理来检验.

让我们用 N_k 来表示从 1 到 k 的所有自然数的集合,即 $N_k=\{1,2,\cdots,k\}$,并称之为自然数集的一个段片.对于每个自然数 k,N_k 是一个意义明确的集合.按日常计数,每个人都会同意我们说 N_k 正好有 k 个元素.我们可用这样的集合来明确定义"有穷"集.

定义 1.2.1 设 A 是一个集合.如果 A 或者是空的,或者有一个自然数 k 和一个将 A 映上 N_k 的 $1-1$ 映射,则说 A 是有穷的.如果 A 不是有穷的,则说它是无穷的.

当然,如果 $f:A\to N_k$ 是一个 $1-1$ 对应,则 $f^{-1}:N_k\to A$ 存在,而且也是一个 $1-1$ 对应.因此,我们用哪一个作为定义域是无关重要的.还有,我们应该注意到无穷的定义,因为通常那种否定型的定义不是十分有用.因此,为了证明以 是无穷的,就要求我们证明不能找到一个自然数 k 和某个 $1-1$ 对应 f,使得 $f:A\to N_k$.从这点上看这样一个任务似乎相当难以完成.我们将引入一个与定义

1.2.1 等价的,而且以后比较有用的定义,我们只不过暂时把它推迟一下.

现在,假设 A 和 B 是有穷集.而且按照定义 1.2.1,假设 $f: A \xrightarrow{1-1\text{的}} N_k$ 和 $g: B \xrightarrow{1-1\text{的}} N_k$. 于是,我们可以肯定地说 A 和 B, 在它们两者都有 k 个元素这个意义上是等价的. 确实,如果我们设 $h = g^{-1} \circ f$, 则 $h: A \to B$, 并容易证实 h 是 $1-1$ 的. 这促使我们去定义任意的等价的概念.

定义 1.2.2 设 A 和 B 是两个任意的集合. 如果存在一个 $1-1$ 对应 f, 使得 $f: A \to B$, 则 A 和 B 是等价的(或等势,或具有相同的势),用符号表示为 $A \sim B$.

定理 1.2.1 集合族上的对等关系是一个等价关系.

证明 对任意的集合 A, 显然 A 上的恒等函数是 A 到 A 的 $1-1$ 映射, 故有 $A \sim A$; 如果 $A \sim B$, 则存在 A 到 B 的一个 $1-1$ 映射 f, 此时 f 的逆对应 f^{-1} 是 B 到 A 的 $1-1$ 映射, 所以 $B \sim A$; 如果 $A \sim B, B \sim C$, 则 A 到 B 有 $1-1$ 映射 f, B 到 C 有 $1-1$ 映射 g, 此时复合映射 $g \circ f$ 是 A 到 C 的 $1-1$ 映射, 故 $A \sim C$.

从上面的定理,读者可以看出为什么我们要与定义 1.2.2 共同使用等价这个术语. 还应该注意到用下面的说法可以把定义 1.2.1 改述得相当简单: 即, 如果对于某个自然数 k, 有 $A \sim N_k$, 则 A 是有穷的.

利用集合的等价这概念, 我们可以证明一个有限集合的基本定理.

定理 1.2.2 有限集合不能与它的任何真子集或真扩集对等.

证明 定理中的两个论断(与它的任何真子集或真扩集的不对等)的每一个, 都可以容易地从另一个推出. 因为, 如果 $A \sim B$ 并且 $A \supseteq B$, 那么从 A 和 B 两个集合之一的有限性, 即可推出一个集合也是有限的(依照等价关系的传递性). 因此, 例如, 让我们证明: 有限集合不能与它的真子集对等. 对于空集 $A = \emptyset$, 定理是显然成立的, 因为空集绝不会有真子集. 设 $A \neq \emptyset$, 于是集合 A 便对等于自然数的一个真子集 N_k, 现在我们对 k 用数学归纳法[①]. 证明: A 不能 $1-1$ 映射于它的真子集 B 上. 对于 $k=1$, 因为这时 $A \sim \{1\}$, 故空集 $B = \emptyset$ 是它唯一的真子集, 而 A 不对等于 $\emptyset$, 定理成立.

假设定理对于自然数 k 成立. 我们要证明定理对于 $k+1$ 的情形. 设 $A \sim N_{k+1}$, 而 f 是 A 在其真子集 B 上的一个 $1-1$ 映射. 于是用列举法将 A 表示出来:

[①] 在以后 [§3] 定义自然数的大小关系后,我们就知道自然数集在那样规定的大小关系下是一个良序集,并且那里的定义不依赖于现在的任何一个定理. 因此, 现在使用归纳法不会有什么循环推理的弊病. 另外, 现在我们把 $n+1$ 理解为 n^+. 下同.

$A=\{a_1,a_2,\cdots,a_{k+1}\}$. 对于 $B=\varnothing$，论断是成立的. 如果 $B\neq\varnothing$，那么，不失普遍性，可以假定 $a_{k+1}\in B$. 否则，取元素 $b\in B$，并在 B 中用 a_{k+1} 代替 b 而作出一个新集 B_1. 再构造新的映射 f_1，使它与映射 f 的对应法则，除了具有性质 $f(a)=b$ 的元素 a 之外，对于 A 的其它所有元素完全相同；同时规定对于元素 a，有 $f_1(a)=a_{k+1}$. 这样，f_1 就是 A 在其含有 a_{k+1} 的真子集 B_1 上的一个 $1-1$ 映射. 其次，不失其普遍性，可以认为 $f(a_{k+1})=a_{k+1}$. 如若不然，设 $f(a_i)=a_{k+1}$ 和 $f(a_{k+1})=a_i$. 于是，再构造一个新的映射 f_1，使它和映射 f，除了 a_i 和 a_{k+1} 这两个元素外，对于 A 的其它所有元素的像完全相同；并且规定 $f_1(a_i)=a_j, f(a_{k+1})=a_{k+1}$. 因此，我们可以设 $a_{k+1}\in B$ 且 $f(a_{k+1})=a_{k+1}$. 让我们考虑集合 $A'=A-\{a_{k+1}\}$，和 $B'=B-\{a_{k+1}\}$. 显然，映射 f 在集合 A' 和 B' 之间建立起等价关系. 因为 B 是 A 的真子集，故存在一元素 $a'\in A-B$，而且因为 $a_{k+1}\in B$，故 $a'\neq a_{k+1}$. 因此，$a'\in A'-B'$，即 B' 是 A' 的真子集. 但 $A'=\{a_1,a_2,\cdots,a_k\}\sim N_k$. 我们得到了与归纳假定矛盾的论断，因而定理被证明.

以后我们将会看到，对于无限集合，定理 1.2.2 就不成立了.

1.3 有限集合的元素的个数·有限集合的性质

上一目所证明的有限集的基本定理(定理 1.2.2)，使我们可以严格地建立有限集元素个数的概念. 为此首先证明：

定理 1.3.1 任一非空有限集与自然数集的一个且仅一个断片等价.

证明 按照定义 1.2.1，一个非空有限集 A 至少与自然数集的一个断片等价. 如果 A 与自然数集的两个不同的断片等价：$A\sim N_m, A\sim N_n(m\neq n)$. 按照等价的传递性，将有 $N_m\sim N_n$，这与定理 1.2.2 矛盾，因为自然数集的两个不同断片中，总有一个是另一个的真子集.

定义 1.3.1 非空有限集 A，由 $A\sim N_m$ 所唯一确定的自然数 m，叫做集合 A 的元素的个数；又叫数 0 为空集的元素的个数.

由等价关系的基本性质，应该有：两个有限集当且仅当有相同的元素个数时，才是等价的.

定理 1.3.2 有限集的任何子集都是有限集. 无限集的任何扩集都是无限集.

证明 定理中的两个论断的任一个，都可以由另一个推出. 因为，如果 A 是无限集，且 $A\subseteq B$，则 B 也是无限集，否则，如果 B 是有限集，按照定理的前一论断，应得到 A 也是有限集，因此，我们只需证明第一论断. 设 A 是有限集，且 $B\subseteq A$. 如果 $A=\varnothing$，则 $B=\varnothing$，定理是正确的. 设 $A\neq\varnothing$，于是 $A\sim\{1,2,\cdots,$

$n\}$，n 是某个自然数．我们对 n 用数学归纳法证明．当 $n=1$ 时，定理是正确的，因为 A 仅含有一个元素，因而，或者 $B=\varnothing$ 或者 $B=A$．设论断对于某个 n 是正确的．我们证明它对于 $n+1$ 也正确．设 f 是 A 到 $\{1,2,\cdots,n\}$ 上的 $1-1$ 映射．如果 $B=A$，则 B 是有限的．设 $B\subset A$，于是存在一个元素 $a\in A-B$．可以认为 $f(a)=n+1$，否则，$f(a')=n+1$，此处 $a'\in A$，$a'\neq a$．如果 $f(a)=i$，那么作一新的映射 f_1，令 $f_1(a)=n+1$，$f_1(a')=i$ 并且对于 A 的所有其余元素，令 $f_1=f$．设 $A'=A-\{a\}$．于是 f 确定 A' 到 $\{1,2,\cdots,n\}$ 上的 $1-1$ 映射，且 $B\subseteq A'$．因之，按照归纳假定，B 是有限集．定理得证．

按照定理 1.3.2，关于元素个数的概念，对于有限集的任何子集都有意义．因此，发生下面的定理．

定理 1.3.3 有限集的元素的个数永远大于其真子集的元素的个数．

证明 设 A 是一个有限集，B 是它的真子集，m 是集合 A 的元素的个数，n 是集合 B 的元素的个数．

如果 $n\geqslant m$．因为 $A\supset B$，故 $A\neq\varnothing$，$m>0$ 且 $A\sim\{1,2,\cdots,m\}$．因而 $n\geqslant m\geqslant 0$，故

$$B\sim\{1,2,\cdots,n\} \tag{1}$$

当 A $1-1$ 映射到 $\{1,2,\cdots,m\}$ 上时，B 也 $1-1$ 映射到 $\{1,2,\cdots,m\}$ 的真子集 B' 上，因此，

$$B\sim B' \tag{2}$$

由 $B'\subset\{1,2,\cdots,m\}$，且 $m\leqslant n$，应有

$$B'\subset\{1,2,\cdots,n\} \tag{3}$$

但由(1)和(2)导出：$B'\sim\{1,2,\cdots,n\}$，而又由于(3)，可见其与定理 1.3.2 矛盾，因为 $\{1,2,\cdots,n\}$ 变成与其真子集 B' 对等了．定理遂被证明．

定理 1.3.4 (1) 有限集合的并、交与差是有限集合；

(2) 有限集合的直乘积是有限集合．

证明 设 A、B 是有限集合．

(1) 由于 $A\cap B$，$A-B$ 都是 A 的子集，由定理 1.3.2 得 $A\cap B$，$A-B$ 都是有限集合．

对于 $A\cup B$，首先有 $A\cup B=(A-B)\cup B$，这里 $(A-B)\cap B=\varnothing$，并且 $(A-B)$ 和 B 均是有限集合．故 $(A-B)\sim\{1,2,\cdots,n\}$，$B\sim\{1,2,\cdots,m\}$，其中 m，n 是两个自然数．我们用数学归纳法证明．

任给 m，对 n 作归纳法．$n=1$，有 $(A-B)\cup B\sim\{1,2,\cdots,m,m^+\}$，$(A-B)\cup B$ 是有限集合．假设 $(A-B)\sim\{1,2,\cdots,n\}$ 时，$(A-B)\cup B$ 是有限集合，则必存

在自然数 k,使得 $(A-B) \cup B \sim \{1,2,\cdots,k\}$,那么根据归纳假设,当 $(A-B) \sim \{1,2,\cdots,n,n+1\}$ 时,有 $(A-B) \cup B \sim \{1,2,\cdots,k,k^+\}$,$(A-B) \cup B$ 是有限集合.

同样任给 n,对 m 用归纳法来证明 $(A-B) \cup B$ 是有限集合.

(2) 设 $A \sim \{1,2,\cdots,n\}$,$B \sim \{1,2,\cdots,m\}$,其中 m、n 是两个自然数. 用数学归纳法来证明 $A \times B$ 是有限集合. 任给 m,对 n 作归纳法. $n=1$,有 $A \times B \sim \{\langle 1,1 \rangle,\langle 2,1 \rangle,\cdots,\langle m,1 \rangle\} \sim \{1,2,\cdots,m\}$,$A \times B$ 是有限集合. 假设 $A \sim \{1,2,\cdots,n\}$ 时,$A \times B$ 是有限集合,则必存在自然数 k,使得 $A \times B \sim \{1,2,\cdots,k\}$,那么根据归纳假设,当 $A \sim \{1,2,\cdots,n,n+1\}$ 时,有 $A \times B \sim \{\langle 1,1 \rangle,\langle 2,1 \rangle,\cdots,\langle m,1 \rangle,\langle m+1,1 \rangle\} \sim \{1,2,\cdots,k,k^+\}$,$A \times B$ 是有限集合.

类似的,对任意的 n,可以对 m 用归纳法来证明 $A \times B$ 是有限集合.

§2 无限集

2.1 无穷集的特征·戴德金意义下的有穷与无穷

在上节中,我们用一种非常特别的方法介绍了无穷这个术语,即把它表示为一个非有穷的集合. 现在来更仔细地考查一下这样的集合的结构,并找出一个更具构造性的,然而是等价的无穷的定义. 与此同时,我们还能看到一个定义基数概念的诱导方法. 在下一节中,我们将仿此去做.

我们已经证明,没有有穷集可以等价于它的一个真子集. 这正是有穷集的一个基本特性,因为在无穷集合的时候,情况就有所不同了.

考虑自然数集 $\mathbf{N}$,并设 $\mathbf{N}_{偶}$ 是偶自然数集,即 $\mathbf{N}_{偶} = \{2,4,6,\cdots\}$. 设 $f:\mathbf{N} \to \mathbf{N}_{偶}$ 用 $f(x)=2x, x \in \mathbf{N}$ 来定义. 容易证明 f 是一个一一对应. 因此 $\mathbf{N} \sim \mathbf{N}_{偶}$. 但 $\mathbf{N}_{偶}$ 是 $\mathbf{N}$ 的一个真子集!这里与有穷的情况相反,当使用等价的标准时,就绝不能使用"整体大于它的任何部分"这个格言. 所以 $\mathbf{N}$ 就必须是一个无穷集,因为如果它是有穷的,它就没有上述所指出的特性. 这样,就可以明显看出上面所提到的,证明一个集合是无穷的艰巨任务就可以通过使用这个标准来完成.

这正是戴德金定义无穷集的方法,即:

定义 2.1.1 不能与其真子集对等的集合以及空集叫作(戴德金)有穷的,能与其某个真子集对等的集合叫(戴德金)无穷的.

于此我们可以按照现在的定义来重新证明以前的定理 1.3.2.

定理 2.1.1 设 A 是有穷的且 $B \subset A$，则 B 是有穷的.

证明 设 B 是无穷的，则 $B \neq \varnothing$ 且 $B \neq A$. 设在映射 f 之下，存在 $C \subset B$，有 $C \sim B$. 设 $D = A - B$，由于 $B \neq A$，有 $D \neq \varnothing$ 且因为 $B \cap D = \varnothing$，可知 $A = B \cup D$. 让我们定义

$$g(x) = \begin{cases} f(x), x \in B \\ f(x), x \in D \end{cases}$$

那么，由于 $A = B \cup D$ 且 $f: A \xrightarrow{\text{一一对应的}} C$，我们有 $g: A \to C \cup D$.

为了证明 g 是一一对应的，设 $x_1, x_2 \in A$ 且 $x_1 \neq x_2$. 这就会产生三种情况：

情况 1：$x_1, x_2 \in B$，则由于 f 是一一对应的. 可得 $g(x_1) = f(x_1) \neq f(x_2) = g(x_2)$.

情况 2：$x_1, x_2 \in D$，则 $g(x_1) = x_1 \neq x_2 = g(x_2)$.

情况 3：$x_1 \in B, x_2 \in D$，如果 $g(x_1) = g(x_2)$，则 $f(x_1) = x_2$，于是 $x_2 \in C$. 因此，$x_2 \in C \cap D$，而这是荒谬的，因为 $C \cap D = \varnothing$. 所以 $g(x_1) \neq g(x_2)$.

所以，g 是单一的.

为了证明 g 是满射，设 $y \in C \cup D$. 如果 $y \in C$，则存在 $x \in B$，使得 $y = f(x) \in B$. 如果 $y \in D$，设 $x = y$，则 $x \in D$ 且 $g(x) = x = y$. 在两种情况下，都有 $x \in A$ 和 $g(x) = y$，所以 g 是满射.

因为 g 是满的且是单一的，则 $A \sim C \cup D$，而 $C \cup D \subset A$，所以 A 是无穷的，与假设矛盾. 因此，如所断言，B 是有穷的.

回到定义 2.1.1，如果某一集合不是（戴德金）无穷的，则它是（戴德金）有穷的. 从上面我们看出任何（戴德金）无穷集按我们的定义的意思也是无穷的. 反过来说，对吗？事实上这两个定义是等价的（参阅本书第二部分）. 今后，我们就对这两个定义不加区别了.

概括地说，有穷集是与某个集 N_k 等价的集合，而且我们可以说，这样的集合恰好有 k 个元素. 另一方面，一个无穷集不能等价于任一集 N_k，而总至少等价于它的真子集之一. 我们对于它的元素的个数能说些什么呢？例如，我们很想说（上面给出的）$\mathbf{N}$ 和 $N_{\text{偶}}$（指自然数集与偶数集）的元素个数相同，因为它们是等价的. 另一方面直觉驱使我们要说 $\mathbf{N}$ 的元素比 $N_{\text{偶}}$ 的多，因为后者是前者的一个真子集. 这就是说，对于无穷集，我们不能完全依赖于我们的直觉，而且关于我们所说的无穷集的元素的个数是指什么意思，我们必须下一个适当的定义. 然而，在这样做之前，进一步考查一下无穷集的结构是必要的.

我们用一个概括了有穷集和无穷集的等价性,并且在今后很有用的定理来结束这一目.

定理 2.1.2 如果 $A \sim B$ 且 B 是无穷(有穷)的,则 A 亦是无穷(有穷)的.

证明 假设 $A \sim B$ 且 B 是无穷的,则存在 B 的真子集 B_0 使得 $B_0 \sim B$. 设 $f: B \xrightarrow{\text{一一对应的}} A$ 是 A 与 B 之间的一一对应. 设 $A_0 = f(B_0)$,在 $f \upharpoonright B_0$ 下我们有 $A_0 \subset A$ 且 $A_0 \sim B_0$. 于是根据传递性可得 $A_0 \sim B$,结果有 $A_0 \sim A$,因此,A 是无穷的.

假设 $A \sim B$ 且 B 是有穷的. 那么,如果 A 是无穷的,根据对称性我们知 $B \sim A$,因此,B 就应是无穷的,这与我们的假设相矛盾,故 A 亦必定是有穷的.

2.2 可数集

如果我们认为各个 N_k 的 k 不断地增大,就可看出,我们应该加以严密考查的第一个无穷集合就是所有自然数的集合. 我们曾经指出,$\mathbf{N}$ 是无穷的. 而根据定理 2.1.2,我们可期望等价于 $\mathbf{N}$ 的集合会具有一些共同的性质,这就导出了下面的定义.

定义 2.2.1 如果 $A \sim \mathbf{N}$,则称 A 是可数的,如果 A 是有穷的或可数的,则称 A 是可列的.

引进定义 1.2.2 中所用的词(势)的理由还不大明显. 虽然集合 $\mathbf{N}$ 是无穷的,但我们至少可以根据其特性在心中"数"它的元素. 当然,实际上这是永远不能完成的. 因为自然数按其次序没有最后的元素. 但我们马上就要说到那些连这样的简明性都不具备的集合,所以我们为等价于 $\mathbf{N}$ 保留一个专门的名字. 因此,"可列"这个词就暗指着我们能列出这个集合所含的元素. 对有穷集来说,列出其元素是不成问题的. 所以,"可列"这个术语是恰当的. 对于可数集合,我们把通常的意思稍为作了一些扩大.

作一个关于记号的说明. 假设 A 是一个有穷集,则在某个一一对应 f 下有 $N_k \sim A$. 由于 $f(m)$ 是一个对应着每个 $m \in \{1, 2, \cdots, k\} = N_k$ 的 A 中的确定的而且不同的元素,因此可以得出 $A = \{f(1), f(2), \cdots, f(k)\}$. 既然如此,为了使我们记住 $f(m) \in A$,我们就用 a_m 表示 $f(m)$,并写成 $A = \{a_1, a_2, \cdots, a_k\}$. 类似的,如果 A 是可数的,结果,譬如说,在映射 f 之下有 $\mathbf{N} \sim A$,于是,对于每个 $n \in \mathbf{N}$,有一个唯一的 $a \in A$ 使得 $f(n) = a$. 我们用 a_n 来表示 A 的这个唯一的元素,以便说明它对于 n 的依赖性,而且我们写成 $A = \{a_1, a_2, \cdots, a_k, \cdots\}$,用符号来表示一个可数集. 当然,我们不可能把 A 的所有元素都包含于花括号之内,于是,用省略号说明我们认为这些元素是按下标所示的确定的次序写出的. 此外, 因为 $f:\mathbf{N}\to A$ 是一一对应的, 我们知道, 当 $i\neq j$ 时, 一定有 $a_i\neq a_j$. 因此, 当用这种技巧去列出一个可数集的元素时, 我们总是一定要假设所列出的元素全都是互异的.

注意, 不要把上面所给出的 A 的元素的标记与一个序列混淆起来. 因为在序列 $a_1,a_2,a_3,\cdots$ 中, 若对于所有 n, 都有 $a_n=1$, 这就是一个意义明确的序列 $1,1,1,\cdots$, 因此, $\{a_1,a_2,\cdots\}=\{1\}$. 我们可以认为任意可数集的元素组成一个不同元素的序列, 但一个任意的序列, 如上例所示, 就不一定能确定一个可数集.

现在我们着手证明几个定理, 这些定理将一般地表征可数集, 并对找出可数集的特例是十分有用的.

定理 2.2.1 可数集合的子集, 或者是有穷的, 或者是可数的.

证明 设 $A=\{a_1,a_2,a_3,\cdots\}$ 是可数的且 $B\subseteq A$. 如果 $B=\varnothing$, 则 B 是有穷的. 否则设 n_1 是这些 $a_{n_1}\in B$ 中的最小下标 (最极端的情况是 $n_1=1$). 设 n_2 是这些 $a_{n_2}\in B-\{a_{n_1}\}$ 中的最小下标 (如果它存在的话). 这样定义了 n_{k-1} 之后, 设 n_k 是这些 $a_{n_k}\in B-\{a_1,a_2,\cdots,a_{n_{k-1}}\}$ 中的最小下标, 那么, 就可能正巧对于某整数 k, 有 $B-\{a_{n_1},a_{n_2},\cdots,a_{n_{k-1}}\}=\varnothing$. 在这种情况下, $B=\{a_{n_1},a_{n_2},\cdots,a_{n_{k-1}}\}$ 是有穷的. 如果这种情况不出现, 则对于每一个自然数 k, 因为对于 $a_{n_k}\in B$, 有 $a_{n_k}\in A$, 则在对应 $f(k)=a_{n_k}$ 下, 有 $B\sim\mathbf{N}$, 所以 B 是可数的.

推论 可数集减去一个有限子集后, 所得的余集仍为可数集.

定理 2.2.2 有穷集和可数集的并是可数的.

证明 假设 A 是一个有穷集, 而 B 是一个可数集, 我们来证明 $A\bigcup B$ 是可数的.

令 $C=A-B$. 如果 $C=\varnothing$, 则 $A\subset B$, 结果 $A\bigcup B=B$, 因此有 $A\bigcup B\sim B$, 即 $A\bigcup B$ 是可数的. 如果 $C\neq\varnothing$, 则 $C\subseteq A$. 因此, 据定理 2.1.1, C 是有穷的, 所以说 f 之下有某个 k, 使得 $C\sim N_k$, 而在 g 之下, 有 $B\sim\mathbf{N}$. 现在定义

$$h(x)=\begin{cases}f(x),x\in C\\ g(x)+k,x\in B\end{cases}$$

则 $h:C\bigcup B\to\mathbf{N}$, 容易证明这是一个一一对应. 因此 $C\bigcup B$ 是可数的. 但由于

$$A=(A\bigcap B)\bigcup(A-B)$$

因此

$$A\bigcup B=[(A\bigcap B)\bigcup(A-B)]\bigcup B=[(A\bigcap B)\bigcup B]\bigcup(A-B)$$
$$=B\bigcup C=C\bigcup B$$

则 $A\bigcup B=C\bigcup B$. 因此, $A\bigcup B$ 是可数的.

定理 2.2.3 两个可数集的并是可数集.

证明 设 A 与 B 都是可数集. 情况 1. $A \cap B = \varnothing$. 设 $N_奇$ 是奇正整数集而 $N_偶$ 是偶正整数集. $N_奇$ 和 $N_偶$ 都是可数的. 由假设 $A \sim \mathbf{N}$, 而 $\mathbf{N} \sim N_奇$, 所以 $A \sim N_奇$. 设 f 是 A 与 $N_奇$ 之间的一一对应关系. 类似的, 设 g 是 B 和 $N_偶$ 之间的一一对应关系. 像上面一样, 我们定义

$$h(x) = \begin{cases} f(x), x \in A \\ g(x), x \in B \end{cases}$$

则 $h: A \cup B \to \mathbf{N}$. 读者可以证明 h 是一一映射(注意, 在 h 的定义中, $A \cap B = \varnothing$ 是决定性的).

情况 2. $A \cap B \neq \varnothing$. 设 $C = A - B$. 因此 $C \subseteq A$, 如前所述, 因为 $C \cap B = \varnothing$, 则有 $A \cup B = C \cup B$. 由定理 2.1.1 可知, C 是有穷的或可数的. 如果 C 是有穷的, 则由定理 2.2.2 得 $C \cup B = A \cup B$ 是可数的, 而如果 C 是可数的, 则由情况 1 可知 $C \cup B = A \cup B$ 是可数的.

所以, $A \cup B$ 在两种情况下都是可数的.

用归纳法可得如下推论:

推论 如果 $A_1, A_2, \cdots, A_n$ 是可数集合, 则 $\bigcup_{i=1}^{n} A_i$ 是可数集合, 即有限个可数集合的并集是可数集合.

如果用"有穷的"这个词来替代"可数的"这个词, 定理 2.2.3 和它的推论就有严格的相应的结论:

定理 2.2.3′ 两个有穷集的并是有穷集.

定理 2.2.3′ 的证明与定理 2.2.3 及其推论的证明相类似, 我们把它留给读者作为练习. 可是这个结论我们曾经以其他的方式得到过(参见定理 1.3.4 的证明).

如果我们把定理 2.2.3 和它的推论与定理 2.2.3′ 及其相应结论结合起来, 我们就可以证明, 有穷多个集(其中每个集都是有穷的或可数的)的并集本身分别是有穷的或可数的(我们用短语"有穷多个集合"的意思是: 对于某个正整数 n, 对应于每一个正整数 $1, 2, \cdots, n$ 都有一个集合).

除了使用定义 2.2.1 之外, 我们常常需要一种方法来检验某些集合的可数性. 下面的定理给出了关于这种检验的一个十分有用的工具.

定理 2.2.4 $\mathbf{N} \times \mathbf{N}$ 是可数的.

证明 考虑阵列

$$\langle 1,1\rangle,\ \langle 1,2\rangle,\ \langle 1,3\rangle,\ \cdots$$
$$\langle 2,1\rangle,\ \langle 2,2\rangle,\ \langle 2,3\rangle,\ \cdots$$
$$\langle 3,1\rangle,\ \langle 3,2\rangle,\ \langle 3,3\rangle,\ \cdots$$
$$\langle 4,1\rangle,\ \langle 4,2\rangle,\ \langle 4,3\rangle,\ \cdots$$
$$\vdots$$

显然,每一个不同的元素 $\langle p,q\rangle$(其中 p 和 q 是自然数)都位于这个阵列中,用公式

$$f(\langle p,q\rangle)=\frac{1}{2}(p+q-2)(p+q-1)+p$$

来定义 $f: \mathbf{N}\times\mathbf{N}\to\mathbf{N}$.

这个定义是根据下面几条原则导出的:

(1) 约定用上面箭头所示的对角线程序来"列出". 我们希望, $f(\langle p,q\rangle)$ 是标志 $\langle p,q\rangle$ 在列出过程中所在位置的整数.

(2) 因为每条对角线具有有穷多个元素,比前一条对角线多含一个元素.并且具有这样的特性:对角线上的每个元素的坐标 p 与 q 的和是不变的. 因此,如果 $\langle p,q\rangle$ 和 $\langle p',q'\rangle$ 处于同一条对角线上,则 $p+q=p'+q'$,称 $p+q$ 为这条对角线的下标.

(3) 其次,要注意,如果对角线有下标 $p+q$,则在这条对角线上有 $p+q-1$ 个元素.

(4) 为了列出 $\langle p,q\rangle$,我们首先根据其下标 $p+q$ 找出 $\langle p,q\rangle$ 所处的对角线的位置. 在这条对角线上,它是第 p 个元素(依第一坐标定位). 因此,为了到达这条具有下标 $p+q$ 的对角线,我们就要列出前面 $p+q-1$ 条对角线上的共 $\frac{1}{2}(p+q-2)(p+q-1)$ 个元素. 因此, $\langle p,q\rangle$ 是第 $\frac{1}{2}(p+q-2)(p+q-1)+p$ 个元素.

接着,我们断言 $f: \mathbf{N}\times\mathbf{N}\to\mathbf{N}$ 是一一映射. 我们首先证明,它是单一的.

假设 $\langle p,q\rangle\neq\langle p',q'\rangle$,则 $p\neq p'$ 或 $q\neq q'$.

情况 1: $p+q=p'+q'$,则 $p\neq p'$,因为如果 $p=p'$,则 $p+q=p'+q'$ 两端消去 p 与 p' 后,得到 $q=q'$,即 $\langle p,q\rangle=\langle p',q'\rangle$,与假设矛盾. 因此

$$f(\langle p,q\rangle)=\frac{1}{2}(p+q-2)(p+q-1)+p$$
$$=\frac{1}{2}(p'+q'-2)(p'+q'-1)+p$$

$$\neq \frac{1}{2}(p'+q'-2)(p'+q'-1)+p'$$
$$= f(\langle p',q'\rangle)$$

情况 2：$p+q \neq p'+q'$，不失一般性，假设 $p+q > p'+q' > 0$，因此，$p+q \geqslant p'+q'+1$. 因为 $p+q-2 \geqslant p'+q'-1 > 0$，所以
$$(p+q-2)(p+q-1) \geqslant (p'+q'-1)(p+q-1) \geqslant (p'+q'-1)(p'+q')$$
还有
$$f(\langle p,q\rangle) = \frac{1}{2}(p+q-2)(p+q-1)+p$$
$$> \frac{1}{2}(p+q-2)(p+q-1)$$
$$\geqslant \frac{1}{2}(p'+q'-1)(p'+q')$$
$$\geqslant \frac{1}{2}(p'+q'-1)(p'+q')-q'+1$$
$$= \frac{1}{2}(p'+q'-1)(p'+q'-2+2)-q'+1$$
$$= \frac{1}{2}(p'+q'-1)(p'+q'-2)+p'$$
$$= f(\langle p',q'\rangle)$$

因此，如果 $\langle p,q\rangle \neq \langle p',q'\rangle$，则有 $f(\langle p,q\rangle) \neq f(\langle p',q'\rangle)$，即 f 是单一的.

下面，我们证明 f 是满射. 给出 $n \in \mathbf{N}$，存在 $k \in \mathbf{N}$，使得 n 介于如下两个整数之间
$$\frac{1}{2}k(k+1) \leqslant n < \frac{1}{2}k(k+1)(k+2)$$

情况 1 $n = \frac{1}{2}k(k+1)$. 设 $p=k, q=1$. 则
$$f(\langle p,q\rangle) = f(\langle k,1\rangle) = \frac{1}{2}(k-1)k+k = \frac{1}{2}k(k+1) = n$$

情况 2 $\frac{1}{2}k(k+1) < n < \frac{1}{2}k(k+1)(k+2)$. 设
$$p = n - \frac{1}{2}k(k+1), q = \frac{1}{2}k(k+1)(k+2)-n+1$$
则有
$$p+q = \frac{1}{2}k(k+1)(k+2) - \frac{1}{2}k(k+1)+1$$
$$= [1+2+\cdots+k+(k+1)] - [1+2+\cdots+k]+1$$

$$= k+1+1 = k+2$$

因为 $p+q-2=k$ 且 $p+q-1=k+1$,所以有

$$f(\langle p,q \rangle) = \frac{1}{2}k(k+1) + n - \frac{1}{2}k(k+1) = n$$

因此,无论在哪种情况下,都存在 $\langle p,q \rangle \in \mathbf{N} \times \mathbf{N}$ 使得 $f(\langle p,q \rangle) = n$,而且由于 n 是 $\mathbf{N}$ 中的任意一个元素,所以,f 是满射.

既然 f 是一一映射,据定义 2.2.1 有

$$\mathbf{N} \times \mathbf{N} \sim \mathbf{N}$$

这样就完成了定理的证明.

下面的定理给出了一个非常广泛的命题. 在它的证明中读者将会理解到定理 2.2.4 的重要作用.

定理 2.2.5 对于每一个正整数 n,设 A_n 是一个可数集,而且如果 $n \neq m$,就有 $A_n \cap A_m = \varnothing$,则 $\bigcup_{n \in \mathbf{N}} A_n$ 是可数的.

证明 首先把每一个给定集合的元素展开如下是有益的

$$A_1 = \{a_{11}, a_{12}, \cdots, a_{1n}, \cdots\}$$
$$A_2 = \{a_{21}, a_{22}, \cdots, a_{2n}, \cdots\}$$
$$A_3 = \{a_{31}, a_{32}, \cdots, a_{3n}, \cdots\}$$
$$\vdots$$
$$A_n = \{a_{n1}, a_{n2}, \cdots, a_{nn}, \cdots\}$$
$$\vdots$$

在这种情况下,我们的记号有如下的意义:a_{ij} 是指集合 A_i 中的第 j 个元素. 此外,我们的条件(若 $m \neq n$,则有 $A_n \cap A_m = \varnothing$)保证 $a_{ij} = a_{kh}$ 当且仅当 $i = k$ 和 $j = h$.

设 $A = \bigcup_{n \in \mathbf{N}} A_n$,并对于每个 $i \in \mathbf{N}$ 和 $j \in \mathbf{N}$,于是 $f : A \to \mathbf{N} \times \mathbf{N}$. 而且读者可以证明 f 是一一映射. 因此,由定理 2.2.4,有 $A \sim \mathbf{N} \times \mathbf{N}$ 和 $\mathbf{N} \times \mathbf{N} \sim \mathbf{N}$,所以 $A \sim \mathbf{N}$. 因此,如所断言 $A = \bigcup_{n \in \mathbf{N}} A_n$ 是可数的.

推论 如果对于每个正整数 n,A_n 是一个非空的有穷集,而且如果 $n \neq m$,就有 $A_n \cap A_m = \varnothing$,则 $\bigcup_{n \in \mathbf{N}} A_n$ 是可数的.

证明 设对每个 n,A_n' 是一个可数集,而且若 $n \neq m$ 则有 $A_n' \cap A_m' = \varnothing$,以及对于所有的 n 和 m,$A_n' \cap A_m = \varnothing$(一定可以选出这样的集合). 设列于每个 n,$B_n = A_n \cup A_n'$. 根据定理 2.2.4,集合 B_n 是可数的,并满足本定理的条件,因此,$\bigcup_{n \in \mathbf{N}} B_n$ 是可数的,且 $\bigcup_{n \in \mathbf{N}} A_n \subset \bigcup_{n \in \mathbf{N}} B_n$. 由于 $\bigcup_{n \in \mathbf{N}} A_n$ 显然是无穷的,因此根据

定理 2.2.1,它亦是可数的.

在这个定理及其推论中,我们曾要求当 $n \neq m$,则有 $A_n \cap A_m = \varnothing$ 以便保证被考虑的所有元素都是不同的. 实际上,这比所需要的条件强得多. 但这正是在以后的应用中我们所希望具有的形式. 在这个定理中,例如,对于 $n=2,3,4,\cdots$,我们可能有 $A_n = A$. 在这种情况下,$\bigcup_{n \in \mathbf{N}} A_n = A_1$ 是可数的,这是一种极端情况. 我们把互异性强加给我们的元素的原因是,为了使证明中所定义的映射成为一个函数. 例如,如果 $a_{23} = a_{79}$,我们就有,$f(a_{23}) = \langle 2,3 \rangle$ 和 $f(a_{23}) = f(a_{79}) = \langle 7,9 \rangle$. 结果 f 就不是一个函数. 虽然,条件会是放松了,但是结论仍然成立.

在有穷的情况下,如推论中所述,问题就更微妙了. 例如,若 $A_1 = \{0\}$,且对于 $n=2,3,4,\cdots$,则 $\bigcup_{n \in \mathbf{N}} A_n = A_1$ 一定不是可数的,而是有穷的. 这就说明,在作结论时必须加以某种程度的小心. 然而,也可以概括上面所有情况作出一个一般性的命题. 这就是,如果对于每个正整数 n,A_n 是一个可列集,则 $\bigcup_{n \in \mathbf{N}} A_n$ 是可列的.

2.3 可数集的例子

我们现在准备利用上一目的各条定理给出可数集的具体例子. 在某种意义上,最简单的可数集是自然数集 $\mathbf{N}$. 其实,我们已经利用 $\mathbf{N}$ 去定义可数性. 它已经作为一种标准集合,对照这个标准进行比较,以便检查集合的可数性.

$\mathbf{N}$ 的很多子集亦是可数的. 例如,偶自然数集 $\mathbf{N}_{偶}$ 和奇自然数集 $\mathbf{N}_{奇}$ 分别在一一映射 $f(n) = 2n$ 和 $g(n) = 2n-1$ 下是可数的. 具有定义域 $\mathbf{N}$ 的映射 $h(n) = 10n$ 是一一映射到集合 $\{10, 20, 30, \cdots\}$ 上. 这表明后者是可数的. 再有,如果 $\varphi(n) = n^2 (n \in \mathbf{N})$,则 φ 是 $\mathbf{N}$ 与它的真子集(自然数的完全平方集 $\{1,4,9,16,\cdots\}$)之间的一个一一对应. 读者会发现更多的 $\mathbf{N}$ 的可数的真子集.

亦有这样一些集合,它们包含 $\mathbf{N}$ 作为真子集,而它们仍是可数的. 例如,设 $\mathbf{Z}^-$ 是负整数的集合,并定义 $f(m) = -m (m \in \mathbf{Z}^-)$. 因为 $-m \in \mathbf{N}$,而 f 显然是一一映射的,并将 $\mathbf{Z}^-$ 映射到 $\mathbf{N}$ 上,所以 $\mathbf{Z}^-$ 是可数的. 现在设 $\mathbf{Z}$ 表示所有整数(正的,负的和零)的集合,则 $\mathbf{Z} = \mathbf{Z}^- \cup \{0\} \cup \mathbf{N}$,在这种情况下,应用定理 2.2.2 和定理 2.2.3 可知 $\mathbf{Z}$ 是可数的.

让我们把分数定义为两个整数的比 $\frac{m}{n}$,其中 $n > 0$. 如果 $m > 0$,则这个分数是正的;而如果 $m < 0$,则这个分数是负的. 如果 $m \neq m'$ 或 $n \neq n'$,我们就定

义两个分数 $\frac{m}{n}$ 和 $\frac{m'}{n}$ 为不等的[①]. 在定理 2.2.5 中,设 $a_{nm} = \frac{m}{n}$(当 $m>0, n>0$ 时),以及对于 $n=1,2,3,\cdots$,有 $A_n = \{a_{n1}, a_{n2}, \cdots\} = \{\frac{1}{n}, \frac{2}{n}, \cdots\}$. 于是满足定理 2.2.5 的条件,我们就断言 $\bigcup_{n \in \mathbf{N}} A_n$ 是可数的. 设 F_+ 表示正分数集,我们看出 $F_+ = \bigcup_{n \in \mathbf{N}} A_n$,而且是可数的. 如果我们设 F_- 表示负分数集,一一映射 $f(x) = -x$ 把 F_- 映射到 F_+ 上,所以,F_- 是可数的. 最后,集合 $F_0 = \{\frac{0}{1}, \frac{0}{2}, \frac{0}{3}, \cdots\}$ 显然是可数的,而由所有分数组成的集合 F,满足 $F = F_+ \cup F_0 \cup F_-$,因此是可数的.

如果我们希望用分数来表示直线上的某段距离(已知原点及单位长度),我们就发现,例如 $\frac{1}{2}$ 和 $\frac{2}{4}$ 就表示同一个点. 这就导出了有理数的定义如下. 如果 $mn' = nm'$,我们就说两个正分数 $\frac{m}{n}$ 和 $\frac{m'}{n'}$ 是等价的,即 $\frac{m}{n} \sim \frac{m'}{n'}$ 当且仅当 $mn' = nm'$. 我们留给读者去证明 "$\sim$" 确定了 F 中的一个等价关系. 应用我们的划分定理(第二章,定理 2.2.1)把 F 划分为一些等价类. 让我们用 $\frac{p}{q}$ 这个代表来表示由正分数组成的各个等价类,其中 p 和 q 是互质的. 这样一个分数就定义为一个正的有理数. 因此,例如 $\frac{1}{2}$ 是表示等价类 $\{\frac{1}{2}, \frac{2}{4}, \frac{3}{6}, \cdots\}$ 的正有理数. 设 $\mathbf{Q}_+$ 表示正有理数集合. 很明显 $\mathbf{Q}_+$ 是无穷的,且 $\mathbf{Q}_+ \subset F_+$,所以根据定理 2.2.1,$\mathbf{Q}_+$ 是可数的. 其次,我们把负有理数 $\frac{p}{q}$ 定义为使得 $-p$ 和 q 互质的负分数的等价类的元素(记住当 $\frac{p}{q}$ 是负分数时,p 是负的). 我们称所有这些负有理数的集合为 $\mathbf{Q}_-$. 最后,把有理数 0 定义为 $\{\frac{0}{1}, \frac{0}{2}, \frac{0}{3}, \cdots\}$ 这个等价类. 如前所述,$\mathbf{Q}_-$ 是可数的,并且因为所有有理数的集合 $\mathbf{Q}$ 等于 $\mathbf{Q}_+ \cup \{0\} \cup \mathbf{Q}_-$,由定理 2.2.2 和 2.2.3 就可得出 $\mathbf{Q}$ 是可数的.

附带说一下,可以证明 $\mathbf{N}$ 等价于 $\mathbf{Q}_+$ 的一个真子集,即 $\{\frac{1}{1}, \frac{2}{1}, \frac{3}{1}, \cdots\} = \mathbf{N}'$. 因为 $\mathbf{N}'$ 是 $\mathbf{Q}$ 的一个真子集,且 $\mathbf{N} \sim \mathbf{N}'$,似乎正有理数的个数比自然数的个数多(至少在朴素的意义上是如此). 然而,$\mathbf{N}$ 和 $\mathbf{Q}$ 两者都是可数的,因此 $\mathbf{N} \sim$

[①] 注意通常算式中的 $\frac{1}{2}$ 与 $\frac{2}{4}$ 在这里认为是不等的.

$\mathbf{Q}_+$. 这样,虽然我们的直觉表明不是如此,而事实是:$\mathbf{N}$ 和 $\mathbf{Q}_+$ 是等价的集合.

我们已看出有理数集是可数的,而且甚至 0 和 1 之间的有理数集也是可数的.设用 A 来表示这个集合,我们有 $A \subset \mathbf{Q}$. 可是,因为 $\{\frac{1}{2}, \frac{1}{3}, \frac{1}{4}, \cdots\} \subset A$, A 是无穷的,所以根据定理 2.2.1, A 是可数的.结果必定能用像 $A = \{r_1, r_2, r_3, \cdots\}$ 这样的序列写出 A 的元素.但它是怎样的序列呢?一定不是按大小顺序排列的序列,因为如果那样,我们就绝不知道怎样标记 r_1,即没有第一个正有理数,因为如果 $r > 0$,则 $0 < \frac{r}{2} < r$,而 $\frac{r}{2}$ 又是有理数.一种这样的排法就是首先按照分母顺序排列,然后按照分子顺序排列,要记住分子必须小于分母.因此,前面的一些元素就是 $\{\frac{1}{2}, \frac{1}{3}, \frac{2}{3}, \frac{1}{4}, \frac{2}{4}, \frac{3}{4}, \frac{1}{5}, \frac{2}{5}, \frac{3}{5}, \frac{4}{5}, \frac{1}{6}, \cdots, \frac{5}{6}, \cdots\}$,用这种方法排列每一个分母,并且对每个分母列出有穷多个分子,我们就一定能排尽 0 与 1 之间的所有有理数.

最后,我们注意到许多其他有趣的可数集,然而,建立一一对应的显函数不会像前面所讨论的那样简单.这些集合之一就是所有质数的集合 $P = \{2, 3, 5, 7, \cdots\}$. 很早以前,欧几里得曾证明 P 是无穷的.我们以下面的方式用间接证法来证明 P 是无穷的.假设 P 是有穷的.譬如说,$P = \{2, 3, 5, \cdots, p_n\}$,其中 p_n 是最大的质数.因为每个大于 1 的自然数可唯一地分解为其质因数之积,因此,所有大于 1 的自然数均可被某质数整除的.这样,数 $p = 2 \cdot 3 \cdot 5 \cdots p_n + 1$ 无疑是大于 1 自然数,而且必定能被某个质数整除,但没有 P 的元素能整除 p,而我们假设所有质数都是 P 的元素.因此,我们的假设不成立,故 P 是无穷的.最后,无穷的 $P \subset \mathbf{N}$,据定理 2.2.1 可知它是可数的.

我们考虑代数数的集合,即整系数多项式方程的根的集合.所说方程的一个例子是 $6x^7 - 4x^3 + 2x^2 - 2x + 19 = 0$. 这种方程的一般形式是
$$a_0 x^n + a_1 x^{n-1} + \cdots + a_{n-1} x + a_n = 0$$
其中 n 是自然数,对于每个 $i = 1, 2, \cdots, n$; a_i 是整数,且 $a_0 \neq 0$.

我们用下面的方法略去某些细节来证明所有这些方程的根的集合,即代数数的集合是可数的.首先让我们把自然数 $n + |a_0| + |a_1| + \cdots + |a_n|$ 称为这个方程式的高.显然,对于一个给定的高,我们仅能以有穷多种方式指定 $n, a_0, a_1, \cdots, a_n$ 的值.因此,仅能得到有穷多个方程,但每个这样的方程仅有有穷多个根,所以对一个给定的高,根(删去重复的)的集合是一个有穷集.取遍所有高的这样的集合的并集是可列的且一定是无穷的,因此是可数的.注意,有理数集是代数数集的一个真子集,而两者都是可数的.

2.4 不可数集合

由于发现了如此之多的集合都是可数的,就产生这样的可能性:即所有无穷集都是可数的. 如果是这样,那么所有的集合不是有穷的,就是可数的. 因此,就没有必要引进"可数的"这个词. 因为在这种情况下,可以只说是"无穷的"就行了(这主要是古希腊时的说法). 然而,如果情况是这样的话,那么 1900 年的某杂志上的仅仅一篇文章大概就构成了集合的理论. 而到现在集合论可能还是很不清楚的. 有一种看法认为,康托原来的研究就是试图证明所有的无穷集确实都是可数的. 的确,他在开始研究之后的一段时间内迟迟未发表任何东西. 但不论他原来的计划是什么,康托在他的研究中早已发现了这个值得注意的事实,即不是所有的无穷集都是可数的.

也许说明这个事实的最简单的集合是集 $U=\{x \mid x \in \mathbf{R}, 0 < x < 1\}$. 我们请读者回忆一下 U 的每一个元素的唯一的十进制展开式,形式为:$0.b_1b_2b_3\cdots$,其中每个 $b_i \in \{0,1,\cdots,9\}$. 例如,$\frac{1}{3}=0.333\cdots$,$\frac{\pi}{4}=0.78539\cdots$. 对于那些像 $\frac{1}{2}=0.5$ 这样的有穷小数,我们约定(为了具有唯一性)最后的数字减去 1,并且在后面连续添上无穷多个 9,使得它成为一个无穷展式,于是 $\frac{1}{2}=0.4999\cdots$,而不是 $\frac{1}{2}=0.5000\cdots$. 记住这一点,我们就可以说,当且仅当 U 的两个元素各自的十进制展式中的数字都对应相等时,这两个元素才是恒等的. 因此,如果两个这样的数只要有一个数位上的数字不同,那它们就不相等. 这就是随后讨论要相当精确的依据的非常重要的事实.

现在,假设集 U 是可数的,那么存在一个函数 f,使得 $f:\mathbf{N} \xrightarrow{\text{一一对应的}} U$. 因此,我们可以把 U 的每一个元素与 $\mathbf{N}$ 的唯一元素组偶如下

$$f(1)=0.a_{11}a_{12}a_{13}\cdots$$
$$f(2)=0.a_{21}a_{22}a_{23}\cdots$$
$$f(3)=0.a_{31}a_{32}a_{33}\cdots$$
$$\vdots$$
$$f(n)=0.a_{n1}a_{n2}a_{n3}\cdots$$
$$\vdots$$

其中,对于每个 $n \in \mathbf{N}$ 和 $m \in \mathbf{N}$,$a_{nm} \in \{0,1,\cdots,9\}$. 注意 a_{nm} 中的第一个下标表示这个数所对应的 $\mathbf{N}$ 中的唯一整数,而第二个下标表示 a_{nm} 这个数字在十进

制记数时的数位. 还要注意, 我们的对应一点也不含有 $f(1) < f(2) < f(3) < \cdots$ 的意思, 即不能认为 U 的元素是按大小顺序排列的.

现在我们来构造一个一定属于 U, 但不能是任一整数在映射 f 下的映象. 这个数是 $x = 0. b_1 b_2 b_3 \cdots$, 其中对于每个 $n \in \mathbf{N}$, 有

$$b_n = \begin{cases} 1, \text{如果 } a_{nn} \neq 1 \\ 2, \text{如果 } a_{nn} = 1 \end{cases}$$

例如, 若我们的 U 的前三个数恰好是 $f(1) = 0.311\,42\cdots, f(2) = 0.111\,1\cdots, f(3) = 0.189\,23\cdots$, 则在我们的数 x 中前三位的数字就变为 $0.121\cdots$. 这是一个递归定义的例子[①].

因为 $b_1 \neq a_{11}$, 有 $x \neq f(1)$; 因为 $b_2 \neq a_{22}$, 有 $x \neq f(2)$, 而且一般说来, 因为 $b_n \neq a_{nn}$, 所以有 $x \neq f(n)$. 由于这对于每个 $n \in \mathbf{N}$ 都是正确的, 所以 f 不是任何一个自然数在 f 下的映象. 但 x 确实属于 U. 这与 f 是满射这个事实相矛盾, 我们只能断言我们的假设是错的, 即 U 是不可数的. 但通常 U 是无穷的, 因为它包含 0 与 1 之间的所有有理数, 而这样的有理数集合是可数的, 因此 U 是无穷的. 于是, 我们找到了一个不可数的无穷集合.

定理 2.4.1 介于 0 与 1 之间的实数构成的集合是无穷的不可数集合.

所以, 正如康托所指出的那样, 我们看出存在着把无穷集分为各种不同类型的可能性, 某些具有某种程度一般性的定理对作出这样的分类是很有帮助的.

定理 2.4.2 每个无穷集有一个可数的子集.

证明 设 A 是一个无穷集, 那么由定义知, 存在一个集合 B, 使得 $B \subset A$ 和 $A \sim B$. 设 f 是一个把 A 映射到 B 的一一映射. 令 $C = A - B$. 由于 $B \subset A$, 则 $C \neq \varnothing$ 和 $C \subset A$. 由于 $C \neq \varnothing$, 则存在 $x \in C$. 为确定起见, 我们设 $x = a_1$, 因为有 $f(a_1) \in B$, 而且我们设 $a_2 = f(a_1)$, 以及类似地设 $a_3 = f(a_2)$. 这样定义 a_k 之后, 我们设 $a_{k+1} = f(a_k)$, 结果根据归纳法, a_n 对于所有的 $n \in \mathbf{N}$ 是确定的, 而且对于所有的 $n > 1$ 有 $a_n \in B$, 而 $a_1 \notin B$.

至今, 我们的定义仍没有排除其中有些元素 a_n 是相等的可能性. 如果是这种情形, 设 m 是对某些 $k < m$, 有 $a_m = a_k$ 的最小下标. 很明显, 因为 $m > 1$, 所以 $a_m \in B$. 此外, 由于 $a_1 \notin B$ 有 $k \neq 1$. 因此 $k > 1$. 于是 $a_m = f(a_{m-1}), a_k = f(a_{k-1})$, 而 $a_m = a_k$ 蕴涵 $a_{m-1} = a_{k-1}$. 因为 f 是单一的, 所以, $m-1 < m$, 与 m 的定义相

[①] 应该承认这个概念常常会使初学者造成一些混乱. 而这也许是数学中允许模糊的不寻常的概念. 但数学归纳法原则保证我们上面所述的数 x 是意义完全明确的. 数 x 的构造方法, 就是著名的"康托对角线法", 该方法我们以后还要多次用到.

矛盾. 因而, 我们可以断言元素 $a_1, a_2, a_3, \cdots$ 全是互异的. 在这样的情况下, 设 $A' = \{a_1, a_2, a_3, \cdots\}$. 根据其构成, A' 是可数的, 而且如所断言, 显然有 $A' \subseteq A$.

现在, 定理 2.4.2 使我们能够建立关于无穷集的一些结论. 它们是与前面建立的可数集类似的性质.

定理 2.4.3 设 A 是任一无穷集. 如果 $B \subseteq A$, B 是可列的, 以及 $A - B$ 是无穷的, 则 $A \sim A - B$.

证明 设 $C = A - B$, 那么由假设 C 是无穷的, 因此, 由定理 2.4.2, 它有一个可数的子集 C'. 设 $D = C - C'$ (D 可以是空的), 则我们有 $C = C' \cup D$, 其中 $C' \cap D = \varnothing$ (读者可以很容易地证实). 而且 B 是有穷的或可数的, C' 是可数的, 所以根据定理 2.2.2 或 2.2.3 可知 $B \cup C'$ 是可数的, 因为 $B \cup C'$ 和 C' 两个集合都是可数的, 则 $B \cup C' \sim C'$, 因而我们设 $f : B \cup C' \xrightarrow{\text{一一对应的}} C'$. 最后可得 $A = B \cup C = B \cup (C' \cup D) = (B \cup C') \cup D$ 及 $(B \cup C') \cap D = \varnothing$ (由 $D \subset C$ 和 $B \cap C = \varnothing$ 这一事实得出 $B \cap D = \varnothing$). 现在我们构造一个 A 到 C 的映射. 这将建立一个必要的一一对应. 对每个 $a \in A$, 定义

$$\varphi(x) = \begin{cases} a, & \text{如果 } a \in D \\ f(a), & \text{如果 } a \in B \cup C' \end{cases}$$

很明显, $\varphi : A \to C$, 而且我们还将提供证明 φ 是一一映射的细节.

设 $a_1, a_2 \in A$ 并且 $a_1 \neq a_2$. 现在出现三种不同的情况. 对此, 我们可以处理如下: 如果 $a_1, a_2 \in D$, 则 $\varphi(a_1) = a_1 \neq a_2 = \varphi(a_2)$. 如果 $a_1, a_2 \in B \cup C'$, 因为 f 是单一的, 则 $\varphi(a_1) = f(a_1) \neq f(a_2) = \varphi(a_2)$.

最后, 如果 $a_1 \in D$ 和 $a_2 \in B \cup C'$, 则 $f(a_2) \in C'$. 因为 $D \cap C' = \varnothing$, 结果有 $a_1 \neq f(a_2)$. 于是, $\varphi(a_1) = a_1 \neq f(a_2) = \varphi(a_2)$, 所以 φ 是单一的.

假设 $y \in C$, 则 $y \in C'$ 或 $y \in D$. 如果 $y \in C'$, 则存在一个 $x \in B \cup C'$ (因此 $x \in A$) 使得 $f(x) = y$, 由于 f 是满射及 $\varphi(x) = f(x) = y$. 如果 $y \in D$, 则设 $x = y$, 结果 $\varphi(x) = y$, 其中 $x \in A$. 因此, 在两种情况下都有一个 $x \in A$ 使得 $\varphi(x) = y$ 和 $\varphi(x)$ 是满射.

因为证明了 φ 是一一映射, 我们就有 $A \sim C$, 即如所断言, $A \sim A - B$.

定理 2.4.4 如果 A 是任意无穷集而 B 是任意可列集, 则 $A \sim A \cup B$.

证明 设 $D = B - A$ (D 可以是空集) 和 $C = A \cup D$. 因为 $D \subseteq B$, 所以 D 是有穷的或可数的. 此外, 因为 $A \subseteq C$ 及 A 是无穷的, 所以 C 是无穷的. 因此, 根据定理 2.4.3, 由于 A 是无穷的, 就有 $A = C - D \sim C$. 但 $C = A \cup B$, 所以如所断言 $A \sim A \cup B$.

从直觉上看,定理 2.4.3 表明,如果我们从一个无穷集开始,并从中取出一个有穷的或可数的子集,那么余下的集合仍等价于最初给出的无穷集.这一点在下一章中有特殊的意义.由定理 2.4.4 可知,如果我们把一个有穷的或可数的集合添加到一个无穷的集合中,则所得的集合仍然等价于原来的无穷集.

作为定理 2.4.3 的应用,我们考虑一个前面定义过的集合 $U=\{x \mid x \in \mathbf{R}, 0 < x < 1\}$.设 B 是 U 中的有理数集,则 $B \subset U$,而我们已经看出 B 是可数的.还有 $U-B$(U 中的无理数集)是无穷的(在 U 中对于每个 n,因而对于无穷多的 n,$\dfrac{1}{n\sqrt{2}}$ 是无理数).所以,根据这个定理,$U-B \sim U$.因此,U 中的无理数集等价于 U 本身!

为了理解定理 2.4.4 的一些含义,再考虑一下 U.首先注意到可以把实数区间 $[0,1]$ 写成三个集合的并:$[0,1]=U \cup \{0\} \cup \{1\}$.而且由定理 2.4.4,有 $[0,1] \sim U$.其次,设 a,b 是任意两个实数且 $a < b$.设

$$f(x)=(b-a)x+a \quad (x \in [0,1])$$

于是 f 将 $[0,1]$ 映射到 $[a,b]$ 上,而且一定是一一对应的.由于 a 和 b 是任意选择的,我们得到了重要的结果,即任意两个闭区间,不管它们多长,都等价于 $[0,1]$,因此,它们是相互等价的.例如,有

$$\left[-\frac{1}{2^{10}},\frac{1}{2^{10}}\right] \sim [-2^{10},2^{10}]$$

而不顾这一事实:前者的长度 $\dfrac{1}{2^{9}}$ 比后者的长度 2^{11} 小得多.当然,按照定理 2.4.3,我们可以从 $[a,b]$ 中删去 a 或 b 点(或两点都删去).而所得的集合仍然等价于 $[a,b]$.

还有更多的说法都是正确的.如前所述,设 $\mathbf{R}$ 表示整个实数集,则对于 $-\dfrac{\pi}{2} < x < \dfrac{\pi}{2}$,一一映射 $f(x)=\tan x$ 把集合 $\{x \mid x \in \mathbf{R}, -\dfrac{\pi}{2} < x < \dfrac{\pi}{2}\}$ 映射到 $\mathbf{R}$ 上,结果有 $[0,1] \sim \mathbf{R}$ 以及对于任一闭区间有 $[a,b] \sim \mathbf{R}$.设 I 表示无理数集和 $\mathbf{Q}$ 表示有理数集.$\mathbf{Q}$ 是可数的,而且 $I=\mathbf{R}-\mathbf{Q}$ 是无穷的,所以由定理 2.4.3 有,$I \sim \mathbf{R}$.设 T 表示实超越数集,即非代数数的实数的集合.设 A 表示实代数数的集合,则 $T=\mathbf{R}-A$,T 是无穷的,A 是可数的,因此,又有 $T \sim \mathbf{R}$.

最后,设 $S=\{\langle x,y\rangle \mid x \in U, y \in U\}$.从几何学来看,$S$ 是单位正方形内的平面点集.那么,如果 $\langle x,y\rangle \in S, x=0.a_1a_2a_3\cdots, y=0.b_1b_2b_3\cdots$,而我们定义 $f(\langle x,y\rangle)=z$,其中 $z=0.a_1b_1a_2b_2a_3b_3\cdots$,则 f 是单一的且将 S 映射到 U 上.因

此, $S \sim U$.

如此已经证明了下面这个值得注意的定理了.

定理 2.4.5 单位正方形(及其内部)与单位闭区间的等价①.

因为 $\mathbf{R}^2 = \{\langle x,y \rangle \mid x \in \mathbf{R}, y \in \mathbf{R}\}$ 和上面一样,可以证明 $\mathbf{R}^2 \sim S$. 因此, $\mathbf{R}^2 \sim \mathbf{R}$. 更一般说来,对每一个自然数 n,都有 $\mathbf{R}^n = \{\langle x_1, x_2, \cdots, x_n \rangle \mid x_i \in \mathbf{R}, i = 1, 2, \cdots, n\} \sim \mathbf{R}$. 所以,作为等价意义下的点集,欧几里得空间的维数就失去了它的意义.

从刚得到的结果,我们看出在把集合分类时,不是像好多世纪以来所认为的那样,只分为有穷的和无穷的. 至今为止,我们已把无穷集分为可数的和不可数的. 即使如此,但情况是所有不可数集合都等价于 $\mathbf{R}$ 吗? 正如我们在下一节所要证明的,答案是否定的. 事实上,无穷集可以分为各种阶的"无穷",不存在最终的阶.

§3 集合的比较

3.1 基数的概念

在上一节末尾,我们曾提出可以把集合分成比只分为有穷和无穷两种类型更好的类型. 现在我们试图提出一个不仅表征无穷集,而且同样表征有穷集的分类的计划.

分类的第一个问题就是选择可以用来区分各种集合的某个标准. 很自然地浮现出来的一个标准就是"大小",但我们必须要决定"大小"对我们来说意味着什么. 对于有穷集,这点似乎很容易——"大小"恰好意味着集合的元素的个

---

① 德国数学家康托在 1877 年证明了这个结论,并感到十分惊异. 事实上,这个结果否定了我们关于"维数"的直观概念(正方形有 2 维,而线段只有 1 维;因此,正方形应当有"更多的点"). 康托给戴德金写信说他很想知道是否不同维数的空间会有同样多的点;他写道:"看起来这个问题的回答是肯定的,虽然若干年来我一直有不同的看法."(1877 年 6 月 20 日).

戴德金回答说康托的结果并没有使维数的概念失去意义. 它只是说明我们必须将我们的注意限制在连续的一一对应(在两个方向)之上,这样就能区别不同维数的空间了. 这个很不寻常的猜想被证明是真的. 第一个尝试的证明(还有康托在一篇文章中的证明)包含着错误. 直到 30 年以后布劳威尔 (Brouwer, Luitzen Egbertus Jan;1881—1966,荷兰数学家)才给出了正确的证明. (应当注意到对一条线段和一个正方形来证明是简单的. 问题出在高维,让我们注意到存在一个连续的映射:$[0,1] \to [0,1] \times [0,1]$,它的值域是 $[0,1] \times [0,1]$.) 这个奇特的映射称为"皮亚诺曲线".

数. 但在一个无穷集中,元素的个数是什么呢? 我们的全部直觉告诉我们,在这样一个集合中,有无穷多个元素. 而这就达不到我们试图区分集合间差别的目的. 因此,我们必须以某种适当的方式对一个集合的"元素个数"下个定义,既适合于我们对有穷集合的直觉认识,而同时又能扩大到无穷集.

首先,让我们考虑最简单的有穷集,即集合 $N_k = \{1, 2, \cdots, k\}$. 无论我们采用什么作为一个集合的元素个数的定义,我们都必定要说 N_k 恰好有 k 个元素. 而且如果 A 是任一个有穷集,我们知道,对于某个 k,有 $A \sim N_k$. 因此,根据 A 和 N_k 间的一一对应,我们总是说,A 也恰好有 k 个元素. 最后,如果 B 是另一个有穷集,而且 $B \sim A$,我们应当说 B 亦恰好有 k 个元素,因为也可得出 $B \sim N_k$. 那么,我们就说,仅仅由于 A 和 B 是等价集合,所以它们具有相同的元素个数,而这个数就是 k.

这样,一个集合的元素个数的概念就与等价概念紧密地联系起来了. 现在我们称有限集合的元素个数为它的基数. 因此,我们可以说 N_k 基数是 k. 对每个使得 $A \sim N_k$ 的有穷集 A,我们类似地定义 A 的基数为 k. 然后可推出,如果 $A \sim B$,则 B 的基数是 k. 由于进一步约定 $\varnothing$ 的基数等于 0(这似乎是十分自然的),那么这个问题对有穷集来说就解决得很完美了.

为了继续我们的研究,关于无穷集的基数,我们将说些什么呢? 例如考虑可数集. 在有穷集的情况下,我们能找到一种标准集,即 N_k,对照这种标准集,通过等价性,我们就能比较其他有穷集以决定它们是否有 k 个元素. 我们简单地定义 N_k 的基数为 k,只是因为从直觉上来看,k 是 N_k 中的元素的个数. 这就启发我们把这个方法用到可数集上. 事实上,所有自然数的集合 **N** 可用来定义可数性. 因此,我们为什么不用 **N** 作为一个标准去定义可数集的基数呢?

这种论证的路线,就现在的情况而言都是正确的. 我们可以说,所有可数集具有与 **N** 一样的基数. 因为它们全等价于 **N**. 这与我们在上面所表达的概念是一致的. 一个集合的基数只不过是所有与它等价的集合的共同特性,但 **N** 的基数是什么呢? 要提出 **N** 有"这么多"个元素是没有希望的. 因为据我们的经验,没有一个具体的数能够用来代替"这么多"这一短语. 我们可以说 **N** 具有与任一等价于 **N** 的集合同样多个元素. 然而,这就使我们回到我们原先的出发点. 困难就在于我们试图依据 **N** 的元素个数来定义 **N** 的元素个数的概念(对于有穷集,这是不成问题的,因为 N_k 中的元素个数对于我们来说是很清楚的. 但与此同时,我们必须承认,如果仅限于有穷集,那么几乎不值得导入基数的概念了. 因为对每一个有穷集,只需涉及一个自然数 k,而自然数集合的性质和算法是众所周知的).

那么,对于无穷集,所需要的是称之为集合的基数的这样一个新的对象,它用以测定集合的"大小". 鉴于前面的讨论,我们作出如下的定义.

定义 3.1.1 A 的基数(记为 $\overline{\overline{A}}$ [1])是一个具有性质 $\overline{\overline{A}} = \overline{\overline{B}}$ 当且仅当 $A \sim B$ 的初始对象.

关于定义 3.1.1,读者可能会感到有点不适应,因为我们并没有说出基数是什么,而仅说它具有某一确定的性质. 但由于缺乏能为所期望的现存的对象,所以我们的目标实际上就是要导出一个新的初始对象. 而且由于这个缘故,读者会多少有点愿意承认数学系统中的初始概念的引入. 正如在研究几何时,人们在并没定义点时,就接受这一事实:从 A 到 B 的线段是意义明确的一些点的某种组合,所以人们也学会接受并想去动用像基数这样的初始概念.

作为定义 3.1.1 的具体化,可以试着把 A 的基数定义为与 A 有相同基数的所有集合的集合[2]

$$\overline{\overline{A}} = \{x \mid x \text{ 是集合且 } x \sim A\}.$$

易见 $\overline{\overline{A}} = \overline{\overline{B}}$(按照这个定义)当且仅当 A 与 B 有相同的基数. 因此,我们的表述"有相同的基数"字面上就可以理解了.

可是这定义将导致悖论:问题是有太多的集合与 A 有相同的基数. 它们是如此之多,以至于很难建立起所有这些集合的集合(详见本章 §3, 3.6).

如何克服这个困难呢? 最简单的处理方法是只在"有相同的基数"和"有较小的基数"这些短语中用"基数"这个词,绝不把基数作为对象来讨论.

另一个处理方法是引入"类"的概念. 类可以比集合包含更多的元素,但不能是其他集合(和类)的元素. 这导致了另一个版本的公理集合论,它不只讨论集合,还要讨论类. 于是可以用对等关系来给出基数的定义:根据这种对等关系对集合进行分类,凡是互相对等的集合就划入同一类. 这样,每一个集合都被划入了某一类. 任意一个集合 A 所属的类就称为集合 A 的基数,记作 $\overline{\overline{A}}$.

---

[1] 对于基数的概念,康托曾经有过一个相当模糊的定义. 他在 1895 年曾说:"我们将用 M 的'势'或'基数'来命名这个一般概念,它借着思维的力量在我们对集的各种元素 m 的属性以及顺序进行抽象的时候,从聚集体 M 中冒了出来…… 既然每个单个元素 m 在我们对它的属性进行抽象时变成了一个'单元',那么基数 $\overline{\overline{M}}$ 就为由单元构成的一个聚集体,这个数存在于我们的心中,正如一个理性的图像或者给定的聚集体 M 的投影那样."

我们对于康托的定义不能认为满意,但是仍沿用他的记号 $\overline{\overline{A}}$(A 上面的两条横线表示"两次"抽象化).

[2] 这是德国数学家、逻辑学家弗雷格(G. Friedrich Ludwig Gottlob Frege;1848—1925)给出的定义.

最后,第三种处理方法.可以对每个集 A 选定一个"标准"集合,它与 A 有相同的基数,通常这个标准集是与 A 有相同基数的最小有序集[①].我们不再详细讨论了,然而,我们可以给出一个例子:集 $\{a,b,c\}$ 的基数(数 3)是有序的
$$\{\varnothing,\{\varnothing\}\},\{\varnothing,\{\varnothing\}\}\}$$
集合 A 的基数(势)是 $\overline{\overline{A}}$,我们也说 A 有 $\overline{\overline{A}}$ 个元素,不论 A 是有限集合还是无限集合.

3.2　自然数作为有限集合的基数

几乎在本书的开始我们就用到了自然数及其性质.特别是在本章 1.2 目,我们默认已有自然数概念的基础上定义了有限集合.然而正如我们即将看到的,自然数这个概念本身尚需有限集合的定义.因此,在本段,我们将利用另外的方式来给出有限集合的定义.

由空集 $\varnothing$ 出发,依次进行后续运算可得到一集合序列——空集后续集合序列
$$\{\varnothing\},\{\varnothing,\{\varnothing\}\},\{\varnothing,\{\varnothing\},\{\varnothing,\{\varnothing\}\}\},\cdots$$

定义 3.2.1　能和空集后续集合序列中某个集合等价的集合称为有限集,不是有限集的集合称为无限集.

自然,我们规定空集本身也是有限集合.

物品既然存在"多少",也就存在"有"或"没有","没有"即可认为是空集,其计数应当是零.

定义 3.2.2　有限集合的基数叫作自然数.

例如,设集合 $A=\{a,b,c\}$,$B=\{d,e,f\}$,$C=\{g,h,i,j\}$,这时按照熟知的记号,它们的基数可表达为:$\overline{\overline{A}}=\overline{\overline{B}}=3,\overline{\overline{C}}=4$.

这样,每一个有限集合的"大小"特征,都有一个基数——自然数——与之对应.

下面我们利用 $\varnothing$ 的后续集合序列
$$\{\varnothing\},\{\varnothing,\{\varnothing\}\},\{\varnothing,\{\varnothing\},\{\varnothing,\{\varnothing\}\}\},\cdots$$
来构造自然数系.

首先,规定空集 $\varnothing$ 的基数为零,用记号 0 来表示.即
$$\overline{\overline{\varnothing}}=0$$

[①] 参阅第四章相关内容.

其余的自然数按下列规则构造(我们认为关于自然数的十进制表示是已知的)

$$\overline{\overline{\{\varnothing\}}}=1,\overline{\overline{\{\varnothing,\{\varnothing\}\}}}=2,\overline{\overline{\{\varnothing,\{\varnothing\},\{\varnothing,\{\varnothing\}\}\}}}=3,\cdots$$

依照上述规则,全体自然数就构造出来了

$$0,1,2,\cdots,n,\cdots$$

从上面自然数系的构造,还可看出,自然数有无限多个.

全体自然数作成的集合叫作自然数集①,用 $\mathbf{N}$ 表示,即

$$\mathbf{N}=\{0,1,2,\cdots,n,\cdots\}$$

当用列举法 —— $\{0,1,2,\cdots,n,\cdots\}(\{0,1,2,\cdots,n\})$ —— 表示自然数集(自然数集的某个断片)时,各个自然数的先后次序总认为是依照上述规则中的次序 —— 后续集的基数写在后面 —— 排列着的,这种排列次序称为自然数的自然排列次序.

为了表明这种次序,后面一个自然数称为其前面那个自然数的后续,例如 1^+② 是 $2,2^+$ 是 $3,\cdots\cdots$ 显然 0 不是任何自然数的后续,并且对 $\mathbf{N}$ 中任何元素 a,有唯一的 $a^+\in\mathbf{N}$;对 $\mathbf{N}$ 中任何元 a,如果 $a\neq 0$,则 a 必后续于 $\mathbf{N}$ 中某一元素 b.

(基数的)集合 $\{1,2,\cdots,n\}(n\neq 0)$ 与集合 $\{\varnothing,\{\varnothing\},\{\varnothing,\{\varnothing\}\},\cdots\}$(其中 $\{\varnothing,\{\varnothing,\{\varnothing\}\},\cdots\}$ 的基数为 n) 对等. 事实上,映射 $f:\{1,2,\cdots,n\}\to\{\varnothing,\{\varnothing\},\{\varnothing\}\},\cdots\}$,其中 $f(1)=\varnothing$,而 $f(i^+)=f(i)^+,i\in\{\{1,2,\cdots,n\}-\{n\}\}$ 便是 $\{1,2,\cdots,n\}$ 到 $\{\varnothing,\{\varnothing,\{\varnothing\}\},\cdots\}$ 的一一映射. 也就是说,$\{1,2,\cdots,n\}$ 的基数是 n.

由于集合对等关系的传递性,非空有限集合必能与自然数集的某个有限真子集 $\{1,2,\cdots,n\}$③ 等势.

因此,对于基数为自然数 n 的有限集合 A,总可以用列举的方法将它表示出来:$A=\{a_1,a_2,\cdots,a_n\}$④.

实际上,我们早就这样做了.

从上面的讨论还可看出,集合 A 为有限集当且仅当它以某一自然数为基数,即存在一自然数 n 使得 $\overline{\overline{A}}=n$.

---

① 可是有时亦称 $\{1,2,\cdots,n,\cdots\}$ 为自然数集,而 $\{0,1,2,\cdots,n,\cdots\}$ 称为扩充的自然数集.
② 记号 1^+ 表示 1 的后续,下同.
③ 真子集 $\{1,2,\cdots,n\}$ 没有从 0 开始而是从 1 开始,是因为集合 $\{1,2,\cdots,n\}$ 的基数刚好为 n,这样自然有很大的便利.
④ 我们按照列举的先后顺序给每个元素都"编"了足码,以示元素间的区别,显然这样不会改变原来的集合. 自然,足码是按自然数的自然排列次序排列的.

由等价关系的性质,应该有:两个有限集当且仅当有相同的元素个数(依照定义 1.3.1)时才是等价的. 因此,自然数作为"有限集合的基数"的定义也就是我们通常所理解的"自然数是表示物体个数的一种数"的另一种提法.

我们对于所有的有穷集都给定了其基数的符号. 定义 3.1.1 使我们得到至少两种有较大区别的无穷集合的基数,即 $\overline{\overline{\mathbf{N}}}$ 和 $\overline{\overline{\mathbf{R}}}$. 因为从 $\mathbf{N}$ 不等价于 $\mathbf{R}$,这个事实可以推出 $\overline{\overline{\mathbf{N}}}$ 和 $\overline{\overline{\mathbf{R}}}$ 是不同的. 现在我们把自然数集合的基数记为 $\aleph_0$[①](有时亦记作 a),于是凡是与自然数集合对等的集合 A,其基数 $\overline{\overline{A}} = \aleph_0$. 关于 $\overline{\overline{\mathbf{R}}}$,我们用 $\aleph$(有时亦记作 c)来表示它,并说 $\mathbf{R}$ 具有连续统基数(当然,对于每一个等价于 $\mathbf{R}$ 的集亦是一样).

为了区分有穷集与无穷集的基数间的不同,我们偶尔把前者称为有穷基数,而把后者称为超穷基数.

3.3 具有连续统基数的集合的例子

现在我们将举出若干基数等于 $\aleph$ 的集合的例子.

既然有理数的集合 $\mathbf{Q}$ 是可数的,于是按照定理 2.4.3,$\mathbf{R} - \mathbf{Q} \sim \mathbf{R}$. 换句话说,我们有:

定理 3.3.1 无理数的全体的基数为 $\aleph$.

同样的原因,我们得到:

定理 3.3.2 (实)超越数的全体的势为 $\aleph$.

所谓(实)超越数,是指不能满足任何整系数代数方程的实数. 由此,一个实数要么是超越数,要么是代数数. 数学发展到 19 世纪的初叶,还没有明确超越数的存在,1844 年法国数学家刘维尔[②]才证得超越数是存在的. 殊不知 30 年后,康托指出超越数多得出奇,其势为 $\aleph$(参考 2.4 目最后那个可数集合的例子,系由康托首先提出).

现在我们建立:

定理 3.3.3 正整数列的全体所成集的基数是 $\aleph$.

证明 设 $M = \{(n_1, n_2, \cdots, n_i, \cdots) \mid n_i \in \mathbf{Z}_+, i \in \mathbf{N}_+\}$. 令 M 中的元素 $(n_1,$

---

① $\aleph$ 是希伯来文(即犹太语)字母中的第一个字母,读作阿列夫.

② 刘维尔(Joseph Liouville;1809.3.24—1882.9.8),法国数学家. 刘维尔发现了超越数的一个充分条件,并证明了下述形式的任何一个数都是超越数: $\frac{a_1}{10} + \frac{a_1}{10^{2!}} + \frac{a_1}{10^{3!}} + \cdots$,其中 a_i 是从 0 到 9 的任意整数. 他是第一个证明了某些数是超越数的人.

$n_2, \cdots, n_i, \cdots$) 和 $(0,1)$ 中的无理数

$$x = \cfrac{1}{n_1 + \cfrac{1}{n_2 + \cfrac{1}{n_3 + \cdots}}} \quad \text{①}$$

对应. 于是, M 与 $(0,1)$ 中无理数的全体成一一对应. 故定理得证.

上面的证法利用了连分数的理论. 本定理也可以用其他方法证明.

下面的证明是用二进制小数的理论.

大家知道,级数 $\sum_{k=1}^{\infty} \dfrac{a_k}{2^k}$(其中 a_k 取 0 或 1)的和称为二进制小数;在此我们把此和简写为 $0.a_1 a_2 a_3 \cdots$. 在《数论原理》卷中,已经证明,对于 $[0,1]$ 的每一个数 x,都可以用二进制小数表示. 反过来,每一个二进制小数必等于 $[0,1]$ 的某一个数 x. 进一步,若 x 不是二进制分数 $\dfrac{m}{2^n}$ ($m=1,3,\cdots,2^n-1$)时,则它的二进制小数的表示式是唯一的;若 $x = \dfrac{m}{2^n}$ ($m=1,3,\cdots,2^n-1$)时,则 x 有两种二进制小数表示法:

$$x = 0.a_1 a_2 \cdots a_{n-1} 1\,000\cdots \quad \text{或} \quad x = 0.a_1 a_2 \cdots a_{n-1} 011\,1\cdots$$

例如,我们可写

$$\frac{3}{8} = 0.011\,000\cdots \quad \text{或} \quad \frac{3}{8} = 0.011\,011\,1\cdots$$

现在我们规定,对于 $[0,1)$ 中的数用二进制小数表示时,不允许取从某一位起全是 1 的形式. 如此,对于 $[0,1)$ 中的每一个数用二进制小数表示时,其方法是唯一的. 并且对于 $[0,1)$ 中的每一个数的表示 $0.a_1 a_2 a_3 \cdots$ 中,不论 K 是多么大的一个数,必定可以找到 a_k,使

$$a_k = 0 \quad (k > K) \tag{1}$$

反过来,对于小数(1)具有上述的性质时,必有 $[0,1)$ 中的一个小数与之对应. 假如我们已经先知道使 $a_k = 0$ 的那些 k,那么小数(1)即可完全决定. 这种 k 组成一个单调增加的自然数列

$$k_1 < k_2 < k_3 < \cdots \tag{2}$$

因此对于每一个自然数列(2)可以作一个小数(1)与之对应. 显然,所有(2)的

---

① 数论中,这种形式的分数称为无限简单连分数,它是特殊的繁分数. 可以证明所有无限连分数都是无理数,而所有无理数可用一种精确的方式表示为无限简单连分数. 详情见《代数学教程(第三卷·数论原理)》卷.

自然数列的全体组成一集合,记作 H,其势是 $\aleph_0$. 对于 H 与 $\mathbf{M}$ 我们可以作如下的对应:对适合(2)的 $\{k_n\}$,作
$$(n_1, n_2, n_3, \cdots)$$
与
$$n_1 = k_1, n_2 = k_2 - k_1, n_3 = k_3 - k_2, \cdots$$
对应. 如此 H 与 $\mathbf{M}$ 成一一对应. 上面已经证明 H 的势是 $\aleph_0$,所以 $\mathbf{M}$ 的势也是 $\aleph_0$.

定理 3.3.4 所有 0 和 1 的无穷数列的全体 $\{(a_1, a_2, \cdots, a_n, \cdots) \mid a_n \in \{0, 1\}, n \in \mathbf{N}_+\}$ 的势是 $\aleph$.

证明 设 $T = \{(a_1, a_2, \cdots, a_n, \cdots) \mid a_n \in \{0,1\}, n \in \mathbf{N}_+\}$. 则 T 中有一部分元素 $(a_1, a_2, \cdots, a_n, \cdots)$ 从某位开始起全是 1,设这种元素的全体组成的 T 的子集 S. S 中每一元素 $(a_1, a_2, \cdots, a_n, \cdots)$ 对应一个二进制小数 $0.a_1 a_2 \cdots a_n \cdots$,这种小数所表示的数或是 1 或是 $\dfrac{m}{2^n}$ $(m = 1, 3, \cdots, 2^n - 1)$. 所以 S 是一个可数集.

又令 $T - S$ 中的元素 $(a_1, a_2, \cdots, a_n, \cdots)$ 对应于二进制小数 $0.a_1 a_2 \cdots a_n \cdots$,于是得 $T - S$ 与 $[0, 1)$ 间的一一对应. 所以,$T - S$ 的势是 $\aleph$. 因此 T 的势是 $\aleph$.

推论 设集合 A 的每个元素由相互独立的可数个符号所决定,且每一符号仅有两种取法,那么 A 的势是 $\aleph$.

事实上,假设 $A = \{a_{x_1, x_2, x_3, \cdots} \mid x_k = l_k$ 或 $m_k\}$. 将集合 A 与定理 3.3.4 中的集合 T 作如下的对应:当 $x_k = l_k$ 时,$a_k = 0$;当 $x_k = m_k$ 时,$a_k = 1$. 在此条件下,令集合 A 的 $a_{x_1, x_2, x_3, \cdots}$ 对应于集合 T 的 $(a_1, a_2, a_3, \cdots)$,那么集合 A 与集合 T 成一一对应了.

最后,举一个有趣且重要的集合的例子. 它是由康托在 1883 年提出的.

这个集合详细的构造过程是这样的:将闭区间 $[0, 1]$ 用点 $\dfrac{1}{3}, \dfrac{2}{3}$ 分成三等分,去掉中间的开区间 $\left(\dfrac{1}{3}, \dfrac{2}{3}\right)$,将剩下两个闭区间 $\left[0, \dfrac{1}{3}\right]$ 和 $\left[\dfrac{2}{3}, 1\right]$ 又各分成三部分(对于第一个闭区间用 $\dfrac{1}{9}, \dfrac{2}{9}$ 当作分点,对于第二个闭区间用 $\dfrac{7}{9}, \dfrac{8}{9}$ 当作分点),同样去掉中间的开区间,即 $\left(\dfrac{1}{9}, \dfrac{2}{9}\right), \left(\dfrac{7}{9}, \dfrac{8}{9}\right)$,这时剩下四段闭区间:$\left[0, \dfrac{1}{9}\right], \left[\dfrac{2}{9}, \dfrac{1}{3}\right], \left[\dfrac{2}{3}, \dfrac{7}{9}\right]$ 和 $\left[\dfrac{8}{9}, 1\right]$,再将留下的闭区间等分成三部分而去掉其中间的一个开区间;一般地,当进行到第 n 次时,一共去掉 2^{n-1} 个开区间,剩下 2^n 个长度为 3^{-n} 的互相隔离的闭区间,而到第 $n+1$ 次时,再将这 2^n 个闭区间各三

等分,并去掉中间的一个开区间,如此继续下去,就从$[0,1]$中去掉了无穷可数个互不相交(且没有公共端点)的开区间.

在上述的"去掉"手续中,自然有些点是永远不会去掉的,例如$\frac{1}{3}$和$\frac{2}{3}$以及所有被去掉的开区间的端点就是这样的点,所有这些永远不会被去掉的点所组成的集合就称为康托集,记作P_0.

现在利用三进制小数,来讨论康托集P_0的性质.为方便起见,将上述手续中去掉的无穷可数个开区间所组成的集合记作G_0,即$G_0=(\frac{1}{3},\frac{2}{3})\cup[(\frac{1}{9},\frac{2}{9})\cup(\frac{7}{9},\frac{8}{9})]\cup\cdots$.

用三进制小数将区间$(\frac{1}{3},\frac{2}{3})$中的数$x$表示为

$$x=0.a_1a_2a_3\cdots \quad (a_k=0,1,\text{或}2)$$

必须是

$$a_1=1$$

区间$(\frac{1}{3},\frac{2}{3})$的两端点各有两种表示方法

$$\frac{1}{3}=0.10000\cdots,\text{或}\ 0.02222\cdots;\frac{2}{3}=0.12222\cdots,\text{或}\ 0.20000\cdots$$

区间$[0,1]$除了$(\frac{1}{3},\frac{2}{3})$,其余的点用三进制小数表示时,它的第一位小数一定不是1(图1).

图1

因此,构成G_0的第一步手续,就是从$[0,1]$中取出在三进制小数表示中第一位小数必定是1的那些数,而且只取这些数.

仿此,在第二步手续中所取的数用三进制小数表示时,小数第一位的数字必定是1,而且这样的数一定取出.以下类推.

因此,在取出G_0以后,所留下来的数,用三进制小数

$$0.a_1a_2a_3\cdots \quad (a_k=0,1,\text{或}2)$$

表示时,可使没有一个a_k是1,而且这样的数一定保留下来.

简言之,G_0乃是由这种数所组成,它由三进制小数表示时不可能不出现数

字 1. 而用三进制小数表示 P_0 中的数时,决无数字 1 出现.

定理 3.3.5 康托集 P_0 具有势 $\aleph$.

事实上
$$P_0 = \{x \mid x = 0.a_1 a_2 a_3 \cdots, a_k = 0 \text{ 或 } 2\}$$

由定理 3.3.4 推论知 P_0 的势是 $\aleph$.

G_0 的一切端点组成一可列集,所以势为 $\aleph$ 的康托集 P_0 除了去掉的区间的端点外,还含有其他的点. 这种"非端点"的点,用三进制小数
$$0.a_1 a_2 a_3 \cdots \quad (a_k = 0 \text{ 或 } 2)$$
表示时,绝不会从某一位开始全是 0 或全是 2.

康托集在对许多问题的讨论中很有用处,因为它有许多很"奇特"的性质,可以用来举出多种反例,破除很多似是而非的错觉. 例如在构造康托集时所去掉的那些开区间的长度之和

$$\frac{1}{3^2} + 2 \times \frac{1}{3^2} + 4 \times \frac{1}{3^3} + \cdots + 2^{n-1} \times \frac{1}{3^n} + \cdots = \frac{\frac{1}{3}}{1 - \frac{2}{3}} = 1$$

它和区间[0,1]的长度一样,那么剩在康托集 P_0 中的点是不是很少呢?可是定理 3.3.5 指出,完全不是这样,康托集 P_0 的基数竟然是连续统势,即 P_0 中点的个数和区间[0,1]中点的个数一样.

要构造康托集也可将区间[0,1]五等分、七等分、……,由此得到的集合的基数是 $4^{\aleph_0}$ 和 $6^{\aleph_0}$, 只不过五等分,七等分导致康托集 P_0 测度收敛较快:

五等分

$$1 - \left(\frac{1}{5} + 4 \times \frac{1}{5^2} + 16 \times \frac{1}{5^3} + \cdots + 4^{n-1} \times \frac{1}{5^n} + \cdots\right) = 1 - \frac{\frac{1}{5}}{1 - \frac{4}{5}} = 0$$

七等分

$$1 - \left(\frac{1}{7} + 6 \times \frac{1}{7^2} + 36 \times \frac{1}{7^3} + \cdots + 6^{n-1} \times \frac{1}{7^n} + \cdots\right) = 1 - \frac{\frac{1}{7}}{1 - \frac{6}{7}} = 0$$

3.4 基数的比较

现在我们有一种叙述什么时候两个基数相等,而什么时候两个基数不等的方法. 然而,在后一种情况下,我们不满足于说两个基数不相等,我们还希望能

进一步说什么时候一个比另一个小. 为什么我们应该想到比相等更进一步的东西呢？我们回过头来看, 在定义基数相等时, 我们是试图给命题"集合 A 与集合 B 具有同样多个元素"赋以"相等"的意义, 并写成 $\overline{\overline{A}} = \overline{\overline{B}}$ 来确立这个意义. 于是, 很自然会进一步提出这样一个问题: "给出元素个数不相同(根据上面的意义)的两个集合, 其中哪一个集合具有较少的元素呢？"

我们的问题的解答看来似乎在于有序基数的结构. 因为当两个基数都是超穷基数时, 对于 $\overline{\overline{A}} < \overline{\overline{B}}$ 这个符号来说, 没有自然的意思. 在这种情况下, 我们必须定义 "<" 的意义. 现在我们都知道, 对于有穷基数 m 和 n, $m < n$ 意味着什么. 因为这些都是自然数, 至少我们按已经有一种由自然数确定的自然顺序这种意义知道 $m < n$ 这个符号的意义. 还需看看, 是否将用同样的顺序法来确定"较少元素"的意义. 像以前一样, 我们有赖于我们的有穷集和这些集合的直觉知识去下一个一般的定义.

当 m 和 n 是有穷基数时, 对于它们所表示的集合, 命题 $m < n$ 的意义是什么呢？事实上, $m = \overline{\overline{N_m}}$ 和 $n = \overline{\overline{N_n}}$. 因为 $N_m = \{1, 2, \cdots, m\}$ 和 $N_n = \{1, 2, \cdots, n\}$, 我们看出 $N_m \subset N_n$. 由此看来, 似乎这些对应集合的关系就是 "⊂" 关系. 当然 N_m 具有比 N_n 少的元素——我们的全部直觉告诉我们是这样的——而这就是我们正要寻找的东西. 因此, 看来似乎我们应该定义, 如果对于任意两个集合 A 和 B, $A \subset B$, 则 $\overline{\overline{A}} < \overline{\overline{B}}$. 那么, 我们就说. A 的元素比 B 的少. 然而, 稍为研究一下就显露出这样定义的缺陷. 首先注意自然数集 $\mathbf{N}$ 和偶自然数集 $N_\text{偶}$, 我们可以说 $N_\text{偶}$ 的元素比 $\mathbf{N}$ 的少. 同时, 因为 $N_\text{偶} \sim \mathbf{N}$, 我们不得不说, $N_\text{偶}$ 和 $\mathbf{N}$ 具有同样多个元素. 可见, 我们的定义确实是有问题的.

另一件事实也说明上述定义的不完善, 即使对有穷集来说也是如此. 如果 A 和 B 是有穷集, 且 $A \cap B \neq \varnothing$, 就并不总是或者 $A \subset B$ 或 $B \subset A$ 这样的情况. 所以, 就 A 和 B 的基数的序来说, 我们并不总能比较 A 和 B. 当然, 我们非常希望"小于"这个关系能具备的特性之一就是, 如果 A 与 B 是任意集合, 那么它们是可比较的, 即 $\overline{\overline{A}} < \overline{\overline{B}}$ 或 $\overline{\overline{A}} = \overline{\overline{B}}$ 或 $\overline{\overline{B}} < \overline{\overline{A}}$ 这三个关系中恰好只有一个是真的. 因此, 我们必须进一步查看对于对应的集合, $m < n$ 的意义.

设 A 和 B 是有穷集, 又设 $m = \overline{\overline{A}}, n = \overline{\overline{B}}$ 及 $m < n$, 结果 $A \sim N_m$ 和 $A \sim N_n$. 因此我们记为 $A = \{a_1, a_1, \cdots, a_m\}$ 和 $B = \{b_1, b_1, \cdots, b_n\}$. 因为 $N_m \subset N_n$, 因而如果我们令 $B_m = \{b_1, b_1, \cdots, b_m\}$, 我们就有 $B_m \subset B$. 那么, 映射 $f(a_k) = b_k (k = 1, 2, \cdots, m)$ 是 A 到 B_m 的一一对应. 另一方面, 不可能把 B 映射到 A 的一个子集上, 因为如果 A_1 是 A 的任一子集, 则对某个 k, 有 $A_1 \sim N_k$, 而且显然 $k \leqslant m$. 如

果 $B \sim A_1$,则 $n=k \leqslant m$,这与我们的假设 $m<n$ 矛盾. 因为 A 和 B 是任意的有穷集,所以,这个程序就暗示出了我们的一般定义.

定义 3.4.1 设 A 和 B 是集合,如果 A 等价于 B 的一个子集,但没有一个 A 的子集与 B 等价,则说 $\overline{\overline{A}}$ 小于 $\overline{\overline{B}}$,记为 $\overline{\overline{A}} < \overline{\overline{B}}$.

在下了这样的定义之后,我们看出,它与我们认为当 A 和 B 是有穷集时应当出现的情况是一致的. 于是,空集 $\varnothing$ 的基数 0 是最小的基数. 同时有限集合的基数——自然数有着如下的大小关系

$$0 < 1 < 2 < 3 < \cdots$$

这表明,自然数的集合 **N** 是一个良序集合(在如上规定的次序之下).

其次,这定义避免了前面的关于无穷集 $N_偶$ 和 **N** 的情况. 因此,$N_偶$ 等价于 **N** 的一个子集,即 $N_偶$ 本身(在恒等映射下),但 **N** 等价于 $N_偶$ 的一个子集即 $N_偶$ 本身(在映射 $f(n)=2n$ 下). 因此,尽管 $N_偶$ 是 **N** 的一个真子集. 但 $N_偶$ 比 **N** 少的元素的说法却不是真的.

按一般的惯例,我们约定 $\overline{\overline{A}} > \overline{\overline{B}}$ (其中">"读作"大于") 正是 $\overline{\overline{B}} < \overline{\overline{A}}$ 的另一种写法. 又,$\overline{\overline{A}} \leqslant \overline{\overline{B}}$ 意味着以 $\overline{\overline{A}} < \overline{\overline{B}}$ 或 $\overline{\overline{A}} = \overline{\overline{B}}$.

作了这些约定之后,现在可以导入一个重要的定理.

定理 3.4.1 如果 m 是任一个有穷基数,则 $m < \aleph_0$. 如果 n 是任一超穷基数,则 $\aleph_0 \leqslant n$.

证明 我们知道,$m = \overline{\overline{N_m}}$,而 $\aleph_0 = \overline{\overline{\mathbf{N}}}$. 但 $N_m \subset \mathbf{N}$,所以 $N_m \sim N_m \subset \mathbf{N}$. 另一方面,**N** 是不等价于 N_m 的任一子集的. 因为,否则根据定理 2.1.2 就会使得 **N** 为有穷. 这样就证实了第一个结论.

设 A 是一个无穷集,而且 $n = \overline{\overline{A}}$. 如果 A 是可数的,则 $n = \aleph_0$,而没有什么要证明的. 假设 A 是不可数的. 由定理 2.4.2,A 有一个可数的子集 B,则 $\mathbf{N} \sim B \subset A$. 如果 A 等价于 **N** 的某个子集 N_1,则根据定理 2.2.1,N_1 或者是有穷的,或者是可数的. 而且因为给定的 A 是无穷的,所以 A 一定是可数的. 这与我们的假设矛盾. 因此可知,如果 A 是不可数的,A 就不等价于 **N** 的任一子集. 根据定义 3.4.1,在这种情况下,有 $\aleph_0 < n$. 因此,在所有情况下都如所断言,有 $\aleph_0 \leqslant n$.

由这个定理我们看出,$\aleph_0$ 是最小的超穷基数. 还有,因为 **R** 是不可数的,由这个证明我们看出 $\aleph_0 < \aleph$.

对于集合的比较,下面若干定理具有重大意义.

定理 3.4.2 设 $A \supseteq A_1 \supseteq A_2$,若 $A \sim A_2$,则 $A \sim A_1$.

证明 由 $A \sim A_2$,知存在映射 f 使 A 与 A_2 成一一对应. 于是对于 A 中每

一元素,在 A_2 中有唯一的元素与之对应. 所以在 f 下, A_2 中有子集 A_3 对等于 A_1. 即 $A_3 = f(A_1)$, 且 $A_3 \subseteq A_2$; 又令 $A_4 = f(A_2)$, 同样有 $A_4 \subseteq A_3$ 且 $A_2 \sim A_4$; 继续这种手续,可得一集合序列

$$A \supseteq A_1 \supseteq A_2 \supseteq A_3 \supseteq A_4 \supseteq \cdots$$

满足

$$A \sim A_2, A_1 \sim A_3, A_2 \sim A_4, \cdots$$

由此以及 A_i 的定义①推得

$(A - A_1) \sim (A_2 - A_3), (A_1 - A_2) \sim (A_3 - A_4), (A_2 - A_3) \sim (A_4 - A_5), \cdots$

记 $B = A \cap A_1 \cap A_2 \cap A_3 \cap \cdots$,则

$A = B \cup (A - A_1) \cup (A_1 - A_2) \cup (A_2 - A_3) \cup (A_3 - A_4) \cup \cdots$

$A_1 = B \cup (A_1 - A_2) \cup (A_2 - A_3) \cup (A_3 - A_4) \cup (A_4 - A_5) \cup \cdots$

利用

$(A - A_1) \sim (A_2 - A_3), (A_1 - A_2) \sim (A_3 - A_4), (A_2 - A_3) \sim (A_4 - A_5), \cdots$

立得 $A \sim A_1$.

定理 3.4.3 设 A, B 是集合. 如果 $A \subset B$, 则 $\overline{\overline{A}} \leqslant \overline{\overline{B}}$.

证明 若 $A \sim B$, 则 $\overline{\overline{A}} = \overline{\overline{B}}$. 如果不是如此,则 B 不能等价于 A 的任一子集: 若 $B \sim A_1$, 这里 $A_1 \subset A$, 则我们可写 $A_1 \subseteq A \subseteq B$, 按照定理 3.4.2, 得出 $A \sim B$, 与假设不符.

综上所述,定理 3.4.3 的结论成立.

推论 设 A, B 是任意两个集合,则 $\overline{\overline{A}} < \overline{\overline{B}}$ 当且仅当 A 不与 B 对等,且存在 $C \subset B$, 使得 $A \sim C$.

定理 3.4.4(等价定理) 设 A, B 是两个集合. 如果 A 等价于 B 的一个子集且 B 等价于 A 的一个子集,则 A 与 B 等价.

证明 设 $B_1 \subseteq B$, 使得 $A \sim B_1$; $A_1 \subseteq B$, 使得 $B \sim A_1$. 因 $B_1 \subseteq B \sim A_1$, 所以 A_1 有子集 A_2 对等于 B_1. 于是 $A \supseteq A_1 \supseteq A_2$ 且 $A \sim A_2$(因 $A \sim B_1, B_1 \sim A_2$). 由定理 3.4.2, 得 $A \sim A_1$, 又 $B \sim A_1$, 故 $A \sim B$.

等价定理对集合基数的比较起很大的作用. 现在通常叫作施罗德－伯恩斯坦定理,但是更倾向于加上康托的名字,因为他贡献了最初的版本. 1895 年康托给出了这一命题,并在基数可比较(即下面的定理 3.4.6)的前提下给予了证明(上面给出的证明证实了证明这个结果可以不利用基数的可比较性). 1896

---

① 此处应注意,由 $A_1 \subseteq A, B_1 \subseteq B, A_1 \sim B_1, A \sim B$ 并不能推得 $(A - A_1) \sim (B - B_1)$.

年德国数学家、逻辑学家施罗德(Ernest Schröder,1841—1902)在一篇论文的摘要中提到这条定理.他于1898年发表的证明虽不借助于基数的可比较性,但仍不完善.第一个满意的证明是德国数学家伯恩斯坦(Felix Bernstein,1878—1956)在1905年给出的.这个定理有时也叫作康托－伯恩斯坦定理.

由定理3.4.2和定理3.4.4还可得到若干重要的推论：

推论1 设 A,B 是两个集合,那么三个关系式 $\overline{\overline{A}}<\overline{\overline{B}},\overline{\overline{B}}<\overline{\overline{A}},\overline{\overline{A}}=\overline{\overline{B}}$ 中任何两个不能同时成立.

事实上,当关系式 $\overline{\overline{A}}=\overline{\overline{B}}$ 成立时,其他两个当然不会成立.

现设 $\overline{\overline{A}}<\overline{\overline{B}}$ 与 $\overline{\overline{B}}<\overline{\overline{A}}$ 同时成立.一方面由 $\overline{\overline{A}}<\overline{\overline{B}}$ 知：(1) A 与 B 不对等；(2) B 有子集 B_1 使 $A\sim B_1$.另一方面由 $\overline{\overline{B}}<\overline{\overline{A}}$ 知：(3) A 有子集 A_1 使 $B\sim A_1$.

由(2)(3)得 $A\sim B$,这与(1)矛盾.

推论2 设 A,B,C 是三个集合,若 $\overline{\overline{A}}<\overline{\overline{B}},\overline{\overline{B}}<\overline{\overline{C}}$,那么 $\overline{\overline{A}}<\overline{\overline{C}}$.

换言之,关系"<"对于基数是传递的.

事实上,由 $\overline{\overline{A}}<\overline{\overline{B}},\overline{\overline{B}}<\overline{\overline{C}}$ 知 $A\sim B_1\subset B, B\sim C_1\subset C$,于是得 $A\sim C_2\subset C_1$.现在只要证明 A,C 不对等即可.为此,假设 $A\sim C$,则由 $A\sim C_2$ 得 $C\sim C_2$,又由定理3.4.3得 $C\sim C_1$,从而 $B\sim C$,于是 $\overline{\overline{B}}=\overline{\overline{C}}$,这与已知矛盾.

下面是利用等价定理确定集合基数的两个例子.

定理3.4.5 所有实数序列组成的集合的基数为 $\aleph$.

证明 首先容易验证 $f:(0,1)\to \mathbf{R}$,其中 $f(x)=\tan(\pi x-\frac{\pi}{2}), x\in \mathbf{R}$ 是一一映射.

设 $E=\{(x_1,x_2,\cdots,x_n,\cdots)\mid x_n\in \mathbf{R}, n\in \mathbf{N}_+\}$,又设 $E_1=\{(x_1,x_2,\cdots,x_n,\cdots)\mid x_n\in(0,1), n\in \mathbf{N}_+\}$ 先证明 $\overline{\overline{E}}=\overline{\overline{E_1}}$.

令映射 $h:E_1\to E$,其中 $h(x)=(f(x_1),f(x_2),\cdots,f(x_n),\cdots)$,而 $x=(x_1,x_2,\cdots,x_n,\cdots)\in E_1$.显然 h 是一一映射,所以 $\overline{\overline{E}}=\overline{\overline{E_1}}$.

其次,证明 $\overline{\overline{E_1}}=\aleph$.

作映射 $f_1:(0,1)\to E_1$,其中 $f_1(x)=(x,x,\cdots,x,\cdots)\in E_1$,而 $x\in(0,1)$,显然 $f_1(x)$ 是单射,于是 $\overline{\overline{(0,1)}}\leqslant \overline{\overline{E_1}}$.又对任一 $x=(x_1,x_2,\cdots,x_n,\cdots)\in E_1, x_n$ 用十进制无限小数唯一表示,有

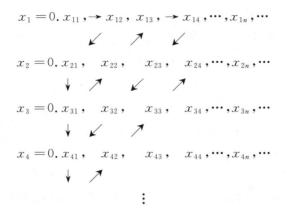

作映射 $f_2:E_1 \to (0,1)$，其中 $f_2(x)=0.x_{11}x_{12}x_{21}x_{13}x_{22}x_{31}\cdots$，它是由上述 $x_1,x_2,\cdots,x_n,\cdots$ 中小数部分按对角线方法排列而得到的. $f_2(x) \in (0,1)$ 且 $x \neq y$ 时 $f_2(x) \neq f_2(y)$，所以 $\overline{\overline{E_1}} \leqslant \overline{\overline{(0,1)}}$.

由等价定理，可知 $\overline{\overline{E_1}} = \overline{\overline{(0,1)}} = \aleph$.

定理 3.4.6 设 Φ 是区间 $[0,1]$ 上所定义的连续函数的全体构成的集合，则 Φ 的基数是 $\aleph$.

证明 设 $\Phi^* = \{\sin x + k\}$，其中 $x \in [0,1]$，k 是一实参数，则 $\overline{\overline{\Phi^*}} = \aleph$ 且 $\Phi^* \subset \Phi$，因此 $\aleph \leqslant \overline{\overline{\Phi}}$. 所以证明 $\overline{\overline{\Phi}} \leqslant \aleph$ 即可.

设 $H = \{(x_1, x_2, \cdots, x_n, \cdots) \mid x_n \in \mathbf{R}, n \in \mathbf{N}_+\}$ 是全体实数序列的全体，由定理 3.4.5，H 的基数为 $\aleph$.

$[0,1]$ 中所有有理数列为
$$r_1, r_2, \cdots, r_n, \cdots$$
对于每一个 $f(x) \in \Phi$，令 H 中的数列
$$h_f = (f(r_1), f(r_2), \cdots, f(r_n), \cdots)$$
与之对应. 当 $f(x)$ 与 $g(x)$ 不相等时，$h_f \neq h_g$.

事实上，$h_f = h_g$ 乃表示 $f(x)$ 与 $g(x)$ 对于 $[0,1]$ 中的一切有理数 x，函数值均相同. 由于 $f(x)$ 与 $g(x)$ 的连续性，$f(x)$ 与 $g(x)$ 在 $[0,1]$ 中的一切实数 x，均有相同的函数值，于是 $f(x) = g(x)$.

上面的叙述表示：(若) 记 $H^* = \{h_f\}$，则 $\Phi \sim H^*$，但因 $H^* \subset H$ 以及 $\overline{\overline{H}} = \aleph$ 得关系式：$\overline{\overline{\Phi}} \leqslant \aleph$. 定理证毕.

本段开始，通过讨论我们知道，对于基数，如果采用"$\subset$"去定义"$<$"，那么按我们不能对于"$<$"来比较两个集合的基数的意义来说，这两个集合将是不

可比较的.自然对于定义 3.4.1 中"<"的定义,也会提出同样的问题.换句话说,如果 $\overline{\overline{A}} \neq \overline{\overline{B}}$,我们能说或者 $\overline{\overline{A}} < \overline{\overline{B}}$ 或者 $\overline{\overline{B}} < \overline{\overline{A}}$ 吗?问题的答案已弄清楚,是肯定的.可是证明它一点也不容易.它的证明需要选择公理,我们放到第四章 §7 证明.

定理 3.4.7(三分律)   设 A,B 是任意两个集合,那么证明 $\overline{\overline{A}} < \overline{\overline{B}}$, $\overline{\overline{B}} < \overline{\overline{A}}$, $\overline{\overline{A}} = \overline{\overline{B}}$ 三者中恰有一个成立.

3.5 大于 $\aleph$ 的基数·康托定理

自然数集的基数为 $\aleph_0$,实数集合的基数为 $\aleph$,并且 $\aleph_0 < \aleph$,可是我们容易找到集合,其势大于 $\aleph$.

定理 3.5.1   设 F 是在 $[0,1]$ 上定义的一切实函数所成的集合,则 F 的基数大于 $\aleph$.

证明   设 $U = [0,1]$.首先来证明 F 不与 U 对等.如果 $F \sim U$,那么存在一一映射 φ,使 F 与 U 成一一对应.假设 $[0,1]$ 中的 t,对应于 F 中的元素 $f_t(x)$ $(0 \leqslant x \leqslant 1)$.记

$$F(t,x) = f_t(x)$$

那么,$F(t,x)$ 是在 $0 \leqslant t \leqslant 1, 0 \leqslant x \leqslant 1$ 中所定义的两个变元的函数.

现在令

$$\psi(x) = F(x,x) + 1$$

这个函数对于 $0 \leqslant x \leqslant 1$ 是确定的,即 $\psi(x) \in F$.但此时在 φ 之下,函数 $\psi(x)$ 对应于某个数 $a \in U$,即 $\psi(x) = f_a(x)$,或是

$$\psi(x) = F(a,x)$$

换言之,对 $[0,1]$ 中一切 x,有

$$F(x,x) + 1 = F(a,x)$$

但是取 $x = a$,上式却不能成立.所以 F 不与 U 对等.

又 F 的子集

$$F^* = \{\sin x + c\} \quad (0 \leqslant c \leqslant 1)$$

是与 U 对等的,因使 U 中的数 c 与 F^* 中的函数 $\sin x + c$ 作成对应,这个映射是一一对应的.

于是定理完全证明.

定义 3.5.1   区间 $[0,1]$ 上定义的一切实函数所组成的集合,记其基数为 f.

由定理 3.5.1,知 $\aleph < f$.

下面的定理肯定了没有最大的基数.事实上,对于任一基数,我们可以构造一个集合使其基数大于所给的基数.

定理 3.5.2[①](康托定理) 集合 A 的元素不能与 A 的所有子集建立一一映射.

证明 假设 f 为 A 到 A 的所有子集作元素的集合上的一一映射.令
$$B = \{x \mid x \in A \text{ 并且 } x \notin f(x)\}$$
既然 B 是 A 的子集,并且 f 是 $1-1$ 的,于是,存在唯一一个元素 $b \in A$,使得
$$f(b) = B$$
若 $b \in B$,则由 B 的定义知,$b \notin f(b)$,即 $b \notin B$,矛盾.证毕.

若 $b \notin B$,即 $b \notin f(b)$,于是由 B 的定义知,$b \in B$,矛盾.

因此,在 A 与 A 的所有子集作元素的集合之间,不能建立一一映射.

我们指出,康托定理是集合论里最优秀的定理之一,而且康托正是采用上述方法进行证明的.这种方法与 §2 定理 2.2.1 的证法并无本质区别:在定理 2.2.1 里我们已经看到证明的关键是把诸数 $f(1), f(2), \cdots, f(n), \cdots$ "对角线"上的数字 a_{jj} 全部改变,以此作出小数 x,在证明定理 3.5.1 以及下面的定理 3.5.4 中 a_{jj} 换成了 $F(t,x)(f_a(x))$,也就是将 $F(t,x)(f_a(x))$ 的值全部改变,以此作出 $\psi(x)(f^*)$.这就是著名的康托对角线过程.

注意,对于空集 A,定理 3.5.2 及其证明仍然成立.还应注意到任何集 A 都能一一对应于幂集 $P(A)$ 的某个子集,每个元素 $x \in A$ 总对应于单元集 $\{x\}$.因此:

推论 任意集合的基数小于其幂集的基数.

有了这个结论,我们就可以构造基数任意大的集合.如
$$\overline{\overline{R}} < \overline{\overline{2^R}} < \overline{\overline{2^{2^R}}} < \cdots$$

当 A 是一个由 n 个元素组成的有限集时,我们记 A 的所有子集所成之集(即 A 的幂集)的元素的个数为 2^n,下面的定义与此联系起来就是很自然的了.

我们指出,康托定理是集合论里最优秀的定理之一,而且康托正是采用上述方法进行证明的.这种方法与 §2 的定理 2.2.1 的证法并无本质区别:在定理 2.2.1 里我们已经看到证明的关键是把诸数 $f(1), f(2), \cdots, f(n), \cdots$ "对角线"上的数字 a_{jj} 全部改变,以此作出小数 x,在证明定理 3.5.1 以及下面的定理

---

① 定理 3.5.2 曾经出现在 1890—1891 年康托的论文中,康托考查的是值为 0 和 1 的函数,而不是子集.

3.5.4 中 a_{ij} 换成了 $F(t,x)(f_a(x))$，也就是将 $F(t,x)(f_a(x))$ 的值全部改变，以此作出 $\psi(x)(f^*)$。这就是著名的康托对角线过程.

定义 3.5.2 设 A 是一个集合，2^A 为 A 的幂集，则定义 $\overline{\overline{2^A}} = 2^{\overline{\overline{A}}}$.

由定理 3.5.2 推论可知 $\overline{\overline{A}} < 2^{\overline{\overline{A}}}$.

定理 3.5.3 $\aleph = 2^{\aleph_0}$.

证明 数列的集合 $T=\{(a_1,a_2,\cdots,a_n,\cdots) \mid a_n \in \{0,1\}, n \in \mathbf{N}_+\}$ 的势是 $\aleph$.

对于幂集 2^N 中的任一元素 N_1，N_1 为某些自然数所成之集，作 T 的元素 $(a_1,a_2,\cdots,a_n,\cdots)$ 与之对应，对应规则如下：当 $n \in N_1$ 时，令 $a_n=1$，当 $n \notin N_1$ 时，令 $a_n=0$。于是得到 2^N 与 T 间的一一映射。从而 $\aleph = \overline{\overline{T}} = \overline{\overline{2^N}} = 2^{\overline{\overline{N}}} = 2^{\aleph_0}$.

由定理 3.5.3 及定理 3.5.2 之推论我们又得到 $\aleph_0 < \aleph$.

定理 3.5.4 设 A 与 B 是两个集合，且 B 至少有两个元素，则由 A 到 B 的映射的全体构成的集合 A^B 的基数大于 A 的基数.

证明 我们只需证明：

(1) A 与 A^B 的某一子集对等；

(2) A 与 A^B 不对等；

为了证明(1)。从 B 中选取两个不同的元素 b 与 b'。对于任意的 $a \in A$，令

$$f_a(x) = \begin{cases} b, & \text{当 } x = a \text{ 时} \\ b', & \text{当 } x \neq a \text{ 时} \end{cases}, \text{其中 } x \in A$$

显然 f_a 是 A^B 的一个元素，用上述方法，对 A 中的每一个元素 a，都可以构造 $f_a \in A^B$ 与 a 对应。对于 A 中不同元素 a_1 与 a_2，由于

$$f_{a_1}(a_1) = b, f_{a_2}(a_1) = b'$$

故 f_{a_1} 与 f_{a_2} 是 A^B 的不同元素。因此，使 a 对应于 f_a 的对应是一一对应的，于是

$$A \sim \{f_a \mid a \in A\} \subseteq A^B$$

现在用反证法证明(2)。假若 $A \sim A^B$，则存在 A 与 A^B 之间的一一映射。设此一一映射使 A 中的每一元素 a 对应 A^B 的元素 f_a，a 经它所对应的 f_a 的象是 B 的元素 $f_a(a)$。现在定义 $f^*: A \to B$ 如下：对于任意的 $a \in A$，令 $f^*(a)$ 为不同于 $f_a(a)$ 的 B 中的元素（由于 B 至少有两个元素，因此这是可以实现的）。显然 $f^* \in A^B$。然而 f^* 是异于一切 f_a 的。事实上，若 f^* 与某一 f_{a_0}（$a_0 \in A$）相同，则

$$f^*(a_0) = f_{a_0}(a_0)$$

而这是与 f^* 的定义相矛盾的。由于假定了 $A \sim A^B$，因此 f_a 的全体就是 A^B，而

f^* 异于一切 f_a, 即 $f^* \notin A^B$. 这样一来，就得到了矛盾的结果
$$f^* \in A^B \text{ 与 } f^* \notin A^B$$
由此推翻了 $A \sim A^B$ 的假定. 定理证毕.

3.6　集合论悖论·连续统假设

康托的定理使我们接近了危险点，在这里关于集合的直觉变得自相矛盾，定理 3.5.2 使无限止向更高的势增加成为可能. 自然，这也正是下述矛盾的起因：由于对任一基数集总存在着一更大的基数，那就不能有包含一切基数的基数集了. 因而"一切基数所组成的集"是不可想象的. 可见这里我们面临着一件事实，即要求将"所有"某一类对象收集起来，并非总是办得到的，当我们认为有了一切，其实却并不是一切. 这一悖论使人不安，倒不在于产生了矛盾，而是我们没有预料到会有矛盾. 一切基数所成的集，正如一切自然数所成的集一样. 由此就产生了如下的不确定性，即会不会一切无限集都是这种带有矛盾的似是而非的"非集"？

当不加批判地使用字眼"一切"时，类似的矛盾在集论中也会出现. 大家知道，正常情况下，一个集不是它本身的元素. 例如，所有自然数的集合 **N** 本身并不是自然数，因此 $\mathbf{N} \notin \mathbf{N}$. 另一方面，也可以设想一个集是它自己的元素. 例如考虑由所有的集组成的"全"集 E, 那么应该成立 $E \in E$. 罗素①发现的悖论是这样的：现在考虑集合 $P = \{x \mid x \text{ 是集合且 } x \notin x\}$, 即 P 由所有不属于自身的集合 (作为元素) 组成的集合. 可是这时，会产生这样的情况：无论 $P \in P$ 或 $P \notin P$ 都将导致矛盾.

出现上述矛盾的原因在于不合理地试图把那些只在形成过程中的对象看作是已经完成的对象. 某些学者提出建立集合论的公理化（有几种版本的公理集合论，最有名的是 ZFC 系统，参看本书第二部分），使得可以避免矛盾的出现. 但在现在，我们还不能对此加以详细的讨论. 上述方法大致可以描述为下列的思想方法：凡是集的元素这个概念是在该集之前形成的，而该集的建立表示新数学对象的创造. 现在我们要指出，按照这样的顺序就不会产生矛盾. 例如，如果按照上述思考方式，那么在建立一切集 A 的集 E 时我们可以考虑那些异于 E 的集 A, 因为当时我们还没有引入 E, 后者根本不存在. 因此关于 E 是否包含自身当作元素这个问题必须给予否定的回答，所以就不会有什么违反集论的法

---

① 罗素 (Bertrand Arthur William Russell;1872—1970)，英国哲学家、数学家、逻辑学家、历史学家.

则了.集论的经验证明,当所有讨论的集是某个已知的、完全定义的、内在不矛盾的集的子集时,那么不会发生任何荒谬的概念.这多少也表明了上述观点的正确性.

转到集合论的另一个著名的问题.下面三个势称为初等势:

(1) 可数集合的势 $\aleph_0$;
(2) 连续统的势 $\aleph$;
(3) 连续统的幂集势 $2^{\aleph}$.

我们已经知道 $\aleph_0$ 是最小的无限势,而且
$$\aleph_0 < \aleph < 2^{\aleph}$$
自然提出这样的问题: $\aleph_0$ 与 $\aleph$ 之间是否还存在其他的势?

康托坚信对这一问题的回答是否定的,即不存在实数的一个子集,它的基数严格处于实数的基数和自然数的基数之间.这是康托的假设(陈述在康托的 1878 年的论文中).人们往往称此假设为"连续统假设".

康托花费了很多年的时间试图去证明这一假设.事实上,他已经证明至少对于闭集连续统假设是成立的:每个不可数的闭集都具有连续统的基数.这也是他在连续统问题上取得的最好结果.不过,康托始终坚信会找到关于这个问题的证明,所以当另一位集合论学家葛尼格①在 1904 年声称证明了连续统假设的否定命题时,康托感觉自己的理论受到了挑战.好在这一证明很快就被发现是错误的.

更一般地说,广义连续统假设是这样的.假设对于任一无穷集 A,在 $\overline{\overline{A}}$ 和 $\overline{\overline{P(A)}}$ 之间没有基数存在.由定理 3.5.3 看出,广义连续统假设包括连续统假设作为一种特殊情况.当然,对于有穷集,这是不真实的.比如,$2 = \overline{\overline{\{0,1\}}}$ 和 $4 = \overline{\overline{P\{0,1\}}}$,而 $2<3<4$.因此,如果我们用有穷集作为我们的导引,我们就会怀疑连续统假设是假的.

第一个在连续统问题上取得进展的是哥德尔②.他在 1940 年证明了连续统假设的和谐性,即在集合论的公理体系(ZFC)中加入连续统假设作为公理,不会引出相矛盾的结果.柯恩③于 1963 年在此基础上证明了:否定连续统假设的

---

① 朱利叶斯·葛尼格(Julius König,1849—1913),匈牙利数学家.
② 库尔特·哥德尔(Kurt Gödel,1906 年 4 月 28 日—1978 年 1 月 14 日),美(国)籍捷克数学家、逻辑学家和哲学家.其最杰出的贡献是哥德尔不完全性定理和连续统假设的相对协调性证明.
③ 柯恩(Paul Joseph Cohen,1934—2007),当代著名的美国数学家.

集合论公理体系也同样是和谐的.换言之,连续统假设独立于集合论的其他公理.也就是说,它不是其他公理的逻辑推论.

这让人们认识到不同的观点将导致连续统假设可能被看作是真的,也可能被看作是假的.接受连续统假设或者否定它会导致不同的理论,但是它们中哪一种更加可取并不明显.

情况有些类似于非欧几何,我们可以把欧几里得第五公设(过直线外的一个定点只有一条直线与定直线平行)当作真命题,得到的几何学就称作欧几里得几何学.另一方面,也可以认定第五公设的否命题为一条公理,然后就得到非欧几里得几何学——存在一个点,有两条直线经过这个点并且都平行于第三条直线.这种几何学是由罗巴切夫斯基[①]发展起来的,有时也称为罗巴切夫斯基几何学.

§4 基数的运算

4.1 基数的和与积及其初等性质

现在我们想建立一种基数的算术,利用它,我们可以把这些新对象相加或相乘.当然,我们已经有一种有穷基数的算术以及其他某些众所周知的性质.因此,我们不希望用任何会改变这些已经存在的性质的方式去一般地定义加法和乘法.换句话说,无论我们的定义怎样,我们都希望它们能顺应那些为大家熟知的在基数为有穷的特殊情况下的性质.其次,我们希望像可交换性这样的有穷性质对超穷基数也成立.读者可能已经猜测到,由于超穷基数的一些特性,保持所有熟悉的性质的希望是注定要破灭的.即使如此,我们将会看到这些性质中有很多都被保持下来了.

照例,我们首先转到有穷集去决定我们的定义应该是什么.当把数字看作是集合的基数时,2 与 3 相加是什么意思呢?我们知道 $2+3=5$,如果我们来考查集合 N_5.我们就可看出 $N_5 = N_3 \cup \{4,5\}$.所以 $5 = \overline{\overline{N_5}}$ 和 $3 = \overline{\overline{N_3}}, 2 = \overline{\overline{\{4,5\}}}$.因此,这就启发我们,一般取一个基数为 3 的集合,一个基数为 2 的集合,而且考查其并集结果得到基数 5 来作为 2 与 3 的和.但这些集合可以是任意的吗?当

---

① 罗巴切夫斯基(Николай Иванович Лобачевский,1792—1856),俄罗斯数学家.

然不是,因为如果 $A=\{a,b,c\}$ 和 $B=\{c,d\}$,则 $\overline{\overline{A}}=3,\overline{\overline{B}}=2$. 但 $A\bigcup B=\{a,b,c,d\}$,则 $\overline{\overline{A\bigcup B}}=4$. 我们看出,所需要的附加条件是,$A$ 和 B 是不相交的,这就导出了我们的一般定义.

定义 4.1.1 设 κ,λ 为两个基数,集合 $A\bigcup B$ 的基数称为基数 κ 与 λ 的和,其中 A,B 是满足 $A\bigcap B=\varnothing$,$\overline{\overline{A}}=\kappa,\overline{\overline{B}}=\lambda$ 的任意两个集合. 基数 κ 与 λ 的和记作 $\kappa+\lambda$. 即 $\kappa+\lambda=\overline{\overline{A\bigcup B}}$.

成为问题的是:虽然对于任意两个基数 κ,λ,都存在集合 A,B 满足 $\overline{\overline{A}}=\kappa$,$\overline{\overline{B}}=\lambda$,但是否存在不相交的 A,B 满足 $\overline{\overline{A}}=\kappa,\overline{\overline{B}}=\lambda$ 呢? 事实上,令
$$A'=\{\langle a,\varnothing\rangle\mid a\in A\}, B'=\{\langle b,\varnothing,\varnothing\rangle\mid b\in B\}$$
则 A',B' 就是满足条件的两个集合. 于是这样的和是存在的.

下面讨论两个基数和的唯一性.

为此,任取四个集合:A,B,C,D,其中
$$A\sim B, C\sim D, A\bigcap C=\varnothing, B\bigcap D=\varnothing$$
由第二章定理 3.6.5 的第一个结论和第三个结论知 $A\bigcup C$ 到 $B\bigcup D$ 有一一映射,故 $A\bigcup C\sim B\bigcup D$. 也就是说,任意选取满足加法定义中的集合,都不会影响和运算的结果,因此两个基数的和是唯一存在的.

由集合并运算的交换性和结合性可知,基数的和运算具有以下性质:

$1°$ $\kappa+\lambda=\lambda+\kappa$(交换律);

$2°$ $(\kappa+\lambda)+\kappa=\kappa+(\lambda+\kappa)$(结合律);

此外,由于 $A\bigcup\varnothing=\varnothing\bigcup A=\varnothing$,故还有:

$3°$ $\kappa+0=\kappa+0=\kappa$.

然而,超穷基数的加法在某些方面是与有穷基数的情况不一致的. 例如,如果 n 是一个有穷基数. 则 $n+1>n$,但 $\aleph_0+1=\aleph_0$. 而在有穷的情况下,只有基数为 0 时,这才是真的. 下面的例子将说明一些其他的差异.

让我们顺便注意,因为在有穷基数的算法中,有一个唯一的 x 存在,使得 $n+x=m$. 所以,允许我们直接定义两个基数的差 $x=m-n$(至少对于 $m\geqslant n$ 可以如此). 不过,在这里我们要注意 $\aleph_0+x=\aleph_0$ 的 x 具有一切种类的解,即 $x=0,1,2,\cdots,\aleph_0$. 所以,从这本身就足以看出,在超穷的情况下,定义减法的任何努力都是徒劳的.

我们对并集的论述表明,我们并没有限制组成并集的集合的个数. 这就引导我们得到一般化的基数加法的概念. 一般地,若对于一个集合 $M=\{m\}$ 的每一元素 m,各有一基数 κ_m 与之对应,则 $\sum_{m\in M}\kappa_m$ 是并集 $\bigcup_{m\in M}A_m$ 的基数,这里诸 A_m

是两两互不相交而分别具有基数 κ_m 的集.

我们举出一些例子.

(1) 自然数集 **N** 可拆分成两个划分 $N_1 = \{1, 2, \cdots, n\}$, $N_2 = \{n+1, n+2, \cdots\}$, 而 $\mathbf{N} = N_1 \cup N_2$, $N_1 \cap N_2 = \varnothing$, 这就给出了等式

$$n + \aleph_0 = \aleph_0 + n = \aleph_0.$$

自然数集 **N** 可拆分成偶数集与奇数集, 二集都是可数无限集合, 故有

$$\aleph_0 + \aleph_0 = \aleph_0.$$

或把它拆分成这样的三个集合: 凡以 3 除之余数为 0, 1, 2 的自然数各成一集, 由此得

$$\aleph_0 + \aleph_0 + \aleph_0 = \aleph_0.$$

这一结果也可由结合律推得

$$\aleph_0 + \aleph_0 + \aleph_0 = \aleph_0 + (\aleph_0 + \aleph_0) = \aleph_0 + \aleph_0 = \aleph_0.$$

同样, 对于任意有限多个加项 $\aleph_0$, 有

$$\aleph_0 + \aleph_0 + \cdots + \aleph_0 = \aleph_0.$$

但我们也可以把自然数集分拆成可数个可数集, 如下二表 (表 1, 表 2) 所示:

表 1 二进制表

1	3	5	7	⋯
2	6	10	14	⋯
4	12	20	28	⋯
8	24	40	56	⋯
⋯	⋯	⋯	⋯	⋯

表 2 对角线表

1	2	4	7	⋯
3	5	8	⋯	⋯
6	9	⋯	⋯	⋯
10	⋯	⋯	⋯	⋯
⋯	⋯	⋯	⋯	⋯

表 1 中位于第 n 列的数刚好能被数 2^{n-1} 除尽; 表 2 中各数沿对角线 (从右上方到左下方) 依次排列. 这样, 我们就得到

$$\aleph_0 + \aleph_0 + \aleph_0 + \cdots = \aleph_0.$$

或更确切些

$$\sum_{m \in M} \kappa_m = \aleph_0.$$

当 $\kappa_m = \aleph_0$, $m \in \mathbf{N}$ 时.

但同时成立

$$\sum_{m \in M} 1 = 1 + 1 + 1 + \cdots = \aleph_0.$$

这在把一可数集分拆成它的单个元时可以得知. 这样一来, 由对等定理可知

$$\sum_{m \in M} \kappa_m = \aleph_0.$$

当 $1 \leqslant \kappa_m \leqslant \aleph_0, m \in \mathbf{N}$ 时.

例如
$$\sum_{m \in N} 2 = \aleph_0, \sum_{m \in N} m = \aleph_0$$

（2）区间 $(0,1)$ 是与实数集对等的,而经线性变换可变到任一区间 (a,b) 上去.因此,每一含有区间的数集,据对等定理有连续统势 $\aleph$.由两个区间的合并,比如
$$[0,1) \cup [1,2) = [0,2)$$
得
$$\aleph + \aleph = \aleph$$
于是有（n 有限）
$$\aleph \leqslant n + \aleph \leqslant \aleph_0 + \aleph \leqslant \aleph + \aleph = \aleph$$
即
$$n + \aleph = \aleph_0 + \aleph = \aleph + \aleph = \aleph$$
由等式 $\bigcup_{n=1}^{\infty} [n-1, n) = [0, +\infty)$,得
$$\aleph + \aleph + \aleph + \cdots = \aleph$$
精确些说
$$\sum_{m \in M} \kappa_m = \aleph$$
当 $\kappa_m = \aleph, m \in \mathbf{N}$ 时.

（3）对于任一无限势 κ,有 $\kappa + \aleph_0 = \kappa$.可令 $\kappa = \lambda + \aleph_0$,这里 λ 是某一基数.因而
$$\kappa + \aleph_0 = (\lambda + \aleph_0) + \aleph_0 = \lambda + (\aleph_0 + \aleph_0) = \lambda + \aleph_0 = \kappa$$
一无限集去掉有限多个元素后,其势不会减少,即若
$$\kappa = \lambda + n$$
而 κ 为无限,n 为有限,则 $\kappa = \lambda$.事实上,因 λ 也是无限势,故有
$$\kappa = \kappa + \aleph_0 = \lambda + (n + \aleph_0) = \lambda + \aleph_0 = \lambda$$

现在让我们把注意力转移到基数的积.对于有穷基数,在等式 $2 \cdot 3 = 6$ 中,蕴含着什么集合呢？设 $N_2 = \{1,2\}$ 和 $N_3 = \{1,2,3\}$.稍微试验一下就可揭示,$N_2 \times N_3$ 具有基数 6.进一步检验就可发现这不仅仅是特殊的情况.事实上,$m \cdot n$ 总可以看作是 $A \times B$ 的基数,其中对于有穷的 m 和 n 来说,$m = \overline{\overline{A}}$ 和 $n = \overline{\overline{B}}$.而且集合 A 和集合 B 甚至不需要是不相交的.读者可以试举几个例子.这种情况导致我们定义一般的积如下.

定义 4.1.2 设已给两个基数 κ,λ,称集合 $A\times B$ 的基数为基数 κ 与 λ 的积,其中 A,B 满足 $\overline{\overline{A}}=\kappa,\overline{\overline{B}}=\lambda$. 基数 κ 与 λ 的积记作 $\kappa\times\lambda$ 或 $\kappa\cdot\lambda$. 即 $\kappa\times\lambda=\overline{\overline{A\times B}}$.

为了要证实积的唯一性,任取四个集合: A,B,C,D,其中 $A\sim B, C\sim D$,我们来证明 $A\times C\sim B\times D$.

由 $A\sim B, C\sim D$ 可知存在一一映射
$$f: A\to B, g: C\to D$$
取 $h: A\times C\to B\times D$,且对任意 $\langle x,y\rangle \in A\times C$,有
$$h(\langle x,y\rangle)=\langle f(x),g(y)\rangle$$
由于 f,g 是一一映射,故 h 是一一映射,于是 $A\times C\sim B\times D$.

这样我们实际上已经得到了积的唯一性.

按定义,乘积运算的有些性质是直接的,而且我们发现它保持了有穷基数算法中的很多为大家所熟悉的性质:

1° $\kappa\times\lambda=\lambda\times\kappa$(交换律);

事实上,令 $\overline{\overline{A}}=\kappa, \overline{\overline{B}}=\lambda$,定义映射 $h: A\times B\to B\times A$,对任意 $\langle x,y\rangle\in A\times B$,$h(\langle x,y\rangle)=h(\langle y,x\rangle)$,则 h 是一一映射.

2° $(\kappa\times\lambda)\times\kappa=\kappa\times(\lambda\times\kappa)$(结合律);

设 $\overline{\overline{A}}=\kappa,\overline{\overline{B}}=\lambda,\overline{\overline{C}}=\kappa$,则映射 $h:(A\times B)\times C\to A\times(B\times C), h(\langle\langle x,y\rangle,z\rangle)=h(\langle x,\langle y,z\rangle\rangle), \langle\langle x,y\rangle,z\rangle\in(A\times B)\times C$,是一一映射.

此外,基数 0 和 1 比较特殊:

3° $\kappa\times 0=0\times\kappa=0$.

4° $\kappa\times 1=1\times\kappa=\kappa$.

事实上,对于任意集合 $A, h: A\to A\times\{x\}\sim A$,其中 $h(a)=\langle a,x\rangle, a\in A$ 就是一一映射.

与加法的论述一样,在我们把数的概念一般化时,通常认为是重要的那些数的某些性质就不再成立了. 让我们来检查一下这些"失去的性质"中的几个. 对于有穷基数,仅有 $x=1$ 满足方程 $n\cdot x=n$,即在这个问题上,1 是唯一的. 但对于超穷基数来说,这个唯一性就失去了. 例如,我们有 $\aleph_0=\overline{\overline{\mathbf{N}\times\mathbf{N}}}=\aleph_0\times\aleph_0$. 另一方面,对于每个有穷的 $n\neq 0$,有 $\aleph_0\cdot n=\aleph_0$. 亦可以很容易地证实 $\aleph\cdot n=\aleph\cdot\aleph_0=\aleph\cdot\aleph=\aleph$. 例如,根据 $\mathbf{R}^2=\mathbf{R}\times\mathbf{R}$ 和 $\mathbf{R}^2\sim\mathbf{R}$,而 $\overline{\overline{\mathbf{R}}}=\aleph$,我们可得 $\aleph\cdot\aleph=\aleph$. 最后,在有穷算法中的一个叫作乘积律(即代数的无零因子定律)的十分重要的定律,对于任意基数都成立.

定理 4.1.1 当且仅当 $\kappa=0$ 或 $\lambda=0$ 时，$\kappa \cdot \lambda = 0$，其中，κ 和 λ 是基数.

证明 按基数乘法的性质 $3°$，如果 $\kappa=0$ 或 $\lambda=0$ 时，则 $\kappa \cdot \lambda = 0$. 假设 $\kappa \neq 0$ 或 $\lambda \neq 0$，并设 $\kappa=\overline{\overline{A}}$ 或 $\lambda=\overline{\overline{B}}$，则 $A \neq \varnothing$ 且 $B \neq \varnothing$. 所以，$A \times B \neq \varnothing$. 因此，$\kappa \cdot \lambda = \overline{\overline{A \times B}} \neq 0$.

前面关于定义减法的努力是徒劳的这个论点可以完全同样适用于除法. 只要提供一个例子就可以说明这一点. 在有穷的算法中，我们定义当且仅当 $n = m \cdot k$ 时，$\dfrac{n}{m} = k$（其中 $m \neq 0$）. 而且我们发现，当 k 被确定时，它是唯一的. 而且，对于每个 $n \neq 0$，都有 $\dfrac{n}{n} = 1$. 因为 $\aleph_0 = \aleph_0 \cdot 1$，所以我们应该有 $\dfrac{\aleph_0}{\aleph_0} = 1$. 而另一方面，因为 $\aleph_0 = \aleph_0 \cdot n$，所以对于所有的 $n \geqslant 1$，有 $\dfrac{\aleph_0}{\aleph_0} = n$.

下面讨论基数"混合"运算的性质.

定理 4.1.2 设 κ, λ, μ 为三个任意的基数，则：

(1) $\kappa \times (\lambda + \mu) = \kappa \times \lambda + \kappa \times \mu$；

(2) $(\kappa + \lambda) \times \mu = \kappa \times \mu + \lambda \times \mu$；

证明 (1) 由卡氏积的性质

$$A \times (B \cup C) = (A \times B) \cup (A \times C)$$

即得 $\kappa \times (\lambda + \mu) = \kappa \times \lambda + \kappa \times \mu$；

(2) 由第一章，定理 2.5.2：

$$(B \cup C) \times A = (B \times A) \cup (C \times A)$$

知

$$(\kappa + \lambda) \times \mu = \kappa \times \mu + \lambda \times \mu$$

定理 4.1.3 设 κ, λ, μ 为三个基数，若 $\kappa \leqslant \lambda$，则：

(1) $\kappa + \mu \leqslant \lambda + \mu$；

(2) $\kappa \times \mu \leqslant \lambda \times \mu$.

证明 取集合：$A, B, C, \overline{\overline{A}} = \kappa, \overline{\overline{B}} = \lambda, \overline{\overline{C}} = \mu$，且 $B \cap C = \varnothing$，由于基数运算的结果与集合的选取无关以及 $\kappa \leqslant \lambda$，故可令 $A \subseteq B$.

(1) 由 $A \subseteq B$，得 $A \cup C \subseteq B \cup C$，另外 $B \cap C = \varnothing$，故 $A \cap C = \varnothing$，于是 $\kappa + \mu \leqslant \lambda + \mu$.

(2) 由 $A \subseteq B$，得 $A \times C \subseteq B \times C$，于是 $\kappa \times \mu \leqslant \lambda \times \mu$.

作为这个定理的应用的例子，我们来证明 $\aleph_0 \cdot \aleph = \aleph$. 因为，$n < \aleph_0 < \aleph$，所以 $n \cdot \aleph \leqslant \aleph_0 \cdot \aleph \leqslant \aleph \cdot \aleph$. 又 $n \cdot \aleph = \aleph \cdot \aleph = \aleph$. 因此，$\aleph \leqslant \aleph_0 \cdot$

$\aleph \leqslant \aleph$,故我们可以断言 $\aleph_0 \cdot \aleph = \aleph$.

在结束本目时,我们指出,正如定义了一般化的和一样,定义一个一般化的基数的积是可能的.

设 T 是一个指标集,对于每个 $t \in T$,各有一基数 κ_t 与之对应,则 $\prod_{t \in T} \kappa_t$ 表示直积(集)$\prod_{t \in T} A_t$ 的基数,这里诸 A_t 是分别具有基数 κ_t 的任意集.

4.2 基数的幂

在有穷的情况下,我们发现了定义基数的幂的一个方法. 例如,我们定义 $2^3 = 2 \cdot 2 \cdot 2$,以及更一般的有 $m^n = m \cdot m \cdots m$(在等号的右边有 n 个因数). 这引导我们把基数的幂定义为一般化的积. 但这里,我们将采用另一种方法来考察这个问题,尽管这也许不是一个很自然的方法. 无论如何,我们发现它给了我们一个满意的定义,这个定义将产生某些我们所期望的性质.

因为我们的方法需要越出前面所定义的运算范围来看问题,所以我们马上再次转到考察有穷集的 m^n 的意义,以便得到一个一般的定义. 我们用一个例子来开始,对于集合 A 和 B 及 $2 = \overline{\overline{A}}, 1 = \overline{\overline{B}}$ 来说,2^1 有什么意义呢? 当然,我们知道答案应是2. 注意,如果我们设 $B = \{a\}, A = \{0, 1\}$,则从 A 到 B 恰好可以定义两个函数. 即 $f: a \to 0; g: a \to 1$. 因此,如果我们设 D 表示从 B 到 A 的函数集,则 $\overline{\overline{D}} = 2$. 让我们进一步探索一下这种想法. 设 $B = \{a, b\}$ 和 $A = \{0, 1\}$. 有多少个函数是以 B 作为定义域而以 A 的一个子集作为值域的呢? 它们是

$$f_1: a \to 0, b \to 0; f_2: a \to 0, b \to 1$$
$$f_3: a \to 1, b \to 0; f_4: a \to 1, b \to 1$$

恰有四个,即 2^2 个.

于是,更一般地说,假设 $m = \overline{\overline{A}}$ 和 $n = \overline{\overline{B}}$,其中 m 和 n 是有穷基数. 我们可以写为 $A = \{a_1, a_2, \cdots, a_m\}$ 和 $B = \{b_1, b_2, \cdots, b_n\}$,有多少个函数是以 B 作为定义域而以 A 的一个子集作为值域的呢? 为了定义一个从 B 到 A 的函数,我们必须为 B 的每一个元素指定 A 的一个元素与之对应,即我们必须对于 $k = 1, 2, \cdots, n$ 把 $f(b_k)$ 指定为 A 的一个元素(虽然可能使两个不同的 b 与同一个 a 对应). 让我们从 b_1 开始,可以用 m 个不同的方式指定 $f(b_1)$. 它们中的每一个都定义一个与 $b_2, \cdots, b_n$ 的值无关的不同的函数. 另一方面,只要 B 中某一个元素的映象不同,它们就是不同的映射,所以,这样定义的 m 个函数都是互不相同的函数.

通过指定 $f(b_1)$,决定了 m 个函数之后,我们转到 $f(b_2)$,并与前面一样地论证:与前面的或后面的任何指定无关,有 m 个指定 $f(b_2)$ 的不同方式. 因此,

有m个不同的这样的函数. 现在我们已经有了m^2个不同的函数. 以这种方式进行下去,我们在有穷多个步骤中总共可得到m^n个这样的函数. 这将引导我们作出一个一般的定义.

在给出我们的定义之前,我们需要一些表示从B到A的函数的集合的记号,康托所采用的符号是B/A. 这个记号有时会引起混淆. 我们采用记号A^B. 康托称集合B/A为一个覆盖集("/"读作覆盖),认为A的元素通过从B到A的所有函数覆盖B的元素. 仿效有穷的情况,我们作出下面的一般定义.

定义 4.2.1 设κ,λ为两个基数,集合$A^{B①}$的基数称为基数κ的λ次幂,其中A,B是满足$\overline{\overline{A}}=\kappa,\overline{\overline{B}}=\lambda$的任意两个集合. 基数$\kappa$的$\lambda$次幂记作$\kappa^\lambda$,即$\kappa^\lambda=\overline{\overline{A^B}}$.

现在证明基数幂的唯一性. 任取A,B,C,D,其中$A\sim B,C\sim D$. 由$A\sim B$, $C\sim D$知A到B有一一映射f,C到D有一一映射g. 设$h\in A^C$,则$f*h*g^{-1}\in B^D$. 定义$\varphi:A^C\to B^D$,其中对任意的$h\in A^C$,有$\varphi(h)=f*h*g^{-1}$,下面证明φ是一一映射. 设h_1,h_2满足$\varphi(h_1)=\varphi(h_2)$,则$f*h_1*g^{-1}=f*h_2*g^{-1}$,得$h_1=h_2$,即$\varphi$是单射;对任意的$k\in B^D$,有$\varphi(f^{-1}*k*g)=f*(f^{-1}*k*g)*g^{-1}=k$,即$B^D$中任意元素均有原象,故$\varphi$是满射,于是$\varphi$是一一映射.

我们的定义有某些自然的结论. 照例,当κ,λ为有穷基数时,这个定义没有产生什么关于幂的新的东西. 然而,一般来说,我们发现甚至κ和λ是超穷基数时,仍然成立所熟知的指数定律. 这些性质被概括在下面的几条定理中.

定理 4.2.1 对于每一个基数κ,有:

(1) $\kappa^0=1$;

(2) $\kappa^1=\kappa$;

(3) 如果$\kappa\neq 0$,则$0^\kappa=0$.

证明 (1) 事实上,对于任意集合A,$A^\varnothing=\{\varnothing\}$(第二章,定理3.1.2),这就证明了(1).

(2) 设$\kappa=\overline{\overline{A}}$,且$1=\{\overline{\overline{\varnothing}}\}$,对于每个$a\in A$,设$f_a$是一个用$f_a(\overline{\overline{\varnothing}})=a$定义的$\{\overline{\overline{\varnothing}}\}$上的映射. 于是,对于每个$a\in A,f_a\in A^{\{\varnothing\}}$和$\{f_a\mid a\in A\}=A^{\{\varnothing\}}$. 但是,很明显,在映射$\Psi(f_a)=a$下,$\{f_a\mid a\in A\}\sim A$. 所以,$\kappa^1=\overline{\overline{A}}=\kappa$.

(3) 最后,设$\kappa=\overline{\overline{A}}$. 因为$\kappa\neq 0$,所以$A$非空,按照第二章的定理3.1.2,

---

① 这里A^B既可理解为B到A的映射的全体构成的集合,亦可理解为以A盖B所得的盖集.

$\varnothing^A = \varnothing$，这就证明了(3).

定理 4.2.2 设 κ, λ, μ 为三个任意的基数,则:

(1) $\kappa^{\lambda+\mu} = \kappa^\lambda \times \kappa^\mu$;

(2) $(\kappa \times \lambda)^\mu = \kappa^\mu \times \lambda^\mu$;

(3) $(\kappa^\lambda)^\mu = \kappa^{\lambda \times \mu}$;

证明 任取三个集合:A, B, C,其中 $\overline{\overline{A}} = \kappa, \overline{\overline{B}} = \lambda, \overline{\overline{C}} = \mu$,且 $A \cap B = \varnothing$, $B \cap C = \varnothing, A \cap C = \varnothing$. 那么只要证明相应的集合等价即可.

(1) 按基数的加法定义,我们有 $\lambda + \mu = \overline{\overline{A \cup B}}$. 对于每个 $f \in A^{(B \cup C)}$,定义 $F(f) = \langle f \upharpoonright B, f \upharpoonright C \rangle$,这里 $f \upharpoonright B$ 与 $f \upharpoonright C$ 分别是 f 限制在 B 以及 C 上得到的映射. 所以 $\langle f \upharpoonright B, f \upharpoonright C \rangle \in A^B \times A^C$,这样,$F$ 就是集合 $A^{(B \cup C)}$ 到 $A^B \times A^C$ 上的映射. 下面证明 F 是一一的.

① 证明 F 是单射.

对于任意 $f_1, f_2 \in A^{(B \cup C)}$,若 $f_1 \neq f_2$,则 $f_1 \upharpoonright B \neq f_2 \upharpoonright B$ 或 $f_1 \upharpoonright C \neq f_2 \upharpoonright C$(这是容易证明的,否则的话就会有 $f_1 = f_2$),因此 $\langle f_1 \upharpoonright B, f_1 \upharpoonright C \rangle \neq \langle f_2 \upharpoonright B, f_2 \upharpoonright C \rangle$,也就是 $F(f_1) \neq F(f_2)$,所以 F 是单射.

② 证明 F 是满射.

对于任意的 $\langle g, h \rangle \in A^B \times A^C$,其中 $g \in A^B, h \in A^C$. 现在建立 $B \cup C$ 到 A 的对应 f:

$$f(x) = g(x), \text{当 } x \in B \text{ 时}; f(x) = h(x), \text{当 } x \in C \text{ 时}$$

由于 $B \cap C = \varnothing$,所以,f 是一个映射. 注意到

$$g = f \upharpoonright B, h = f \upharpoonright C \text{ 以及 } F(f) = \langle f \upharpoonright B, f \upharpoonright C \rangle = \langle g, h \rangle$$

得出 F 是满射.

(2) 对于每个 $f \in (A \times B)^C$,我们有 $f(c) = \langle a, b \rangle$,对于任意的 $c \in C$;其中 $\langle a, b \rangle \in A \times B$. 设 $\varphi_f(c) = a, \psi_f(c) = b$,则 φ_f 与 ψ_f 分别是 C 到 A 以及 C 到 B 的映射,从而 $\langle \varphi_f, \psi_f \rangle \in A^C \times B^C$. 现在定义 $F(f) = \langle \varphi_f, \psi_f \rangle$,则 F 是 $(A \times B)^C$ 到 $A^C \times B^C$ 的映射.

① 证明 F 是单一的.

任取 $f, g \in (A \times B)^C$ 且 $f \neq g$. 如果 $\langle \varphi_f, \psi_f \rangle = \langle \varphi_g, \psi_g \rangle$,则 $\varphi_f = \varphi_g$ 且 $\psi_f = \psi_g$. 因此对于任意的 $c \in C$,有 $f(c) = \langle \varphi_f(c), \psi_f(c) \rangle = \langle \varphi_g(c), \psi_g(c) \rangle = g(c)$,这与 $f \neq g$ 矛盾. 所以 $F(f) = \langle \varphi_f, \psi_f \rangle \neq \langle \varphi_g, \psi_g \rangle = F(g)$,即 F 是单一的.

② 证明 F 是满的.

对任意 $\langle \varphi, \psi \rangle \in A^C \times B^C$,则 φ 与 ψ 分别是 C 到 A 与 C 到 B 的映射. 定义

$$f(c) = \langle \varphi(c), \psi(c) \rangle, \text{对于任意的 } c \in C$$

于是 f 是 C 到 $A \times B$ 的映射,同时 $\varphi = \varphi_f, \psi = \psi_f$. 因此 $F(f) = \langle \varphi_f, \psi_f \rangle = \langle \varphi, \psi \rangle$,即 F 是满的.

综上所述,F 是 $1-1$ 的,所以
$$(A \times B)^C \sim A^C \times B^C.$$

(3) 对于每一个 $f \in (A^B)^C$,我们有 $f(c) \in A^B$,这里 c 是 C 的任意元素;即 $f(c)$ 是 B 到 A 的映射.用 f_c 表示 $f(c)$,然后定义对每个 $\langle b,c \rangle \in B \times C$,有 $h_f(\langle b,c \rangle) = f_c(b)$. 于是 h_f 是 $B \times C$ 到 A 的映射. 对于任意的 $f \in (A^B)^C$,令 $F(f) = h_f$,于是 F 是 $(A^B)^C$ 到 $A^{B \times C}$ 的映射.

如果 $f, g \in (A^B)^C$,且 $f \neq g$;则存在某个 $c_0 \in C$,满足 $f(c_0) \neq g(c_0)$,即 $f_{c_0} \neq g_{c_0}$. 这样一来,就存在某个 $b_0 \in B$,满足 $f_{c_0}(b_0) \neq g_{c_0}(b_0)$. 因此 $h_f(\langle b_0, c_0 \rangle) = f_{c_0}(b_0) \neq g_{c_0}(b_0) = h_g(\langle b_0, c_0 \rangle)$. 于是,$h_f \neq h_g$,即 $F(f) \neq F(g)$. 这就证明 F 的单一性.

任取 $h \in A^{B \times C}$,用 $h_c(b) = h(\langle b,c \rangle)$ [对于任意的 $\langle b,c \rangle \in B \times C$] 来定义 B 到 A 的映射 h_c. 现在,令 $f(c) = h_c$,这样 f 就是 C 到 A^B 的映射;并且,对于任意的 $\langle b,c \rangle \in B \times C$,有 $h_f(\langle b,c \rangle) = f_c(b) = (f(c))(b) = h_c(b) = h(\langle b,c \rangle)$;所以,$h_f = h$,且 $F(f) = h$,由此可知 F 是满射.

证毕.

推论 设 κ, λ 为任意两个基数,则 $\kappa^{\lambda+1} = \kappa^\lambda \times \kappa$.

现在来叙述几个关于不等式的定理.

定理 4.2.3 设 κ, λ, μ 为三个基数,若 $\kappa \leqslant \lambda$,则:

(1) $\kappa^\mu \leqslant \lambda^\mu$;

(2) $\mu^\kappa \leqslant \mu^\lambda$, κ, μ 不同时为 0.

证明 取 $\overline{\overline{A}} = \kappa, \overline{\overline{B}} = \lambda, \overline{\overline{C}} = \mu$,并且假设 $B \cap C = \varnothing$,既然 $\kappa \leqslant \lambda$,故可令 $A \subseteq B$.

(1) 由于 $A \subseteq B$,所以,对任意 $f \in (C \to A)$,均有 $f \in (C \to B)$. 取 $H: (C \to A) \to (C \to B), H(f) = f$,显然 H 是单射,故 $\overline{\overline{A^C}} \leqslant \overline{\overline{B^C}}$,即 $\kappa^\mu \leqslant \lambda^\mu$.

(2) 当 $\mu = 0$,即 $C = \varnothing$ 时,这时 $\kappa \neq 0$,于是 $A \neq \varnothing$,此时 $A^C = \varnothing$,于是
$$\mu^\kappa = \overline{\overline{A^C}} = \overline{\overline{\varnothing}} = 0 \leqslant \overline{\overline{B^C}} = \mu^\lambda$$

当 $\mu \neq 0$,此时 $C \neq \varnothing$,故存在 $c \in C$. 对于任意 $f \in C^A$,以下面的方式来拓展 f 使其成为 B 到 C 上的映射 g:

当 $x \in A$ 时,g 与 f 重合,即 $g \upharpoonright A = f$;当 $x \in B - A$ 时,$g(x) = c$.

这样,我们就得到了 C^A 到 C^B 的映射 $H: H(f) = g$.

任取 $f_1, f_2 \in C^A, f_1 \neq f_2$，易知 $H(f_1) \neq H(f_2)$，所以 H 是单射，故
$$\mu^\kappa \leqslant \mu^\lambda$$

我们可应用这些定理去证明，例如 $\aleph^{\aleph_0} = \aleph$. 因为 $2 < \aleph_0 < \aleph$，所以 $2^{\aleph_0} \leqslant \aleph^{\aleph_0} \leqslant \aleph^\aleph$. 但 $2^{\aleph_0} = \aleph^\aleph = \aleph$，所以 $\aleph^{\aleph_0} = \aleph$.

下面的定理指出了基数不同运算之间的联系.

定理 4.2.4 若对于集 $M = \{m\}$ 中一切元素 m 都有同一基数 $\kappa_m = \kappa$ 与之对应，则有：

(1) $\sum\limits_{m \in M} \kappa_m = \kappa \cdot \overline{\overline{M}}$;

(2) $\prod\limits_{m \in M} \kappa_m = \kappa^{\overline{\overline{M}}}$.

其中 $\overline{\overline{M}}$ 是集 M 的基数.

证明 设集 A_m 的基数 $\overline{\overline{A}}_m = \kappa_m$. 既然对应于集 M 的任意元的基数是相同的，即可设这些 A_m 都等价于某一个抽象集合 A：
$$A \sim A_m \sim \cdots \sim A_p \sim \cdots \sim A_q \sim \cdots$$

为证明第一个等式. 考虑卡氏积 $A \times M = \{\langle a, m\rangle \mid a \in A, m \in M\}$. 现在对任一固定的 $m \in M$ 构造一个集合 $B_m = \{x \mid x = \langle a, m\rangle, a \in A$ 而 $m \in M$ 固定$\}$. 令 $f(\langle a, m\rangle) = a$；显然对于任何 $a \in A$ 都有 $\langle a, m\rangle \in B_m$，使得 $f(\langle a, m\rangle) = a$，就是说 f 是 B_m 到 A 的满射. 此外，若 $\langle a_1, m\rangle \neq \langle a_2, m\rangle$，因为一个分量已经相同，所以必有 $a_1 \neq a_2$，于是 $f(\langle a_1, m\rangle) \neq f(\langle a_2, m\rangle)$；这样，映射 f 就是一一的了. 因此 $A \sim A_m \sim B_m$，于是对于所有如此构造出来的 $B_m, \cdots, B_p, \cdots, B_q, \cdots$ 都与 A 等价，即有
$$\kappa = \overline{\overline{A}} = \overline{\overline{A}}_m = \overline{\overline{B}}_m = \cdots = \overline{\overline{A}}_p = \overline{\overline{B}}_p = \cdots \overline{\overline{A}}_q = \overline{\overline{B}}_q = \cdots$$

另一方面，显然有
$$A \times M = B_m \cup \cdots \cup B_p \cup \cdots \cup B_q \cup \cdots = \bigcup_{m \in M} B_m$$

从而有
$$\overline{\overline{A \times M}} = \overline{\overline{\bigcup_{m \in M} B_m}} \tag{1}$$

按定义知 $\overline{\overline{\bigcup\limits_{m \in M} B_m}} = \sum\limits_{m \in M} \overline{\overline{B}}_m = \sum\limits_{m \in M} \overline{\overline{A}}_m = \sum\limits_{m \in M} \kappa$；又根据定义，$\overline{\overline{A \times M}} = \overline{\overline{A}} \cdot \overline{\overline{M}}$，从而由上述(1)而得证第一个等式.

至于第二个等式的证明，首先有 $\prod\limits_{m \in M} \overline{\overline{A}}_m = \prod\limits_{m \in M} \overline{\overline{A}} = \prod\limits_{m \in M} \kappa$. 由定义定义 4.2.1，又有
$$\prod_{m \in M} \overline{\overline{A}}_m = \overline{\overline{\prod_{m \in M} A_m}} = \prod_{m \in M} \overline{\overline{A}} = \overline{\overline{\prod_{m \in M} A}} \tag{2}$$

此外，$\prod\limits_{m \in M} A = A^M$，故 $\overline{\overline{\prod\limits_{m \in M} A}} = \overline{\overline{A^M}}$. 又由定义 4.2.1，知 $\overline{\overline{A^M}} = \overline{\overline{A}}^{\overline{\overline{M}}} = \kappa^{\overline{\overline{M}}}$. 从而 $\overline{\overline{\prod\limits_{m \in M} A_m}} = \kappa^{\overline{\overline{M}}}$. 结合(2) 即得 $\prod\limits_{m \in M} \kappa_m = \kappa^{\overline{\overline{M}}}$.

所证明的定理表明，即使是在无限的领域内，依然保持着相同的加项相加导致相乘，而相同的因子相乘导致乘幂.

最后来证明一个十分重要的使集合的幂集与基数的指数联系起来的定理.

定理 4.2.5 设 $\kappa = \overline{\overline{A}}$，则 $2^\kappa = \overline{\overline{P(A)}}$.

证明 取 $2 = \overline{\overline{B}} = \overline{\overline{\{0, 1\}}}$，我们来证明 $P(A) \sim B^A$.

设 $X \in P(A)$（所以 $X \subseteq A$）并且由

$$f_X^{①}(x) = \begin{cases} 1, & x \in X \\ 0, & x \in A - X \end{cases}$$

来定义 $f_X(x)$. 按这定义，$f_A(x) \equiv 1, f_\varnothing(x) \equiv 0$.

因为对于每个 $x \in A$，都有唯一的 $f_X(x) \in B$ 与之对应，所以 $f_X(x)$ 是一个 A 到 B 的映射，如此 $f_X(x) \in B^A$. 若对任意的 $X \in P(A)$，令 $\varphi(X) = f_X(x)$，则得映射 $\varphi : P(A) \to B^A$.

下面证明 φ 是一一映射.

如果 $X_1, X_2 \in P(A)$ 且 $X_1 \neq X_2$，则必然存在 $x_0 \in A$，使得 $x_0 \in X_1$ 和 $x_0 \notin X_2$（因此 $x_0 \in A - X_2$）；或者存在 $x_1 \in X_2$ 和 $x_0 \notin X_1$. 这样，$f_{X_1}(x_0) = 1 \neq 0 = f_{X_2}(x_0)$. 因此，$f_{X_1}(x) \neq f_{X_2}(x)$ 或者 $\varphi(X_1) \neq \varphi(X_2)$. 所以 φ 是单射.

设 $f \in B^A$ 是任意的，设 $C = \{x \mid f(x) = 1\}$，则 $C \subseteq A$. 所以 $C \in P(A)$，而且显然 $f = f_C(x)$. 因此，$\varphi(C) = f$，即 φ 是满射.

定理 4.2.5 用基数表示就是 $2^{\overline{\overline{A}}} = \overline{\overline{2^A}}$，这样一来，记号 $\overline{\overline{2^A}}$ 无论是当作基数 2 的 $\overline{\overline{A}}$ 次幂，还是当作集合 A 的幂集的基数，都不会影响它的大小. 因为 $2^{\aleph_0} = \aleph$，所以我们有：一个可数集的所有子集的集合具有基数 $\aleph$.

作为最后的定理的一个直接应用，让我们来考虑集合 A^N. 其中 $A = \{0, 1, 2, \cdots, 9\}$，而 N 是自然数的集合. A^N 的每一个元素是一个映射 f，对于每个正整数 n，f 的映象是集合 A 中的一个数. 假如对于每个 $f \in A^N$，我们设 $F(f) = 0.f(1)f(2)f(3)\cdots$，则对于每个 f 来说，$F(f)$ 是 0 与 1 之间的某个数的十进制展开式. 可是，我们经常会碰到这样的情况，即存在一个整数 k_0，使得对于所有

---

① 不难发现，实际上 f_X 就是集合 X 的特征函数.

的 $k \geqslant k_0$,$f(k)=0$.其实,当 $F(f)$ 是一个有理数的时候,就会出现这样的情况. 例如,我们可能有 $F(f)=0.312\,400\,0\cdots$,同时假设 $F(g)=0.312\,399\,9\cdots$,则 $F(f)$ 和 $F(g)$ 是同一个有理数的十进制展开式. 为了避开这一点,我们约定,如果对某 $k \in \mathbf{N}$,有 $f(k) \neq g(k)$,则 $F(f)$ 和 $F(g)$ 是不同的. 然后,设 D 是所有上述的从某个数位起全为零的无穷的十进制展开式的集合,因为这样的展开式是用区间 $[0,1)=\{x \mid 0 \leqslant x<1, x \in \mathbf{R}\}$ 中的有理数来表示的. 所以,D 是可数的. 此外,设 E 表示所有不是从某数位起全为零的无穷的十进制展开式的集合. 在前面我们已看出 $E \sim [0,1]$,因此具有基数 $\aleph$,则 $\overline{\overline{D \cup E}} = \aleph$,并且容易证实 $F: A^{\mathbf{N}} \xrightarrow{——映射} D \cup E$. 因此,$10^{\aleph_0} = \overline{\overline{A^{\mathbf{N}}}} = \overline{\overline{D \cup E}} = \aleph$.

因为,使用底数 10 完全是无关紧要的. 这就是说,对于任一底数 $n>1$(其中 $n \in \mathbf{N}$),$[0,1]$ 的元素亦具有如上的展开式. 而类似的研究说明,对于每个大于 1 的有穷基数 n,有 $n^{\aleph_0} = \aleph$. 特殊的,$2^{\aleph_0} = \aleph$ 是我们以前就得到过的结论.

上面的定理对于计算基数的幂也提供了一些技巧. 例如,如果 n 是有穷的,那么

$$\aleph^n = (2^{\aleph_0})^n = 2^{\aleph_0 \cdot n} = 2^{\aleph_0} = \aleph, \quad \aleph^{\aleph_0} = (2^{\aleph_0})^{\aleph_0} = 2^{\aleph_0 \cdot \aleph_0} = 2^{\aleph_0} = \aleph$$

和

$$\aleph_0^{\aleph_0} = (2 \cdot \aleph_0)^{\aleph_0} = 2^{\aleph_0} \cdot \aleph_0^{\aleph_0} = 2^{\aleph_0 \cdot \aleph_0} \cdot \aleph_0^{\aleph_0}$$

$$= (2^{\aleph_0})^{\aleph_0} \cdot \aleph_0^{\aleph_0} = (2^{\aleph_0} \cdot \aleph_0)^{\aleph_0}$$

$$= (\aleph \cdot \aleph_0)^{\aleph_0} = \aleph^{\aleph_0} = \aleph$$

4.3 基数运算的进一步性质

在选择公理的假设下,无穷基数的运算还有若干个重要的性质. 现在,我们利用选择公理的等价命题 —— 佐恩引理 —— 来证明它们.

定理 4.3.1(倍等定理) 设 κ 为任意的无穷基数,则 $\kappa + \kappa = \kappa$.

证明 设 A 是基数为 κ 的集合,那么 A 是无穷集合. 为了叙述方便起见,用 A 构造两个与其等势的集合

$$A' = \{\langle x,0\rangle \mid a \in A\}, A'' = \{\langle x,1\rangle \mid a \in A\}$$

同时,如果 X 是 A 的子集,则用 X', X'' 记 A', A'' 的相应子集

$$X' = \{\langle x,0\rangle \mid a \in X\}, X'' = \{\langle x,1\rangle \mid a \in X\}$$

暂时不管有没有从 $A' \cup A''$ 到 A 上的双射,我们考虑可能的 $X' \cup X''$ 到 X 上的一一映射 f,其中 X 是 A 的真子集. 用 "Σ" 记一切这样 f 的集合. 现在来看

真包含序集$\langle \Sigma, \subset \rangle$. 对于$f, g \in \Sigma$, 所谓$f \subset g$意指映射$g$是映射$f$的延拓①. 所考虑的集合$\Sigma$不是空的, 例如, 若取子集$X$可数, 则$X'$与$X''$亦将是可数的, 由此并集$X' \bigcup X''$也可数. 如此, 存在$X' \bigcup X''$到$X$的一一映射.

以下将对序集$\langle \Sigma, \subset \rangle$用佐恩引理. 为此设$\Phi \subset \Sigma$是一个链(即对任何的$f, g \in \Phi$, 或者$g$是$f$的延拓, 或者$f$是$g$的延拓). 显然, 映射族$\Phi$的并$f_\Phi$是映射. 记$\overline{X} = \operatorname{ran} f_\Phi \subset A$, 不难验证$\operatorname{dom} f_\Phi = \overline{X'} \bigcup \overline{X''}$, 其中$\overline{X'}$与$\overline{X''}$是与$\overline{X}$对应的$A'$与$A''$的子集. 也不难验证$f_\Phi$是单射. 这样, f_Φ就是$\overline{X'} \bigcup \overline{X''}$到$\overline{X}$上的双射, 故$f_\Phi \in \Phi$. 如此$f_\Phi$是$\Phi$的上界.

这说明Σ的任一链都有上界, 由佐恩引理, Σ有极后元$f_0 : X_0' \bigcup X_0'' \to X_0$, 其中$X_0 \subset A$. 下面证明差集$A - X_0$是有限的. 事实上, 如果$A - X_0$无穷, 我们就可取它的一个无穷可数子集$Y$. 相应的, 得到$A' - X_0'$与$A'' - X_0''$的无穷可数子集$Y', Y''$. 于是存在从$Y' \bigcup Y''$到$Y$的双射$h : h \in \Sigma$. 现在
$$\operatorname{dom} f_0 = X_0' \bigcup X_0''$$
$$\operatorname{dom} h = Y' \bigcup Y'' \subset (A' - X_0') \bigcup (A'' - X_0'')$$
二者不相交. 故$f_0 \bigcup h$是映射, 且属于Σ. 因为$f_0 \bigcap h = \varnothing$, 故按包含序, 映射$f_0 \bigcup h$严格后于$f_0$. 这就同$f_0$在$\Sigma$中极后矛盾.

既然$A - X_0$有限, 那么, 由于A无穷, 故X_0无穷. 并且$\kappa = \overline{\overline{A}} = \overline{\overline{X_0}}$. 同样
$$\kappa = \overline{\overline{A'}} = \overline{\overline{X_0'}}, \kappa = \overline{\overline{A''}} = \overline{\overline{X_0''}}$$
最后, 因$f_0 \in \Sigma$, 故
$$\overline{\overline{X_0' \bigcup X_0''}} = \overline{\overline{X_0}}$$
于是
$$\kappa + \kappa = \overline{\overline{X_0' \bigcup X_0''}} = \overline{\overline{X_0}} = \kappa$$

推论(加法吸收律) 若两个基数κ, λ至少有一个无穷, 则$\kappa + \lambda$等于κ, λ中的较大者.

证明 不失一般性, 设$\kappa \leqslant \lambda$, 于是只要证明$\kappa + \lambda = \lambda$.

由$\kappa \leqslant \lambda$及定理4.3.1, 有
$$\lambda = \lambda + 0 \leqslant \lambda + \kappa \leqslant \lambda + \lambda = \lambda$$
故$\kappa + \lambda = \lambda$.

---

① 设f, g是两个映射, $\operatorname{dom} f \subset \operatorname{dom} g$, 如果对任意$x \in \operatorname{dom} f$, 有$g(x) = f(x)$, 则称$g$是$f$的延拓, 记作$f \subset g$.

定理 4.3.2(幂等定理)[①] 对于任意的无穷基数 κ,均有 $\kappa \cdot \kappa = \kappa$.

证明 设 A 是基数为 κ 的集合,那么 A 是无穷集合.并且它将包含各式各样的无穷真子集.现在考虑所有这样的无限真子集 $X \subset A$ 连同 X 与 $X \times X$ 之间的一一映射的族 Σ.详细地说,Σ 的元素是一个有序对 $\langle X, f \rangle$,其中 X 是 A 的无限真子集,而 $f: X \to X \times X$ 是一个一一对应(双射).这样的集合以及双射是存在的,例如,我们能找到一个无限可数真子集 $X \subset A$,以及 X 与 $X \times X$ 之间的一一对应.

容易验证,集合 Σ 在映射的延拓下形成一个部分有序集:如果 $X_1 \subset X_2$,则有

$$\langle X_1, f_1 \rangle \prec \langle X_2, f_2 \rangle$$

这里规定:若 $x \in X_1$,有 $f_1(x) = f_2(x)$.

要用佐恩引理,首先必须验证 Σ 的任一链都有上界.设某些集(与双射)构成一个链 Φ,考虑这些集合的并 $\bigcup_{m \in \Phi} X_\Phi$.既然双射延拓了彼此,我们就得到了那些映射的并 $\bigcup_{m \in \Phi} f_\Phi$,有

$$\bigcup_{m \in \Phi} f_\Phi : \bigcup_{m \in \Phi} X_\Phi \to (\bigcup_{m \in \Phi} X_\Phi) \times (\bigcup_{m \in \Phi} X_\Phi)$$

映射 $\bigcup_{m \in \Phi} f_\Phi$ 是一个双射.事实上,如果 b 与 b' 是 $\bigcup_{m \in \Phi} f_\Phi$ 的两个不同元素,并且属于链的不同元素,那么 b 与 b' 都将属于两个链的较大集合,因此 $\bigcup_{m \in \Phi} f_\Phi(b) \neq \bigcup_{m \in \Phi} f_\Phi(b')$.

现在来证明 $\bigcup_{m \in \Phi} f_\Phi$ 是一个满射,对于任意有序对

$$\langle b, b' \rangle \in (\bigcup_{m \in \Phi} X_\Phi) \times (\bigcup_{m \in \Phi} X_\Phi)$$

考虑包含 b 和 b' 的两个链中的较大者,注意到 $\bigcup_{m \in \Phi} f_\Phi$ 导出这个集和它的平方之间的双射.

综上所述,$\langle \bigcup_{m \in \Phi} X_\Phi, \bigcup_{m \in \Phi} f_\Phi \rangle \in \Phi$ 并且 $\langle X, f_\Gamma \rangle$ 是 Φ 的上界.

这说明 Σ 的任一链都有上界,佐恩引理保证了 Σ 有一个极后元 $\langle X_0, f_0 \rangle$.由定义,f_0 是 X_0 和 $X_0 \times X_0$ 之间的一一对应,且有

$$\overline{\overline{X_0}} = \overline{\overline{X_0}} \times \overline{\overline{X_0}}$$

[①] 1906年,Hessenberg用良序定理证明了"超穷基数的幂等定理",1924年 Tarski 发表了"基数开方定理(如果 $\kappa^2 = \lambda^2$,则 $\kappa = \lambda$)与幂等定理均等价于选择公理"的证明,并提出基数倍等定理能否推出选择公理?这个问题一直到50年后,才由 Sageev(1973)与 Halpern 及 Howard(1974)作出否定的回答.

现在有两个可能性(注意到 $X_0 \subset A$,故 $\overline{\overline{X_0}} \leqslant \overline{\overline{A}}$).

(1) A 和 X_0 有相同的基数. 于是所有的四个集合 $A, X_0, A \times A$ 和 $X_0 \times X_0$ 都有相同的基数.

(2) X_0 的基数小于 A 的基数. 令 Y 为 A 的剩余部分: $C = A - X_0$,故

$$\overline{\overline{A}} = \overline{\overline{X_0}} + \overline{\overline{Y}} = \max\{\overline{\overline{X_0}}, \overline{\overline{Y}}\}$$

因此 Y 与 A 有相同的基数,并且大于 X_0 的基数. 令 $Z \subset Y$ 是 Y 的一部分且与 X_0 有相同的基数. 用 Y' 来记(不相交的)并 $Y' = X_0 \cup Z$.

Y' 的两部分(即 X_0 和 Z)都与 X_0 有相同的基数. 因而, $Y' \times Y'$ 由四个部分组成;每个部分都与 $X_0 \times X_0$ 以及 X_0 有相同的基数(由假设, f_0 是 X_0 和 $X_0 \times X_0$ 之间的双射). 只需加一个 Z 与 $(Y' \times Y') - (X_0 \times X_0)$(这个集由基数都是 $\overline{\overline{X_0}}$ 的三部分组成,故两个集的基数都是 $\overline{\overline{X_0}}$)之间的双射,则双射 f_0 就可以延拓到双射 $f': Y' \to Y' \times Y'$.

因此, $\langle Y', f' \rangle$ 后于 $\langle X_0, f_0 \rangle$. 但按佐恩引理, $\langle Y', f' \rangle$ 又是极后元. 因而,情形(2)是不可能的.

推论 1(乘法吸收律) 若非零基数 κ, λ 至少有一个无穷,则 $\kappa \times \lambda$ 等于 κ, λ 中的较大者.

推论 2 如果 A 为无限集,则以 A 中元素组成的有序 n 元组为元素的集 A^n 与 A 有相同的基数.

这个论断的证明可以对 n 归纳而得. 事实上,如果 $\overline{\overline{A^n}} = \overline{\overline{A}}$,则

$$\overline{\overline{A^{n+1}}} = \overline{\overline{A^n}} \cdot \overline{\overline{A}} = \overline{\overline{A}} \cdot \overline{\overline{A}} = \overline{\overline{A}}$$

推论 3 如果 A 为无限集,则以 A 中元素组成的有限序列为元素的集 A^* 与 A 有相同的基数.

事实上, $A^* = A \cup A^2 \cup A^3 \cup \cdots$(长度为 $1, 2, 3, \cdots$ 的有限序列). 每个部分与 A 都有相同的基数. 因此 $\overline{\overline{A^*}}$ 等于 $\overline{\overline{A}} \cdot \aleph_0 = \overline{\overline{A}}$.

推论 3 蕴含着一个无限集 A 的所有有限子集的集合与 A 有相同的基数. 事实上,将每个有限序列对应到它的元素的集合中的映射是一个满射. 因此, A 的有限子集的集介于 A 与 A^* 之间.

定理 4.3.3 设 κ 为无穷基数,则 $\kappa^\kappa = 2^\kappa$.

证明 因为 $\kappa \leqslant 2^\kappa$,所以 $\kappa^\kappa \leqslant (2^\kappa)^\kappa = 2^{\kappa \cdot \kappa} = 2^\kappa \leqslant \kappa^\kappa$,于是 $\kappa^\kappa = 2^\kappa$.

4.4 葛尼格定理

在前面我们已经看到,无穷基数的运算有一些极其特殊的性质,不能将自然数的运算性质随便应用于无穷基数. 我们再举一个例子说明之.

设 I 是任一集合,同时给出两个基数集 $\{\alpha_i \mid i \in I\}, \{\beta_i \mid i \in I\}$. 如果对于任意的 $i \in I$,都有 $\alpha_i < \beta_i$,则我们只能推出

$$\sum_{i \in I} \alpha_i \leqslant \sum_{i \in I} \beta_i \text{ 和 } \prod_{i \in I} \alpha_i \leqslant \prod_{i \in I} \beta_i$$

而不能推出严格的不等式

$$\sum_{i \in I} \alpha_i < \sum_{i \in I} \beta_i \text{ 和 } \prod_{i \in I} \alpha_i < \prod_{i \in I} \beta_i$$

例如,取 $I = \{1, 2, 3, \cdots\}$,令 $\alpha_i = i-1, \beta_i = i$,则有 $\alpha_i < \beta_i (i \in I)$. 但是根据基数加法与乘法的定义容易得出

$$0+1+2+3+\cdots = \aleph_0, 1+2+3+\cdots = \aleph_0.$$

即

$$\sum_{i \in I} \alpha_i = \sum_{i \in I} \beta_i$$

然而对于基数的和及积之间,有着一个严格的不等式. 它是葛尼格(Julius König,1849—1913)1905 年给出的.

葛尼格定理 设 $\{\alpha_i \mid i \in I\}, \{\beta_i \mid i \in I\}$ 是两个基数集合,其中 I 为指标集合. 如果对于任意的 $i \in I$,都有 $\alpha_i < \beta_i$,则下列不等式成立

$$\sum_{i \in I} \alpha_i < \prod_{i \in I} \beta_i$$

证明 选取两个集合族 $\{A_i \mid i \in I\}$ 和 $\{B_i \mid i \in I\}$,使诸 A_i 是互不相交的各具有势 α_i 的集,诸 B_i 是各具有势 β_i 的集.

在承认选择公理的情况下,可以假设 I 为良序集[①]. 为简单起见,我们用 $1, 2, 3, \cdots$ 记 I 的若干元. 因诸 B_i 可用与其对等的集来代替而不影响 $\prod_{i \in I} \beta_i$ 的大小,故由 $\alpha_i < \beta_i$,可假定 A_i 是 B_i 的真子集,令 $C_i = B_i - A_i$,则有 $B_i = A_i \cup C_i$,而 $C_i \supset \varnothing$.

今由

---

① 参看第四章相关内容.

$$A = \sum_{i \in I} A_i = A_1 \cup A_2 \cup A_3 \cup \cdots \cup A_i \cup \cdots$$

$$B = \prod_{i \in I} B_i = \langle B_1, B_2, B_3, \cdots, B_i, \cdots \rangle$$

而来证明 $\overline{\overline{A}} < \overline{\overline{B}}$，其中 B 是元复合 $p = \langle b_1, b_2, b_3, \cdots, b_i, \cdots \rangle (b_i \in B_i)$ 的集.

首先有 $\overline{\overline{A}} \leq \overline{\overline{B}}$. 事实上，若以 c_i 表示 $C_i = B_i - A_i$ 中的一个固定元，则下列元复合的每一个

$$\langle a_1, c_2, c_3, \cdots, c_i, \cdots \rangle \quad (a_1 \in A_1)$$
$$\langle c_1, a_2, c_3, \cdots, c_i, \cdots \rangle \quad (a_2 \in A_2)$$
$$\vdots$$
$$\langle c_1, c_2, c_3, \cdots, a_i, \cdots \rangle \quad (a_i \in A_i)$$
$$\vdots$$

（注意它们只有一个 a_i，其余都是固定元 c！）当其中 a_i "走遍" 所属的集 A_i 时，分别构成 B 的一个子集；这些子集互不相交，且各与 $A_1, A_2, \cdots, A_i, \cdots$ 对等；由此可见，A 与 B 的一子集对等.

另一方面，设

$$P = \sum_{i \in I} P_i = P_1 \cup P_2 \cup P_3 \cup \cdots \cup P_i \cup \cdots$$

是 B 的一个与 A 对等的子集（其中 $P_i \sim A_i$）；我们证明，它不能与整个 B 全同，从而等式 $\overline{\overline{A}} = \overline{\overline{B}}$ 不成立，因此只剩下 $\overline{\overline{A}} < \overline{\overline{B}}$.

现考察属于 P_i 的一切元复合

$$p_i = \langle b_{i1}, b_{i2}, b_{i3}, \cdots, b_{ii}, \cdots \rangle$$

而特别是其中的元 b_{ii}；这些 b_{ii} 组成了一个在 B_i 中的且其势小于或等于 $\overline{\overline{A_i}}$ 的集 D_i（因既然只有 $\overline{\overline{A_i}}$ 个 p_i，而属于不同 p_i 的 b_{ii} 又不必不相同，故至多只有 $\overline{\overline{A_i}}$ 个 b_{ii}）. 因此有 $D_i \subset B_i$ 或

$$B_i = D_i \cup E_i, E_i \supset \varnothing$$

对于每一 $i \in I$，我们从 E_i 中任取一元 e_i，则元复合

$$p = \langle e_1, e_2, e_3, \cdots, e_i, \cdots \rangle$$

与所有的 p_i 都不同 $(e_i \neq b_{ii})$，而且对于每一个 i 都如此，故 p 不属于 P，因而 $P = B$ 是不可能的. 这就证明了葛尼格的定理.

特殊的，如果定理中 $0 < \alpha_1 < \alpha_2 < \alpha_3 < \cdots$ 是一列递增的基数，则有

$$\alpha_1 + \alpha_2 + \alpha_3 + \cdots < \alpha_2 \alpha_3 \alpha_4 \cdots$$

或，当我们令

$$\alpha=\alpha_1+\alpha_2+\alpha_3+\cdots,\beta=\alpha_1\alpha_2\alpha_3\cdots$$

时

$$\alpha=\alpha_1+\alpha_2+\alpha_3+\cdots<1\cdot\alpha_2\alpha_3\cdots\leqslant\alpha_1\alpha_2\alpha_3\cdots=\beta\leqslant\alpha\alpha\alpha\cdots=\alpha^{\aleph_0}$$

$$\alpha<\beta\leqslant\alpha^{\aleph_0}$$

可见存在满足 $\alpha<\alpha^{\aleph_0}$ 的势 α，而且有无限多个，因为我们可用一任意大的 α_1 开始，但也存在着同样是无限多的且满足 $c<c^{\aleph_0}$ 的势 c，这就是具有形式 $\vartheta^{\aleph_0}$ 的势，因

$$(\vartheta^{\aleph_0})^{\aleph_0}=\vartheta^{\aleph_0\cdot\aleph_0}=\vartheta^{\aleph_0}$$

其次，在葛尼格定理中，取 $I=N,\beta_i=2$. 于是得到

$$\sum_{i\in N}1<\prod_{i\in N}2$$

即

$$1+1+1+\cdots<2\cdot 2\cdot 2\cdot\cdots$$

根据基数运算的性质，上式就是

$$\aleph_0=\overline{\overline{N}}<\overline{\overline{P(N)}}=2^{\aleph_0}$$

此即康托不等式. 因此，康托定理是葛尼格定理的特殊情形.

葛尼格定理有几个重要的推论，它对连续统问题提供了一些肯定性的结论.

推论 1 $2^{\aleph_0}$ 不可能是可数多个更小的基数的和.

证明 如果对任一 $i\in\mathbf{N}$，都有 $\alpha_i<2^{\aleph_0}$，则根据葛尼格定理得到

$$\sum_{i\in\mathbf{N}}\alpha_i<\prod_{i\in\mathbf{N}}2^{\aleph_0}$$

根据基数的运算性质有

$$\prod_{i\in\mathbf{N}}2^{\aleph_0}=(2^{\aleph_0})^{\aleph_0}=2^{\aleph_0\cdot\aleph_0}=2^{\aleph_0}$$

所以

$$\sum_{i\in\mathbf{N}}\alpha_i<\prod_{i\in\mathbf{N}}2^{\aleph_0}$$

推论 2 $2^{\aleph_0}\neq\aleph_\omega$.

证明 反证法. 假若 $2^{\aleph_0}=\aleph_\omega$. 因为对于任一 $i\in\mathbf{N}$，都有 $\aleph_i<\aleph_\omega$，所以 $\aleph_i<2^{\aleph_\omega}$. 由葛尼格定理得到

$$\sum_{i\in\mathbf{N}}\aleph_i<\prod_{i\in\mathbf{N}}2^{\aleph_0}$$

于是

$$\aleph_\omega = \sum_{i\in \mathbf{N}} \aleph_i < \prod_{i\in \mathbf{N}} 2^{\aleph_0} = 2^{\aleph_0}$$

这与假设矛盾. 所以

$$2^{\aleph_0} \neq \aleph_\omega$$

这几个推论都肯定了 $2^{\aleph_0}$ 不能等于什么,是对 $2^{\aleph_0}$ 的限制性结果.

第四章 序型理论

§1 序型的基本概念

1.1 有序集

有理数的全体 **Q** 是可数的

$$r_1, r_2, r_3, \cdots$$

我们知道,任何两个有理数之间,必有其他的有理数,所以两个有理数之间有无数个有理数.因此上述的 $r_1, r_2, r_3, \cdots$ 绝非按(数的)大小序排列的.依(数的)大小序排列 **Q** 中一切有理数是不可能的事情.

自然数集合 **N**,写成

$$0, 1, 2, \cdots$$

时,有"小者居左"的次序.所以 **Q** 和 **N** 虽然对等,但假如加上(数的)大小次序概念,那么 **Q** 和 **N** 就有差异了.

在第一章所讲到的集合,并不涉及其元素之间的次序.在本章,恰恰相反,把集里元素间的次序当作主要问题.序的概念可以抽象地定义.

定义 1.1.1 对于集合 A,如果可以指出一种规则,使得 A 中不同的任意两个元素 a 与 b 可以排一种先后的次序,并且满足下列条件(次序公理):

(1) 若 a 在 b 之先时,则 b 不在 a 之先;

(2) 若 a 在 b 之先,b 在 c 之先,则 a 在 c 之先,称这种集 A 为有序集①.

如果 a 在 b 之先时,则 b 在 a 之后.以符号
$$a < b, b > a$$
分别记之.这时亦称 a 是 b 的先驱,b 是 a 的后继.

在定义中所说的规则,称为次序规则.有序集的概念中包含了序规则的三歧性:

(3) 对于任意的 $x, y \in A$,或者 $x < y$,或者 $x = y$,或者 $x > y$.

从抽象的观点来看,集合 A 上的序亦可看作 A 上的满足反对称性(1),传递性(2),三歧性(3) 的一个二元关系.

讲到有序集 A 总是要同它的次序规则一并考虑.今设有两个集
$$A = \{a, b, c\}, B = \{b, c, a\}$$
其次序是依 $\{\ \}$ 中所写的那样,那么 A 与 B 是两个不同的有序集.

与这事有联系的,就是"有序集的子集"这一名词有其特殊的用法.设 A 为一有序集,B 是其子集,则 B 中任何两个元素在 A 中有其固定的先后次序,今后我们理解这两个元素在 B 中亦有与在 A 中同样的次序.显然,这种规定就成了 B 的次序规则.

因此,当我们称 B 是有序集 A 的子集时,那么 B 就一定是有序集,所有 B 的元素都属于 A,而且这些元素在 A 中与在 B 中有相同的次序.

例如,设
$$A = \{a, b, c\}, B = \{a, b\}, C = \{b, a\}$$
那么 B 是 A 的子集,而 C 不是.

下面是几个具体的有序集的例子.

(1) 设 A 是实数集.对于 A 中任何两个数,令小的数在先,于是决定了 A 的次序规则,称此种次序为自然的次序.

(2) 如果对于实数集,作与上相反的次序,令大的数在先,亦得一次序规则.例如自然数的全体依照这个次序规则,则得如下的有序集
$$\{\cdots, 5, 4, 3, 2, 1, 0\}$$

(3) 由 n 个元素所构成的有限集合可以有 $n!$ 种不同的次序规则.

(4) 每一个正整数数 n 可以唯一地写成如下的形式

---

① 严格地说,我们这里所定义的有序集应该称为线性序集或全序集(即序规则满足反对称性,传递性以及三歧性).线性序集的概念是德国数学家康托尔 1895 年在系统整理良序集的理论时提出的,后人称之为全序.它已经成为现代数学中最基本的概念之一.

$$n = 2^k(2m+1) \quad (k=0,1,2,\cdots; m=0,1,2,\cdots)$$

我们现在给以如下的规定：对于数 $n = 2^k(2m+1)$ 以 $n' = 2^{k'}(2m'+1)$，当 $k < k'$ 或是 $k = k', m < m'$ 时，规定 n 在 n' 之先．用这种次序规则，可将正整数集排成下列次序

$$1,3,5,7,9,\cdots$$
$$2,6,10,14,18,\cdots$$
$$4,12,20,28,36,\cdots$$
$$\vdots$$

不同行的元素，上面的行居先，而在同一行中的元素，则以自然的次序为次序．例如

$$7 < 2, 18 < 12, 28 < 36$$

(5) 复数可以唯一地写成

$$z = r \cdot (\cos\alpha + i\sin\alpha) \quad (r \geqslant 0; 0 \leqslant \alpha < 2\pi)$$

r 是模数，α 是辐角①．我们规定：两个复数，模数较小者居先，模数相同时，辐角较小者居先．于是，对于复数全体决定了次序规则．

假定 A 是一个有序集，$a \in A$．如果 a 之前没有 A 的其他元素，则称 a 是 A 的首元素（亦称最先元素、最小元素）．相似地可以定义末元素（最后元素、最大元素）的概念．又若 $a < b < c$，则称 b 在 a 与 c 之间．位于两个元素 a,b 之间一切元素 x 的集，叫作有序集 A 的开区间 (a,b)．如果区间 (a,b) 补充上其两"端"，即元素 a 与 b，就得闭区间 $[a,b]$②．

有序集可能包含空区间．例如一切自然数的有序集的形如 $(n, n+1)$ 的区间都是空的．

有序集 A 的元素 a 与 b 叫作相邻的，如果区间 (a,b) 是空的．此时，a 称为 b 的左邻元，b 称为 a 的右邻元．

在以后，讲到有序集时，为方便起见，常常简单地用大写拉丁字母表示有序集，而等式 $A = B$ 则表示 A, B 不仅有相同的元素，而且具有相同的序关系．当个别的元已给出时，则从左到右的写法同时也表出了序规则，因而

$$A = \{\cdots, a, \cdots, b, \cdots c, \cdots\}$$

是一个这样的集，其中 $a < b < c$，而诸点则表示在 a 之先，a 与 b 之间，b 与 c 之间以及 c 之后都还存在着其他的元．因此

---

① 对于 $z = 0$，规定 $\alpha = 0$．

② 区间 (a,b) 仅补上一个端，就得到半区间 $[a,b) = a \bigcup (a,b)$ 与 $(a,b] = (a,b) \bigcup b$．

$$A = \{a, \cdots, b, \cdots\}$$

是一个这样的集,其中 a 之前没有元:a 为首元.

$$A = \{\cdots, b, \cdots c\}$$

是一个这样的集,其中 c 之后没有元:c 为末元.

$$A = \{\cdots, a, b, \cdots\}$$

是一个这样的集,其中 a,b 之间没有元,a 与 b 为相邻元.

1.2 有序集的相似

为了比较两个不同的有序集,引入下面的概念.

定义 1.2.1 设 A 与 B 是两个有序集,两者之间存在如下的一一对应 φ,使得当 $a,b \in A, a < b$ 时,有 $\varphi(a) < \varphi(a)$,那么称 φ 为使 A 与 B 彼此叠合的对应.

换句话说,两个有序集间的叠合对应保持元素间的次序.

定义 1.2.2 如果两个有序集 A,B 间存在着彼此叠合的对应,则称 A 与 B 是彼此相似的. 记作 $A \backsimeq B$.

定理 1.2.1 如果有序集是彼此相似的,那么它们是对等的.

因为由定义,相似的两集间存在着一一对应.

容易看到,对于有限集合,上述定理是可逆的.

定理 1.2.2 设 A 与 B 是两个有限的有序集,则当 A 与 B 的元素个数相同时,两集是彼此相似的.

为了证明本定理,我们先证明下面的引理.

引理 若 A 是一有限的有序集,则 A 必有首元素.

事实上,任取 A 中的一个元素 a,如果它已经是首元素,则定理成立. 如果不是,那么 A 中必有元素 b 在 a 之前. 如果 b 是 A 的首元素,则证明证毕. 否则 A 中又有元素 c 在 b 之前. 这样的步骤只能继续进行有限次,从而必定能得到 A 的首元素,因为从有限集合中分出无穷多个不同的元素是不可能的.

推论 设 A 是一个有限的有序集,由 n 个元素组成,则它的元素可以编号排成如下次序

$$a_1 < a_2 < \cdots < a_n$$

事实上,取 A 的首元素为 a_1,取 $A - \{a_1\}$ 的首元素为 a_2,如此继续这种步骤,就得到 $a_1 < a_2 < \cdots < a_n$.

至此,定理 1.2.2 的成立就很明显了. 如果 A 和 B 都是由 n 个元素组成的集合,由推论,可以将 A,B 中的一切元按先后编号. 令同号的元素相对应即得.

对于无穷集,定理 1.2.2 之逆不真. 例如
$$A=\{1,2,3,\cdots\},B=\{\cdots,3,2,1\}$$
则 A 与 B 是对等的两集(它们具有完全相同的元素). 但是它们不是相似的,因为 A 有首元素而 B 没有,而在叠合对应中,首元素一定对应首元素.

定理 1.2.3　设 A,B,C 是三个有序集,则:

(1) $A \cong A$;

(2) 如果 $A \cong B$,则 $B \cong A$;

(3) 如果 $A \cong B, B \cong C$,则 $A \cong C$.

证明留给读者.

定义 1.2.3　设 A 是一个有序集,$a \in A$. A 中居元素 a 之先的所有元素的全体,称为由元素 a 截 A 的初始段,以 $A(<a)$ 或 A_a① 记之. 相应地,A 中一切不后于 a 的元素的集,称为 A 被 a 截的余段,记作 $A(\geqslant a)$.

要注意的是:元素 a 并不属于 A_a. 如果 a 是 A 的首元素,则 A_a 为空集. 有序集 A 的初始段是 A 的有序子集.

由于 $A(<a)$ 中的元素均先于 a,故 $A(<a)$ 亦称 a(关于 A 的)的真先段. 类似的,可定义 a(关于 A 的)的先段:$A(\leqslant a)=\{x \mid x \leqslant a, x \in A\}$ 及真后段 $A(>a)$.②

由定义,不难验证:

1° 有序集 A 的若干个截段的并仍为 A 的一个截段;

2° 有序集 A 的截段的截段仍为 A 的一个截段.

设 $a \in A$,又 A_a 为由 a 截 A 的初始段. 设 A 的元素 b 在元素 a 之先,那么 A 及 A_a 被 b 截下的初始段是相同的
$$A_b = (A_a)_b$$
因此,有序集的任何两个初始段,其中有一初始段是另一初始段的初始段. 所以如果对于一个有序集的一切初始段,称为 H,可以给它如下的次序规则:当 $A_b \subset A_a$ 时,或者说 $b < a$ 时,称 A_b 居 A_a 之先. 于是可知下列定理成立:

定理 1.2.4　有序集 A 的一切初始段的全体 H 与 A 相似.

事实上,令 a 与 A_a 对应即得.

例如,$A=\{a,b,c\}$,则 $H=\{\varnothing,\{a\},\{a,b\}\}$. 此二集相似.

---

① $A(<a)$ 亦记作 A_a 或 $A(a)$,而 $A(\leqslant a)$ 记作 $A[a]$.

② $x \leqslant a$ 表示 $x < a$ 或者 $x = a$.

1.3 序型

从前我们从两集等价的概念导入"基数"的定义. 现在我们利用相似的概念来定义有序集的序型.

同基数一样,我们也把序型作为一个新的数学对象.

定义 1.3.1 设 A 是一个有序集,A 的序型(记为 $\overline{A}$)是这样的一个初始概念,它具有下面的性质:$\overline{A}=\overline{B}$ 当且仅当 $A \backsimeq B$.

如果允许类的概念,则序型可以具体地定义为与 A 有相同序型的所有有序集的类

$$\overline{A} = \{x \mid x \text{ 是有序集且 } x \backsimeq A\}$$

在这样的意义之下,序型的概念是彼此相似的有序集类概念的抽象,恰如基数的概念是彼此等价集类概念的抽象. 基数的概念是数量概念,序型的概念是次序概念. 基数是可以比较大小的,但不能讨论序型的大小,以后我们将遇到一种特殊的序型——序数,它们像基数一样,可以比较大小.

设 α 为一序型,显然,有同一序型 α 的所有集具有相同的基数,记此基数为 $\overline{\alpha}$. 则当 $\overline{A}=\alpha$ 时,$\overline{\overline{A}}=\overline{\alpha}$.

若序型 $\alpha=\beta$,则 $\overline{\alpha}=\overline{\beta}$. 但其逆是不真的.

对于一些常遇到的序型,规定它们的记号如下:

数集

$$A = \{1, 2, \cdots, n\}$$

在通常数的小于关系下作成有序集(凡是由 n 个元素所组成的有序集均同此:一个由 n 个元素组成的集合可用 $n!$ 种方法对它的元素进行编序(排列),但所形成的有序集都与序集 $\{1,2,\cdots,n\}$ 相似),它的序型即以 n 记之. 于此,记号 n 既是 A 的基数,也是 A 的序型. 这种记号的双重性不会产生什么不方便之处.

空集与单元素集看作有序集时,它们的序型记作 0 和 1.

一切自然数所构成的集合,以通常的小于作序关系时

$$\mathbf{N} = \{0, 1, 2, \cdots, n, \cdots\}$$

记其序型为 ω,$\overline{\mathbf{N}} = \omega$.

一切自然数所构成的集合,以通常的大于作序关系时

$$\mathbf{N}^* = \{\cdots, n, \cdots, 2, 1, 0\}$$

记其序型为 ω^*.

显然的,$\overline{\omega^*} = \overline{\omega}$,但是 $\omega^* \neq \omega$.

一般地说,设 A 是一个次序规则为 ψ 的有序集,则以同样的元素可以另作

一个有序集 A^*，其次序规则 ψ^* 恰好与 ψ 相反．就是说：对于 $a \in A, b \in A$，依照 ψ 是 $a < b$ 时，则依照 ψ^* 是 $a > b$．如果 A 的序型为 α，则记 A^* 的序型为 α^*．

容易明白，$(\alpha^*)^* = \alpha$．特别对于有限序集，满足等式 $n^* = n$．

一切整数的全体在通常的小于作序时

$$\{\cdots, -3, -2, -1, 0, 1, 2, 3, \cdots\}$$

记其序型为 π．显然 $\pi^* = \pi$．

有理数的全体 **Q**，以通常的小于作序时，记其序型为 η，则 $\eta^* = \eta$．

实数区间 $(0,1)$ 中有理数的集与同区间的二进制有理数（即以 2 的幂为分母的分数）的集是相似的，二者都是 η 型．它们的对应关系，我们要立即扩充对整个区间有效的相似关系

$$y = f(x) \quad (0 < x \leqslant 1, 0 < y \leqslant 1)$$

兼使二进制有理数 x 与有理数 y 成一一对应，这可按如下方法实现．将区间 $0 < x \leqslant 1$ 与 $0 < y \leqslant 1$ 分别插入 $\frac{1}{2}, \frac{1}{4}, \frac{1}{8}, \cdots$ 及 $\frac{1}{2}, \frac{1}{3}, \frac{1}{4}, \cdots$ 而分成部分区间

$$\left(\frac{1}{2}\right)^{n_1} < x \leqslant \left(\frac{1}{2}\right)^{n_1 - 1}$$

及

$$\frac{1}{n_1 + 1} < y \leqslant \frac{1}{n_1}$$

其中 n_1 是一自然数．对此，可改成

$$x = \left(\frac{1}{2}\right)^{n_1}(1 + x_1) \quad (0 < x_1 \leqslant 1)$$

$$y = \frac{1}{n_1 + 1 - y_1} \quad (0 < y_1 \leqslant 1)$$

若对 x_1, y_1 重复上面的方法无限推演下去，则最后对 x 得二进制分式

$$x = \left(\frac{1}{2}\right)^{n_1} + \left(\frac{1}{2}\right)^{n_1 + n_2} + \left(\frac{1}{2}\right)^{n_1 + n_2 + n_3} + \cdots$$

对 y 得连分式

$$y = \cfrac{1}{(n_1 + 1) - \cfrac{1}{(n_2 + 1) - \cfrac{1}{(n_3 + 1) - \cdots}}}$$

其中 $\langle n_1, n_2, n_3, \cdots \rangle$ 是一自然数列．由同一 n 介成的 x, y 间的对应即具有所要求的性质，它使二进制有理数 x 与有理数 y 成一一对应．

此外它还使得有理数 x(但非二进制的)与二次无理数^① y 成一一对应(闵可夫斯基).

最后,对于实数的全体 **R**,给予其元素间以通常的小于关系时,记其序型为 λ,则 $\lambda^* = \lambda$.

易见任何一个开区间(不能是闭区间!)的序型也是 λ,因为存在一个 $(a,b) = \{x\}$ 到 $\mathbf{R} = \{y\}$ 可作如下的对应

$$y = \tan\frac{(2x-a-b)x}{2(b-a)}$$

这是一个相似对应.

1.4 稠密的序型与连续的序型·有序集的分割

定义 1.4.1 一个无限有序集称为无边界的,如果它没有首元和末元.

定义 1.4.2 一个无限有序集称为稠密的,如果它没有相邻元,即是要求在每一元的先后或在每二元之间总存在着该序集的其他元.

我们也用同样的术语称呼它们的型:无边界的型,稠密的型.

例如,自然次序中的有理数集的型 η 及实数集的型 λ,都是无边界的,也是稠密的.

定理 1.4.1 若 A 是可数的有序集,B 是无边界且稠密的,则 A 相似于 B 的一个子集.

证明 设 $A = \{a_1, a_2, \cdots, a_n, \cdots\}$^②,今断言,$A$ 可在序保持不变的情况下映射到 B 的一个子集上.

我们先指定 B 的任一元与 a_1 对应,然后应用归纳法:设对于 $A_n = \{a_1, a_2, \cdots, a_n\}$ 的诸元已按所要求的方式各有映象与之对应,则对于 a_{n+1} 亦应如此.今 a_{n+1} 或介于 A_n 的二元之间,或 $a_{n+1} < A_n$,或 $a_{n+1} > A_n$.因此,我们只需在 B 的二元之间或在其一元(即 A_n 首元的映象)之先或在其一元之后找出 B 的另一元即可,而这是可能的,因为 B 是无边界且稠密的.由此可见,a_{n+1} 具有一个适当的映象,从而知对于一切 a_n 可在序保持不变的情况下依次使有映象与之对应.

---

① 所谓二次无理数,是满足某有理数系数的一元二次方程的无理数.例如,无理数 $\sqrt{2}$ 满足方程 $x^2 - 2 = 0$,$\sqrt{2}$ 是一个二次无理数.可以证明,二次无理数都能表示成拥有周期的连分数形式.见《代数学教程(第三卷.数论原理)》卷.

② 这里 $\{a_1, a_2, \cdots, a_n, \cdots\}$ 中的元自左到右的次序并不表示 A 的序.

定理 1.4.2　两个无边界且稠密的可数集是相似的.

证明　设 $A=\{a_1,a_2,\cdots,a_n,\cdots\}$ 与 $B=\{b_1,b_2,\cdots,b_n,\cdots\}$ 都是无边界且稠密的,因而可将 A 映射到 B 的一子集上,也可将 B 映射到 A 的一子集上[①],而当我们将个别的对应手续交替地从两个方向实施时,也可将 A 映射到 B 上. 若令 a_1 对应于 b_1,并写成 $a^1=a_1, b^1=b_1$. 于是应用归纳法:设在序保持不变的情况下已作出有序对 $\langle a^1,b^1\rangle,\langle a^2,b^2\rangle,\cdots,\langle a^n,b^n\rangle$,而集 $A^n=\{a^1,a^2,\cdots,a^n\}$ 与 $B^n=\{b^1,b^2,\cdots,b^n\}$,因而已相似地彼此对应. 现在要添入有序对 $\langle a^{n+1},b^{n+1}\rangle$. 当 n 为偶数时,可取 a^{n+1} 为不属于 A^n 的诸 a_k 中具有最小足标 k 的,而取 b^{n+1} 为对 B^n 处于像 a^{n+1} 对 A^n 同样地位的诸 b_k 中具有最小足标 k 的. 当 n 为奇数时,则"相反"地取 b^{n+1} 为尚未映射的诸 b_k 中具有最小足标的,而取 a^{n+1} 为符合序关系的诸 a_k 中具有最小足标的. 由于两个集的无边界性与稠密性,上述适当映射的存在是肯定的,而同时在映射过程中也没有一个元会被"遗漏"掉. 因此 $A \backsimeq B$.

由定理 1.4.1（这里不论 A 或 B 都可以用 η 型的有理数集代之）及定理 1.4.2 即得:

定理 1.4.3　每一无边界的稠密序集都含有一 η 型的子集. 每一无边界且稠密的可数序集都是 η 型的.

型 η 和 λ 都是稠密的,为了找出它们的差异,我们作以下一般性的讨论.

所谓有序集 A 的(有序)分割,如我们所知,即是把集 A 分解为两个非空的子集(两个组) P 与 Q,使得其中之一,例如 P(称为"先组")的每一元素先于第二集合 Q(称为"后组")的所有元素.

可能的分割之型如下:

(1) 先组 P 有最大元素 a 而后组 Q 有最小元素 b,这样的分割叫作间隔.

此时显然 (a,b) 是空区间. 反之,有序集 A 的任何空区间 (a,b) 都唯一地对应一个间隔 (P,Q),其中 P 由一切 $x \leqslant a$ 所组成,而 Q 是由一切 $y \geqslant b$ 所组成.

(2) 先组有最大元素 a,但后组 Q 没有最小元素.

(3) 先组没有最大元素,但后组 Q 有最小元素 a.

第(2)(3)种类型的分割叫作戴德金分割. 元素 a 叫作由此分割所定义的元素.

(4) 先组没有最大元素,同时后组也没有最小元素.

[①] 类似对等定理的相似定理（若两集中的每一集都与另一集的一个子集相似,则此二集本身即相似）是错误的! 例:一个有端点和一个没有端点的区间.

这种分割叫作孔隙.

有序集 A 的一切孔隙之集本身即可形成一有序集:当 $\pi=(P,Q)$ 而 $\pi'=(P',Q')$ 时,如果 $P\subset P'$,定义 $\pi\prec\pi'$.

没有间隔的有序集称为是稠密的,例如有理数集,但它有孔隙.既无间隔又无孔隙的集称为在戴德金的意义下连续的;换言之,有序集叫作连续的,如果其中所有的分割都是戴德金分割.例如实数集(故有数连续统,连续统势诸名称).它是由填补有理数集的孔隙(用无理数)而形成的,这是曾经戴德金实施过的著名方法,可移用于任一稠密集 A,此外可假定此稠密集 A 是无边界的.考虑下列分解

$$A = P \cup Q$$

其中 P 无末元,Q 可能有首元也可能没有.如前所述,所有这种分割的集合 $\Pi=\{\pi=(P,Q)\}$ 是有序集.

进一步我们断言:Π 是连续的.首先,因 Π 是稠密的,π 与 π' 之间存在其他的 π'',这是因为即在 P' 与 $P'\supset P$ 之间总存在着其他的 P''.事实上,因 $P'-P$ 无末元,故含有无限多个元素,如设 a 为 $P'-P$ 的一个元,但非首元,并设 P'' 为 A 中一切 $\prec a$ 的元所组成的集,则有 $P\subset P''\subset P'$.

其次,Π 也没有孔隙.设 $\Pi_1\cup\Pi_2$ 将 Π 分解成一"先组"和一"后组",这里 Π_1,Π_2 均是分割的集合,并且每一 $\pi(P,Q)\in\Pi_1$ 均先于 $\pi'=(P',Q')\in\Pi_2$,换句话说,此处通盘成立 $P\subset P'$.今构作一切 P 的并 $P''=\cup P$ 及一切相应补集 $Q_1(A=P\cup Q_1)$ 的交 $Q''=\cap Q_1$,则 $\pi''=(P'',Q'')$ 又提供一分解 $A=P''\cup Q''$,故 P'' 为 A 的一先段且显然无末元.又由 $P\subset P'$ 得 $P''\subseteq P'$,即通盘成立 $P\subseteq P''\subseteq P'$,因而 π'' 非 Π_1 的末元就是 Π_2 的首元,$\Pi_1\cup\Pi_2$ 是一分割,既非间隔亦非孔隙.故 Π 是连续的.

再采用下列术语:

"有序集 A 的子集 B 叫作在 A 内稠密,如果 A 的任二元之间总至少存在着 B 的一元"(可见此时 A,B 本身都是稠密的).

定理 1.4.4 假设 A 是连续的无边界的有序集,而 B 是 A 的稠密子集.这时在集 $A-B$ 的元素与 B 的一切孔隙的(有序集)集之间存在着相似关系.

证明 假设 a 是 $A-B$ 的任一元素.用 $B(a)$ 表示 B 的一切先于 a 的元素的集,而用 $B[a]$ 表示一切后于 a 的元素的集.容易看出,分解 $\pi_a=(B(a),B[a])$ 是集 B 的一个分割,而且是一孔隙(例如 $B(a)$ 内有最大的元素 b,那么 b 与 a 之间就连 B 的一个元素也没有了).同时显然,对于集 $A-B$ 的两个不同元素 a,a' 对应着不同的孔隙 $\pi_a=(B(a),B[a])$ 与 $\pi_{a'}=(B(a'),B[a'])$,并由 $a\prec$

a' 可得 $\pi_a \prec \pi_{a'}$. 还要证明,对于集 B 的每个孔隙 $\pi=(P,Q)$ 对应着元素 $a \in A-B$, 使得 $P=B(a), Q=B[a]$. 我们用 A' 表示一切 $x \in A$ 的集,使得 x 先于任一 $q \in P$. 假定 $A''=A-A'$. 容易看出 $P=B \cap A', Q=B \cap A''$ 而 (A',A'') 是 A 内的分割. 如果 a 是被 A 内的戴德金分割 (A',A'') 所定义的元素,那么就有 $P=B(a), Q=B[a]$.

定理 1.4.5 假设给定两个无边界的连续有序集 A_1 与 A_2,且有各在这两集内稠密的集 B_1 与 B_2. 如果 B_1 与 B_2 相似,那么集 A_1 与 A_2 也彼此相似.

实际上,存在于两集 B_1 与 B_2 之间的相似对应关系(记作 φ)产生了两集 A_1-B_1 与 A_2-B_2 的孔隙集之间的相似对应 ψ. 容易看出,映射 ψ 与 φ 共同给出 A_1 与 A_2 之间的相似对应,定理证毕.

现在,连续统型 λ 可用下述定理标明其特征:

定理 1.4.6 每一连续集都含有一 λ 型的子集. 每一无边界的连续集,若有一可数集在其中稠密,则是 λ 型的.

证明 设 A 是连续的,此外并可假定它是无边界的. 根据定理 1.4.3 知它含有一 η 型的子集 B. 若 $\pi=(P,Q)$ 是 B 的一孔隙,则 P,Q 之间至少存在 A 的一个元,否则,不难看出,A 亦将具有一孔隙. 由此可见,A 含有一由 B 经填补孔隙而成的即 λ 型的子集 C. 另一方面,若 B 同时在 A 中稠密(每一在 A 中稠密的集仍是无边界且稠密的,因此,当其可数时为 η 型),则在 P,Q 之间也只能存在 A 的唯一的一元,就是说,$A=C$. 至此,定理得证.

1.5 有序 n 元组的推广·任意个集合的直乘积

利用有序集,还可将集合的 n 维直乘积推广到更一般的情形.

为了定义任意多个因子(集)的直积,我们先扩充有序 n 元组的概念.

对于一有序集 $M=\{\cdots,m,\cdots,n,\cdots,q,\cdots\}$① 的每一元 m, 使各有某一元 a_m 与之对应,或换句话说,在 M 中定义了一映射 $f(m)=a_m$, 将这些元(映象)依 M 中元素的次序并列一起,即提供一所谓元复合

$$p=\langle \cdots, a_m, \cdots, a_n, \cdots, a_q, \cdots \rangle$$

或称(依康托)诸元 m 的一个用诸元 a_m 作成的覆盖,认为 A 的元素被覆盖了.

两个覆盖,当且仅当对于每一 m 使其各有相同的元 a_m(作为映象)与之对应时相等,即

---

① 应当指出,这里集 $\{\cdots,m,\cdots,n,\cdots,q,\cdots\}$ 隐含着序: $\cdots \prec m \prec \cdots \prec n \prec \cdots \prec q \prec \cdots$, 并且我们没有限定 M 是有限集或可数集.

$$\langle\cdots,a_m,\cdots,a_n,\cdots,a_q,\cdots\rangle = \langle\cdots,a_m{}',\cdots,a_n{}',\cdots,a_q{}',\cdots\rangle$$

当且仅当 $\cdots,a_m = a_m{}',\cdots,a_n = a_n{}',\cdots,a_q = a_q{}',\cdots$.

由此,M 的一个元复合,确定了 M 的一个映射;反之,定义在 M 上的一个映射亦可确定 M 的一个元复合.

这样一来,任一实数序列

$$a_1,a_2,\cdots,a_n,\cdots$$

均可看作在有序集 $\langle N,<\rangle$ 的元复合.

若对于每一 $m \in M$ 使各有一集 A_m 与之对应,则形成一个集覆盖

$$P = \langle\cdots,A_m,\cdots,A_n,\cdots,A_q,\cdots\rangle$$

并同时把它定义为覆盖集,即元复合 $p = \langle\cdots,a_m,\cdots,a_n,\cdots,a_q,\cdots\rangle$ 的构成集,其中 $\cdots,a_m$ "走遍" A_m 的一切元,$\cdots,a_n$ "走遍" A_n 的一切元,$\cdots,a_q$ "走遍" A_q 的一切元,$\cdots\cdots$. P 即定义为诸集 $\cdots,A_m,\cdots,A_n,\cdots,A_q,\cdots$ 的直乘积. 应用希腊字母 Π 作为直乘积的简写记号,也可将 P 写成

$$P = \prod_{m \in \langle M,<\rangle} A_m$$

使 m 对应于 A_m,或在 M 中定义一映射 $F(m) = A_m$,完全一致,此映射的映象不是元而是集. 而直乘积 P 即是一切如下的映射 $f(m)$ 的集,对于这种映射,有: $f(m) \in F(m)$ 对于每一 $m \in M$.

我们通过例子来说明.

(1) 设 $M = \langle\{0,1\},<\rangle$,令 $F(0) = A_0 = \{a,b\}$,$F(1) = A_1 = \{c,d\}$,则

$$\prod_{m \in \langle M,<\rangle} A_m = \{\langle a,c\rangle,\langle b,c\rangle,\langle a,d\rangle,\langle b,d\rangle\}$$

我们可用矩阵

$$\begin{bmatrix} a & c \\ b & c \\ a & d \\ b & d \end{bmatrix}$$

来表示 $\prod_{m \in \langle M,<\rangle} A_m$.

这种矩阵称为直乘积的表示矩阵,将它的每一行看作一个有序对,它的四行恰好表示了 $\prod_{m \in \langle M,<\rangle} A_m$ 的四个元素,即这一矩阵表示了直乘积 $A_0 \times A_1$.

直乘积的表示矩阵,每一行表示直乘积的一元素. 因此行之间可以交换,这是因为直乘积 $\prod_{m \in \langle M,<\rangle} A_m$ 的元素之间是无序的. 例如矩阵

$$\begin{bmatrix} b & c \\ a & c \\ a & d \\ b & d \end{bmatrix} \text{和} \begin{bmatrix} b & d \\ c & d \\ a & c \\ b & c \end{bmatrix}$$

等都与 $\begin{bmatrix} a & c \\ b & c \\ a & d \\ b & d \end{bmatrix}$ 表示相同的直乘积,然而,由于 M 是一有序集,故列之间是不能交换的.

(2) 设 $M=\langle\{0,1,2\},<\rangle$,令 $F(0)=A_0=\{\alpha,\beta,\gamma\}$,$F(1)=A_1=\{c,d,e\}$,$F(2)=A_2=\{a,b\}$,这时,可直接列出直乘积 $\prod_{m\in\langle M,<\rangle} A_m$ 的表示矩阵如下

$$\begin{bmatrix} \alpha & c & a \\ \alpha & c & b \\ \alpha & d & a \\ \alpha & d & b \\ \alpha & e & a \\ \alpha & e & b \\ \beta & c & a \\ \beta & c & b \\ \beta & d & a \\ \beta & d & b \\ \beta & e & a \\ \beta & e & b \\ \gamma & c & a \\ \gamma & c & b \\ \gamma & d & a \\ \gamma & d & b \\ \gamma & e & a \\ \gamma & e & b \end{bmatrix}$$

所求的直乘积有 18 个元素,当 M 为有限集合且数目 $|M|$ 较大时,直乘积的矩阵表示法比集合表示方便.

有时 $\prod_{m\in\langle M,<\rangle} A_m$ 被简单的记成 $\prod_{m\in M} A_m$,但要留意的是与前面定义的超积

$\prod_{i \in I} A_i$ 的区别. 在那时,指标集 I 一般说来不是有序集,而 $\prod_{i \in I} A_i$ 的元素是映射;而这里 M 是有序集,$\prod_{m \in M} A_m$ 是元复合的集. 然而正如前面所述,它们之间存在着一定的联系.

例如,将例(1)中的 $M = \{0, 1\}$ 看作指标集,令 $\Gamma = \{A_i \mid i \in M\}$,则集合族 Γ 的超积 $\prod_{m \in M} A_m$ 为

$$\prod_{m \in M} A_m = \{\{\langle 0, a\rangle, \langle 1, c\rangle\}, \{\langle 0, b\rangle, \langle 1, c\rangle\}, \{\langle 0, a\rangle, \langle 1, d\rangle\}, \{\langle 0, b\rangle, \langle 1, d\rangle\}\}$$

容易看出,$\prod_{m \in \langle M, <\rangle} A_m$ 中的元素是 $\prod_{m \in M} A_m$ 中元素的各个映象依原象的次序(在 M 中)"排列"而成. 实际上,$\prod_{m \in \langle M, <\rangle} A_m$ 隐含着 $\prod_{m \in M} A_m$ 中的 4 个映射.

最后,若一切 A_m 都相同($= A$),则以

$$P = A^M$$

定义幂①,即全部因子都相同的直乘积(A 为底,指数为 M).

可见这是所有这样的元复合 $p = \langle \cdots, a_m, \cdots, a_n, \cdots, a_q, \cdots\rangle$ 的集,这种元复合的元都属于 $A(\cdots, a_m \in A, \cdots, a_n \in A, \cdots, a_q \in A, \cdots)$;或所有这样的映射 $a = f(m)$ 的集,这种映射使每一 $m \in M$ 对应于一元 $a \in A$(作为映象).

§2 序型的运算

2.1 序型的和

在本节,为明确起见,我们把有序集连同它的序规则一并写成有序对的形式.

设 $\langle A, <_1\rangle, \langle B, <_2\rangle$ 是满足 $A \cap B = \varnothing$ 的两个序集. 现在以 $\langle A, <_1\rangle$,$\langle B, <_2\rangle$ 来构造一个新的序集 $\langle A \cup B, <\rangle$,其中序关系"$<$"是这样规定的:集 $A \cup B$ 中 A 的诸元 a 及 B 的诸元 b 保持原有的序关系,而每一 a 均后于每一 b($a < b$).

这样得到的新的序集 $\langle A \cup B, <\rangle$ 称为序集 $\langle A, <_1\rangle$ 与 $\langle B, <_2\rangle$ 的有序并. $\langle A, <_1\rangle$ 与 $\langle B, <_2\rangle$ 的有序并记作

---

① 注意,这时集 $\{1, 3, 5, \cdots\}$ 是隐含着序关系"$<$"的,下同.

$$\langle A, <_1 \rangle \bigcup \langle B, <_2 \rangle$$

由此$\langle A \cup B, < \rangle = \langle A, <_1 \rangle \bigcup \langle B, <_2 \rangle$. 显然,$\langle A, <_1 \rangle \bigcup \langle B, <_2 \rangle \neq \langle B, <_2 \rangle \bigcup \langle A, <_1 \rangle$. 例如,$\langle A, <_1 \rangle = \langle \{正奇数\}, < \rangle = \{1,3,5,\cdots\}$,$\langle A, <_2 \rangle = \langle \{正偶数\}, < \rangle = \{2,4,6,\cdots\}$,则

$$\langle A, <_1 \rangle \bigcup \langle B, <_2 \rangle = \{1,3,5,\cdots,2,4,6,\cdots\}$$

$$\langle A, <_2 \rangle \bigcup \langle B, <_1 \rangle = \{2,4,6,\cdots,1,3,5,\cdots\}$$

我们也可以说:在$\langle A \cup B, < \rangle = \langle A, <_1 \rangle \bigcup \langle B, <_2 \rangle$中,整个集$A$被置于整个集$B$之先. 一般地,若$A,B$是同一有序集(序关系为$<$)的子集,则$A < B$可与

$$a < b \quad (a \in A, b \in B)$$

表示同一意义;关系$a < B$,$A < b$可类似理解.

若$\langle C, <_3 \rangle$,$\langle D, <_4 \rangle$为不相交的有序集,且$\langle C, <_3 \rangle \subseteqq \langle A, <_1 \rangle$,$\langle D, <_4 \rangle \subseteqq \langle B, <_2 \rangle$,则$\langle C, <_3 \rangle \bigcup \langle D, <_4 \rangle \subseteqq \langle A, <_1 \rangle \bigcup \langle B, <_2 \rangle$. 这就使我们有理由引入下列定义:

定义 2.1.1 设α,β为两个序型,$\langle A, <_1 \rangle$,$\langle B, <_2 \rangle$是满足$A \cap B = \varnothing$,$\overline{A}=\alpha$,$\overline{B}=\beta$的任意两个有序集,则有序并$\langle A, <_1 \rangle \bigcup \langle B, <_2 \rangle$的序型称为序型$\alpha$,$\beta$的和,记作$\alpha + \beta$.

在简单的情形下,被加项的次序由写法自明.

(1) $2+3=5$,因为当$\overline{A}=2$,$\overline{B}=3$时而$A \cap B = \varnothing$,$\overline{A \cup B}=5$. 一般地说,对于互不相交的有限个有限集的并集,序型的新定义与平常(自然数)和的意义是一致的.

(2) $1+\omega = \omega$. 事实上,序型为$1+\omega$的集,其形式是

$$\{a, b_1, b_2, \cdots, b_n, \cdots\}$$

它的序型是ω.

(3) 可是$\omega + 1 \neq \omega$. 因为序型是$\omega + 1$的集,其形式是

$$\{b_1, b_2, \cdots, b_n, \cdots, a\}$$

这是有末元的集.

用此方法易知$1+\omega \neq \omega+1$,所以序型的加法是不服从交换律的.

(4) $\omega^* + \omega = \pi$. 但是$\pi^* + \omega = \omega + \omega^*$.

(5) $1+\lambda+1$乃是闭区间$[a,b]$的序型.

一般地,设对于一有序集$\langle M=\{m\}, < \rangle$的每一元素$m$有一有序集$\langle A_m, <_m \rangle$与之对应,而这些集之间两两不相交. 我们定义诸$\langle A_m, <_m \rangle$之有序并

$$\langle \bigcup_{m\in M} A_m, < \rangle = \bigcup_{m\in M} \langle A_m, <_m \rangle$$

为由一切 $A_m(m\in M)$ 的元素所组成的,其序关系 $<$ 为:对于每一 m,诸元 $a_m \in A_m$ 间保持原有的序关系 $<_m$,而对于 $m,n \in A$,若 $m<n$,则置整个 A_m 于整个 A_n 之先:$A_m < A_n$.

若将各有序并项用与其相似的有序集(自然仍需互不相交)代替,则有序并亦变为一相似有序集,从而可以引入如下定义:

定义 2.1.2 设对于一序集 $\langle M=\{m\}, < \rangle$ 的每一元素 m,各有一序型 α_m 与之对应,则序型的和 $\sum_{m\in M} \alpha_m$,即是上述有序并

$$\langle \bigcup_{m\in M} A_m, < \rangle = \bigcup_{m\in M} \langle A_m, <_m \rangle$$

的序型,其中诸 A_m 是两两不相交的.

如前,序型 α,β 的和不满足交换律:$\alpha+\beta \neq \beta+\alpha$,但易证结合律是成立的:

定理 2.1.1 设 α,β,γ 是三序型,则 $(\alpha+\beta)+\gamma = \alpha+(\beta+\gamma)$.

故此和即可记为 $\alpha+\beta+\gamma$.

下面我们举出一些例子.

(1) 含"$<$"关系的正自然数集 $\langle\{1,2,\cdots,n,\cdots\}, <\rangle$ 可由有序集 $\langle\{1,2,\cdots,n-1\}, <\rangle$ 与有序集 $\langle\{n,n+1,\cdots\}, <\rangle$ 的有序并

$$\langle\{1,2,\cdots,n,\cdots\}, <\rangle = \langle\{1,2,\cdots,n-1\}, <\rangle \cup \langle\{n,n+1,\cdots\}, <\rangle$$

其中第二并项的序型仍是 ω,故得

$$n+\omega = \omega$$

相反,$\omega+n$ 是有序集

$$\{n,n+1,\cdots,1,2,\cdots,n-1\}$$

的序型,而此序集因有最大元,故绝非 ω 型,因此

$$\omega+n \neq n+\omega$$

显然,$\omega+1,\omega+2,\omega+3,\cdots$,两两互异.

(2) 下面表示将奇数放在偶数之先而两类数各自依照大于或小于作为序关系的有序集

$$1, \quad 3, \quad 5, \quad \cdots, \quad 2, \quad 4, \quad 6, \quad \cdots$$
$$1, \quad 3, \quad 5, \quad \cdots, \quad \cdots, \quad 6, \quad 4, \quad 2$$
$$\cdots, \quad 5, \quad 3, \quad 1, \quad 2, \quad 4, \quad 6, \quad \cdots$$
$$\cdots, \quad 5, \quad 3, \quad 1, \quad \cdots, \quad 6, \quad 4, \quad 2$$

它们分别具有序型

$$\omega+\omega, \omega+\omega^*, \omega^*+\omega, \omega^*+\omega^*$$

容易看出，这些序型也是各不相同的，且与序型 $\omega+n$ 及其逆序型 $n+\omega^*$ 也不同。$\omega^*+\omega$ 也是一切整数按普通小于关系下组成的序集

$$\{\cdots,-2,-1,0,1,2,\cdots\}$$

的序型。

（3）若对于每一个自然数 m，有一个自然数 a_m 与之对应，则当自然数序列分解成各含有 a_m 个项的诸群时，即得下列序型方程

$$\sum_{m\in M} a_m = a_1 + a_2 + a_3 + \cdots = \omega$$

例如①

$$1+1+1+\cdots = \omega$$
$$1+2+3+\cdots = \omega$$

相反，若将自然数序列分解成可数多个部分序列时，如

$$\{1,2,4,\cdots\} \cup \{3,5,8,\cdots\} \cup \{6,9,13,\cdots\} \cup \cdots$$

则又产生一新型

$$\sum_{m\in M}\omega = \omega+\omega+\omega+\cdots$$

当逆转有序并集的序时，每一并项的序以及并集与并集间的次序均逆转，即若 $S=\bigcup_{m\in M} A_m$，则 $S^* = \bigcup_{m\in M} A_m^*$。

对于型，成立相应的等式。例如

$$(\alpha+\beta)^* = \beta^* + \alpha^*$$

2.2 序型的积

设 $\langle A, <_1 \rangle, \langle B, <_2 \rangle$ 是任意两个序集。类似于有序并，我们来考虑新的序集 $\langle A\times B, < \rangle$，其中集 $A\times B$ 中序关系"$<$"是这样规定的：如果第一个有序对的第一个元素（在 A 中）先于第二个有序对的第一个元素，或者它们的第一个元素相等，但是第一个有序对的第二个元素（在 B 中）先于第二个有序对的第二个元素，那么第一个有序对先于第二个有序对。即

$$\langle a_1,b_1\rangle < \langle a_2,b_2\rangle \text{ 当且仅当 } a_1 <_1 a_2，\text{或 } a_1=a_2 \text{ 而 } b_1 <_2 b_2.$$

这种排序有时称为字典排序法。

我们来证明，上面的规定确实是集合 $A\times B$ 上的序。

首先，任取 $A\times B$ 的两个不同元素

---

① 由于我们已同时写成 $1+1+1+\cdots = \aleph_0$，故将有限数不加区别地用作基数及序型可能引起混乱；但另一方面对于每个含有无限性符号的方程，却立刻可以看出它到底应是数方程还是型方程。

$$\langle x_1, x_2 \rangle \neq \langle y_1, y_2 \rangle$$

则
$$x_1 \neq y_1 \tag{1}$$

或
$$x_1 = y_1 \text{ 但 } x_2 \neq y_2 \tag{2}$$

等式(1)意味着$\langle x_1,x_2 \rangle < \langle y_1,y_2 \rangle (x_1 <_1 y_1$ 时) 或 $\langle y_1,y_2 \rangle < \langle x_1,x_2 \rangle (y_1 <_1 x_1$ 时);等式(2)将导致$\langle x_1,x_2 \rangle < \langle y_1,y_2 \rangle (x_2 <_2 y_2$ 时) 或 $\langle y_1,y_2 \rangle < \langle x_1, x_2 \rangle (y_1 <_1 x_1$ 时). 换句话说,$A \times B$ 的任何两个不同元素都是可以比较的.

对任意$\langle x_1, x_2 \rangle, \langle y_1, y_2 \rangle \in A_1 \times A_2$,设$\langle x_1, x_2 \rangle < \langle y_1, y_2 \rangle$,由规定要么 $x_1 <_1 y_1$,要么 $x_1 = y_1$ 且 $x_2 <_2 y_2$,当 $x_1 <_1 y_1$ 时,$\langle y_1, y_2 \rangle$ 不能先于 $\langle x_1, x_2 \rangle$;当 $x_1 = y_1$ 且 $x_2 <_2 y_2$ 时,$\langle y_1, y_2 \rangle$ 亦不能先于 $\langle x_1, x_2 \rangle$. 于是 $\langle y_1, y_2 \rangle \not< \langle x_1, x_2 \rangle$,< 是反对称的.

为了验证传递性,考虑 $A_1 \times A_2$ 中的任意三个元素 $\langle x_1, x_2 \rangle, \langle y_1, y_2 \rangle, \langle z_1, z_2 \rangle$. 并设
$$\langle x_1, x_2 \rangle < \langle y_1, y_2 \rangle \text{ 且 } \langle y_1, y_2 \rangle < \langle z_1, z_2 \rangle$$
根据定义,对于第一式有 $x_1 <_1 y_1$,或者 $x_1 = y_1$ 且 $x_2 <_2 y_2$;对于第二式有 $y_1 <_1 z_1$,或者 $y_1 = z_1$ 且 $y_2 <_2 z_2$;各种情况组合得到 $x_1 <_1 y_1 <_1 z_1$,或者 $x_1 <_1 y_1 = z_1$ 且 $x_2 <_2 z_2$,或者 $x_1 = y_1 <_1 z_1$ 且 $x_2 <_2 y_2$,或者 $x_1 = y_1 = z_1$ 且 $x_2 <_2 y_2 <_2 z_2$,于是 $x_1 <_1 z_1$,或者 $x_1 = z_1$ 且 $x_2 <_2 z_2$,由定义知 $\langle x_1, x_2 \rangle < \langle z_1, z_2 \rangle$,故 < 是传递的.

由上述方法得到的序集 $\langle A \times B, < \rangle$ 称为序集 $\langle A, <_1 \rangle$ 与 $\langle B, <_2 \rangle$ 的有序(直)积.

序集 $\langle A, <_1 \rangle$ 与 $\langle B, <_2 \rangle$ 的有序积记作
$$\langle A, <_1 \rangle \times \langle B, <_2 \rangle$$
这样 $\langle A \times B, < \rangle = \langle A, <_1 \rangle \times \langle B, <_2 \rangle$.

现在我们利用有序直积的概念来定义序型的积.

定义 2.2.1 设 α, β 为两个序型,$\langle A, <_1 \rangle, \langle B, <_2 \rangle$ 是满足 $\overline{A} = \alpha, \overline{B} = \beta$ 的任意两个序集,则有序直积 $\langle A, <_1 \rangle \times \langle B, <_2 \rangle$ 的序型称为序型 α, β 的积,记作 $\beta \cdot \alpha$[①](或 $\beta\alpha$).

---

① 可惜这里不能避免历史上遗留下的不便:$(A, <_1) \times (B, <_2)$ 的序型记作 $\beta \cdot \alpha$ 而不记作 $\alpha \cdot \beta$. 康托最初写成 $\alpha \cdot \beta$,后来又写成 $\beta \cdot \alpha$,后者已普遍通用;再度改回来势将永远搞不清.若采用逆字典排序法,即按末差的序,是可以避免这一不符现象的,但也还是不便.

设 $A=\{1,2\}, B=\{1,2,\cdots\}$，则 $\bar{A}=2, \bar{B}=\omega$．$\langle A\times B, \prec\rangle$ 是经字典式排序的有序对 $\langle a,b\rangle$ 的集，故有下列次序

$$\langle 1,1\rangle\langle 1,2\rangle\langle 1,3\rangle\cdots\langle 2,1\rangle\langle 2,2\rangle\langle 2,3\rangle\cdots$$

其型为 $\bar{B}\cdot\bar{A}=\omega\cdot 2=\omega+\omega$．而 $\langle B\times A, \prec\rangle$ 是在下列次序中的有序对 $\langle a,b\rangle$ 的集

$$\langle 1,1\rangle\langle 1,2\rangle\langle 2,1\rangle\langle 2,2\rangle\langle 3,1\rangle\langle 3,1\rangle\cdots$$

其型为 $\bar{B}\cdot\bar{A}=2\cdot\omega=\omega$．

相同序型的加将导致相乘，就是说：

定理 2.2.1 若 $\alpha_m=\alpha$ 而 μ 为 M 的序型，则有

$$\sum_{m\in M}\alpha_m=\alpha\cdot\mu$$

证明 设 $M=\{\cdots,m,\cdots,n,\cdots p,\cdots\}, \bar{A}=\alpha$．则 $\alpha\cdot\mu$ 是 $\langle M\times A, \prec\rangle$ 的序型，其中 $\langle M\times A, \prec\rangle$ 是经字典排序法为序关系的有序对 $\langle m,a\rangle$ 的集．设当 m 固定时这种有序对构成的有序集为 A_m，则有

$$\langle M\times A, \prec\rangle=\bigcup_{m\in M}\alpha_m$$

由此，因 $A_m\cong A$，即得所断言的序型等式．

由此可见，当我们"将 α 代入 μ"时，就是说，将一 μ 型序集的每一元用一 α 型序的集代入时，即得 $\alpha\cdot\mu$．

例如

$$\omega+\omega+\omega=\omega\cdot 3, 3+3+3+\cdots=3\cdot\omega=\omega$$

一般的有

$$n\cdot\omega=n+n+n+\cdots=\omega, \omega\cdot n=\omega+\omega+\omega+\cdots+\omega \quad (共计 n 项)$$

分配律只关于第二个因子成立，即：

定理 2.2.2 $\beta\cdot\sum_{m\in M}\alpha_m=\sum_{m\in M}\beta\cdot\alpha_m$，当因子 β 在后时，此式不成立．

事实上，设 $A=\bigcup_{m\in M}A_m$ 是有序集 $\langle A_m, \prec_m\rangle (m\in M)$ 的有序并，其中 $\bar{A_m}=\alpha_m$．对于任意有序集 B 有

$$\langle A\times B, \prec\rangle=\langle\bigcup_{m\in M}A_m\times B, \prec\rangle=\bigcup_{m\in M}\langle A_m\times B, \prec\rangle=\beta\cdot\sum_{m\in M}\alpha_m=\sum_{m\in M}\beta\cdot\alpha_m$$

此式由诸有序对 $\langle a,b\rangle$ 的字典排序直接可得：由此即得以上断言的序型方程，此方程亦可借"将 β 代入 $\alpha=\sum_{m\in M}\alpha_m$"而直接推知．特殊的

$$\gamma(\alpha+\beta)=\gamma\cdot\alpha+\gamma\cdot\beta$$

但一般不成立

$$\gamma(\alpha + \beta) = \gamma \cdot \alpha + \gamma \cdot \beta$$

例如
$$2 \cdot (\omega + 1) = 2 \cdot \omega + 2 = \omega + 2$$

实际上,用("代人")法
$$2 \cdot (\omega + 1) = 2 + 2 + 2 + \cdots + 2 = \omega + 2$$

相反
$$(\omega + 1) \cdot 2 = \omega + 1 + \omega + 1 = \omega \cdot 2 + 1 \neq \omega \cdot 2 + 1 \cdot 2$$

最后,序型的积运算成立:

定理 2.2.3 $(\beta \cdot \alpha)^* = \beta^* \cdot \alpha^*$.

证明 设 $\beta \cdot \alpha = \langle A, \prec_1 \rangle \times \langle B, \prec_2 \rangle = \langle A \times B, \prec \rangle$,则 $(\beta \cdot \alpha)^* = \langle A \times B, \prec \rangle^*$,而 $\beta^* \cdot \alpha^* = \langle A, \prec_1 \rangle^* \times \langle B, \prec_2 \rangle^* = \langle A, \prec_1^{-1} \rangle \times \langle B, \prec_2^{-1} \rangle = \langle A \times B, \prec' \rangle$.

任取 $\langle a_1, b_1 \rangle, \langle a_2, b_2 \rangle \in A \times B$. 设 $\langle a_1, b_1 \rangle \prec^{-1} \langle a_2, b_2 \rangle$,这时必有
$$a_1 \prec_1^{-1} a_2 \tag{1}$$

或
$$a_1 = a_2, b_1 \prec_2^{-1} b_2 \tag{2}$$

现在我们证明 $\langle a_1, b_1 \rangle \prec' \langle a_2, b_2 \rangle$. 当出现情况(1)时,根据有序直积序关系 $\prec'$ 的定义,自然 $\langle a_1, b_1 \rangle \prec' \langle a_2, b_2 \rangle$;当出现情况(2)时,亦有 $\langle a_1, b_1 \rangle \prec' \langle a_2, b_2 \rangle$. 故 $\langle a_1, b_1 \rangle, \langle a_2, b_2 \rangle \in \langle A \times B, \prec' \rangle$. 反之亦然. 故 $(\beta \cdot \alpha)^* = \beta^* \cdot \alpha^*$.

这等式表示当逆转有序直积的序关系时,每一个因子集的序关系亦应逆转,但各因子集间的序关系则不变(不同于相加时的情况).

将乘法推广到三个或多个因子是显而易行的. 如 $\langle A, \prec_1 \rangle \times \langle B, \prec_2 \rangle \times \langle C, \prec_3 \rangle = \langle A \times B \times C, \prec \rangle$ 是经字典排序的有序三元组 $\langle a, b, c \rangle (\in A \times B \times C)$ 的集合,即这里 $\langle a, b, c \rangle \prec \langle a_1, b_1, c_1 \rangle$ 是当 $a \prec_1 a_1$ 时,或当 $a = a_1$ 而 $b \prec_2 b_1$,或当 $a = a_1, b = b_1$,而 $c \prec_3 c_1$ 时成立,此有序序型即为 $\gamma \beta \alpha$. 显然结合律成立
$$\gamma(\beta \alpha) = (\gamma \beta) \alpha = \gamma \beta \alpha$$

对于任意有限多个因子可类似进行:设 $\langle A_i, \prec_i \rangle (i = 1, 2, \cdots, n)$ 是 n 个有序集,$\overline{A_i} = \alpha_i$,则
$$\langle A_1, \prec_1 \rangle \times \langle A_2, \prec_2 \rangle \times \cdots \times \langle A_n, \prec_n \rangle = \langle A_1 \times A_2 \times \cdots \times A_n, \prec \rangle$$
是经字典排序的有序 n 元组 $\langle a_1, a_2, \cdots, a_n \rangle (\in A_1 \times A_2 \times \cdots \times A_n)$ 的集合,即这里 $\langle a_1, a_2, \cdots, a_n \rangle \prec \langle b_1, b_2, \cdots, b_n \rangle$ 当且仅当下列条件之一成立:

(1) $a_1 \prec_1 b_1$;

(2) $a_1 = b_1$,而在 A_2 中有 $a_2 <_2 b_2$;

(3) $a_i = b_i, i = 1, 2, \cdots, k(k < n)$,而在 A_{k+1} 中有 $a_{k+1} <_{k+1} b_{k+1}$.

如果这些条件中没有任意一个被满足,则
$$\langle b_1, b_2, \cdots, b_n \rangle < \langle a_1, a_2, \cdots, a_n \rangle$$

容易验证,$\langle A_1 \times A_2 \times \cdots \times A_n, < \rangle$ 是一个有序集合,其序型即定义为有序集 $\langle A_i, <_i \rangle (i = 1, 2, \cdots, n)$ 序型 α_i 的积
$$\alpha_n \cdot \alpha_{n-1} \cdot \cdots \cdot \alpha_1$$

或记为 $\prod_{i=0}^{n-1} \alpha_{n-i}$.

此外,若 $\mathbf{N} = \{1, 2, 3, \cdots\}$ 是自然数集,则诸元复合(序列)
$$p = \langle a_1, a_2, a_3, \cdots \rangle \quad (a_m \in A_m)$$

亦可进行字典式编序,因为两个不同的元复合 p 及 $q = \langle b_1, b_2, b_3, \cdots \rangle$ 必有一首位差 m,即
$$a_1 = b_1, a_2 = b_2, a_3 = b_3, \cdots, a_{m-1} = b_{m-1}, a_m \neq b_m$$

于是,当 $a_m < b_m$ 时,定义 $p < q$. 这样编序后的积可记作 $\langle \prod_{m \in \mathbf{N}} A_m, < \rangle$,它的序型即称为 $\prod_{m \in \langle \mathbf{N}, > \rangle} \alpha_m$①.

若每一 A_m 都是自然数集,则得 $\prod_{m \in \langle \mathbf{N}, > \rangle} \omega$ 为经字典式编序的自然数序列 $\langle a_1, a_2, a_3, \cdots \rangle$ 的集的型. 若对于每一 p,令实数
$$x = \left(\frac{1}{2}\right)^{a_1} + \left(\frac{1}{2}\right)^{a_1 + a_2} + \left(\frac{1}{2}\right)^{a_1 + a_2 + a_3} + \cdots$$

与之对应(一一对应的),则易见对应于 p 的字典式序正好是 x 依大小次序的逆序,即 $p < q$ 与 $x > y$ 相当. 但 x "走遍"区间 $(0, 1)$,故 $\prod_{m \in \langle \mathbf{N}, > \rangle} \omega$ 是自然次序中的数集 $1 - x$ 的序型,亦即区间 $[0, 1)$ 的序型.

显然,字典式序法可推广到任一乘积 $\prod_{m \in M} A_m$,只要确知此积中的每两个不同元复合恒有一首位差即可,一般地说,如果 M 的每一子集都有一首元(即 M 是良序的).

关于序型积概念的上述及其他推广,以后将进一步深入,一个普遍的幂概念也要到那时才定义,自然,我们将置 $\alpha\alpha = \alpha^2$, $\alpha\alpha\alpha = \alpha^3$ (前面讲过的积 $\prod_{m \in \langle \mathbf{N}, > \rangle} \omega$

---

① 这里 $\prod_{m \in \langle \mathbf{N}, > \rangle} \alpha_m = \cdots \cdot \alpha_3 \cdot \alpha_2 \cdot \alpha_1$.

可写成 ω^{ω^*}). 故知
$$\omega^2 = \omega\omega = \omega + \omega + \omega + \cdots$$
是序列的序列或二重序列的型, α^3 是二重序列的序列或三重序列的型等. 今有
$$\omega + \omega^2 = \omega(1+\omega) = \omega\omega = \omega^2$$
而
$$\omega^2 + \omega = \omega(1+\omega)$$
则是一与此不同的型. 又
$$(\omega+\omega)\omega = (\omega \cdot 2)\omega = \omega(2\omega) = \omega\omega = \omega^2$$
不同于
$$\omega(\omega+\omega) = \omega(\omega \cdot 2) = \omega^2 \cdot 2 = \omega^2 + \omega^2$$

凡由有限型与 ω 经有限次相加相乘而得的型可称作 ω 的多项式. 此种多项式可以而且唯一地（像我们将要看到的）表为下面的形式
$$\omega^n \cdot a + \omega^{n_1} \cdot a_1 + \cdots + \omega^{n_k} \cdot a_k$$
其中 $n > n_1 > \cdots > n_k \geqslant 0, a_1, \cdots, a_k$ 为自然数.

2.3 势 $\aleph_0$ 与 $\aleph$ 的型

每一序型 α 都有一确定的势 β, 但反之不一定成立.

定义 2.3.1 势 β 的一切不同的型构成的整体称为它的型类[①], 记作 $T(\beta)$.

要得到这个类, 只要将一个固定的具有势 β 的集 A 用一切方式加以编序即可. 此时不同的序当然不一定提供不同的型.

对于一势为 a 的集合 A, 其全关系 $A \times A$ 有 a^2 个元素, 由此全关系有 2^{a^2} 个子集, 故 A 上的关系总共有 2^{a^2} 个, 而序关系是特殊的一类关系, 故 A 上所有不同序关系的集合的势, 我们得其上限为 2^{a^2}. 即成立 $\overline{\overline{T(a)}} \leqslant 2^{a^2}$.

例如, 对于一由 n 个元组成的有限集来说, 不同的序关系的个数有
$$n! = 1 \cdot 2 \cdot 3 \cdot \cdots \cdot n < 2^{n^2}$$
有限势 $n(n=0,1,2,\cdots)$ 的型类 $T(n)$ 总只有一个型 n. 但对于 $T(\aleph_0)$, 我们则已得知其无限多个型: $\omega, \omega+1, \omega+2, \cdots, \omega^*$ 等[②].

定理 2.3.1 对于任何一个可数的有序集 A, 在以自然次序为次序的有理

[①] 在公理集合论中, 可证明 $T(\beta)$ 不是集合, 实际上它是一个真类.

[②] 现在, 我们明白有穷集与无穷集在序型上亦有本质区别: 无论元素的次序如何, 有穷集具有相同的序数, 而无穷集一般具有不同的序数.

数集 $\mathbf{Q}$ 中可以选出一个子集 Q_0[①],使 Q_0 与 A 相似.

证明 将可数集 A 和 $\mathbf{Q}$ 编号

$$A=\{a_1,a_2,\cdots,a_n,\cdots\},\mathbf{Q}=\{r_1,r_2,\cdots,r_n,\cdots\}$$

当然,这种编号与元素的次序是没有关系的(因为 $\mathbf{Q}$ 中没有首元素,所以不可能将 $\mathbf{Q}$ 的元素编号而使 $r_1<r_2<\cdots<r_n<\cdots$).

令 $n_1=1$,然后在 $\mathbf{Q}$ 中取元素 r_{n_2} 使它具有下面两个性质:

(1) r_{n_2} 与 r_{n_1} 的序关系同 a_1 与 a_2 的序关系一致(即当 $a_2>a_1$,取 $r_{n_2}>r_{n_1}$;当 $a_2<a_1$,取 $r_{n_2}<r_{n_1}$);

(2) 满足性质(1)的诸元素中,r_{n_2} 具有最小的足标.

由于 $\mathbf{Q}$ 既无首元素亦无末元素,所以满足(1)与(2)两个性质的 r_{n_2} 是一定存在的.

因 $\mathbf{Q}$ 中任两个元素间依大小次序必有元素介于其间,并且 $\mathbf{Q}$ 既无首元素亦无末元素,所以在 $\mathbf{Q}$ 中一定存在元素 r_{n_3},满足:

(1′) r_{n_3} 与 r_{n_1} 及 r_{n_2} 间的序关系同 a_3 与 a_1 及 a_2 间的序关系一致;

(2′) 满足性质(1′)的诸元素中,r_{n_3} 具有最小的足标.

这种手续继续施行无限次,乃得 $\mathbf{Q}$ 中的元素序列

$$r_{n_1},r_{n_2},r_{n_3},\cdots$$

即为我们所需求的 Q_0(需注意的是:所谓 $\{r_{n_k}\}$ 间元素的序关系乃是大小的次序而非足标(数)间的次序).

所证的定理表示:序型为 η 的集合含有一个任意序型 α 而基数为 $\aleph_0$ 的子集.

进一步,对于势 $\aleph_0$,它的型类成立下面的定理.

定理 2.3.2 可数型[②]的集具有连续统势.

证明 $T(\aleph_0)$ 具有势 $\aleph$.

定理的一半是我们已经知道的:至多存在 $2^{\aleph_0 \aleph_0}=2^{\aleph_0}=\aleph$ 个不同的可数型.

另一方面,设 $\zeta=\omega^*+\omega$ 是自然次序下整数集 $\{\cdots,-2,-1,0,1,2,\cdots\}$ 的型. 设

$$a=\langle a_1,a_2,\cdots,a_n,\cdots\rangle$$

为一自然数列,而

[①] 对于数集 Q_0,也以通常的小于关系为序,如同在 $\mathbf{Q}$ 中一样.

[②] 即可数集的序型.

$$\alpha = a_1 + \zeta + a_2 + \zeta + \cdots + a_n + \zeta + \cdots$$

是一由 a 决定的显然的可数型. 如果我们能证明,就 α 这方面来说也决定了数列 a,即 α 与 a 间成立一一对应,则已证得至少也有 $\aleph_0^{\aleph_0} = \aleph$ 个不同的可数型. 从而根据对等定理即知恰有 $\aleph$ 个可数型.

因此我们必须证明:若 $\beta = b_1 + \zeta + b_2 + \zeta + \cdots + b_n + \zeta + \cdots$ 而 $\alpha = \beta$,则 $a_1 = b_1, a_2 = b_2, \cdots, a_n = b_n, \cdots$. 这有赖于下面的论断:

(1) 若 $A_1 \cup A_2 \cong B_1 \cup B_2, A_1 \cap A_2 = \varnothing, B_1 \cap B_2 = \varnothing$,而 A_1, B_1 为有限集,A_2, B_2 无首元,则 $A_1 \cong B_1, A_2 \cong B_2$.

事实上,相似映射时,元 $b_1 \in B_1$ 不能是元 $a_2 \in A_2$ 的映象,因 b_1 之先只有有限多个元(或根本没有元)而 a_2 之先则有无限多个元. 同理 b_2 也不能是元 a_1 的映象. 故 a_1 必对应于 b_1, a_2 必对应于 b_2.

(2) 若 $A_1 \cup A_2 \cong B_1 \cup B_2, A_1 \cap A_2 = \varnothing, B_1 \cap B_2 = \varnothing$,而 A_1, B_1 的型为 ζ,则 $A_2 \cong B_2$.

这里,a_2 同样不能对应于 b_1,因在 a_2 之先的元的集有一不具有末元的子集(空集当然除外). 故仍需 A_1 映射到 B_1 上,A_2 映射到 B_2 上.

因此,由 $a_1 + \zeta + a_2 + \zeta + \cdots + a_n + \zeta + \cdots = b_1 + \zeta + b_2 + \zeta + \cdots + b_n + \zeta + \cdots$,据(1)即得

$$a_1 = b_1, \zeta + a_2 + \zeta + \cdots + a_n + \zeta + \cdots = \zeta + b_2 + \zeta + \cdots + b_n + \zeta + \cdots$$

由此再由(2)得 $a_2 + \zeta + \cdots + a_n + \zeta + \cdots = b_2 + \zeta + \cdots + b_n + \zeta + \cdots$,然后又得 $a_2 = b_2$,如此等等. 证毕.

对于势 $\aleph$,我们来证明:

定理 2.3.3 连续统势具有无限多个不同的连续型.

证明 设 $\theta = 1 + \lambda + 1$ 是闭区间 $J = [0, 1]$ 的型,则幂 $\theta, \theta^2, \theta^3, \cdots$ 都是连续型,且彼此互异. 事实上,设 $J_2 = \langle J, J \rangle, J_3 = \langle J, J, J \rangle, \cdots$,这里 J_m 是经字典式编序的数复合 $x = \langle x_1, x_2, \cdots, x_n \rangle$(每一 x_k "走遍"区间 J)的集. J_m 的稠密性是很显然的. 至于其无孔隙性,可如下归结到 J_{m-1} 的无孔隙性,设 $H_m(a)$ 是 x_1 固定时($=a$)数复合 $\langle a, x_2, \cdots, x_n \rangle$ 的集,因而与 J_{m-1} 相似,则

$$J_m = \bigcup_{a \in J} H_m(a)$$

当被分解成 $J_m = P_m \cup Q_m$ 时,或者诸并项 $H_m(a)$ 之一随之被分解,从而可归到 J_{m-1} 的一分解 $J_{m-1} = P_{m-1} \cup Q_{m-1}$;或者该分解属于下面的形式

$$P_m = \bigcup_{a \in P} H_m(a), Q_m = \bigcup_{b \in Q} H_m(b), J = P \cup Q$$

而此时当 P 有末元 a_1 时 P_m 即有末元 $\langle a_1, 1, \cdots, 1 \rangle$,但 Q 有首元 b_1 时 Q_m 即有首

元$(b_1,0,\cdots,0)$——为了证明诸 θ_m 各异，可证：若 $m>1$，且 J_m 相似于 J_n 的一个子集，则 $n>1$，且 J_{m-1} 相似于 J_{n-1} 的一个子集。设复合 $x=\langle x_1,x_2,\cdots,x_n\rangle$ 的集 J_m 相似地映射到复合 $y=\langle y_1,y_2,\cdots,y_n\rangle$ 的集 J_n 的一个子集上。作为两个复合 $\langle x_1,0,\cdots,0\rangle$ 与 $\langle x_1,1,\cdots,1\rangle$ 的映象，不妨假定是 $y=\langle y_1,y_2,\cdots,y_n\rangle$ 与 $z=\langle z_1,z_2,\cdots,z_n\rangle$，这里 $y<z$，因而 $y_1\leqslant z_1$。但不可能通盘（即对于每一 x_1）都 $y_1<z_1$（故特别 $n\neq 1$），否则诸开区间 (y_1,z_1) 将互不相交而它们的集则与 x_1 的集一样具有势 $\aleph$，但另一方面由于每一区间内都一定存在一有理数，故这种区间只能有可数多个。由此可见，必存在这样的 $x_1=a$，使作为映象而与复合 $\langle a,0,\cdots,0\rangle,\langle a,1,\cdots,1\rangle$ 对应的是具有同一 $y_1=z_1=b$ 的复合 $\langle b,y_2,\cdots,y_n\rangle$ 与 $\langle b,z_2,\cdots,z_n\rangle$，于是知前面引入的集 $H_m(a)$ 相似于 $H_m(b)$ 的一个子集，即 J_{m-1} 相似于 J_{n-1} 的一个子集——最后即可得：当 $m>n$ 时，J_m 不能与 J_n 的一个子集（也不能与 J_n 本身）相似，否则 J_{m-1} 将相似于 J_{n-1} 的一个子集，依此下推，势必 J_{m-n+1} 相似于 J_1 的一个子集，这与上述结果矛盾。

§.3   良序集

3.1 良序集

从定义开始。

定义 3.1.1 假如有序集 A 的任何不空子集必有首元素，则称 A 是一良序集[①]。

我们规定空集也是良序集。

定理 3.1.1 凡有限的有序集是良序集。

事实上，每一个不空的子集是有限的，又由前面的引理知，有限集必有首元素，所以定理成立。

其他如
$$\mathbf{N}=\{0,1,2,3,\cdots\}\quad(\overline{N}=\omega)$$
$$M=\{0,2,4,6,\cdots,1,3,5,\cdots\}\quad(\overline{M}=\omega+\omega)$$

[①] 良序的概念由德国数学家康托于1883年引入，但是还没有线性序的概念，他将良序 U 定义为"U 的每个严格有界子集在 U 中都有直接后继"，并证明了任意两个良序集都可以比较：设 A 与 B 都为良序集，则 A 相似于 B 的一个初始段，或 B 相似于 A 的一个初始段，或 B 相似于 A。

都是良序集的例子. 其中集合 M 是自然数的全体,次序规定如下:所有的偶数均先于奇数,两个偶数或奇数之间按通常大小规定先后.

今证自然数集 $\mathbf{N}$ 的良序性:设 $\mathbf{N}'$ 是 $\mathbf{N}$ 的不空子集. 在 $\mathbf{N}'$ 中任取一个元素 n. 如果 n 是 $\mathbf{N}'$ 的首元素,则不必证明了. 否则因集合 $\mathbf{N}(<n)$ 是一个不空的有限集,它必有首元素 n_0, n_0 即为 $\mathbf{N}'$ 的首元素.

可是,有序集
$$\mathbf{N}^* = \{\cdots, 4, 3, 2, 1, 0\} \quad (\overline{\mathbf{N}^*} = \omega^*)$$
并不是良序集.

由定义,得到如下的定理.

定理 3.1.2 (1) 良序集的子集是良序集;

(2) 不空的良序集必有首元;

(3) 两个相似有序集中,若有一个是良序集,则另一个也是良序集;

(4) 良序集除了末元之外(假如有末元),每个元素之后必有元素紧跟其后(称为它的直接后继);

(5) 在良序集中不能选取一个如下的无限元素列
$$a_1 > a_2 > a_3 > \cdots$$

所要证明的只是(5). 如果存在无限元素列
$$a_1 > a_2 > a_3 > \cdots$$
那么它是良序集的不空子集,依照定义,应当有首元,但因 $a_{n+1} < a_n$,所以任何元素 a_n 都不是首元.

定理 3.1.3 有序集为良序集当且仅当它没有 ω^* 型的子集.

证明 我们已经知道,有 ω^* 型的集合不是良序集. 若 A 为良序集,则由于 A 的任何非空子集也必是良序集,因而 A 不能有 ω^* 型的子集.

反之,若 A 不是良序集,它就包含无首元的非空子集 A_1,取 A_1 的一个元素,记为 a_{-1}. 但 A_1 的任何元素,包括 a_{-1} 都不是首元,所以 A_1 内有先于 a_{-1} 的元素,取其一记为 a_{-2},有
$$a_{-2} < a_{-1}$$
但 a_{-2} 也不是 A_1 的首元,因此还有先于 a_{-2} 的元素 a_{-3}. 这一过程可以无限继续下去,就得到了
$$\cdots < a_{-3} < a_{-2} < a_{-1}$$
显然 $\{\cdots, a_{-3}, a_{-2}, a_{-1}\}$ 是 A 的 ω^* 型的子集. 证毕.

由此定理,我们也可以把良序集定义为没有 ω^* 型的子集的有序集.

定理 3.1.4 有序集 A 为良序集的充分必要条件是对 A 的任何有序分割:

$A = A_1 \bigcup A_2$，后组 A_2 都有最先元.

证明 必要性是显然的.

充分性. 设 B 是 A 的任意一个非空子集，若 B 含有 A 的最先元 a_0，则显然 B 有最先元，即 a_0. 若 B 不含有 A 的最先元 a_0，我们把 A 中一切先于 B 中元素的元素所成之集记为 A_1，其余的元素所成之集记为 A_2. 显然 $A = A_1 \bigcup A_2$ 是 A 的有序分割，且 $A_2 \supseteq B$，故 A_2 非空. 由于 A_2 有最先元 b_0，于是 b_0 就是 B 的最先元. 由定义即知 B 是良序集.

下面的定理在良序集理论中具有主要作用.

定理 3.1.5（策梅罗） 设 A 是一良序集，A' 是它的子集（可以是本身），那么下面的这种 A 与 A' 间的叠合对应①是不存在的：A 的元 a，对应于 A' 的元 a' 时，a' 居 a 之先（依 A 的次序）.

换言之，若 f 是良序集 A 到其子集 A' 的叠合对应，则对于任意 $a \in A$，必有 $f(a) > a$ 或 $f(a) = a$.

证明 假如定理不成立，那么有这样的一些对应法，使得 A 与 A' 成叠合对应，设 f 是其中之一，且 A 中有 a 对应于 A' 中的 $f(a)$，$f(a) < a$. 设 A 中具有此种性质的元素全体为 M，因 M 不是空集，故 M 必有首元 a_0，设 a_0 对应于 A' 中元素 $f(a_0) = a_0'$，则

$$a_0' < a_0$$

可是 a_0' 亦属于 A，设 a_0' 对应于 A' 中的 a_1. 因叠合对应 f 不打乱对应元素间的先后次序（保序性），在 A' 中（从而在 A 中）成立

$$a_1 < a_0'$$

那么 a_0' 也属于 M，这个是不可能的，因 $a_0' < a_0$，而 a_0 是 M 的首元. 于是定理证毕.

推论 1 良序集不能与其初始段或与其初始段的子集相似.

事实上，设 A 是良序集而 $A(<a)$ 为 a 关于 A 的初始段. 假如 A 叠合于 $A(<a)$，或是叠合于 $A(<a)$ 之一子集，那么 A 中的 a，其对应元素必居 a 之先，这是不可能的.

推论 2 良序集的任何两个不同初始段不能叠合.

推论 3 良序集不能与其子集的初始段叠合.

定理 3.1.6 两个良序集假如是彼此相似的，则其叠合对应法是唯一的.

---

① 我们假定 A' 的次序与 A 的次序相同，因而 A' 也是良序集.

证明 设对应法 f 与 g 都是使良序集 A 与 B 成叠合对应. 对于 $a \in A$, B 中必有对应元素 $f(a)$ 及 $g(a)$. 由于 f 及 g 表示不同的叠合对应,故 A 中必有元素 a_0 使

$$f(a_0) \neq g(a_0)$$

设 $b = f(a_0)$, $b' = g(a_0)$, 则 $A(< a_0)$ 与 B 的两初始段 $B(< b)$ 与 $B(< b')$ 都相似,从而 $B(< b)$ 及 $B(< b')$ 相似,这是不可能的.

推论 良序集在其自身上的唯一的叠合对应是恒等映射.

下面的定理是良序集理论的基础.

定理 3.1.7 任何两个良序集,或为相似,或是其中有一个相似于另一个的初始段.

证明 设 A, B 是两个良序集. 对于 A 中的元素 a, 假如由 a 截得的 A_a 与 B 的某个初始段 B_b 相似,则称 a 为 A 的"正规"元素. 例如 A 的首元素是一正规元素.

容易看到,居正规元素 a 之先的任何元素 a' 都是正规元素,因为若将 A_a 同与其相似的初始段 B_b 叠合,则 $A_{a'} = (A_a)_{a'}$ 必可与 B_b 的某初始段叠合,于是 $A_{a'}$ 与 B 的某初始段叠合.

设 A 中一切正规元素所成之集为 M, 则 M 或者与 A 叠合或者 M 是 A 的初始段. 事实上,如果 $M \neq A$, 则 $A - M$ 不是空集,其中有首元素 m. 我们来证明

$$M = A_m \tag{1}$$

若 $a \in M$, 则 $a \neq m$. 并且一定不是 $a > m$, 否则,表示 m 在正规元素 a 之先,则 m 亦为正规元素,这与 $m \notin M$ 矛盾. 所以一定是 $a < m$, 因此 $a \in A_m$. 所以

$$M \subset A_m$$

反之,如果 $a \in A_m$, 则 $a < m$, a 不属于 $A - M$, 故 $a \in M$. 即

$$A_m \subset M$$

如此,式(1)成立.

现在对于 B 中元素 b, 如果 B_b 与 A 中某初始段相似,就称之为正规元素,而记其全体为 N, 则同前可得 $N = B$ 或是 $N = B_n$.

我们将要证明 M 与 N 是彼此相似的. 设 $a \in M$, 则 A_a 与 B 的某初始段 B_b 相似,并且显然的是 $b \in N$. 我们即以此 a 与 b 相对应. 那么对于每一个元素 $a \in M$, 在 N 中有一元素且只有一元素 b 与之对应,其逆亦真(因为如果 a 有两个对应元素 b 与 b', 则 B_b 与 $B_{b'}$ 都与 A_a 相似,从而 B_b 与 $B_{b'}$ 相似,此不可能).

于是,得到 M 与 N 间的一一对应关系. 接下来还要证明这个对应不打乱先后次序,也就是一个叠合对应.

设 a 和 a' 是 M 的两个元素,在 N 中对应元素是 b 及 b'. 设 $a < a'$, 将 $A_{a'}$ 同

与其相似的 $B_{b'}$ 叠合时,就将初始段 $A_a = (A_{a'})_a$ 与初始段 $B_{b'}$ 的初始段 $(B_b')_{b_0}$ 叠合. 但 $(B_b')_{b_0} = B_{b_0}$,于是得到 A_a 与 B 的一初始段 B_{b_0} 相似. 但是 B 中只有一初始段与 A_a 为相似,即 B_b. 故得 $b = b_0$. 但是 $b_0 \in B_{b'}$,故 $b_0 \prec b'$,因此 $b \prec b'$. 所以 M 及 N 是相似的.

现在已容易完成定理的证明. 实际上,可能发生的情形有下列四种:

(1) $M = A, N = B$;
(2) $M = A_m, N = B$;
(3) $M = A, N = B_n$;
(4) $M = A_m, N = B_n$.

可是第四种情形不可能发生,否则,m 是 A 的正规元素,于是 $m \in M = A_m$,这是不可能的.

这样一来,只剩下三种可能情形. 第一种情形表示 A 与 B 相似,第二及第三种情形表示一集与另一集的一初始段相似. 定理证毕.

如果良序集 A 与良序集 B 的一初始段相似,则称 A 短于 B.

定理 3.1.8 设 S 是由两两不相似的良序集为元素的集合,则在 S 中存在一个最短的集.

证明 任取 $A \in S$. 如果 A 是最短的,则定理已证毕. 否则在 S 中必有集较 A 为短,此集与 A 中某初始段相似. 设 a 是 A 的元素,$A(\prec a)$ 与 S 中某些集相似时,记这种 a 的全体为 $R = \{a\}$. 设 R 的首元为 a',S 中与 $A(\prec a')$ 相似的集为 A',则 A' 即为 S 中最短的集. 事实上,对于 S 中任一集 B,如果 A 短于 B,则 A' 短于 B. 如果 B 短于 A,则 $B \cong A(\prec a), a \in R$. 但 a' 是 R 的首元,故 $a' \prec a$,因此 $A(\prec a')$ 短于 $A(\prec a)$,于是 A' 短于 B.

3.2 选择公理与良序定理

我们知道,有很多集合,在它们的自然次序下或给定的次序下,它们不构成良序集,但可能在其他次序规则下是良序的. 例如,整数集合 $\mathbf{Z}$ 在通常数的小于次序下就不是良序集,因为它自身以及它的许多不空子集在"$<$"之下没有首元素,虽然它的另外一些不空子集(例如自然数集 $\mathbf{N}$)是有首元素的. 如果改变一下 $\mathbf{Z}$ 的次序规则,那么就可能获得良序. 例如,将 $\mathbf{Z}$ 的元素排成

$$\{0, 1, 2, \cdots, n, \cdots, -1, -2, -3, \cdots\}$$

后,显然就是一个良序集了. 还可以用其他方式对 $\mathbf{Z}$ 进行排序而使其成为一良序集,例如

$$\{0, -1, +1, -2, +2, -3, +3, \cdots\}$$

也是一个良序集. 也有一些集合,例如实数集 $\mathbf{R}$ 虽然一时找不到它的良序,一些学者也认为它应当能够有良序.

康托在考虑良序理论时曾认为：对任何集合，都可定出适当的序规则，使它成为良序集①．并给出了一个直观的"证明"．1904 年，德国数学家策梅罗②在试图证明这一结论时提出了著名的选择公理③，并且证明在选择公理的假设下，任何集合均可被良序，现在常称为良序定理．

选择公理 对于任何以两两不相交的非空集合 M_λ 为元素的集合族 M，都存在着集 L 具有下列两个性质：

(1) $L \subseteq \bigcup M$；

(2) 集 L 与 M 中的每一集 M_λ 有且只有一个公共元素．

可以这样说，L 是由 M 中的每一集 M_λ 取"代表"元素所组成的．

对于选择公理是否相容的问题在数学界内有着很大的争议．问题在于：公理中的 L 如何实际地④构造出来？对于确定的非空集合，指定属于它自身的一个元素总是可以做到的．因此如果集合族 M 的集合个数有限，那么一个一个指定就行了．所以，选择公理的关键在于：对无限多个非空集合，如何保证能同时指定属于每个集合自身的一个元素．

所以，选择公理是对集合性质的一种假设．虽然对于有限多个集合来说，它是正确的，但我们并不能就此说它对于无限多个集合，它也是正确的．因为有限的性质不能随意地推广到无限．

---

① 康托的这一假设，有时称为康托整列可能公理．事实上，康托整列可能公理和选择公理是等价的，即承认了其中的一个公理，就可以把另一个作为定理加以证明．由于康托整列可能公理在形式上更像是一个定理，因此一般文献往往先设置选择公理，而将康托整列可能公理作为定理来证明，并因此称之为"良序定理"．我们也将沿用这种方法．

② 策梅罗（Zermelo, Ernst Friedrich Ferdinand；1871.7.27—1953.5.21），德国数学家，公理集合论的主要开创者之一．

③ 选择公理的清晰表述，一般归功于德国数学家策梅罗．不过首次明确提到选择原则的是意大利数学家皮亚诺（G. Peano），他在 1890 年关于常微分方程的一篇文章中陈述了选择原则，并对它提出了怀疑．

④ 所说的争论即与此有关：如果集 L 还没有构造，那么无从决定它是否为 L 的元素．因此某些学者不同意承认 L 为数学对象．那么，假设 L 的存在，是否会产生矛盾呢？

一方面，在承认选择公理的情况下，可以得到一些与人们的直觉相悖的结论．著名的分球怪论（亦称巴拿赫－塔尔斯基悖论）就是一个例子：利用选择公理，可以将一球体切割成有限多块，然后重新拼合而得到与原球同样大小的两个球．之所以得到如此奇怪的结论，是由于在选择公理之下，存在勒贝格不可测集，而以上所作切割得到的小块正是一些不可测集．这样，在重新拼合它们时，就可以使其测度发生变化，致使 1 个单位体积变为 2 个单位体积了．该怪论虽然在逻辑上不导致矛盾，但由于它与人们的直觉直接冲突，所以成为反对使用选择公理的最有力的根据．1914 年，德国数学家豪斯道夫（F. Hausdorff）给出球面的一种奇异分解，基于这种分解，波兰数学家巴拿赫（S. Banach）与波兰学者塔尔斯基（A. Tarski）于 1924 年证明了分球怪论．当然，他们的工作皆是在选择公理的前提下进行的．

另一方面，在一些和选择公理相反的假设下，可以证明存在没有可数子集的无限集．这样的集合的存在，破坏了数学中一些基本的性质，所以，虽然它们在逻辑上是无矛盾的，但在数学中是难以接受的．

与策梅罗的公理有密切关系的是下述的一般选择原理:

定理 3.2.1 设 $M=\{M_\lambda\}$ 是非空集合组成的集合族,那么存在映射 f 定义于 M,对于 M 中的每一个 M_λ,对应着确定的该集中的元素: $f(M_\lambda) \in M_\lambda$.

首先我们就 M 中的 M_λ 是两两不相交的情形来讨论. 此时本定理相当于策梅罗公理. 事实上,利用策梅罗公理,我们立即可以得到所要的映射 $f: f(M_\lambda) = M_\lambda \cap L$.

反过来,利用本定理,令 $L=\{f(M_\lambda)\}$,则得集 L.

现在我们来证明定理. 用 m_λ 表示 M 中集 M_λ 的元素,考虑一切如下形式的有序对

$$\langle m_\lambda, M_\lambda \rangle, \text{其中 } m_\lambda \in M_\lambda, \text{而 } M_\lambda \in M$$

设 $m_\lambda \in M_{\lambda_0}$,对于所有的有序对 $\langle m_\lambda, M_{\lambda_0} \rangle$,记其全体为 $M(M_{\lambda_0})$. 那么对于每一个 $M_\lambda \in M$,均有一个相应的 $M(M_{\lambda_0})$.

设

$$S=\{M(M_\lambda)\} \quad (M_\lambda \in M)$$

在有序对的意义下,不同的两个 $M(M_\lambda)$ 与 $M(M'_\lambda)$ 是不相交的. 事实上,如果 $M(M_\lambda)$ 与 $M(M'_\lambda)$ 不相同,则 M_λ 与 M'_λ 是不同的两个集,因此没有一个 $\langle m_\lambda, M_\lambda \rangle$ 可以与 $\langle m_\lambda, M'_\lambda \rangle$ 相同,即

$$M(M_\lambda) \cap M(M'_\lambda) = \varnothing$$

利用策梅罗公理,我们可以确定 L 的存在,L 是由 $\langle m_\lambda, M_\lambda \rangle$,其中 $m_\lambda \in M_\lambda$ 所组成,并且与每一个 $M(M_\lambda) \in S$ 只有一个公共元素. 因此,对于 $M_{\lambda_0} \in M$,集 $M_{\lambda_0} \cap L$ 是由单独一个元素 $\langle m_{\lambda_0}, M_{\lambda_0} \rangle$,其中 $m_{\lambda_0} \in M_{\lambda_0}$ 所组成.

令 $f(M_{\lambda_0}) = m_{\lambda_0}$,则得所要的映射. 定理证毕.

推论 设 M 是一非空集合,$M=\{M_\lambda\}$ 是由 M 的一切非空子集所组成的集合族,那么必有映射 f 定义于 M,使对于每一个 $M_\lambda \in M$,对应着 M_λ 中的一个元素 $f(M_\lambda)$.

设 $m=f(M_\lambda)$,称这个元素 m 为 M_λ 的"标记". 因此这个推论的意义是:对于每一个 $M_\lambda \subseteq M$,可用 M_λ 的一个元素来作标记[①].

选择公理或一般选择原理的直观意义是:对于任意多个非空集合,可以同时指定属于每个集合自身的一个元素. 选择映射 f 就是这样的一个指定, $f(M_\lambda)$ 就是属于 M_λ 的这样一个元素.

现转向良序定理的证明.

[①] 定理 3.2.1 表示对于每一个集 $M_\lambda \in M$,可用 M_λ 中的一个元素作为"标记"(就是 $f(M_\lambda)$).

下面我们将采用由策梅罗给出的并由豪斯道夫[①]精密化了的方法,证明良序定理[②]。

设 A 是任意一集合,P 是它的真子集,Q 为 P 的补集:$Q=A-P$,显然 Q 是 A 的非空真子集。由策梅罗公理,从 A 的非空集 Q 中可选取一个代表元素 $q \in Q$。换言之,对于 A 的每一个真子集 P,选取一个不属于 P 的元素 q 与 P 对应,亦即由选择映射 f,使 $f(P)=q \in A-P=Q$。我们称 $q=f(P)$ 为集合 P 的后续元素,而 P 添加了其后续元素所成的集合 $P \cup \{q\}$ 称为 P 的后续集,记为 P^+。

定义 3.2.1 设 A 为任意集合,由其子集所构成的集合族 $\mathscr{A}$,若满足下列条件:

(1) 含有空集;

(2) 含有任意多个集合时,也就含有这些集合的并集;

(3) 含有 $P \subset A$ 时,亦含有其后续 P^+,则称 $\mathscr{A}$ 为集合 A 的一个链。

显然,任何一个集合,总是有链存在的。例如,集合 A 的幂集 $P(A)$ 就是一个链。不难证明,任意多个链的交仍然是一个链,因此,A 的所有链的交 $\mathscr{A}_0$ 也是 A 的一个链,所以 $\mathscr{A}_0$ 是最小的链,即 $\mathscr{A}_0$ 的真子集将不再是一个链。显然,A 的最小链包含于 A 的任何一个链中。

例如,自然数集 $\mathbf{N}=\{0,1,2,\cdots\}$,$N_n=\{0,1,2,\cdots,n-1\}$,对于任意 $M \subset \mathbf{N}$,规定 M 中的最大自然数加 1 为 M 的后续元。例如,若 $M=\{5,8,10,19\}$,则其后续元是 20,故

$$M^+=\{5,8,10,19,20\}$$

显然,N_n 的后续元是 n,故 $N_n{}^+ = N_{n+1}$,且

$$\mathscr{A}_0=\{\varnothing, N_1, N_2, \cdots, N_n, \cdots\}$$

是 $\mathbf{N}$ 的最小链。

定义 3.2.2 设 P 为集合 A 的最小链 $\mathscr{A}_0$ 中的任意一个集合,若对所有 $X \in \mathscr{A}_0$,总有 $X=P$ 或 $X \subset P$ 或 $X \supset P$ 之一成立,则称 P 是正规集合。

我们约定,下面凡遇到集合 P 与 X,都是指 A 的最小链 $\mathscr{A}_0$ 中的元素。

预备定理 1 设 $P \subset A$ 是集合 A 的最小链 $\mathscr{A}_0$ 中的一个正规集合,则对 $\mathscr{A}_0$ 中的任何 X,都有 $X \subseteq P$ 或者 $X \supseteq P^+$。

证明 我们暂把 $\mathscr{A}_0$ 中满足 $X \subseteq P$ 或者 $X \supseteq P^+$ 的 X 的全体所成的集合族记为 $\mathscr{A}_p$,则 $\mathscr{A}_p$ 必是 A 的一个链。事实上:

(1) 由于 $\varnothing \subseteq P$,故 $\varnothing$ 是满足条件的一个 X,即 $\varnothing \in \mathscr{A}_p$。

[①] 豪斯道夫(Felix Hausdorff;1868.11.8—1942.1.26),德国数学家。

[②] 尚有其他方法,见本章 §6。

(2) 设 $X_\lambda \in \mathscr{A}_p$，并集 $\bigcup_\lambda X_\lambda$ 中，若每一个都有 $X_\lambda \subseteq P$，则 $\bigcup_\lambda X_\lambda \subseteq P$，从而 $\bigcup_\lambda X_\lambda \in \mathscr{A}_p$；若至少有一个 $X \supseteq P^+$，则 $\bigcup_\lambda X_\lambda \supseteq P^+$，从而也有 $\bigcup_\lambda X_\lambda \in \mathscr{A}_p$，总之，都有 $\bigcup_\lambda X_\lambda \in \mathscr{A}_p$.

(3) 若真子集 $X \subset A, X \in \mathscr{A}_p$，则当 $X \supseteq P^+$ 时，就有 $X^+ \supseteq P^+$. 当 $X = P$ 时，有 $X^+ = P^+$. 最后，当 $X \subset P$ 时，必有 $X^+ \subseteq P$. 否则，若 $X^+ \supset P$，则 $X^+ - P$ 与 $P - X$ 都至少含有一个元素. 显然，它们是不相交的. 因而

$$X^+ - X = (X^+ - P) \cup (P - X)$$

至少含有两个元素. 这与 X^+ 只是 X 添加一个后继元素的定义是矛盾的. 归纳起来，就是若 A 的真子集 $X \in \mathscr{A}_p$，就有 $X^+ \subseteq P$ 或 $X^+ \supseteq P^+$，即 $X^+ \in \mathscr{A}_p$.

这就证明了 $\mathscr{A}_p$ 是 A 的一个链，故链 $\mathscr{A}_p$ 与最小链 $\mathscr{A}_0$ 之间有 $\mathscr{A}_0 \subseteq \mathscr{A}_p$. 另一方面，由 $\mathscr{A}_p$ 的定义方法知，$\mathscr{A}_p$ 的任何元素 X 都是 $\mathscr{A}_0$ 的元素，故又有 $\mathscr{A}_p \subseteq \mathscr{A}_0$. 于是 $\mathscr{A}_0 = \mathscr{A}_p$，因而 $\mathscr{A}_0$ 的一切元素 X 都满足 $X \subseteq P$ 或者 $X \supseteq P^+$ ($\mathscr{A}_p$ 的定义). 定理证毕.

预备定理 2 $\mathscr{A}_0$ 的任何元素都是正规集合.

证明 暂把 $\mathscr{A}_0$ 中的正规集合的全体记为 $\mathscr{A}^*$，显然 $\mathscr{A}^* \subseteq \mathscr{A}_0$. 与预备定理 1 类似，只要证明 $\mathscr{A}^*$ 是一个链，则 $\mathscr{A}^* = \mathscr{A}_0$，从而就证明了定理的结论. 事实上：

(1) 由于 $\varnothing$ 包含于任何集合，故 $\varnothing$ 是正规的，即 $\varnothing \in \mathscr{A}^*$.

(2) 设 P_λ 是正规的，X 是属于 $\mathscr{A}_0$ 的任意的集合，则 $P_\lambda \subset X$ 或 $P_\lambda = X$ 或 $P_\lambda \supset X$ 有一个成立. 这时，或者每一个 $P_\lambda \subseteq X$，从而 $\bigcup_\lambda P_\lambda \subseteq X$；或者至少有一个 $P_\lambda \supset X$，从而 $\bigcup_\lambda P_\lambda \supset X$. 总之，不是 $\bigcup_\lambda P_\lambda \subseteq X$ 就是 $\bigcup_\lambda P_\lambda \supset X$，可见 $\bigcup_\lambda P_\lambda$ 是正规的，即 $\bigcup_\lambda P_\lambda \in \mathscr{A}^*$.

(3) 若真子集 $P \subset A$ 是正规的，则由预备定理 1，对任何 X，或者有 $X \subseteq P$，或者有 $X \supseteq P^+$，即有 $X \subset P^+$，或者 $X \supseteq P^+$，因而 P^+ 也是正规的，即 $P^+ \in \mathscr{A}^*$.

这就证明了 $\mathscr{A}^*$ 是一个链，于是定理证毕.

预备定理 3 任何集合的最小链 $\mathscr{A}_0$ 都可编成良序集.

证明 由预备定理 2，$\mathscr{A}_0$ 中任何两个不同元素 P_1 与 P_2，不是 $P_1 \subset P_2$，就是 $P_2 \subset P_1$. 若令 $P_1 < P_2$ 当且仅当 $P_1 \subset P_2$，我们就规定了 $\mathscr{A}_0$ 中元素间的一个序关系 "<"（即"⊂"），而空集 $\varnothing$ 则是 $\mathscr{A}_0$ 的最先元.

对有序集 $\mathscr{A}_0$ 作任意有序分割 $\mathscr{A}_0 = A_1 \cup A_2$（注意有序分割的定义要求 $A_1 < A_2$）. 设 $P_\lambda \in A_1, P' \in A_2$，则由对 $\mathscr{A}_0$ 所作的序关系定义知 $P_\lambda \subset P'$，而且对于 A_1 中所有 P_λ 的并集 $P = \bigcup_\lambda P_\lambda$，有 $P_\lambda \subseteq P \subseteq P'$，因而 P 或者是 A_2 的最先元，或者是 A_1 的最后元. 但在最后一种情况下，P^+ 就是 A_2 的最先元（预备定理 1）. 由此证明 A_2 总有最先元. 所以，$\mathscr{A}_0$ 依前述序关系是一个良序集.

现在我们来证明良序定理.

定理 3.2.2 任何集合都可以编成良序集[①].

证明 对于任意集合 A 及其最小链 $\mathscr{A}_0$,如果我们能证明诸元素 $P \in \mathscr{A}_0$ 与诸元素 $a \in A$ 可成一一对应,则由预备定理 3 知 A 也可编成良序集. 现在我们依照定理 3.2.1 所述的映射 f,使 $P \in \mathscr{A}_0$ 与 $a \in A$ 对应,即 $f(P) = a$ (a 是 P 的后续元). 为了证明 f 是一一映射. 只需证明:

(1) 若 $P_1 \neq P_2$,则 $a_1 \neq a_2$. 为此,不妨设 $P_1 \subset P_2$ (预备定理 2),$f(P_1) = a_1, f(P_2) = a_2$. 由预备定理 1,2 易知 $P_1^+ \subseteq P_2$,由后继元的定义,$a_1 \in P_2$,而 $a_2 \notin P_2$,故 $a_1 \neq a_2$.

(2) 每一个 $a \in A$,是且只能是 $\mathscr{A}_0$ 中一个 P 的后续元. 事实上. 对于 A 的任意一个确定的元素 a,若令 P 是 $\mathscr{A}_0$ 中一切不含 a 的 P_λ (例如 $\varnothing$ 即是这种集)的并集,则必有 $f(P) = a$ (否则,$P^+ \supset P$ 也不含 a,与 P 的定义矛盾),即 a 是 P 的后续元,且 P 是唯一的.

由此可见 f 是 A 与 $\mathscr{A}_0$ 之间的一一映射,当 P 的序关系被转移到 a 时,A 就被编成了良序集. 亦即当 $P_1 \subset P_2$ 时,就定义 $a_1 = f(P_1) < a_2 = f(P_2)$,依次序关系,$A$ 成为良序集. 定理于是证毕.

上述排序法的一个例子:设从每一自然数集 **N** 中选取一个这样的数 $a = f(\mathbf{N})$,其质因子的个数为最少,而这样的数不止一个时,则取其中最小的一个. 这就形成了自然数的下列良序:首先是 1,接着是依大小排列的质数,再次仍是依大小排列的两个质因子的积,等等,其序型是 $\omega + \omega + \omega + \cdots = \omega^2$.

最后,我们指出,怎样由良序定理来得到选择公理.

事实上,设 $\varGamma$ 是一集合族且 $\varnothing \notin \varGamma$,由良序定理,可设 $\bigcup \varGamma$ 是良序集.

任给 $X \in \varGamma$,都有 $X \subseteq \bigcup \varGamma$,即 X 是 $\bigcup \varGamma$ 的非空子集. 由于 $\bigcup \varGamma$ 是良序集,所以 X 有最先元,因此可构造 $\varGamma$ 到 $\bigcup \varGamma$ 的映射: $f : \varGamma \to \bigcup \varGamma, f(X) = X$ 的最先元,f 就是 $\varGamma$ 上的选择函数.

3.3 部分序集·佐恩引理

在 §1 中,有序集概念中对所研究的集合 A 中每一对元素皆建立起序的假定,时常需得放弃,而只在某些对元素上建立了序,这种仅在部分元素上建立起序的集合称为部分序集[②]. 换句话说,部分有序集放弃了有序集[③]概念中的三歧性.

[①] 虽然这个定理保证了如果 A 是任一集合,我们就可找出 A 中的一个序关系"<",使得 $\langle A, < \rangle$ 是一个良序集. 遗憾的是这个证明没有给予我们改正的方法. 而且,仍然有些集合,像具有基数 $\aleph$ 的集合,并没有构造出使它为良序的序关系.

[②] 亦称半序集或偏序集.

[③] §1 中的有序集,更准确地应称为全序集.

从抽象的观点来看,集合 A 上的序亦可看作 A 上的满足反对称性,传递性的一个二元关系[①].

按定义,在部分有序集 $\langle A, < \rangle$ 中,并非任何两个元素都存在序关系"$<$".如果 $x < y$ 与 $y < x$ 均不成立,则称 x, y 两个元素是不可比较的;否则称为是可比较的.由于反对称性,若 $x < y$,则 $y < x$ 必不成立.如果 $x < y$,则称 x 先于 y, y 后于 x;这时亦称 x 是 y 的先驱,y 是 x 的后继.

一个部分有序集 A 的元素称为 A 的最后元,如果它后于任何其他元素;称为极后元,如果不存在更后的元素.如果这个集不是全序的,那么这两个概念不同,最后元当然是极后元,反之则未必.

类似的,可以定义最先元和极先元.

易见,在一个给定的部分序集中只能有一个最后元,而也许有几个极后元.

对于 A 的子集 M,A 的元素 a 称为子集 M 的一个上界(下界)[②],如果对 M 中任意异于 a 的 m,都有 $m < a (a > m)$.

现在可以陈述佐恩引理[③]并证明它了.

佐恩引理 任给非空部分序集,若其中每个全序子集(有时又称为链)都有上界,则该部分序集有极后元.

称之为"引理",完全是由于历史的沿袭.这条引理在近代数学中有广泛应用,许多用选择公理证明的命题,使用佐恩引理常常显得更方便.

证明 反证法.假若 A 不含极后元,则对 A 中每个元素 x,在 A 中就有另外的元素后于 x,故对 A 中每个全序子集 W 来说,因 W 在 A 中有上界,而 A 中又有元素后于此上界,故 A 中有元素后于 W 中的所有元素.由选择公理,可在这些元素中取定一个,记为 W^+,自然有 $W^+ \notin W$ 且 W^+ 后于 W 中所有元素.在这些约定的基础上,我们来推得矛盾.

在 A 中取定一个元素 a,考虑以 a 为最先元且具有下述性质的良序子集 W_i:对 W_i 中每个 $y > a$ 恒有 $y = (W_i(<y))^+$.

---

① 对部分有序集的序关系限定不同的次序性质,可以得出不同类型的序关系.满足反对称性,传递性的序关系称为偏序;满足自反性,反对称性,传递性的序关系称为弱偏序;满足反自反性,反对称性,传递性的序关系称为强偏序;满足三歧性,反对称性,传递性的序关系称为线性序或全序.

② 与上界(下界)有关的是上确界(下确界)的概念:对于 A 中的子集 M,A 中元素 a 称为 M 的一个上确界(下确界),如果 a 是 M 的一个上界(下界),并且对 M 的任意一个不同于 a 的上(下)界 x,都有 $a < x (x > a)$.

③ 马克斯·奥古斯特·佐恩(Max August Zorn, 1906.5.6—1993.3.9) 生于德国克雷菲尔德(Krefeld),卒美国印第安纳州布卢明顿(Bloomington),是德国裔美国数学家.

佐恩引理首先作为定理被德国数学家豪斯道夫于 1914 年所证明.20 年后,佐恩重新发现了它.证明了该命题与选择公理等价(1935年).此后,又利用它证明了任何集是可比较的,即任何集 A, B,必有 $A \leqslant B$ 或 $B \geqslant A$ (1944 年).

这样的良序子集是存在的,例如令
$$a_1=\{a\}^+, a_2=\{a,a_1\}^+, a_3=\{a,a_1,a_2\}^+$$
则下面这四个良序子集均具有上面的性质
$$\{a\},\{a,a_1\},\{a,a_1,a_2\},\{a,a_1,a_2,a_3\}$$
显然还有无穷个这样的良序子集.

任意两个这样的良序子集 W_i 与 W_j 必然有一个是另一个(作为良序集)的先段. 现在证明所有这样的 W_i 的并集 W 为 A 的一个良序子集.

首先 W 为 A 的子集,自然是一个部分序集. 对任意 $a,b \in W$,有组中两个良序子集 W_i, W_j 使
$$a \in W_i, b \in W_j$$
不失一般性,设 W_i 是 W_j(作为良序集)的一个先段,即 $W_i \subset W_j$,从而 a,b 均在 W_j 中,故或有 $a \leqslant b$① 或 $b \leqslant a$. 所以 W 是一个全序集.

现设 M 是 W 的一个非空子集. 于是 M 至少与某一个 W_i 之交非空,从而 $M \cap W_i$ 为良序集 W_i 的非空子集. 设其最先元为 b. 下面证明 b 就是 M 的最先元. 任取 $x \in M$,则有某个 W_j 使 $x \in W_j$,故可分两种情况:

(1) 当 W_i 是 W_j 的(作为良序集)一个先段时,必有 $b \leqslant x$. 如若不然,则由 M 是全序集知应有 $x < b$. 于是由
$$b \in (M \cap W_i) \subset W_i, x < b, x \in W_j$$
以及 W_i 为 W_j 的先段便知 $x \in W_i$. 从而由 $x \in M$ 知 $x \in M \cap W_i$,又 b 是 $M \cap W_i$ 的最先元,这与 $x < b$ 矛盾;

(2) 当 W_j 是 W_i 的先段时,由 $x \in W_j \subset W_i$ 及 $x \in M$,得 $x \in M \cap W_i$,又由 b 是 $M \cap W_i$ 的最先元知必有 $b \leqslant x$.

综上所述,对任意的 $x \in M$,均有 $b \leqslant x$,即 b 是 M 的最先元. 至此,W 为 A 的一个良序子集得证.

可是
$$W_0 = W \cup \{W\}^+$$
显然是 A 的一个良序子集,并以 a 作为最先元. 设 y 是 W_0 中后于 a 的一个元素. 当 $a=W^+$ 时,$W_0(y)=W$,就已经有 $y=W^+=(W_0(<y))^+$. 当 $a \neq W^+$ 时,$y \in W$,从而有 W_i 使 $y \in W_i$. 于是显然有 $W_i(<y) \subset W_0(<y)$.

今证 $W_0(<y) \subset W_i(<y)$,设 $y_0 \in W_0$ 且 $y_0 < y$,于是 $y_0 \in W$,故有 W_j

---

① $a \leqslant b$ 表示"$a > b$"的否定,即意味着 $a=b$ 或者 $a < b$.

使 $y \in W_j$. 此时:

(1) 当 W_i 是 W_j 的先段时，由
$$y \in W_i, y_0 < y, y_0 \in W_j$$
知 $y_0 \in W_i$, 又 $y_0 < y, y \in W_i$, 故 $y_0 \in W_i(<y)$;

(2) 当 W_j 是 W_i 的先段时，由 $y_0 < y$, 以及 y_0 与 y 均在 W_i 中得 $y_0 \in W_i(<y)$. 所以, $W_0(<y) = W_i(<y)$, 从而有 $y = (W_i(<y))^+ = (W_0(<y))^+$. 于是良序子集 W_0 也具有上述性质，这与 W 为所有这样的良序子集的并集矛盾. 佐恩引理得证.

3.4 需用选择公理的数学定理的例子

现在我们指出，不用选择公理，就连表面上与集论毫无关系，而仅是有关数学分析的若干基本定理也不能证明.

例如，取如下所述实数区间的函数 f 的两种连续性的定义：

1° 函数 f 叫作连续于点 x_0，如果对于任何正数 ε 能选出这样的正数 δ，使得适合不等式 $|x_0 - x| < \delta$ 的一切 x 有 $|f(x_0) - f(x)| < \varepsilon$.

2° 函数 f 叫作连续于点 x_0，如果对于向点 x_0 收敛的任何序列 $x_1, x_2, \cdots, x_n, \cdots$，而序列 $f(x_1), f(x_2), \cdots, f(x_n), \cdots$ 向点 $f(x_0)$ 收敛.

这两个定义，众所周知，是等价的. 让我们分析它们等价性的常见的证明. 假设在前一种意义之下，f 连续于点 x_0，并给出向 x_0 收敛的任意序列 $x_1, x_2, \cdots, x_n, \cdots$. 此时对于任意的 $\varepsilon > 0$ 能求这样的 δ，使得位于区间 $(x_0 - \delta, x_0 + \delta)$ 内的一切 x，均有 $|f(x_0) - f(x)| < \varepsilon$. 对于这个 ε 选定这样的 δ 之后，对于这个 δ 再选一自然数 N，使得对于一切的 $n \geq N$，有 $|x_0 - x| < \delta$，这样就有 $|f(x_0) - f(x)| < \varepsilon$. 因为这是对于任意数 $\varepsilon > 0$ 而言，所以序列 $f(x_1), f(x_2), \cdots, f(x_n), \cdots$ 向 $f(x_0)$ 收敛. 于是，函数如果在定义 1° 的意义下连续，那么它也必定在定义 2° 的意义下连续[①].

现在假设 f 是在定义 2° 的意义下的连续于点 x_0 的函数. 我们来证明，它在定义 1° 的意义下也是连续的. 否则，就存在这样的 $\varepsilon > 0$ 使得，对任意的 $\delta > 0$，区间 $(x_0 - \delta, x_0 + \delta)$ 内必有一些点 $x_{(\delta)}$，对于它们有 $|f(x_0) - f(x)| \geq \varepsilon$. 给予 δ 以数值 $\delta_n = \dfrac{1}{n}$，并且对于每个这样的 δ_n 取定某一 $x_{(\delta_n)}$，为简单起见，这记作

[①] 我们要指明，这个断言的证明并不依赖于选择公理：数 N 的选定是任意的，因为能取这样的第一个（自然数）N，使得对于一切的 $n > N$ 得有 $|x_0 - x_n| < \delta$.

x_n，这样就得到向点 x_0 收敛的点 x_n 的序列，但对于一切这样的点 x_n 有 $|f(x_0) - f(x)| \geq \varepsilon$. $1°$ 与 $2°$ 两种定义等价性的证明因此完成.

让我们来仔细分析一下这个证明的后半部分. 同时适合两个条件 $|x_0 - x_{(\delta)}| < \delta$ 与 $|f(x_0) - f(x_{(\delta)})| \geq \varepsilon$ 的点 $x_{(\delta)}$ 的存在，并不说明我们可以实际提出寻求这样点的方法：这种点集是空的就足以导出相反的结论，所以，函数 f 在定义 $1°$ 的意义下，不连续于点 x_0 的假定仅说明了，对于任何 $\varepsilon > 0$ 及对于任意的 δ，在区间 $(x_0 - \delta, x_0 + \delta)$ 之内而使 $|f(x_0) - f(x)| \geq \varepsilon$ 的那些点 x 的集合是非空的. 从非空集

$$M_n = M_{(\delta_n)}$$

的序列过渡到点 $x_0 \in M_n$ 的序列是可以实现的，一般来说，仅用任意选择①的方法，从每个集 M_n 各取一点，记作 x_0.

我们把任意选择公理用到下列有趣的命题的证明上去：

定理 3.4.1 由实数所组成而且具有基数 $\aleph_1$ 的集存在.

换句话说，不等式 $\aleph_1 \leq \aleph$ 成立，这里的 $\aleph$ 照例是连续统的势.

为证明定理，先提出勒贝格②的方法，能把区间 $0 < x < 1$ 实际地分解成为 $\aleph_1$ 个互不相交的集 E_α，$\omega \leq \alpha \leq \omega_1$，也就是给出区间 $0 < x < 1$ 的一种表示，其形是互不相交之集的并 $\bigcup_{\omega \leq \alpha \leq \omega_1} E_\alpha$，并且这种表示完全是可以实现的（意义是区间 $(0,1)$ 的点 x 给出之后，即能一一地确定它所属的唯一的集 E_α）. 把区间 $(0,1)$ 分解为集 E_α 如下：

我们首先把区间 $(0,1)$ 的一切有理数排成序列

$$r_1, r_2, \cdots, r_n, \cdots \tag{1}$$

假设 x 是区间 $(0,1)$ 的任意点. 数 x 能够一一地表示为无限级数的和

$$x = \frac{1}{2^{n_1}} + \frac{1}{2^{n_2}} + \cdots + \frac{1}{2^{n_k}} + \cdots \tag{2}$$

的形状（实际上，把数 x 展为无限二进小数即可，并且如果 x 能有两种这样展开式，那么就取从某位起全由单位 1 所组成的那一种：数 $n_1, n_2, \cdots, n_k, \cdots$ 是我们分解式里面等于 1 的二进数字的位数）. 如果有展开式 (2)，考虑有理数

$$r_{n_1}, r_{n_2}, \cdots, r_{n_k}, \cdots \tag{3}$$

的集. 可能有两种情形：

---

① 各集 M_n 彼此相交，并且显然 $M_{n+1} \subseteq M_n$，所以为使用上述形状的选择公理，必须把 M_n 转变为 $M_n - M_{n+1}$，其中非空的集记为 $M_1', M_2', \cdots, M_n', \cdots$，并根据选择公理各选一点 x_n.

② 亨利·勒贝格（Henri Léon Lebesgue；1875—1941），法国数学家.

① 集合(3)不是良序的(按照其中有理数由小到大的次序而排列),此时就把点 x 列入集 E_{ω_1} 内.

② 集合(3)是良序的并有序型 $\alpha, \omega \leq \alpha < \omega_1$;此时就把点 x 列入集 E_α 内.

这样一来,区间(0,1)的每点 x 必落在一个而且仅是一个集 E_α 内,这里 $\omega \leq \alpha \leq \omega_1$,于是这些集互不相交而它们的并等于全区间(0,1). 还要证明,不论对怎样的超限数 α 的集 E_α 都不是空的.

实际上,由有理数所组成且有序型 α 的集 M_α 存在. 任取一个这样的集 M_α,假设它的元素是有理数

$$r_{n_1}, r_{n_2}, \cdots, r_{n_k}, \cdots$$

(按照在序列(1)的下标的增加次序而记录). 实数 $x = \dfrac{1}{2^{n_1}} + \dfrac{1}{2^{n_2}} + \cdots + \dfrac{1}{2^{n_k}} + \cdots$ 包含在集 E_α 之内.

为证明定理 3.4.1 还要用选择公理,从每个集 E_α 选出一点 x_α. 所得的集 $E = \{x_\alpha\}$ 就有基数 $\aleph_1$.

注 刚才所见使用选择公理的例子是典型的,借用这个公理证明了由实数组成且有势 $\aleph_1$ 的集 E 的存在,但我们无论如何也不能指明这样的集的个别例子,比如两人谈论形如 $E = \{x_\alpha\}$ 的集,其中 $x_\alpha \in E_\alpha$(从每个集 E_α 各选一点),就无从肯定他们所说的是同一个集,因为并不存在什么客观标识,足以证明这两人从每个集所选的都是同样一些元素 x_α. 在这种意义下,我们就说,刚才所作的基数为 $\aleph_1$ 的集 E 并不是切实可行的集(这与以集 E_α 本身为元素而组成基数 $\aleph_1$ 的集 $\mathscr{E}$ 相反. 这个集 $\mathscr{E}$ 是切实可行的,其元素 E_α 是完全确定的,因为区间(0,1)的每个点 x 我们都能提出恰好包含它的集 E_α).

最后,我们再举两个应用选择公理的例子.

(1) 证明定理:可数个可数集的并是可数的.

实际上,假设给出了可数个可数集 $E_1, E_2, \cdots, E_n, \cdots$. 为简单起见,预先假定各集 E_n 彼此不相交. 因为各集 E_n 都是可数的,所以对于任意的 n,集 E_n 至少有一种在一切自然数集上的一一映射. 换句话说,以集 E_n 在一切自然数集上的一一映象为元素的集 M_n 不是空的. 对于各种不同 n 的集 M_n 彼此不相交. 我们应用选择公理从每个 M_n 各选一个元素. 这就使我们对于每个 n 都能用一定的方法把集 M_n 写成无限序列的形式

$$E_n = \{e_1^n, e_2^n, \cdots, e_k^n, \cdots\}$$

这样一来,整个集 $\bigcup\limits_{n=1}^{\infty} E_n$ 就能写成下列形状

$$e_1^1, e_2^1, \cdots, e_k^1, \cdots$$
$$e_1^2, e_2^2, \cdots, e_k^2, \cdots$$
$$\vdots$$
$$e_1^n, e_2^n, \cdots, e_k^n, \cdots$$
$$\vdots$$

因此能把集 E 的一切元素排列出来,这是可以做到的.

(2) 严格地证明(依据选择公理)任何无穷集皆包含可数子集.

证明 集 E 是无限的,这说明对任何自然数 n,集 E 包含着由 n 个元素所组成的子集,所以如用 $\mathscr{M}_n$ 表示集 E 的一切包含恰有 $n!$ 个元素的子集的集,我们就能肯定,对任意自然数 n 的集 $\mathscr{M}_n$ 不是空的. 显然,两集 $\mathscr{M}_i, \mathscr{M}_j, i \neq j$ 决不相交. 如用选择公理,从每个集 $\mathscr{M}_n$ 各选一个元素 M_n,我们就得到序列
$$M_1, M_2, \cdots, M_n, \cdots$$
因为 M_n 由 $n!$ 个元素所组成,而集 $M_1 \bigcup M_2 \bigcup \cdots \bigcup M_{n-1}$ 的元素的个数少于
$$(n-1)[(n-1)!\ ] < n!$$
所以从集 $M_n - (M_1 \bigcup M_2 \bigcup \cdots \bigcup M_{n-1})$ 能选出元素 x_n. 集
$$x_1, x_2, \cdots, x_n, \cdots$$
便是集 E 的可数子集.

§4 序 数

4.1 序数及其大小

定义 4.1.1 良序集的序型称为序数.

无限良序集的序数称为超限数.

例如,0 及一切自然数均是有限的序数,$\omega, \omega+1, \omega+2$ 是超限数. 序型 $\omega^*, \eta, \pi, \lambda$ 不是序数,因为具有这种序型的有序集不是良序集.

定义 4.1.2 设 α 与 β 是两个序数,取两个良序集 A 与 B 使其分别具有序型 α 与 β,如果 A 短于 B,则称 α 小于 β 或是 β 大于 α,记作 $\alpha < \beta$,或 $\beta > \alpha$.

这个定义仅与 α, β 有关,而与良序集 A 与 B 的取法无关.

依此定义,有限序数间的大小与通常的意义一致
$$0 < 1 < 2 < 3 < \cdots$$
任何超限数大于所有的有限序数.

很重要的是,两序数间的大小关系只有三种可能:

定理 4.1.1　设 α 与 β 是两个序数,那么下面三个关系
$$\alpha = \beta, \alpha < \beta, \alpha > \beta$$
互相排斥,但又必须满足一个.

事实上,设 A, B 是两个良序集
$$\overline{A} = \alpha, \overline{B} = \beta$$
如果 A 与 B 相似,则 $\alpha = \beta$. 此时 $A \cong B$,任何一个集不短于另一个,所以 $\alpha < \beta$ 与 $\alpha > \beta$ 都不成立;如果 A 与 B 不相似,则其中必有一个是较短的,从而定理得证.

注意,如果 B 是良序集 A 的子集,则
$$\overline{B} \leqslant \overline{A}$$
事实上,由定理 3.1.5 之推论 3,关系式 $\overline{B} > \overline{A}$ 是不能成立的.

如果给出了任意序数 α,就得到了小于 α 的一切序数的集合,记它为 W_α. 实际上,如果给出序数 α,就是给出 α 型的任意良序集,这个良序集的一切初始段就完全确定了,然而这些初始段的序型恰好用尽了小于 α 的一切序数. 此时:

定理 4.1.2　为序数所规定的大小关系能把小于给定序数 α 的一切序数的集 W_α 变成型 α 的良序集.

证明　设 A 是一个序型为 α 的集. H 是 A 的所有真先段的全体. 那么由 §1 定理 1.2.4,H 的序型是 α. 若能证 H 与 W_α 相似,则定理成立.

设 $A(<a)$ 为 H 的一元素,则 $A(<a)$ 的序型是一个小于 α 的序数,所以是一个属于 W_α 的数. 这样,对于 H 中每一个元素对应 W_α 中一个确定的数. 而 H 中不同的元素,在 W_α 中所对应的数也不同,因为 H 中不同的元素即表示 A 的不同的真先段,当然是不会相似的. 最后,因为 W_α 中每个序数都小于 α,即表示 W_α 中每个序数乃是 A 中某真先段的序型. 于是对于 H 中每一元素,即以其序型作其对应的数,乃得 H 与 W_α 间一对一的关系.

上述的对应是一个叠合对应. 事实上,H 的元素都是 A 的真先段,是可以排列次序的:A 的两个真先段,其中一个是另外一个的真先段时,称前者居于后者之先. 换言之,序数较小者居先. 因此,H 中元素的次序与对应于 W_α 的元素间的次序是相似的. 定理证毕.

推论　设良序集 A 的序数是 α,那么 A 中一切元素可以用小于 α 的序数来"编号".

事实上,A 相似于 W_α. A 的每一元素,有一个小于 α 的序数与之对应. 因此,A 可以表示为

$$A = \{a_0, a_1, a_2, \cdots, a_\beta, \cdots\} \quad (\beta < \alpha)$$

我们注意,W_α 含有数 0,因此 A 的首元以 0"编号".最后,有必要再提醒一下,A 叠合对应于 W_α 的方法是唯一的.

同定理 4.1.2 有关的是布拉里－福蒂[①]的最大序数悖论.

布拉里－福蒂的最大序数悖论:设一切序数的全体记为 W,依定理 4.1.2 的推论,W 是一良序集.

设其序数为 γ,则 W_γ 的序数亦为 γ.但 W_γ 乃是 W 的一初始段,因此 W 与其一初始段 W_γ 相似.

这个悖论表示:一切序数的集合的概念本身有内在的矛盾.一般地说,要形成有内在矛盾的概念并不困难.例如直角的等边三角形概念就有内在的矛盾.

不过在大多数的情形,这种内在矛盾的缘由是容易发现的.例如等边三角形的每个内角为 $60°$,那么它不能是直角.可是对于上面的集 W 而言,情况并不如此简单.

事实上,集 W 的定义中含"一切".

还要指出,关于某些集是否容许讨论的问题与该集定义的正确性有关而与该集为有限或无限没有关系:在不涉及任何无限集的情况下存在着矛盾的例子.因此,类似的矛盾问题在很大程度上是逻辑问题,而在数学上并不怎么重要.

定理 4.1.3 序数所构成的集合,以其大小关系作序关系时,是一个良序集.

证明 设 A 是给定序数之集的任一非空子集.只要证明 A 有首元素就够了.任取 $\alpha \in A$,如果 α 是 A 的最小序数,那就完全证明了.但如若不然,那么交集 $W_\alpha \cap A$ 便不能是空的,而且是良序集 W_α 的子集,自然包含首元素 β.于是序数 β 就是 A 的首元素.

定理 4.1.4 假设数 α 是一序数,这时 $\alpha + 1 > \alpha$,而且适合不等式 $\alpha < \beta < \alpha + 1$ 的序数 β 绝不存在.

事实上,若 A 是 α 型的任一良序集.按序型加法的定义,$\alpha + 1$ 型的集 B 是得于:向 A 添加一个跟随一切元素 $a \in A$ 之后的新元素 b.此时有 $A = B(<b)$,这就证明了 $\alpha < \alpha + 1$.任意序数 $\beta < \alpha + 1$ 是集 B 的某初始段 $B(<x)$ 的型.如果 $x = b$,就有 $B(<x) = B(<b) = A$,于是 $\beta = \alpha$;但如果 $x = a < b$,$B(<x) A(<$

[①] 布拉里－福蒂(C. Borali-Fort;1861—1931),意大利数学家.

a),于是 $\beta < \alpha$. 定理证毕.

定理 4.1.4 的内容又可表述为:数 $\alpha+1$ 是数 α 之后的第一个序数. 于是,每一个序数有一个紧跟于其后的第一个序数. 但是,有些序数,未必存在恰在其先的序数[①](即位于其先的序数的最后一个). 例如,ω 就是这种数. 现在我们给予下面的定义.

定义 4.1.3 序数而有恰在其先的序数的称为第一种序数,无恰在其先的序数的称为第二种序数.

有限序数(0 除外)都是第一种序数. 设 α 是一序数,序数取形式 $\alpha+1$ 的都是第一种序数,如 $\omega+1$ 即为一例. 可是 ω 是第二种序数.

定理 4.1.5 如果 S 是若干个序数作成的集合且其中无最大序数,则必有序数 σ 存在满足:

(1) $\sigma > S$ 中所有的序数;

(2) 任何小于 σ 的序数 ρ 必小于 S 中某个序数.

换句话说,σ 是大于 S 中所有序数的最小者.

证明 设 A 是所有这样的序数 τ 作成的良序集:$\tau \leqslant S$ 中某个序数. 我们来证明 $\sigma = \overline{A}$ 即为所求. 首先,若 $\sigma \leqslant S$ 中某个序数,则按 A 的作法,有 $\sigma \in A$,并且 W_σ 为 A 的初始段,这里 W_σ 表示所有小于 σ 的序数构成的集合. 注意到定理 4.1.2 的结论,我们就有

$$\sigma = \overline{W_\sigma} < \overline{A} = \sigma$$

此为矛盾. 所以(1) 成立.

其次,设有序数 $\rho < \sigma$,则 W_ρ 为 A 的初始段,这里 $W_\rho = \{x \mid x$ 是序数且 $x < \rho\}$. 如果 $\rho > S$ 中所有序数,则将有

$$\rho = \overline{W_\rho} > \overline{A} = \sigma$$

矛盾. 故断言(2) 成立. 证毕.

假设 A 是任一非空的序数集,按定理 4.1.3,A 是一个良序集. 设其序数为 β,按定理 4.1.2 之推论,集 A 可写为

$$A = \{\alpha_0, \alpha_1, \cdots, \alpha_\eta, \cdots\} \quad (\eta < \beta)$$

可能有两种情形.

① 集 A 具有末元素 a_0(就是一切数 $x \in A$ 中有一最大数 a_0). 此时,$\gamma = a_0 + 1$ 乃是大于 A 中所有序数的第一个. 此时,区间 $(a_0, a_0 + 2)$ 由唯一的数 $\gamma =$

---

① 或者称"直接先驱".

a_0+1 所组成,此种数 γ 叫作孤立数.

② A 内没有末元素. 此时,大于 A 中所有序数的第一数(最小者)γ 具有如下的性质:不论怎样的数 $\gamma'<\gamma$,良序集 $W_{\gamma+1}$ 的区间(γ',γ) 内永远包含着 A 中的序数,而且如果包含某一数 $a\in A$,则必包含大于此 a 的一切数 $x\in A$. 这时就说,序数的良序集 A 向数 γ 收敛(以数 γ 为其极限),并写作

$$\gamma=\lim_{x\in A} x$$

并说 γ 是极限数.

例如,ω 即为 $\{0,1,\cdots,n,\cdots\}$ 或任一由有限数 α_v 组成的递增序列 $\{\alpha_0,\alpha_1,\alpha_2,\cdots\}$ 的极限,$\omega=\lim n=\lim \alpha_v$.

最低的极限数即是 $\omega,\omega+\omega=\omega^2,\omega^3,\cdots$.

在第二种情形,序数 γ 的性质恰和分析学中"一个恒增序列的极限"的性质一样. 因此我们所采用的极限数记法是很自然的.

若取 $A=W_\gamma$——γ 是任意序数. 如果数 $\gamma>0$ 是第二种序数,则即对于它,初始段 W_γ 无末元,按定义,γ 是集合 W_γ 的极限. 如此,概念"第二种序数"与"极限数"重合. 另一方面,对每个极限数 γ 显然有

$$\gamma=\lim_{\gamma_i\in A_\gamma}\gamma_i$$

因此把没有直接先驱的序数叫作极限数也是很自然的.

非极限数的序数称为孤立数. 孤立数除 0 外都是第一种序数.

序数的初始段自然都是良序集. 定理 4.1.2 中的集 W_α 就是一个序数初始段,其序数为 α. 反之,若 W 是一个序数初始段,且其序数为 α,则必有 $W=W_\alpha$,因当 W 含有最大序数 τ 时,显然就有 $\tau+1=\alpha$,而 $W=W_\alpha$;当 W 不含最大序数时,设其极限数为 α,那么不难得出 $W=W_{\alpha+1}$. 这就证明了:

定理 4.1.6 若干个序数的集合 W 为一序数初始段的充要条件是存在序数 α 使得 $W=W_\alpha$.

4.2 超限归纳法·超限递归定义

假设给定任意的良序集 A 以及某种依赖于此良序集 A 的变动元素的命题 $P=P(x)$. 在这些准备之下,所谓超限归纳法可表述为:

如果命题 P 对于集 A 的首元素 x_0 正确,又如果说对某一元素 x' 之前的一切元素都正确的假定,即能推出命题 P 对于元素 x' 也正确,那么命题 P 就对于每个元素 $x\in A$ 都正确.

当 $A=\mathbf{N}$,就是当 A 是一切自然数之集时,超限归纳法就变成读者所熟知的

完全归纳法①了.

为了证明超限归纳法,指明下面的事实即可:假如说存在一些元素 $x \in A$,对于这些元素,命题不正确,那么在这些元素 x 里应该有为首的,设其为 x_0. 然而此命题 P 对于元素 x_0 之前的一切元素 $x \in A$ 都正确,那么由于我们的假定,对于元素 x_0 也应正确. 所得到的矛盾就证明了我们的断言.

超限归纳法不仅可以用于证明,而且也可用于定义,即所谓归纳定义.

"归纳"和"递归"这两个术语常常可以交换使用. 例如,阶乘 $n! = 1 \cdot 2 \cdot 3 \cdots n$ 可以定义为函数 $f(n)$:当 $n > 0$ 时 $f(n) = n \cdot f(n-1)$,而 $f(0) = 1$;这样的定义常同时叫作"递归的"和"归纳的". 我们试图用下面的方式辨别这些词语:如果证明某件事情时,首先证明 $n=0$,然后才证明 $n=1,2,\cdots$,并且每个命题都用到前一个,它就是归纳的;如果某件事首先对 $n=0$ 定义,然后才定义 $n=1,2,\cdots$,其中每个 n 的定义都用到了先前的定义值,那么它就是递归的.

现在我们不只想对自然数,也想对其他良序集来考察递归定义.

在阶乘的定义中,$f(n)$ 的值由 $f(n-1)$ 表示. 更一般的情形是 $f(n)$ 的定义关联着若干个较小变元的函数值. 例如可以定义函数 $f: \mathbf{N} \to \mathbf{N}$,$f(n)$ 是 1 加所有前面的值的和,即

$$f(n) = f(0) + f(1) + \cdots + f(n-1) + 1$$

这是一个合法的递归定义(只需说明空的和取为零,而 $f(0) = 1$).

怎样才能将这个模式推广到任意良序集呢?令 A 为良序集,我们想要给出某个函数 $f: A \to B$ 的递归定义(B 是某个集合). 这样的定义应当将函数 f 在元素 $x \in A$ 处的值 $f(x)$ 关联到所有 $y < x$ 处的值 $f(y)$. 换句话说,在假定已知函数 $f(x)$ 在 A 的初始段 A_x 上的值的条件下才能对 $f(x)$ 进行递归定义. 下面是严格的说法:

定理 4.2.1 令 A 为良序集,B 为任意集. 给定一个递归规则,即自变元为元素 $x \in A$ 的一个映射 F 和一个函数 $g: A_x \to B$,其值为 B 的元素. 那么恰好存在一个函数 $f: A \to B$ 使得对所有的 $x \in A$ 都有

$$F(x) = f(x) \upharpoonright A_x$$

---

① 已知最早对数学归纳法的使用是在 16 世纪数学家莫洛利可(Franccsco Maurolico,1494—1575)的著作里. 莫洛利可写过大量关于经典数学的著作,并且对几何学和光学做出过许多贡献. 在他的著作《算书二》里,莫洛利可给出了整数的各种性质和对这些性质的证明. 为了证明其中的某些性质,他设计出数学归纳这个方法. 在这本书里他对数学归纳法的第一次使用是为了证明前 n 个正奇数之和等于 n^2.

证明 形式地,可作如下证明:函数 f 在最小元素处的值是唯一确定的(限制条件 $f(x)\upharpoonright A_a$ 是空的,这里 a 是 A 的首元素). 于是,函数 f 在下一个元素处的值也是唯一确定的,因为 f 在前面元素(更确切地说,只有一个前面的元素)处的值已经知道了,等等.

然而,所有这些元素必须形式地表达出来. 用归纳法证明关于任意元素 $a \in A$ 的下述命题:恰好存在一个先段 $A[a]$ 到集 B 的映射 f,它使得上述递归定义对每个 $x \in A[a]$ 为真.

如果映射 $f:A[a] \to B$ 使具有上述性质,即如果 $F(x) = f(x)\upharpoonright A_x$ 对每个 $x \leqslant a$ 都正确,就把它称为合理的. 这样,我们证明了对任意的 $a \in A$,存在唯一合理的先段 $A[a]$ 到 B 的映射.

我们用归纳法进行了推论,因此可以假设这个命题对于所有的 $c < a$ 为真,也就是存在唯一合理的映射 $f_c:A[c] \to B$(f_c 的合理性意味着对于所有 $d \leqslant c$,值 $f_c(d)$ 是被递归规则规定了的).

考察两个不同的元素 c 和 c' 的映射 f_c 和 $f_{c'}$,作为例子,可以假设 $c < c'$,也就是说映射 $f_{c'}$ 定义在较大的段 $A[c']$ 上,而在较小的段 $A[c]$ 上则限制 $f_{c'}$ 与 f_c 重合,因为把合理的映射限制在较小的段上显然也是合理的,而对段 $A[c']$ 已经假设了它的唯一性.

因此,所有的映射 f_c 是相容的,即它们中的任意两个在都有定义的任意元素处取得相等的值. 把所有的映射 f_c 组合起来就得到某个定义在 $A(a)$ 内的映射 h. 应用递归规则到 a 和 h,就得到某个值 $b \in B$. 令 $h(a) = b$. 于是,映射 $h: A[a] \to B$ 有定义;易见它是合理的.

要完成这个归纳步骤,必须检查定义在 $A[a]$ 上的合理映射是否是唯一的. 事实上,它限制到段 $A[c]$ 且 $c < a$ 就必定与 f_c 重合. 这样,就只需证在点 a 处的唯一性了. 而这是由递归规则保证的(用前面的值知不是点 a 处的值). 这就完成了归纳证明.

注意到段 $A[a]$ 的合理映射对不同的 a 是相容的(一个合理映射限制到较小的段上也是合理的,我们用到了唯一性). 这样就定义了一个满足递归定义的函数 $f: A \to B$.

存在性已被证明. 唯一性是明显的,函数限制到任意段 $A[a]$ 都是合理的,因而就确定了唯一性.

一般情况下,类似的情况也可能遇到:

定理 4.2.2 令定理 4.2.1 中遇到的映射 F 为部分映射(即对某些 x 和某些函数 $g: A_x \to B$,F 可能没有定义). 那么存在一个函数 f,使得:

(1) 或者 f 在整个集 A 上有定义,并且满足递归定义.

(2) 或者 f 在某些初始段 $A(a)$ 上有定义并满足递归定义,而递归规则对点 a 和函数 f 不可用(即映射 F 没有定义).

证明 这个定理是定理 4.2.1 的推广,同时也是它的一个推论.事实上,给 B 加一个特殊的元素"⊥"("无定义")并修改递归规则:新规则每次给出 ⊥,旧规则就无定义.(如果 ⊥ 是在相应于自变元较小的值的函数之中,新规则也就给出 ⊥).

按修改过的规则应用定理 4.2.1 得到某个函数 f'.如果这个函数没有所设的值 ⊥,则出现第一种可能($f=f'$).如果函数 f' 在某个元素上等于 ⊥,则它在所有较大的元素上都等于 ⊥.构造一个新函数 f,它在 f' 不等于 ⊥ 处就等于 f',而在其他地方无定义.f 的定义域就是某个初始段 $A(a)$,这就出现了第二种可能.

4.3 序数的运算

和与积已对序型定义过了.容易看出,有序集的有序并

$$S = \bigcup_{m \in M} A_m$$

是良序的,只要 M 及诸并项 A_m 都是良序的.

故良序的良序和及有限多序数的积也都是序数.

例如 $\omega^2, \omega^3, \omega+\omega^2+\omega^3+\cdots$ 都是序数.

假设给定某序数 γ 并且对于每个 $\alpha<\gamma$ 有一序数 x_α 与之对应.假设 β 是一切序数 x_α 按照型 γ 的和,用

$$\beta = \sum_{\alpha<\gamma} x_\alpha$$

表示.如果 X_α 是 x_α 型的任意良序集,那么由集 X_α 所组成的良序(型为 γ)集之和是良序集 X,其型是 β.因为集 X 包含每个集 X_α,作为其自身的子集,那么根据定义,对于任意的 x_α 而有 $x_\alpha \leqslant \beta$.这样就证明了:

定理 4.3.1 若干任意的序数 x_α(在任意顺序给出)的和是一序数 β,并且它不小于所给加数 x_α 的任何一个.

如果取序数 $\beta+1$,即知其大于所给各 x_α.因此得到:

定理 4.3.2 对于任何给定的序数之集,能够求得大于此集中任何一数的序数.

由此又见,"一切序数之集"是绝不存在的.

对于序数,在一定范围内也可以定义减法与除法.

引理 设 α,β 是序数，$\alpha<\beta$ 当且仅当存在序数 $\gamma>0$，使得 $\beta=\alpha+\gamma$.

证明 设 $\overline{A}=\alpha,\overline{B}=\beta$.

因 $\alpha<\beta$，故在相似的意义下，可认为 A 为 B 的截段，即 $A=B(<b)$，而 $B=B(<b)\cup B(\geqslant b)$，令 γ 为余段 $B(\geqslant b)$ 的序数，由序数加法定义知 $\beta=\alpha+\gamma$，由于 $B(\geqslant b)$ 非空，故 $\gamma>0$.

反之，若 $\beta=\alpha+\gamma,\gamma>0$，则存在有序集 $C:\overline{C}=\gamma$，满足 $B\cong A\cup C$（这里 $A\cup C$ 为有序并），因 $\gamma>0$，故 A 为 $A\cup C$ 的截段，而 A 不能相似于 $A\cup C$，由相似的传递性知 A 亦不能相似于 B，又 B 不能相似于 A 的截段，否则与 $B\cong A\cup C$ 矛盾. 故 A 只能相似于 B 的截段，于是 $\alpha<\beta$.

进而，我们提出下列不等式：

定理 4.3.3 设 α,β,μ 是序数，若 $\alpha<\beta$，则：

(1) $\mu+\alpha<\mu+\beta,\alpha+\mu\leqslant\beta+\mu$；

(2) $\mu\alpha<\mu\beta(\mu>0),\alpha\mu\leqslant\beta\mu$.

证明 因 $\alpha<\beta$，由引理，存在 $\gamma>0,\beta=\alpha+\gamma$. 因此
$$\mu+\beta=\mu+(\alpha+\gamma)=(\mu+\alpha)+\gamma>\mu+\alpha$$
$$\mu\beta=\mu(\alpha+\gamma)=\mu\alpha+\mu\gamma>\mu\alpha,\mu>0$$

当加项或因子 μ 在后时，等号可以出现. 例如
$$\omega+1<\omega+2, 1+\omega=2+\omega=\omega, \omega1<\omega2, 1\omega=2\omega=\omega$$

推论 (1) 若 $\mu+\alpha<\mu+\beta$ 或 $\alpha+\mu<\beta+\mu$，则 $\alpha<\beta$；

(2) 若 $\mu+\alpha=\mu+\beta$，则 $\alpha=\beta$；

(3) 若 $\mu\alpha<\mu\beta$ 或 $\alpha\mu<\beta\mu$，则 $\alpha<\beta$；

(4) 若 $\mu\alpha=\mu\beta$ 且 $\mu>0$，则 $\alpha=\beta$.

以证明(1)为例，假如 $\alpha<\beta$ 不成立，则必有 $\alpha=\beta$，或 $\alpha>\beta$. 若 $\alpha=\beta$，则 $\mu+\alpha=\mu+\beta$，与条件矛盾；同样若 $\alpha>\beta$，则由定理 4.3.3 知 $\mu+\alpha>\mu+\beta$，与条件 $\mu+\alpha<\mu+\beta$ 矛盾，故假设不成立，所以 $\alpha<\beta$.

要注意的是，不可以由 $\alpha+\mu=\beta+\mu$ 或 $\alpha\mu=\beta\mu$ 推断 $\alpha=\beta$.

下面引进序数的减法.

由 α 及 $\beta>\alpha$，像刚才看到的，总可决定而且唯一的决定一满足方程
$$\alpha+\xi=\beta$$
的数 ξ，我们把它记作
$$\xi=-\alpha+\beta$$
故有 $\alpha+(-\alpha+\beta)=\beta$.

ξ 是 $W_\beta-W_\alpha$ 的序型，即 W_β 的一个余段的序型，简称 β 的余序型. 此外当 β

固定时,对于 $\alpha<\alpha_1<\beta$ 显然有 $\xi\geqslant\xi_1$;可见 β 的不同余序型构成一良序的逆序集(因 ξ 作为序数依大小次序排列时是良序的),但此逆序集本身即是良序的①,故一序数的不同余型只有有限多个.

例如 ω 只有一个余型,即 ω;$\omega+3$ 只有四个余型,即 $\omega+3,3,2,1$,各对应下列分解(ν 有限)
$$\omega+3=\nu+(\omega+3)=\omega+3=(\omega+1)+2=(\omega+2)+1$$
相反,当 $\beta>\alpha$ 时方程
$$\eta+\alpha=\beta$$
依 η 并不一定能解(α 必须是 β 的一余型):例如 $\eta+\omega=\omega+1$ 即不可解,因左方的型对应一无末元的集,而右方的型对应一有末元的集.当方程可解时,则对于 $\alpha\geqslant\omega$ 恒有无限多解,即 $\eta=\eta_0,\eta_0+1,\eta_0+2,\cdots$,而对于有限的 α 却只有唯一解.因在后一情况中,$\eta+\alpha=\beta$ 是指,$\eta+(\alpha-1)$ 应是 β 的直接先驱,$\eta+(\alpha-2)$ 应是 $\eta+(\alpha-1)$ 的直接先驱,等等.这样,经有限多步后 η 即被唯一的决定.只有在此情况下我们把解记作
$$\eta=\beta-\alpha$$
于是有 $(\beta-\alpha)+\alpha=\beta$,可见上式的意义是:$\alpha$ 为自然数,而 η 是由 β 经去掉最后 α 个元而形成的.例如 $\beta-1$ 就是 β 的直接先驱(假定 β 是大于 0 的孤立数).

为了引出除法,先证明:

定理 4.3.4 每一数 $\zeta<\alpha\cdot\beta$ 都可以表示为下列形式
$$\zeta=\alpha\eta+\xi\quad(\xi<\alpha,\eta<\beta)\tag{1}$$
其中 ξ,η 是由 α,β,ζ 唯一决定的.

事实上,若 A,B 为 α,β 型的良序集,则 $\alpha\beta$ 是积 $\langle B,A\rangle$——经字典式编序的有序对 $\langle b,a\rangle$ 的集——的型.ζ 是 $\langle B,A\rangle$ 的一截段的型,此截段不妨假定是由 $\langle b,a\rangle$ 决定的,则此截段显然由有序对 $\langle y,x\rangle(y<b,x\in A)$ 及 $\langle b,x\rangle(x<a)$ 所构成.故若 ξ,η 是 A,B 各由 a,b 所决定的截段的型,则即得上式.同时并看到 $\langle b,a\rangle$,从而 ξ,η 是由 ζ,α,β 唯一决定的.

若 β 为任意,则可说:每一序数 ζ 都可表示为下列形式(假定 $\alpha>0$)
$$\zeta=\alpha\eta+\xi\quad(\xi<\alpha)\tag{2}$$
其中 ξ,η 是由 α,ζ 唯一决定的.

事实上,我们可将 β 选得这样大(例如 $\beta=\zeta+1$),使 $\zeta<\alpha\beta$,然后应用(1),

---

① 因其每一子集都具有首元,即都有一最大的 ξ.事实上,决定此子集中 ξ 的 α 是良序的(依大小次序),则其首元所决定的 ξ 即是此子集中最大的 ξ,亦即其首元.

又对于两个不同 β 所得的表达式(2)也不能不同,否则此两个 β 较大者,ζ 将有两个不同的表达式(1)了.

由此可见,这里我们有一类似于有限数范围内的关系(单方面的!):η 即所说 ζ 除以 α 时的商,ξ 是余数;当 $\xi=0$ 时,ζ 可被作为左因子[①]的 α 除尽.

辗转相除演段[②]亦可移用于此

$$\alpha = \alpha_1 \eta_1 + \alpha_2 \quad (\alpha_1 > \alpha_2)$$
$$\alpha_1 = \alpha_2 \eta_2 + \alpha_3 \quad (\alpha_2 > \alpha_3)$$
$$\vdots$$

这里余数逐次降低,因而只有有限多个,故其中最后必出现零.这就导致将序数的有序对展开成连分式并仿照普通有理数加以编序,对此,我们不深入研究了.

4.4　乘法的推广·康托积

在 §2 中,我们已讲过无限多个序型的积,如 $\cdots\alpha_3\alpha_2\alpha_1$,但这种积并不因为因子是序数而总是序数,例如 $\cdots\omega\omega\omega=1+\lambda$ 已知是区间 $[0,1)$ 的型.

现在我们要来定义依良序排列的积,如 $\alpha_1\alpha_2\alpha_3\cdots$,这里的定义与 §2 中的定义现在看来是毫不相干的,要经过以后进一步的讨论,才知它们原是一个普遍积的两种特殊情况.

目前的定义基于超穷归纳法.为了对称的缘故,我们也要将加法 —— 即前面已较为简单且在较广泛的范围内(即对于序型)定义过的加法 —— 用此法重新定义一次,就是说,归引到两个加项的加法.

设对于每一序数 α 有一序数 μ_α 与之对应.今由下列归纳规则,我们来定义和(当加项已选定时只要把它看作是 α 的函数 $f(\alpha)$)

$$f(\alpha) = \sum_{\xi \in W(\alpha)} \mu_\xi = \mu_0 + \mu_1 + \cdots + \mu_\xi + \cdots$$

为序数

$$\begin{cases} f(0)=0 \\ \alpha>0 \text{ 时},f(\alpha) \text{ 是大于或等于 } f(\xi)+\mu_\xi \text{ 的最小数(对于一切 } \xi<\alpha) \end{cases} \quad (1)$$

为简单计,若取一切 $\mu_\alpha > 0$(略去等于 0 的加项),则对于 $\alpha > \xi$ 有

$$f(\alpha)+\mu_\alpha > f(\alpha) \geqslant f(\xi)+\mu_\xi > f(\xi)$$

[①] 详见《代数学教程(第二卷·抽象代数基础)》.
[②] 详见《代数学教程(第二卷·抽象代数基础)》.

可见 $f(\alpha)$ 与 $f(\alpha)+\mu_\alpha$ 都具有与它们的变元 α 同样的序. 故特别有
$$f(\alpha+1)=f(\alpha)+\mu_\alpha \tag{2}$$
又若 α 为极限数, 则有
$$f(\alpha)=\lim f(\xi) \quad \xi<\alpha \tag{3}$$
因为此时随同 $\xi<\alpha$ 亦有 $\xi+1<\alpha$, 因而第一个大于或等于 $f(\xi+1)$ 的数与第一个大于 $f(\xi)$ 的数相同, 故 $f(\alpha)$ 与 $\lim f(\xi)$ 相同(可比较(1)与(2)).

至于和的目前定义与先前的定义一致, 就是说, 先前的和概念具有性质(1)或(2),(3)是不难看出来的. 据(3), 知和是部分和的极限, 正像数学分析学中收敛级数的情况一样, 例如
$$f(\omega)=\lim f(\nu),\ \mu_0+\mu_1+\mu_2+\cdots=\lim(\mu_0+\mu_1+\mu_2+\cdots+\mu_{\nu-1})$$

同样可定义积, 即归引到两个因子的积. 设对于每一序数 α 有一序数 $\mu_\alpha>0$ 与之对应(凡积以零为其一因子, 本身即应等于零). 由下列归纳定义积(看作 α 的函数)
$$f(\alpha)=\prod_{\xi\in W(\alpha)}\mu_\xi=\mu_0\cdot\mu_1\cdots\cdot\mu_\xi\cdots$$
为序数
$$\begin{cases}f(0)=1\\ \alpha>0\text{ 时}, f(\alpha) \text{ 是大于或等于 } f(\xi)\cdot\mu_\xi \text{ 的最小数(对于一切 }\xi<\alpha)\end{cases} \tag{4}$$
为简单计, 若取一切因子大于 1(略去等于 1 的因子), 则首先显然有 $f(\alpha)>0$, 而
$$f(\alpha)\cdot\mu_\alpha>f(\alpha)\geqslant f(\xi)\cdot\mu_\xi>f(\xi)$$
于是, 像前面一样, 可得
$$f(\alpha+1)=f(\alpha)\cdot\mu_\alpha$$
以及, 当 α 为极限数时
$$f(\alpha)=\lim f(\xi)\quad(\xi<\alpha)$$
这种积, 当 α 为极限数时与前面的积完全一致
$$f(1)=\mu_0, f(2)=\mu_0\cdot\mu_1,\cdots$$
而当 $\alpha=\omega$, 则有
$$f(\omega)=\lim f(\nu),\ \mu_0\cdot\mu_1\cdot\mu_2\cdots=\lim \mu_0\cdot\mu_1\cdot\mu_2\cdots\cdot\mu_{\nu-1}$$
例如[1]

---

[1] 在基数的情况下有 $2\cdot3\cdot4\cdots=2^{\aleph_0}$; 有限数在两种意义下应用这里可能显得特别混淆, 但其实不然.

$$2 \cdot 3 \cdot 4 \cdot \cdots = \lim\{2, 6, 24, \cdots\} = \omega$$

特殊的,如果一切因子 $\mu_\alpha = \mu > 1$,我们就把这个积定义为幂 $f(\alpha) = \mu^\alpha$. 可见

$$\mu^{\alpha+1} = \mu^\alpha \cdot \mu$$

而对于极限数 α,则有

$$\mu^\alpha = \lim \mu^\xi \quad (\xi < \alpha)$$

例如

$$2^\omega = \lim 2^\nu = \lim\{2, 4, 8, \cdots\} = \omega$$

一般地

$$2^\omega = 3^\omega = \cdots = \omega$$

但

$$\omega^\omega = \lim \omega^\nu = \lim\{\omega, \omega^2, \omega^3, \cdots\}$$

对此,因 $1 + \omega = \omega$,$1 + \omega + \omega^2 = \omega(1 + \omega) = \omega^2$ 等,也可写成

$$\omega^\omega = 1 + \omega + \omega^2 + \cdots = \sum \omega^\nu$$

这里成立下列乘幂法则

$$\mu^\alpha \cdot \mu^\beta = \mu^{\alpha+\beta}, (\mu^\alpha)^\beta = \mu^{\alpha \cdot \beta}$$

用归纳法证最简洁. 对 β 用超穷归纳法,设对 $\beta^* < \beta$ 时已有 $\mu^\alpha \cdot \mu^{\beta^*} = \mu^{\alpha+\beta^*}$,而证 $\mu^\alpha \cdot \mu^\beta = \mu^{\alpha+\beta}$ 即可.

情形 1:当 β 为非极限数时,$\beta = \beta^* + 1$,则有

$$\mu^\alpha \cdot \mu^\beta = \mu^\alpha \cdot \mu^{\beta^*+1} = \mu^\alpha \cdot (\mu^{\beta^*} \cdot \mu^1) = (\mu^\alpha \cdot \mu^{\beta^*}) \cdot \mu^1$$
$$= \mu^{\alpha+\beta^*} \cdot \mu^1 = \mu^{\alpha+\beta}$$

情形 2:当 β 为极限数时,$\beta = \lim \beta_\nu$,则有

$$\mu^\alpha \cdot \mu^\beta = \mu^\alpha \cdot (\lim \mu^{\beta_\nu}) = \lim(\mu^\alpha \cdot \mu^{\beta_\nu}) = \lim(\mu^{\alpha+\beta_\nu})$$
$$= \mu^{\lim(\alpha+\beta_\nu)} = \mu^{\alpha+\beta}$$

同理可证 $(\mu^\alpha)^\beta = \mu^{\alpha \cdot \beta}$.

交换律当然不成立

$$(\mu\nu)^2 = \mu\nu\mu\nu \text{ 与 } \mu^2\nu^2 = \mu\mu\nu\nu$$

一般不相等.

进一步,指数定理对序数的幂不成立,即 $(\mu\nu)^\alpha$ 未必等于 $\mu^\alpha\nu^\alpha$.

序数的乘方曾经在历史上起过很重要的作用,例如对基数的运算起极大简

化作用的著名的海森博格[①]定理(对任何无穷基数 a 恒有 $a^2=a$)的早期证明就依靠了序数的乘方.不过现在已有非常简捷的方法来证明此著名定理.

再强调一次,这里定义的积与幂与前面定义开始原无丝毫联系的,它们一般不是积集的型.因此,例如 α^β 不一定具有势 $\overline{\alpha}^{\overline{\beta}}$(但 $\alpha+\beta,\alpha\beta$ 则具有势 $\overline{\alpha}+\overline{\beta}$, $\overline{\alpha\beta}$),2^ω 仅具有势 $\aleph_0$.而非 $2^{\aleph_0}$.

像自然数可用 10 的幂来表达一样,每一序数亦可用任一底 $\beta>1$ 的幂来表达.

定理 4.4.1 设 $\zeta>0,\beta>1$ 是两个序数,则存在 $\alpha>\alpha_1>\cdots>\alpha_n\geqslant 0$, $0<\eta,\eta_1,\cdots,\eta_n<\beta$,使得

$$\zeta=\beta^\alpha\cdot\eta+\beta^{\alpha_1}\cdot\eta_1+\cdots+\beta^{\alpha_n}\cdot\eta_n \tag{5}$$

证明 设 β^γ 是 β 的大于 ζ 的最低幂(此最低幂的存在,可由归纳法甚易证得的不等式 $\beta^\gamma\geqslant\gamma$ 知,因此即有 $\beta^{\zeta+1}>\zeta$).

我们断言:γ 为非极限数,否则对于每一 $\xi+1<\gamma$,从而将有

$$\beta^{\xi+1}\leqslant\zeta,\beta^\xi<\zeta,\beta^\gamma=\lim\beta^\xi\leqslant\zeta$$

因此,γ 有一直接先驱者 α,成立

$$\beta^\alpha\leqslant\zeta<\beta^{\alpha+1}$$

此时,α 是由 ζ(底固定时)唯一决定的.数 $\zeta<\beta^\alpha\cdot\beta$ 由定理 4.3.4 可表示为下列形式

$$\zeta=\beta^\alpha\cdot\eta+\zeta_1\quad(\eta<\beta,\zeta_1<\beta^\alpha)$$

η 与 ζ_1 由 ζ 唯一决定.若仍 $\zeta_1>0$,则可继续推得

$$\zeta_1=\beta^{\alpha_1}\cdot\eta_1+\zeta_2\quad(\eta_1<\beta,\zeta_2<\beta^{\alpha_1})$$

等.但因 $\zeta\geqslant\beta^\alpha>\zeta_1>\beta^{\alpha_1}>\zeta_2\geqslant\cdots$,即 $\zeta>\zeta_1>\zeta_2>\cdots,\alpha>\alpha_1>\alpha_2>\cdots$,故上述手续必然到达一步以 0 为余数

$$\zeta_n=\beta^{\alpha_n}\cdot\eta_n$$

于是得表达式(5).

等式(5)中一切均由 ζ 唯一决定:项数 $n+1(n=0$ 时,$\zeta=\beta^\alpha\cdot\eta)$,指数 α 及系数 η.不仅刚才所构造的这一表达式,就连无论用什么方法获得的(5)的表达式也都是唯一决定的.事实上,式(5)所表达的数 ζ 是小于 $\beta^{\alpha+1}$ 的,这可利用从 n 到 $n+1$ 的推论法知:若这一论断已对 $\alpha_1<\alpha$ 成立,则 $\zeta<\beta^\alpha\cdot\eta+\beta^{\alpha_1+1}\leqslant\beta^\alpha\cdot(\eta+1)\leqslant\beta^{\alpha+1}$.因此必有 $\beta^\alpha\leqslant\zeta<\beta^{\alpha+1}$.于是一切指数及系数即可全依上面的

[①] 海森博格(Gerhard Hessenberg,1874—1925),德国数学家.

方法定出.

例如
$$\beta = 2 : \zeta = 2^{\alpha} + 2^{\alpha_1} + \cdots + 2^{\alpha_n}$$
$$\beta = \omega : \zeta = \omega^{\alpha} \cdot \nu + \omega^{\alpha_1} \cdot \nu_1 + \cdots + \omega^{\alpha_n} \cdot \nu_n \quad (\nu, \nu_1, \cdots, \nu_n \text{ 为自然数}) \quad (6)$$

特别的,每一数 $\zeta < \beta^{\omega}$ 都可表为 β 的多项式(具有有限指数),且因为是(5)的形式,故是唯一的.

在序数表示为(5)时还会遇到这样的情形,即 ζ 根本不能用较小的数表出,而是成立等式
$$\zeta = \beta^{\zeta} \tag{7}$$
(这在有限数范围内当 $\beta > 1$ 时是不可能的).

例如前面曾推得 $\omega = 2^{\omega}$. 若对于 $\nu = 0, 1, 2, \cdots$,如此定义数 ζ_{ν},即 $\zeta_0 = 1$,$\zeta_{\nu+1} = \beta^{\zeta_{\nu}}$,则有 $(\beta > 1) \zeta_0 < \zeta_1$,因而 $\beta^{\zeta_0} < \beta^{\zeta_1}$;$\zeta_1 < \zeta_2$,因而 $\beta^{\zeta_1} < \beta^{\zeta_2}$;$\zeta_2 < \zeta_3$,等等.

当 $\zeta = \lim \zeta_{\nu}$ 时,有
$$\zeta = \lim \zeta_{\nu+1} = \lim \beta^{\zeta_{\nu}} = \beta^{\zeta}$$
可见 ζ 是一个具有性质(7)的数,它是 $1, \beta, \beta^{\beta}, \beta^{\beta^{\beta}}, \cdots$ 的极限(满足 $\zeta = \omega^{\zeta}$ 的数 ζ,康托把它叫作 ε — 数).

ω 的幂 ω^{α} 可由下述性质标明其特征,即它只有唯一的余型,而此余型即是它本身.事实上,由(6)可知:若 ζ 没有小于 ζ 的余型,则其展开式中势必只有一项,否则 $\omega^{\alpha_n} < \zeta$ 将是一余型了,故 $\xi = \omega^{\alpha} v$,且 $v = 1$;否则 $\omega^{\alpha} < \zeta$ 又将是一余型了.因此,$\zeta = \omega^{\alpha}$. 反之,ω^{α} 必以其自身为唯一的余型,即成立
$$\eta + \omega^{\alpha} = \omega^{\alpha} \quad (\eta < \omega^{\alpha})$$
若 $\eta = \omega^{\beta} \nu + \eta_1 (\eta > 0, \nu$ 为自然数,$\eta_1 < \omega^{\beta})$ 为 η 的初步展开,其中 $\beta < \alpha$,且令 $\omega^{\alpha} = \omega^{\beta+1} + \gamma (\beta + 1 = \alpha$ 时,$\gamma = 0)$,则有
$$\omega^{\alpha} \leqslant \eta + \omega^{\alpha} \leqslant \omega^{\beta}(\nu + 1) + \omega^{\alpha} = \omega^{\beta}(\nu + 1 + \omega) + \gamma = \omega^{\beta+1} + \gamma = \omega^{\alpha}$$
可见 $\eta + \omega^{\alpha} = \omega^{\alpha}$.

由于 ζ 的余型的余型仍是 ζ 的一余型,故还可推知,一数 ζ 的最小余型总是 ω 的一幂(也可能是 $\omega^0 = 1$),在展开式(6)中,ω^{α_n} 即为 ζ 的最小余型.

4.5 自然和与自然积

上目(4.4目)中的展开式(6)将一序数表示成 ω 的一种多项式,一般具有无限指数.对于这种多项式,如果进行对像普通多项式一样的运算,则即可得序

数的自然和 $\sigma(\xi,\eta)$ 与自然积 $\pi(\xi,\eta)$（依海森博格）如此构造的和与积，较 $\xi+\eta,\xi\cdot\eta$ 更接近于有限数的和与积.

设想指数 α 在一选取足够大的界限内走遍一切序数，并假定系数 x_α 为有限（整）数大于或等于 0，而把依 ω 的降幂排列的展开式简写成如下形状

$$\xi = \sum_\alpha \omega^\alpha x_\alpha = \cdots + \omega^\omega x_\omega + \cdots + \omega^2 x_2 + \omega x_1 + x_0$$

（实际上，只有有限多个系数不为 0；$\xi=0$ 时，一切 $x_\alpha=0$.）此表达式是唯一决定的. 于是，对于二序数

$$\xi = \sum_\alpha \omega^\alpha x_\alpha, \eta = \sum_\alpha \omega^\alpha y_\alpha$$

我们定义

$$\sigma(\xi,\eta) = \sum_\alpha \omega^\alpha (x_\alpha + y_\alpha) = \sigma(\eta,\xi)$$

此和，既不必与 $\xi+\eta$ 也不必与 $\eta+\xi$ 一致. 例如 $\sigma(\omega,\omega^2+1)=\omega^2+\omega+1$ 既不同于 $\omega+(\omega^2+1)=\omega^2+1$ 也不同于 $(\omega^2+1)+\omega=\omega^2+\omega$.

对于给定的 ζ，方程 $\sigma(\xi,\eta)=\zeta$ 只有有限多组解 ξ,η.

事实上，因需成立 $x_\alpha+y_\alpha=z_\alpha$，故对于 x_α 只容许取值 $0,1,\cdots,z_\alpha$，可见解的总数等于一切因子 $1+z_\alpha$（其中只有有限多个大于 1）的积.

不等式 $\xi<\eta$ 的意义是，第一个不为零的差 $y_\alpha-x_\alpha$ 是正的（此即和在依降幂排列的顺序中的第一项系数，亦即最高指数项的系数）. 也就是说，存在一个序数 $\beta\geqslant 0$ 满足：$x_\beta<y_\beta,x_\gamma=y_\gamma(\gamma>\beta)$. 由此可见，$\sigma(\xi,\eta)$ 是随同它的每一加项 ξ 或 η 而增大的：若 $\xi_0<\xi$，则 $\sigma(\xi_0,\eta)<\sigma(\xi,\eta)$. 故若 $\sigma(\xi_0,\eta_0)=\sigma(\xi,\eta)$ 而 $\xi_0<\xi$，则同时 $\eta_0>\eta$.

若 $\zeta_0<\zeta=\sigma(\xi,\eta)$，则方程 $\sigma(\xi_0,\eta_0)=\zeta_0$ 有一满足 $\xi_0\leqslant\xi,\eta_0\leqslant\eta$（两等号至少有一个不成立）的解. 事实上，若将 ξ,η,ζ_0 写成（摘出 ζ,ζ_0 第一次有差异的 β 项）

$$\xi = \sum_\gamma \omega^\gamma x_\gamma + \omega^\beta x_\beta + \sum_\alpha \omega^\alpha x_\alpha$$
$$\eta = \sum_\gamma \omega^\gamma y_\gamma + \omega^\beta y_\beta + \sum_\alpha \omega^\alpha y_\alpha$$
$$\zeta_0 = \sum_\gamma \omega^\gamma c_\gamma + \omega^\beta c_\beta + \sum_\alpha \omega^\alpha c_\alpha$$

其中，$\gamma>\beta>\alpha,x_\gamma+y_\gamma=c_\gamma,x_\beta+y_\beta>c_\beta$. 于是决定二整数 a_β,b_β 使满足 $0\leqslant a_\beta\leqslant x_\beta,0\leqslant b_\beta\leqslant y_\beta,a_\beta+b_\beta=c_\beta$；比如 $a_\beta=\min\{x_\beta,c_\beta\}$，而 $b_\beta=c_\beta-a_\beta$. 此时，两不等式 $a_\beta<x_\beta,b_\beta<y_\beta$ 至少有一个成立. 不妨设第一式成立，则令

$$\xi_0 = \sum_\gamma \omega^\gamma x_\gamma + \omega^\beta a_\beta + \sum_\alpha \omega^\alpha c_\alpha$$

$$\eta_0 = \sum_\gamma \omega^\gamma y_\gamma + \omega^\beta b_\beta$$

于是即有 $\sigma(\xi_0, \eta_0) = \zeta_0 (\xi_0 < \xi, \eta_0 \leqslant \eta)$.

由上可见，自然和的性态完全像有限和.

若将

$$\xi = \sum_\alpha \omega^\alpha x_\alpha, \eta = \sum_\alpha \omega^\alpha y_\alpha$$

像普通多项式一样相乘(此时指数相加取自然和)，即得 ξ, η 的自然积

$$\pi(\xi, \eta) = \sum_{\alpha, \beta} \omega^{\sigma(\alpha, \beta)} x_\alpha y_\alpha = \pi(\eta, \xi)$$

或

$$\pi(\xi, \eta) = \sum_\gamma \omega^\gamma z_\gamma, z_\gamma = \sum^\gamma x_\alpha y_\alpha$$

其中 $\sum^\gamma$ 是遍及一切(有限多)满足 $\sigma(\alpha, \beta) = \gamma$ 的有序对 $\langle \alpha, \beta \rangle$.

关于自然积，我们就只这样一提，让读者也在这里确立与有限积的类似性.

4.6 普遍的积概念

设 $M = \{\cdots, m, \cdots, n, \cdots q, \cdots\}$ 是一有序集，其元 m 各有有序集 A_m 与之对应；由此，我们首先获得下列没有序关系的积

$$A = \prod_{m \in M} A_m = \langle \cdots, A_m, \cdots, A_n, \cdots, A_q, \cdots \rangle$$

它是所有复合

$$a = \langle \cdots, a_m, \cdots, a_n, \cdots, a_q, \cdots \rangle \quad (a_m \in A_m)$$

的集.

两个这样的复合 a 及

$$b = \langle \cdots, b_m, \cdots, b_n, \cdots, b_q, \cdots \rangle$$

决定一个由所有如下的 m 组成的集 $M(a,b)$，对于这种 m，有 $a_m \neq b_m$；这个集，当且仅当复合 a, b 相异时，有 $M(a,b) \neq \varnothing$，且此时它是 M 的一个有序子集. 为简便计，我们称 M 为论元，称 $M(a,b)$ 中的元为 a, b 间的差位.

对于三个 a, b, c，显然有

$$M(a, c) \subseteq M(a, b) \bigcup M(b, c) \tag{1}$$

因若 $a_m \neq c_m$，则两个不等式 $a_m \neq b_m, b_m \neq c_m$ 中至少必有一式成立.

我们曾指出(§2,2.2 的结尾处)，当 M 为良序集时，积 A 的字典排序法编序是可能的. 在这里，就是说当 $a \neq b$ 时集 $M(a,b)$ 总有一首元 m，因而可各按

$a_m < b_m (a_m > b_m)$ 而定义 $a < b (a > b)$,至于实际上这确实是一个序关系,即记号"$<$"是传递的,我们稍后就会看到. 现在就把上面的 A 理解为字典排序法编序的积,它的序型自然需记作

$$\alpha = \prod_{m \in M^*} \alpha_m = \cdots \cdot \alpha_q \cdot \cdots \cdot \alpha_n \cdot \cdots \cdot \alpha_m \cdot \cdots$$

其中各因子(α_m 为 A_m 的序型)间的次序正好与积集及 M 中的次序相反. 逆序论元 $M^* = N$ 可适当地称作指数. 当因子 A_m 相同($=B$)时,由积即得幂 B^M,其序型为 $\beta^{\mu^*} = \beta^{\nu}$ (β, μ, ν 各为 B, M, N 的序型). 例如我们以前得到过的 $\omega^{\omega^*} = 1 + \lambda$.

在 M 为任意集时(M 不必是良序的),则只要可能定义字典式序就定义字典式序. 就是说,如果 $M(a,b)$ 有首元 m (可记作 $m(a,b)$),且 $a_m < b_m (a_m > b_m)$,则定义 $a < b (a > b)$. 显然,$a < b$ 时 $a > b$,且成立传递性,即若 $a < b, b < c$,则 $a < c$. 事实上,若设 $m = m(a,b), n = m(b,c)$ 而 $p = \min\{m,n\}$(即当 $m \leqslant n$ 时 $p = m$;$n \leqslant m$ 时 $p = n$),则对于 $l (< p)$ 有

$$a_l = b_l, b_l = c_l, \text{即 } a_l = c_l$$

而对于 p 有

$$a_p \leqslant b_p, b_p \leqslant c_p$$

其中至少有一个不等式成立,故 $a_p < c_p$. 这就是说,$M(a,c)$ 有一首元 p,因此,$a < c$. 可见我们可将传递性如此说出:

当 $a < b, b < c$ 时,则 $a < c$,且

$$m(a,c) = \min\{m(a,b), m(b,c)\} \tag{2}$$

若 $a \neq b$ 时,$m(a,b)$ 无首元,则称 a, b 为字典式地不可比较,并以记号

$$a \,/\!/\, b, b \,/\!/\, a$$

记之. 故积集 A 一般只能部分地编序;两个不同元总在下列三个关系之一(且仅一个)中

$$a < b, a > b, a \,/\!/\, b$$

这与 $b > a, b < a, a \,/\!/\, b$ 乃同一意义. 此外还应注意,即可比较性不必是传递的;很可能 $a < b, a > c$,而 $a \,/\!/\, b$.

为了在上述情形下对序理论有所挽救,我们将不得不着眼于 A 的有序子集,而且(由于这种子集数很多)需是这样的有序子集,即既能尽可能简单而又完全摆脱任意性地加以定义,同时还保留着尽可能多的积集性质. 为此,又有赖于良序理论.

两个复合 a, b,如果它们所决定的差位数集 $M(a, b)$ 是良序的,我们不妨借

用数论上的术语称之为合同的
$$a \equiv b \text{ 或 } b \equiv a$$
这里连 $M(a,b)=0$ 的情况也应算进去,即 $a \equiv a$. 因(1),故传递性成立:若 $a \equiv b, b \equiv c$, 则 $a \equiv b$. 据此将 A 进行一如此的分类是可能的,即凡合同的复合属于同一类,不合同的属于不同的类. 一个这样的类 $A(a)$, 即一切与 a 合同,因而彼此互相合同的复合所组成的集,与另一类 $A(b)$ 或者全同($a \equiv b$ 时)或者一个共同的元也没有.

同一类的诸复合是字典式可比较的,因而 $A(a)$ 是一个有序集. 关于使之具备积集特征的一些性质(如结合律),我们不打算深入研究,这里只准备再确定一下,这样的类都是 A 的最大的即不能再行扩充的有序子集(当然是指字典式序). 事实上,若 $c \not\equiv a$, 则可将非良序集 $M(a,c)$ 分解成两个互补子集 P,Q, 其中 P 是良序的,而 $Q \supset \varnothing$ 无首元(例如可取 Q 是 $M(a,c)$ 的一切无首元的子集的并,则 Q 亦无首元,且补集 P 不能具有无首元的子集,因而是良序的). 于是如下定义一复合 b, 有
$$b_m = c_m \text{ 当 } m \in P; b_m = a_m \text{ 当 } m \in M - P$$
则 $M(a,b) = P, M(b,c) = Q$, 故 $b \equiv a, b /\!/ c$, 可见当 $c \not\equiv a$ 时,则 c 至少与类 $A(a)$ 的一复合 b 不可比较,故 $A(a)$ 不能再扩充.

下列情况提供一重要的例子,即当指数 $N = M^*$ 为良序时(不再是论元 M 为良序,与开始时不一样). 这里每一集 $M(a,b)$ 都在良序的逆序中;如果它也是良序的,则一定是有限集,就是说, $a \equiv b$ 表示 a, b 只在有限多位上有差异.

例如考虑下列情况
$$N = \{0, 1, 2, \cdots, n, \cdots\}, M = \{\cdots, n, \cdots, 2, 1, 0\}$$
N 为 ω 序型;此时复合为
$$a = \{\cdots, a_m, \cdots, a_2, a_1, a_0\} \quad (a_m \in A_m)$$
为了探讨类 $A(a)$ 及其序型,可设
$$A_m = B_m \cup \{a_m\} \cup C_m, \alpha_m = \beta_m + 1 + \gamma_m$$
是由 α_m 引起的集 A_m 及其序型的一分解;并设 x_m, y_m, z_m 分别"走遍"集 A_m, B_m, C_m. 于是一切 $\equiv a$ 的复合出现在下列次序中
$$\vdots$$
$$(\cdots, a_4, y_3, x_2, x_1, x_0)$$
$$(\cdots, a_4, a_3, y_2, x_1, x_0)$$
$$(\cdots, a_4, a_3, a_2, y_1, x_0)$$
$$(\cdots, a_4, a_3, a_2, a_1, y_0)$$

$$(\cdots, a_4, a_3, a_2, a_1, a_0)$$
$$(\cdots, a_4, a_3, a_2, a_1, z_0)$$
$$(\cdots, a_4, a_3, a_2, z_1, x_0)$$
$$(\cdots, a_4, a_3, z_2, x_1, x_0)$$
$$(\cdots, a_4, z_3, x_2, x_1, x_0)$$
$$\vdots$$

上下的省略号表示此表的继续,复合内的省略号表示该处有 a_m;除正中间一个复合外,其余每一个复合都代表着整个由同种类复合(对于 $x_m \in A_m$, $y_m \in B_m, z_m \in C_m$)所组成并经字典式编序的集,而这些集依自上而下的次序所构成的并即是整个集 $A(a)$. 因此,对于 $A(a)$ 的序型我们得

$$\alpha(a) = \cdots + \alpha_0\alpha_1\alpha_2\beta_3 + \alpha_0\alpha_1\beta_2 + \alpha_0\beta_1 + \beta_0 + 1 +$$
$$\gamma_0 + \alpha_0\gamma_1 + \alpha_0\alpha_1\gamma_2 + \alpha_0\alpha_1\alpha_2\gamma_3 + \cdots$$

这里可以看到,由于相加向左右双方展开,故这个序型可说是作为下列诸部分积的极限而出现的

$$\alpha_0 = \beta_0 + 1 + \gamma_0$$
$$\alpha_0\alpha_1 = \alpha_0(\beta_1 + 1 + \gamma_1) = \alpha_0\beta_1 + \alpha_0 + \alpha_0\gamma_1 = \alpha_0\beta_1 + \beta_0 + 1 + \gamma_0 + \alpha_0\gamma_1$$
$$\alpha_0\alpha_1\alpha_2 = \alpha_0\alpha_1\beta_2 + \alpha_0\beta_1 + \beta_0 + 1 + \gamma_0 + \alpha_0\gamma_1 + \alpha_0\alpha_1\gamma_1$$
$$\vdots$$

这与构成序数的康托积的相似性是很明显的;其实后者确已作为特例包含在当前普遍性的积的概念中了. 因若假定一切 A_m 为良序, a_m 各为其首元,则可令 $\beta_m = 0, \alpha_m = 1 + \gamma_m$, 从而

$$\alpha(a) = 1 + \gamma_0 + \alpha_0\gamma_1 + \alpha_0\alpha_1\gamma_1 + \cdots$$

而这(假定一切 $\alpha_m > 1, \gamma_m > 0$)在康托意义下恰恰是

$$\alpha_0\alpha_1\alpha_2\cdots = \lim \alpha_0\alpha_1\cdots\alpha_m$$

一般地,如果假定指数 N 及诸 A_m 为良序,而复合 a 是由 A_m 的首元 a_m 组成的,则作为类 $A(a)$ 的序型即得康托积;由这一不难证明的事实,也就解释了为什么康托积不必具有整个积 A——每一 $A(a)$ 都只是它的一个子集——的势.

若注意一下集 $M(a,b)$ 的势,则还可以将类 $A(a)$ 继续分解,从而获得新的积集性质的集. 如果当集 $M(a,b)$ 为良序而其序型小于 ω_ξ(或其势小于 $\aleph_\xi, \omega_\xi$ 为始数)时我们写成

$$a \equiv b(\omega_\xi)$$

则此加强的合同关系据(1)也是传递的,因而提供一将 $A(a)$ 分成诸类 $A_\xi(a)$ 的分类法,这里,当 $\xi < \eta$ 时 $A_\xi(a)$ 是 $A_\eta(a)$ 的子集;当 ξ 充分大时 $A_\xi(a)$ 即与

$A(a)$ 合一. 最小的类 $A_0(a)$ ——即由 $a \equiv b(\omega)$ 定义的——是由一切与复合 a 仅在有限多位上有差异的复合组成的; 当指数 N 为良序时, 此最小的类已于 $A(a)$ 合一. 若论元 M 为良序, 则只存在一个类 $A(a) = A$; 但就在这一种情况下 A 也可分成较小的类 $A_\xi(a)$ ——当因子 A_m 相同($=B$)时, 我们得到相应的集, 但它们的幂特性仅当诸复合 a 也纯由相同的元 $a_m = b$ 组成时充分保留.

§5 可数超限数

5.1 可数超限数

我们称可数良序集的序数是第二类的数, 第二类的数的全体所成之集称为第二数类, 记为 K_0. 顺便指出, 第一类的数是指集 $\mathbf{N} = \{0, 1, 2, \cdots\}$ 中的数.

显然, K_0[①] 中的数都是超限数.

定理 5.1.1 ω 是第二类数中最小的数, 也是最小的超限数.

证明 依照定义, ω 是集
$$\mathbf{N} = \{0, 1, 2, \cdots, n, \cdots\}$$
的序型. 集 $\mathbf{N}$ 的任何初始段 N_n 都是有限集. 所以小于 ω 的数必是有限数. 因此 ω 是最小的超限数. 由于 $\omega \in K_0$, 故定理成立.

定理 5.1.2 若 α 是第二类的数, 则 $\alpha + 1$ 也是第二类的数.

证明 定理是很明显的, 因为
$$\overline{\overline{\alpha + 1}} = \overline{\overline{W_\alpha + \{\alpha\}}}$$
而 $W_\alpha \cup \{\alpha\}$ 与 W_α 同时为可数集.

定理 5.1.3 设有任意的有限个或可数个的第二类序数
$$\alpha_1, \alpha_2, \cdots, \alpha_n, \cdots \tag{1}$$
那么跟随这一切数之后的第一个序数 α 仍是第二类序数.

证明 考虑两种情况:

① 数(1)中有最大的数, 设其为 α_m; 数 $\alpha_m + 1$ 从定理 5.1.2 知其仍是第二类的数, 而且是跟随一切数(1)之后的第一个.

[①] K_0 的"合理性"可说明如下: 依照自然次序, 一切有理数的全体 $\mathbf{Q}$ 显然是一合理的有序集. 于是我们又有理由: $\mathbf{Q}$ 的一切子集的全体所成之集也是合理的, 特别 $\mathbf{Q}$ 的所有良序子集的集是一个合理的集, 其他元素的序型的全体就是 K_0.

② 数(1)中没有最大的数,我们用 α 表示跟随一切 α_i 之后的第一个数.考虑初始段 W_α.我们可以写

$$W_\alpha = \bigcup_{i=1}^{\infty} W_{\alpha_i} \tag{2}$$

事实上,右端分明是包含于左端.我们求证其反面:左端包含于右端.假设 $\beta \in W_\alpha$,因为 α 是跟随一切 α_i 之后的第一个数,自然 $\beta < \alpha$,所以存在 $\alpha_p > \beta$,这就是说 $\beta \in W_{\alpha_p}$.等式(2)成立.

由(2)推知集 W_α 是可数的.然而 α 是集 W_α 的序型,也就是良序集的序型,于是定理 5.1.3 证毕.

由定理 5.1.3 得到很重要的结果,即:

定理 5.1.4 一切第二类的序数的集 K_0 是不可数的.

因为如果 K_0 是一个可数集,那么按定理 5.1.3,变成跟随 K_0 各数之后的第一个数亦应属于 K_0,此为不可能的事情.

集 K_0 的势用 $\aleph_1$ 表示(我们记得可数集的势是 $\aleph_0$).跟随一切第二类数之后的第一个序数用 ω_1 表示(有时也用 Ω).于是,ω_1 是良序集 $K_1 = W_{\omega_1}$ 的序型.从其定义即知,ω_1 是第一个非可数的超限数,任何序数 $\alpha < \omega_1$ 是有限的或可数的.由此推得,集 K_1 的任何非可数子集都有同一的型 ω_1(因此,有同一的势 $\aleph_1$).特别是,ω_1 可定义为一切第二类序数的良序集 K_0 的序型.

定理 5.1.5 在可数集的势 $\aleph_0$ 与 $\aleph_1$(集 K_0 的势)之间不存在其他的势.

证明 显然,序数的初始段 W_{ω_1} 的基数为

$$\overline{\overline{W_{\omega_1}}} = \aleph_1$$

如果在 $\aleph_0$ 与 $\aleph_1$ 之间有势 m,有

$$\aleph_0 < m < \aleph_1$$

那么在 W_{ω_1} 中可以选出一个势为 m 的子集 M.因集 M 不与 W_{ω_1} 相似①,故 M 必定与 W_{ω_1} 的一初始段相似.但是 W_{ω_1} 的每一初始段乃由 $\mathbf{N}$ 中的数或是由 K_0 中的数所截得的,因此或是有限集或是可数集.即 M 或是有限集或是可数集,此与 $\overline{\overline{M}} > \aleph_0$ 相冲突.

最后,我们对于 K_0 中某些数的记号说明一下.其中第一个是 ω.顺次跟随于其后的是

$$\omega+1, \omega+2, \cdots, \omega+n, \cdots \tag{2}$$

跟随于(2)中一切数的第一个数是 $\omega+\omega$,记作 $\omega \cdot 2$.其后所跟随的数是

---

① 由于 M 甚至与 W_Ω 不对等.

$$\omega\cdot 2+1,\omega\cdot 2+2,\cdots,\omega\cdot 2+n,\cdots \qquad (3)$$
跟随于(3)中一切数的第一个数是 $\omega\cdot 3$.

这种手续继续进行,我们可以定义形式为 $\omega\cdot n+m$ 的诸数.这些数的全体构成一可数集.跟随于此集中一切数的第一个数记作 ω^2.其后所跟随的数是
$$\omega^2+1,\omega^2+2,\cdots,\omega^2+n,\cdots$$
跟随于其后的是 $\omega^2+\omega$,再跟随于其后的是
$$\omega^2+\omega+1,\omega^2+\omega+2,\cdots,\omega^2+\omega+n,\cdots$$
跟随于这些数之后的是 $\omega^2+\omega\cdot 2$,又其后为
$$\omega^2+\omega\cdot 2+n$$
跟随于上述一切数的第一个数是 $\omega^2+\omega\cdot 3$.利用此手续乃可得具有形式
$$\omega^2+\omega\cdot n+m$$
的一切数.跟随于这些数之后的第一个数是 $\omega^2\cdot 2$.于是,可引入
$$\omega^2\cdot 2+\omega\cdot n+m$$
诸数的意义.跟随于这些数之后的第一个数是 $\omega^2\cdot 3$.利用这些手续我们可以得到具有形式
$$\omega^2\cdot 2+\omega\cdot m+h$$
的各种数.在这些数之后的第一个数是 ω^3.又其后有
$$\omega^3+\omega^2\cdot n+\omega\cdot m+h$$
在这些数之后的是 $\omega^3\cdot 2$.

继续这种手续,可以定义 $\omega^4,\omega^5,\cdots$ 以及所有"多项式"形式的数
$$\omega^k\cdot n+\omega^{k-1}\cdot n_1+\cdots+\omega\cdot n_{k-1}+n_k \qquad (4)$$
具有形式(4)的一切序数,必有跟随其后的数,次数是 ω^ω.

上面所述的序数都是属于 K_0 的(ω^ω 属于 K_0,由于式(4)所表示的一切数构成一可数集).

在 ω^ω 之后是 $\omega^\omega+1$,将上面所讲的手续重复施行得到序数 $\omega^\omega\cdot 2$.再继续下去,乃得数 $\omega^\omega\cdot 3,\omega^\omega\cdot 4$ 等.在所有 $\omega^\omega\cdot n$ 诸数之后的是 $\omega^{\omega+1}$.再施行上面的手续得 $\omega^{\omega+1}\cdot 2,\omega^{\omega+1}\cdot 3$ 等.跟随于一切 $\omega^{\omega+1}\cdot n(n=1,2,3,\cdots)$ 之后的是 $\omega^{\omega+2}$.

利用这种方法可得 $\omega^{\omega+n}$.跟随于此种数之后的是 $\omega^{\omega\cdot 2}$.跟随于 $\omega^{\omega\cdot 2}$ 之后的是 $\omega^{\omega\cdot 2}+1,\omega^{\omega\cdot 2}+2,\cdots$,从而可得 $\omega^{\omega\cdot 2}\cdot 2$ 的意义,以及 $\omega^{\omega\cdot 2}\cdot n(n=1,2,3,\cdots)$ 的意义.

在一切 $\omega^{\omega\cdot 2}\cdot n$ 之后的是 $\omega^{\omega\cdot 2+1}$.从此出发,又可得如下的数
$$\omega^{\omega\cdot 2+n},\omega^{\omega\cdot 3},\omega^{\omega\cdot 3+n},\omega^{\omega\cdot 4},\cdots,\omega^{\omega\cdot n},\cdots$$

紧随其后的是 ω^{ω^2}.

再前进,可得

$$\omega^{\omega^3}, \omega^{\omega^4}, \cdots, \omega^{\omega^\omega}, \cdots$$

紧随于上面一切数的是 $\omega^{\omega^{\cdot^{\cdot^{\cdot^\omega}}}}$,记此数为 ε. 跟随于 ε 之后的是

$$\varepsilon+1, \varepsilon+2, \cdots$$

以下类推. 应当注意的是:K_0 中一切数的记号我们无法记出. 因为用上面的方法所能写出的记号是可数的,而 K_0 不是一个可数集.

5.2 可数超限数的进一步性质·敛尾性概念

下面的定理是可数超限数的第一个性质.

定理 5.2.1 设 α 是 K_0 中一个第二类的数,那么必有如下的单调增加的序数序列

$$\beta_1 < \beta_2 < \cdots < \beta_n < \cdots \tag{1}$$

使所有大于 $\beta_i(i=1,2,\cdots,n,\cdots)$ 的一切数中,α 是最小的一个.

证明 初始段 W_α 是可数的,设为

$$\alpha_1, \alpha_2, \cdots, \alpha_n, \cdots \tag{2}$$

$\{\alpha_k\}$ 中不存在最大的数(由于 α 是第二类的数). 取 $n_1=1$,取 n_2 是适合 $\alpha_n > \alpha_{n_1}$ 的最小的自然数 n. 取 n_3 是适合 $\alpha_n > \alpha_{n_2}$ 的最小的自然数 n. 以此类推,乃得一列单调增加的数列

$$\alpha_{n_1} < \alpha_{n_2} < \alpha_{n_3} < \cdots \tag{3}$$

且 $n_1 < n_2 < n_3 < \cdots$.

我们将要证明 $\{\alpha_{n_k}\}$ 即为我们所要求的数列. α 必大于 $\{\alpha_{n_k}\}$ 中诸数是很明显的. 今要证明不存在小于 α 而小于所有 $\{\alpha_{n_k}\}$ 的数.

假设 $\gamma < \alpha$,则 $\gamma \in W_\alpha$. 因此 $\gamma \in \alpha_m$. 如果 m 与某个 n_k 一致,则 γ 属于 $\{\alpha_{n_k}\}$,那么当然不可能大于所有的 $\{\alpha_{n_k}\}$. 如果

$$n_k < m < n_{k+1}$$

那么由于 n_{k+1} 的取法,n_{k+1} 是满足 $\alpha_n > \alpha_{n_k}$ 的最小的自然数 n,从而 $\gamma < \alpha_{n_k}$. 定理证毕.

如果所考虑的 α 是极限数,那么:

定理 5.2.2 对于每个极限数 $\alpha < \omega_1$,都存在一个增加的可数序列,其各数都小于 α 且数列以 α 为其极限.

例如,$\omega = \lim_{(n)} n, \omega \cdot 2 = \lim_{(n)}(\omega+n), \omega^2 = \lim_{(n)}(\omega \cdot n), \omega^\omega = \lim_{(n)}(\omega^n)$,

$\omega = \lim\limits_{(n)} \omega^{\omega^{\cdot^{\cdot^{\omega}}}}_{n\text{重}}$，等等.

由定理 5.2.2 推出一种结论，曾经被认为有重大意义，特别是在集合论最初"古典"初始时期——也就是理论集的淳朴观点出发，对其合理性问题，尚未产生任何怀疑的时期. 所说的结论就是：我们如果把小于第二类一定数 α 的一切序数 W_α，不论依照怎样的方式，作成一个集，那么数 α 总能够用下面两种方法之一作出：要么是由某一完全确定的数 $\beta \in W_\alpha$ 加上 1（即向一切数 $x \in W_\alpha$ 中的最大者加上 1，如果这样的最大数存在）；要么是作为由小于 α 的数所构成的增加序列（1）的极限. 这样一来，每个自然数都是得之于向先于它的自然数中最大的一个数加上 1；然而在超限数范围，仅是这样一个加 1 的运算是不够的，还需要通过递增序列的极限运算①.

定理 5.1.3 给予我们以导入重要的敛尾性概念的依据，现在从其最普遍的意义给出定义.

有序集对其子集的敛尾性定义 有序集 X 对其子集 A 是敛尾的，如果 X 内在 A 之后不再有元素.

由此定义即知：当且仅当有序集 X 具有末元素 x_1 时，整个集 X 对于仅由一个元素 x_1 组成的子集才是敛尾的. 例如，数直线上的线段 $0 \leqslant x \leqslant 1$ 对其端点 1 是敛尾的.

区间 $0 < x < 1$ 对于一切形如 $\dfrac{n}{n+1}$ 的点（n 是自然数）所组成的子集是敛尾的.

一个序型对另一序型的敛尾性定义 我们说序型 β 对于序型 α 是敛尾的，

---

① 但是这种情况又引起了下面的问题：在自然数（及第一种数）的场合，从小于 α 的数转到数 α 的作法是完全确定的. 可是，关于以给定极限数 α 为极限的序列（1）的构成，却没有这样的确定性. 选定了 W_α 的某种形式如（2）的确定写法后，就立刻可以把序列（1）完全是机械地，而且是所谓"切实可行性"排列出来. 然而问题完全在于这种写法的选定（就是选定 W_α 在一切自然数标数集 W_ω 上的某种一一映射 f_α），在我们知道的目前情况，只是纯粹任意性的活动：我们没有任何规律能够对于第二类非可数无限多个超限数 α 的任意一个建立其映射 f_α.

我们固然知道，对于每个数 $\alpha, \omega < \alpha < \omega_1$，这样的映象存在，就是此种映象的集 F_α 非空. 然而没有任何法则能使我们从每个集合 F_α 选出一个确定的元素来. 我们不谈各种各样的映射 f_α 的集 F_α. 而却能直接讨论向极限数 α 收敛的一切序列（3）的集 M_α；集 M_α 根据定理 5.2.2，则是非空的，然而这些集合的非空性并不足以说明有一种法则，能使得我们对于任何极限超限数 $\alpha < \omega_1$ 都能选出一个确定的序列（3）.

对每个极限数 $\alpha < \omega_1$ 有一个序列（3），这样的序列集 M 的存在仅在选择公理的基础上才能肯定起来.

如果按序型 β 而排列的(自然是任意元素的)集 X 对于它的某个 α 型的子集 A 是敛尾的.

例如,任意的序型 β,当且仅当以它为型的有序集具有末元素时对于序数 1 才是敛尾的.数直线上区间的序型(同于全直线的序型)对于序数 ω 是敛尾的(因为数直线对于自然数的集是敛尾的).

应用到有序集的敛尾性概念没有对称的性质,但有传递的性质:如果有序集 X 对于其自身的子集 X_1 是敛尾的,而 X_1 又对其自身的子集 X_2 也是敛尾的,那么 X 对于集 X_2 就是敛尾的.对于序型来说也是这样.

定理 5.1.3 现在又能叙述为下列形式:

定理 5.1.3′ 一切第一类与第二类的序数的集 $N \cup K_0$ 对它的任何有限或可数子集不是敛尾的.

实际上,假如不然,应能求得这样一个有限或可数的第二类序数的集,在它们之后不再有任何第二类的序数.但此与定理 5.1.3 不合.

如果转到序型,就有:

定理 5.1.3″ 超限数 ω_1 对任何较小的超限数(特别是数 ω)不是敛尾的.

在每个序数 $\alpha < \omega_1$ 之后紧跟着的 $\alpha + 1 < \omega_1$ 都是第一种数.这样整个集 $N \cup K_0$ 对于一切第一类数所组成的子集是敛尾的.因而这个子集是非可数的,而且根据证明过的,知其有型 ω_1(读者不难证明,如对 $\alpha < \omega_1$ 使数 $\alpha + 1$ 与之对应,就得到集 $N \cup K_0$ 在一切第一种数所成子集之上的映射).另一方面,$\alpha < \omega_1$ 之后跟随着极限数(例如数 $\alpha + \omega$).由此推知,集 $N \cup K_0$ 对于一切第二类的极限数所组成的子集是敛尾的,如此说来这最后的集也是不可数的切有序型 ω_1.

定理 5.2.2 也可以这样来叙述:

定理 5.2.2′ 任何第二类极限超限数对于数 ω 是敛尾的.

如此说来,任何自然数对于 1 是敛尾的,而任何第二类超限数要么是对于 1 敛尾(如果是第一类数),要么就是对于数 ω 敛尾(如果是极限数).

§6 阿列夫·数类

6.1 阿列夫

由良序定理,任何集合都可以编成良序集.这样一切基数均可理解为良序集的势,因而可以用序数理论来研究基数.

首先,基数理论中的一个空缺——两个基数的可比较性——也就被填补起来了.

定理 6.1.1 任何两个基数是可比较的.

证明 设 a 和 b 是两个基数.取两个良序集 A 和 B 适合于
$$\overline{\overline{A}}=a, \overline{\overline{B}}=b$$
如果 A 和 B 是对等的,则 $a=b$. 否则它们不是相似的. 那么一定有一个较另一个为短. 如果 A 短于 B,则 $a<b$.

定理证毕.

从这个定理得下述的结果:设 a 与 b 是两个基数,那么下面三个(互相排斥的)关系式
$$a=b, a<b, a>b$$
中必成立一式.

定理 6.1.2 设 α 和 β 是两个序数, $\overline{\alpha}$ 和 $\overline{\beta}$ 是它们的基数,则:

(1) 当 $\overline{\alpha}<\overline{\beta}$ 时, $\alpha<\beta$;

(2) 当 $\alpha<\beta$ 时, $\overline{\alpha}\leqslant\overline{\beta}$.

证明 定理中的第二部分由第一部分可以直接导出. 所要证明的是(1). 我们取良序集 A,B,其序数各为 α,β. 当 $\overline{\alpha}<\overline{\beta}$ 时, A 与 B 不是相似的,甚至不是对等的. 假设 B 短于 A,那么 $\overline{\beta}=\overline{\overline{B}}\leqslant\overline{\overline{A}}=\overline{\alpha}$, 此与假设 $\overline{\alpha}<\overline{\beta}$ 不相容. 故 A 必短于 B,即 $\alpha<\beta$.

定理的第二部分中的等号不能拿掉. 例如 $\omega<\omega+1$,但 $\overline{\omega}=\overline{\omega+1}$.

定理 6.1.3 以不同的基数为元素的任何集 M 中必存在一个最小的基数.

事实上,对于 M 中的每一个基数,作一个良序集以它为其基数. 此种良序集中必有一个最短的. 它所对应的势就是 M 中的最小基数.

系 凡以基数为元素的集,以其大小关系为序关系,构成一个良序集.

自然,所说的集是"合理"的. 将所有基数的全体看成一集是不容许的. 此事详见下面的定理:

定理 6.1.4 1) 没有最大的基数;

2) 设 M 是以基数为元素的任何集,则存在一个基数大于 M 中所有的基数.

证明 设 a 是一个基数,那么必有以 a 为势的良序集 A. 给 A 中元素以种种次序,使之成为种种的良序集,这些良序集的序数全体组成一个序数集 T. 假设序数 β 大于 T 中所有的序数,记 $\overline{\beta}=b$. 则 b 是一个基数,且可证
$$b>a \tag{1}$$

事实上,如果 $a=\overline{\overline{A}}$,则 $a\in T, \alpha<\beta$. 因此 $a\leqslant b$. 现在要证明等式
$$b=a \tag{2}$$
不成立. 如果 $a=b$,那么存在映射 f 使 A 与 W_β 成一一对应. 将 A 中元素给以如下的次序:对于任何两个元素,由 f 所对应的数,令其较小者居先. 如此所得的集记作 A_0,则 A_0 与 W_β 同构. 因此 A_0 的序型亦为 β,$\beta\in T$. 此与 β 的定义矛盾. 所以 $a\neq b$,因此(1)成立.

要证明定理的第二部分,我们不妨假设 M 中的基数是两两不相同并且 M 中无最大的基数. 对于 M 中每一个基数作一个以它为基数的良序集与之对应. 作这种集的并集 S,而以 M 的次序来定义并集的次序. 因 M 是良序集,所以 S 乃为良序集的良序并集,因此 S 也是一个良序集. 显然的,S 的基数大于 M 中所有的基数. 事实上,M 中的基数乃是 S 的子集的基数,所以不能大于 $\overline{\overline{S}}$. 如果说 M 中有基数等于 $\overline{\overline{S}}$,这个基数乃是 M 中最大的基数,此亦为不可能. 因此(2)成立.

基数 a 的直接后继基数 b,不难理解,可以这样获得,集对于数类 $Z(a)$,找出它的直接后继序数 β,则 β 的势即是所要的 b.

定义 6.1.1 凡无限基数统称为阿列夫.

其中第一个阿列夫即 $\aleph_0$,它是自然数集的基数.

注 对于每一个阿列夫,必有紧随其后的阿列夫. 事实上,设 a 是一个阿列夫,那么必有大于 a 的阿列夫 b,如果 b 紧随着 a,则无须证明. 否则满足 $a<m<b$ 的所有阿列夫 m[①] 中必有最小的,此即所要的阿列夫. 于是我们对于阿列夫的记号可以建造一个合理的系统. 详细地说,可数集的势记作 $\aleph_0$. 紧随其后的阿列夫记作 $\aleph_1$,紧随于 $\aleph_1$ 后的阿列夫记作 $\aleph_2$. 紧随于所有的 $\aleph_1(n=1,2,3,\cdots)$ 之后的阿列夫记作 $\aleph_\omega$,再接下去是 $\aleph_{\omega+1}$,以此类推,也就是说,每一 $\aleph_\alpha$ 的足标 α 总是在其之先一切阿列夫的集的型.

例如,连续统的势 $\aleph$ 是大于 $\aleph_0$ 的,故有 $\aleph\geqslant \aleph_1$,这里等号是否成立的问题即是连续统问题.

定理 6.1.5 任何阿列夫可以用记号 $\aleph_\alpha$ 表示,其中 α 是一个序数.

证明 设 H 是一个阿列夫. T 是由所有小于 H 的阿列夫的全体所组成的集,T 是一良序集. 设 T 的序型为 α. 将 T 相似对应于 W_α. 于是对于 T 中每一个阿列夫,就有一个小于 α 的序数与之对应. 因此 H 可用 $\aleph_\alpha$ 表示.

用这种意义的记号,容易证明下面的事实:

[①] 如果 b 存在,那么具有势为 b 的集是合理的. B 的子集也是合理的. 因此势是 m 的 B 的子集是合理的.

(1) $\aleph_{\alpha+1}$ 是跟随于 $\aleph_\alpha$ 后的第一个阿列夫.

(2) 如果 β 是跟随于数集 $S=\{\alpha\}$ 后的第一个序数,则 $\aleph_\beta$ 乃是跟随于阿列夫集 $\{\aleph_\alpha\}(\alpha\in S)$ 后的第一个阿列夫.

对应于 $\aleph_\alpha$ 的一切序数,其全体构成一序数的集 K_α,称为一个数类. K_α 中最小的序数通常记作 Ω_α. 特别情形如 $\Omega_0=\omega, \Omega_1=\Omega$. K_1 是第三类数的全体.

6.2 数类及其始数

现在我们要在势与序数之间建立某种关系.

定义 6.2.1 由势 $\bar{a}$ 的所有不同序数所组成的集叫作数类,记作 $Z(\bar{a})$.

显然,势的数类 $Z(\bar{a})$ 是相应型类 $T(\bar{a})$ 的子集. 对于有限数 $n=0,1,2,3,\cdots,Z(n)$ 仅由一个序数 n 构成,对于 $Z(\aleph_0)$,我们已熟悉其中无限多个代表

$$\omega,\omega+1,\omega+2,\cdots,\omega\cdot 2,\omega\cdot 3,\cdots,\omega^2,\omega^3,\cdots,\omega^\omega,\cdots$$

设 $a<b$ 是两个基数,而 α,β 是数类 $Z(a),Z(b)$ 中的任两个序数,则有 $\alpha<\beta$(定理 6.1.2).

对任意基数 a,数类 $Z(a)$ 自然为一非空良序集,其起始元素(即其中最小元)叫作数类 $Z(a)$ 的(初)始数,记作 $\omega(a)$.

由定义,不同的基数 a 和 b 将对应不同的序数 $\omega(a)$ 与 $\omega(b)$,而且 $a<b$ 必要且只要 $\omega(a)<\omega(b)$. 由此即得:

定理 6.2.1 基数 a 与其始数 $\omega(a)$ 的对应是一对一而保序的.

此定理附带证明了:任意一些基数恒自然地构成一个良序集.

对于无穷基数,阿列夫 $\aleph_\alpha$ 的数类 $Z(\aleph_\alpha)$ 的始数常记作 ω_α.

最小的阿列夫始数是 $\omega_0=\omega$,接下去依次是 $\omega_1,\omega_2,\omega_3,\cdots,\omega_\omega,\omega_{\omega+1},\cdots$. 每一始数的足标总是在其之先一切始数的集的型. 因此有

$$Z(\aleph_\alpha)=\{\text{满足 } \omega_\alpha\leqslant\mu<\omega_{\alpha+1} \text{ 的序数}\}=W(\omega_{\alpha+1})-W(\omega_\alpha)$$

或,在有序集有序并的意义下

$$W(\omega_{\alpha+1})=W(\omega_\alpha)\bigcup Z(\aleph_\alpha) \tag{1}$$

$$W(\omega_\alpha)=W(\omega_0)\bigcup_{\xi<\alpha}\bigcup Z(\aleph_\xi) \tag{2}$$

其中当 $\alpha=0$ 时,最后的并以 0 代之. 而 $W(\alpha)$ 的意义同前,表示一切小于 α 的序数的集.

$W(\omega_0)=W(\omega)$ 代表了一切有限数类 $Z(0),Z(1),\cdots,Z(n),\cdots$ 的并集. 此外也常称(据康托)$W(\omega)$ 为第一数类,$W(\aleph_0)$ 为第二数类,$W(\aleph_1)$ 为第三数类.

每一个序数都是 $\omega\mu+\nu$ 形的 ($\nu<\omega$,即 ν 为有限数,§4,定理 4.3.4),特别的,极限数是 $\lambda=\omega\mu$ 形的.故对其所属的势有

$$\bar{\lambda}=\aleph_0\bar{\mu},\ \aleph_0\bar{\lambda}=\aleph_0^2\bar{\mu}=\aleph_0\bar{\mu}=\bar{\lambda}$$

一般习惯把连续统的基数 c 记为 $\aleph$ 而不标足标.不过下面,为了简便起见,我们用 $\aleph$ 表示一般的无穷基数而以 $Z(\aleph)$ 与 $\omega(\aleph)$ 分别表示其数类与始数.

定理 6.2.2 $\omega(\aleph)$ 恒为极限数,而且当 $\aleph>\aleph_0$ 时,$\omega(\aleph)$ 还是极限数的极限数,即 $\omega(\aleph)=\lim\beta_\nu$,其中 $\{\beta_\nu\}$ 为一串极限数.

证明 显然 $\omega(\aleph)=\omega$ 为极限数,故只要证明对任意小于 $\omega(\aleph)$ 的极限数 β 恒有极限数 τ 使

$$\beta<\tau<\omega(\aleph)$$

即可.既然 $\beta<\omega(\aleph)$,故 $\bar{\beta}<\aleph$.假若 β 与 $\omega(\aleph)$ 之间不存在极限数,则必有

$$\beta+\omega=\omega(\aleph)$$

上式两边取基数得 $\bar{\beta}+\aleph_0=\aleph$,即得 $\bar{\beta}=\aleph$,此为矛盾,故必有极限数 τ 使 $\beta<\tau<\omega(\aleph)$ 成立.证毕.

推论 对任意 $\aleph$,恒有 $2\aleph=\aleph$.

证明 首先易知 $2\aleph_0=\aleph_0$.其次,当 $\aleph>\aleph_0$ 时,由定理 6.2.2 知有

$$\omega(\aleph)=\lim\beta_\nu\quad(\overline{\beta_\nu}<\aleph)$$

假设推论中的等式对所有小于 $\aleph$ 的基数已成立.现在考虑

$$2\omega(\aleph)=2(\lim\beta_\nu)=\lim(2\beta_\nu)$$

由假设知对每个 ν 恒有

$$\overline{2\beta_\nu}=2\,\overline{\beta_\nu}=\overline{\beta_\nu}<\aleph$$

而极限数 $2\omega(\aleph)$ 又是大于所有 $2\beta_\nu$ 的序数中的最小的,故由上式及 $2\omega(\aleph)=2(\lim\beta_\nu)=\lim(2\beta_\nu)$ 便有

$$2\aleph=\overline{2\omega(\aleph)}\leqslant\aleph$$

但显然又 $\aleph\leqslant2\aleph$,故 $2\aleph=\aleph$.由定理 6.2.2 以及超穷归纳法,推论得证.

这个推论就是以前我们遇到过的所谓基数的倍等定理.

定理 6.2.3 在第一数类与第二数类中任取一个上升序列(由序数作成的)

$$\beta_1<\beta_2<\beta_3<\cdots$$

后,其极限数必仍在第二数类中.

一方面，因为由良序和 $\beta = \sum_i \beta_i$，知

$$\overline{\beta} = \sum_i \overline{\beta_i} \leqslant \aleph_0 + \aleph_0 + \cdots = \aleph_0 \aleph_0 = \aleph_0$$

另一方面，任何极限数显然均应有基数大于或等于 $\aleph_0$，而 β 又大于所有的 β_i，故该极限数又应小于或等于 β，从而其基数又应小于或等于 $\aleph_0$，所以该极限数的基数就是 $\aleph_0$，即它是第二数类中的数.证毕.

由于每一阿列夫始数都是极限数（无限势当加进一元后不会起变化），故对于每一阿列夫 $\aleph_\alpha$ 有

$$\aleph_0 \cdot \aleph_\alpha = \aleph_\alpha$$

从而根据对等定理更应有

$$2 \cdot \aleph_\alpha = \aleph_\alpha + \aleph_\alpha = \aleph_\alpha$$
$$\overline{\beta} + \aleph_\alpha = \aleph_\alpha \quad (\overline{\beta} < \aleph_\alpha)$$

若 $\overline{\beta} < \aleph_\alpha$，$\overline{\gamma} < \aleph_\alpha$，则 $\overline{\beta} + \overline{\gamma} < \aleph_\alpha$，因若 $\overline{\beta} \leqslant \overline{\gamma}$，而 $\overline{\gamma} = \aleph_\gamma (\gamma < \alpha)$（对于有限的 γ 已无须证明），则 $\overline{\beta} + \overline{\gamma} = \overline{\beta} + \aleph_\gamma = \aleph_\gamma < \aleph_\alpha$. 由此还可推知，$\omega_\alpha$ 的每一余型都是 ω_α，否则在等式 $\omega_\alpha = \xi + \gamma (\aleph_\alpha = \overline{\beta} + \overline{\gamma})$ 中势必 $\overline{\beta}$ 和 $\overline{\gamma}$ 将同时小于 $\aleph_\alpha$ 了. 故由（1）得：

定理 6.2.4　$Z(\aleph_\alpha)$ 具有型 $\omega_{\alpha+1}$ 及势 $\aleph_{\alpha+1}$.

例如 $Z(\aleph_0)$ 具有型 $\aleph_1$，而相应的型类 $T(\aleph_0)$ 则有连续统势 $\aleph$，此事又一次说明了不等式 $\aleph \geqslant \aleph_0$ 及连续统问题. 据（2）故有

$$\omega_\alpha = \omega_0 + \sum_\xi \omega_{\xi+1} = \omega_0 + \omega_1 + \cdots + \omega_{\xi+1} + \cdots \quad (\xi < \alpha)$$
$$\aleph_\alpha = \aleph_0 + \sum_\xi \aleph_{\xi+1} = \aleph_0 + \aleph_1 + \cdots + \aleph_{\xi+1} + \cdots \quad (\xi < \alpha)$$

例如 $\aleph_\omega = \aleph_0 + \aleph_1 + \aleph_2 + \cdots$，可见与 $\aleph$ 相反，$\aleph_\omega$ 是满足不等式 $\aleph_\omega < \aleph_\omega^{\aleph_0}$ 的.

定理 6.2.5　阿列夫的每一有限指数幂都与该阿列夫本身相等，即成立

$$\aleph_\alpha^2 = \aleph_\alpha$$

事实上，若将有序对 $\langle \xi, \eta \rangle (\xi < \omega_\alpha, \eta < \omega_\alpha)$（此种有序对的集具有势 $\aleph_\alpha^2$）按自然和 $\sigma(\xi, \eta) = \zeta$ 编排时，则因 $\zeta < \omega_\alpha$[①]，且对每一 ζ 只有有限多个有序对 $\langle \xi, \eta \rangle$ 属于它，故知此种有序对的势应小于或等于 $\aleph_0 \cdot \aleph_\alpha = \aleph_\alpha$，故必 $\aleph_\alpha^2 =$

[①] 设 $\omega^\gamma z = \omega^\gamma(x+y)$ 为 ζ 展开式中的最高次项，并设 $x > 0$，则 $\xi = \omega^\gamma x + \cdots < \omega_\alpha$，即 $\omega^\gamma < \omega_\alpha$，因而 ω^γ 的任何整倍数亦仍小于 ω_α，故 $\zeta < \omega^\gamma(z+1) < \omega_\alpha$.

$\aleph_\alpha$.

由此得到了无穷基数"幂等定理"的另一种方式的证明.

根据这个定理,$\aleph_\alpha = \aleph_\alpha^2 = \aleph_\alpha^3 = \cdots$. 对指数 $\aleph_0$ 来说,我们知道存在两类阿列夫,即满足式 $\aleph_\alpha^{\aleph_0} > \aleph_\alpha$ 的一类(如 $\aleph_0, \aleph_\omega$)和满足 $\aleph_\alpha^{\aleph_0} = \aleph_\alpha$ 的一类(即 $\alpha^{\aleph_0}$ 形的阿列夫,例如 $2^{\aleph_0} = \aleph$). $\aleph_1$ 究竟属于哪一类,即 $\aleph_1^{\aleph_0} \geqslant \aleph_1$ 中成立等号还是不等号,此问题仍是连续统问题,因 $\aleph_1^{\aleph_0} = \aleph$(由 $2 < \aleph_1 \leqslant \aleph$ 得 $2^{\aleph_0} \leqslant \aleph_1^{\aleph_0} \leqslant \aleph^{\aleph_0} = 2^{\aleph_0}$).

定理 6.2.6 假设 m 是一个无限基数,则 m 个小于或等于 m 的势之和小于或等于 m.

证明 我们要证明在下述假定之下即可:一切 $m = \aleph_\tau$ 个集 M_α 互不相交,又其各个皆有势 $m = \aleph_\tau$. 此时一切集的 M_α 的集能够按 ω_τ 型列出

$$M_1, M_2, \cdots, M_\alpha, \cdots$$

(α 遍历一切的序数小于 ω_τ),而每个集 M_α 仍能按照 ω_τ 型列出

$$M_\alpha = \{x_{\alpha_1}, x_{\alpha_2}, \cdots, x_{\alpha_\beta}, \cdots\}$$

(β 遍历一切的序数小于 ω_τ).

换句话说,我们需要证明:两个势 $\aleph_\tau$ 的乘积等于 $\aleph_\tau$. 而这个结论将包含在定理 6.2.13 的证明过程中. 这就是说,我们已经证明了定理 6.2.6.

一切有序对 $\langle \alpha, \beta \rangle$ 的集,这里的 α 与 β(互相独立地)遍历一切序数小于 ω_τ(或者,一般地说,任何的势为 $\aleph_\tau$)的集,具有势 $\aleph_\tau$.

而这正是定理 6.2.5 所表明的.

现在把定理 6.2.6 用于除去有限个之外一切项都是 0 的情形,就得到定理 6.2.6 的特殊情形.

定理 6.2.6′ 有限个 $\leqslant m$ 的基数之和 $\leqslant m$(其中 m 是一个无限基数).

现在从这个推论导出下列命题(包含定理 6.2.4 作为特殊情形):

定理 6.2.7 在集 W_α 内(一般的,在 ω_α 型的任何良序集内)被任意元素 ξ 所截的余段具有型 ω_α.

证明 对于任意的 $\xi < \omega_\alpha$ 有

$$W_\alpha = A(\xi) \cup B(\xi) \tag{3}$$

这里 $A(\xi)$ 是 W_α 被元素 ξ 所截的初始段(就是一切小于 ξ 的元素的集合),而 $B(\xi)$ 是这个元素所截的余段(就是适合不等式 $\xi \leqslant x < \omega_\alpha$ 的一切 x 的集). 集 $A(\xi)$ 的型是 ξ;因为 ω_α 是势 $\aleph_\alpha$ 的第一个数,所有集 $A(\xi)$ 的势 a 小于 $\aleph_\alpha$. 集 $B(\xi)$ 的型是序数 $\eta \leqslant \omega_\alpha$. 假设 $\eta < \omega_\alpha$,由于 ω_α 是势 $\aleph_\alpha$ 的第一个数,并由于假

设 $\eta < \omega_a$ 推知集 $B(\xi)$ 的势 b 小于 $\aleph_a$. 假设 c 是基数 a 与 b 中的较大者,就有 $c < \aleph_a$,此时由(3)及定理 6.2.6′ 可知集 $W_a = A(\xi) \cup B(\xi)$ 的势不超过 c,就是小于 $\aleph_a$,然而实际集 W_a 的势却等于 $\aleph_a$.

定理 6.2.6 及其特殊情形定理 6.2.6′ 又推出,无限基数 m 不能表示为项为 $a < m$ 的,各项皆等于同一 $b < m$ 的和的形状(因为这个和显然等于 ab,所以要等于两个数 a, b 中较大的). 特别的,形如 $\aleph_{a+1}$ 的基数(其下标是第一种序数)一般不能表示为少于 $\aleph_{a+1}$ 个项,而每项小于的 $\aleph_{a+1}$ 的和(因为这些项的每个都是小于或等于 $\aleph_a$,项数小于或等于 $\aleph_a$,那么它们的和小于或等于 $\aleph_a^2 = \aleph_a$). 但是基数 $\aleph_\omega$ 实际是可数个较小基数的和

$$\aleph_\omega = \aleph_0 + \aleph_1 + \aleph_2 + \cdots + \aleph_n + \cdots \quad (n < \omega)$$

定义 6.2.1 基数 m 叫作不规则的,如果它能表示为少于 m 个均小于 m 的基数之和;否则就称为是规则的.

例如数 $\aleph_\omega$ 就是不规则的. 由前面的讨论,我们证明了:

定理 6.2.8 凡形如 $\aleph_{a+1}$ 的数是规则的(就是不能表示为项数小于 $\aleph_{a+1}$,而每项都小于 $\aleph_{a+1}$ 的和).

现在还不知道,是否存在形如 $\aleph_\gamma$ 的规则基数,其中 γ 是极限序数. 这样的基数叫作法外的.

如果存在,就一定是异常的大,这从它们的标数 γ 的势(如所易见)必等于基数 $\aleph_\gamma$ 的事实就能推知.

由定理 6.2.6′ 又得:

定理 6.2.9 任何无限基数 m 不能表示为有限个的各小于 m 的基数之和(给定无限势 m 的任何集不能表示为有限个的势小于 m 的集的并).

事实上,如果给定(有限个数的)基数 $m_1, m_2, \cdots, m_s$,它们均小于 m,用 m' 表示 $m_1, m_2, \cdots, m_s$ 中的最大的,按照定理 6.2.6,我们断定

$$m_1 + m_2 + \cdots + m_s = m' < m$$

下列定理实际就是关于形如 $\aleph_{a+1}$ 的基数的规则性定理的另一形式:

定理 6.2.10 凡由小于 ω_{a+1} 的序数相加而得的良序和,若其型 $\beta < \omega_{a+1}$,则其和本身仍是一小于 ω_{a+1} 的序数.

事实上,设

$$\sigma = \sum_\eta \alpha_\eta = \alpha_0 + \alpha_1 + \cdots + \alpha_\eta + \cdots$$

其中 $\eta < \beta, \beta < \omega_{a+1}$. 每一加项具有一小于 $\aleph_{a+1}$ 或小于等于 $\aleph_a$ 的势,而 β 的势亦如此,故 σ 的势小于或等于 $\aleph_a \cdot \aleph_a = \aleph_a < \aleph_{a+1}$,可见 $\sigma < \omega_{a+1}$.

此定理的另一形式是：

定理 6.2.11　凡由小于 $\omega_{\alpha+1}$ 的序数组成的良序集，若其型 $\beta < \omega_{\alpha+1}$，则对此集来说的序数总仍小于 $\omega_{\alpha+1}$.

因若 $W = \{\alpha_0, \alpha_1, \cdots, \alpha_\eta, \cdots\}$ 为 β 型 $(\beta < \omega_\beta)$，其余型的假定同前，且 $\sigma = \sum\limits_\eta \alpha_\eta$，则 $W < \sigma + 1 < \omega_{\alpha+1}$，可见大于 W 的最小数总仍小于 $\omega_{\alpha+1}$.

这些定理使得数截段 $W(\omega_{\alpha+1})$ 或数类 $Z(\aleph_\alpha)$ 的范围很有规律. 例如，若一数 α 属于 $Z(\aleph_0)$，则它的后随者 $\alpha + 1$ 也属于 $Z(\aleph_0)$，若一 ω-序列 $\alpha_0 < \alpha_1 < \alpha_2 < \cdots$ 属于 $Z(\aleph_0)$，则此 ω-序列的极限亦属于 $Z(\aleph_0)$. 若一数属于 $Z(\aleph_1)$，则其后随者亦属于 $Z(\aleph_1)$，一 ω-序列属于 $Z(\aleph_1)$，则其极限亦属于 $Z(\aleph_1)$；一 ω_1-序列 $\alpha_0 < \alpha_1 < \alpha_2 < \cdots < \alpha_\omega < \alpha_{\omega+1} < \cdots$ 属之，其极限亦然.

若始数的足标为极限数，则对于这种始数定理 6.2.10, 6.2.11 不一定成立. 例如 ω-序列 $\omega_0, \omega_1, \omega_2, \cdots$ 是属于 $W(\omega_\omega)$ 的，但其极限 ω_ω 并不属于此数截段.

现在任意给定一个序数 α，考虑所有小于 α 的序数排成的一切"序数对" $\langle i, j \rangle$ 所作成的集合，记为 $[\alpha, \alpha]$，在其中规定次序如下，对于任意两个这样的序数对：$\langle i, j \rangle$ 与 $\langle k, l \rangle$，i, j, k, l 均小于 α，如果有：

(1) $\max\{i, j\} = \max\{k, l\}$ 而 $i < k$；

或者：

(2) $\max\{i, j\} = \max\{k, l\}$ 而 $i = k$ 但 $j < l$；

或者：

(3) $\max\{i, j\} < \max\{k, l\}$.

则在 $[\alpha, \alpha]$ 中规定 $\langle i, j \rangle < \langle k, l \rangle$，这样一来，易验证 $[\alpha, \alpha]$ 便成了一序集. 例如 $\alpha = \omega$，则 $[\omega, \omega]$ 即下列序集

$$\langle 0, 0 \rangle < \langle 0, 1 \rangle < \langle 1, 0 \rangle < \langle 1, 1 \rangle < \langle 0, 2 \rangle < \cdots$$

定理 6.2.12　$[\alpha, \alpha]$ 为良序集.

证明　设 T 为 $[\alpha, \alpha]$ 的任意非空子集. 对 T 中每个元素 $\langle i, j \rangle$ 有唯一的序数 $\max\{i, j\}$ 与之对应. 设 β 为这些序数中的最小者. 令

$$T_1 = \{\langle i, j \rangle \mid \max\{i, j\} = \beta, \langle i, j \rangle \in T\}$$

则 T_1 中的元素的第一分量中又有最小者，设其为 i^*. 再令

$$T_2 = \{\langle i^*, j \rangle \mid \langle i^*, j \rangle \in T_1\}$$

则诸 j 中又有最小者，设其为 j^*，于是 $\langle i^*, j^* \rangle$ 就是 T 中的最小元素. 故 $[\alpha, \alpha]$ 为良序集.

定理 6.2.13 如果 $\alpha \in Z(\aleph)$，则 $\overline{[\alpha,\alpha]}$ 的序数仍在 $Z(\aleph)$ 中.

证明 用超限归纳法. 首先，定理的断言显然对 $\aleph_0$ 成立. 假设定理对所有的 $\aleph_\nu(\nu<\tau)$ 已证明了. 现在对 $\aleph_\tau$ 进行证明如下：

先证明 $\overline{\omega(\aleph_\tau),\aleph_\tau)} \in Z(\aleph_\tau)$.

为此任取 $\langle i,j \rangle \in [\omega(\aleph_\tau),\omega(\aleph_\tau)]$. 由于 $\omega(\aleph_\tau)$ 为极限数，而
$$i < \omega(\aleph_\tau),\ j < \omega(\aleph_\tau)$$
故必有序数 β_1 与 β_2 存在使
$$i < \beta_1 < \omega(\aleph_\tau),\ j < \beta_2 < \omega(\aleph_\tau)$$
令 β 为 β_1 与 β_2 中较大的，则 i 与 j 均小于 β，而 β 又小于 $\omega(\aleph_\tau)$，所以 $\langle i,j \rangle$ 就在良序集 $[\omega(\aleph_\tau),\omega(\aleph_\tau)]$ 的先段 $[\beta,\beta]$ 之中. 因 $\beta < \omega(\aleph_\tau)$，故 $\overline{\beta} < \aleph_\tau$，于是有 $\nu<\tau$ 使 $\overline{\beta} < \aleph_\nu$，从而知 $\beta \in Z(\aleph_\nu)$，由超限归纳法假设知
$$\overline{[\beta,\beta]} \in Z(\aleph_\nu) \text{ 或 } \overline{\overline{[\beta,\beta]}} \in \aleph_\nu.$$
由于 $\langle i,j \rangle \in [\beta,\beta]$，故良序集 $[\omega(\aleph_\tau),\omega(\aleph_\tau)]$ 的真先段 $W_{\langle i,j\rangle}$ 的基数小于或等于 $\aleph_\tau$. 因为 $\langle i,j \rangle$ 是任意取的，所以 $[\omega(\aleph_\tau),\omega(\aleph_\tau)]$ 的基数就小于或等于 $\aleph_\tau$. 但显然有
$$\overline{\overline{[\omega(\aleph_\tau),\omega(\aleph_\tau)]}} = \aleph_\tau \aleph_\tau = \aleph_\tau^2 \geq \aleph_\tau$$
故得
$$\aleph_\tau^2 = \overline{\overline{[\omega(\aleph_\tau),\omega(\aleph_\tau)]}} = \aleph_\tau$$
于是
$$\overline{[\omega(\aleph_\tau),\omega(\aleph_\tau)]} \in Z(\aleph_\tau)$$
进一步再任取 $\alpha \in Z(\aleph_\tau)$，则有
$$\overline{\overline{[\alpha,\alpha]}} = \aleph_\tau \aleph_\tau = \aleph_\tau^2 \geq \aleph_\tau$$
从而也有
$$\overline{[\alpha,\alpha]} \in Z(\aleph_\tau)$$

超限归纳法完成. 定理得证.

在上面的证明中，附带看出有
$$\aleph^2 = \aleph$$
对任何无限基数 $\aleph$，此等式均成立. 这就是著名的海森博格定理. 这个定理的早期证明的过程是较为复杂的，它实际上用到了序数的乘方，序数的带余除法，非零序数由 ω 的幂的整系数（右）线性唯一表示，以及序数的自然和等相当复杂的结果. 总之，在早期的超穷数论中，它是关于基数的一个相当深奥的定理. 上

面的证明应当说是相当简化的一个证明.

6.3 规则的与不规则的序数·给定序型所敛尾的最小初始数

序数叫作规则的,如果它对任意较小序数不是敛尾的. 有限序数里仅有 0 与 1 是规则的. 我们将会看到(定理 6.3.2),任何无限的规则数都是初始数. 不过首先要证明下列命题:

定理 6.3.1 初始数 ω_τ 成为规则数的必要充分条件是:它的势 $\aleph_\tau$ 是规则的.

证明 ① 如果 $\aleph_\tau$ 是不规则的势,那么 ω_τ 就是不规则的序数. 实际上,因为假定势 $\aleph_\tau$ 是不规则的,所以它能表示项数为某数 $b < \aleph_\tau$,而各项 $\aleph_a$ 均小于 $\aleph_\tau$ 的和. 这些项中,那些不超过 b 的项的和,按定理 6.2.6 也不超过 b(需要知道这些项的个数更要小于或等于 b). 如果其余项(就是大于 b 的那些 $\aleph_a$)的和等于某 $c < \aleph_\tau$,一切 $\aleph_a$ 的和就应小于或等于 $b+c$,这样它就应该等于数 b 与 c 中较大的. 那么这和就小于 $\aleph_\tau$,而与假定不合. 那么,数 $\aleph_\tau$ 可表示为每项小于 $\aleph_\tau$,然而大于 a,而项数是某 $a < \aleph_\tau$ 的和,在这些假定之下,在我们的和里每项出现的次数显然小于该项本身. 所以在我们和的每组相等项之和就等于这项本身,这样,如果认为其各项仅出现一次,并不使我们的和有所变更. 因此,我们有

$$\aleph_\tau = \sum_a \aleph_a \tag{1}$$

这里的序数 a 遍历某数集 Θ,其势为 $a < \aleph_\tau$,于是其序型 $\theta < \omega_\tau$,并且 a 能设为小于任何 $\aleph_a$.

考虑 W_τ 中所有那些对 $a \in \Theta$ 的 ω_a 所组成的子集 Θ_1. 集 Θ_1 相似于集 Θ. 我们来证明,W_τ 对其自身的子集 Θ_1 是敛尾的. 这样就证明了,数 ω_τ 对于数 $\theta < \omega_\tau$ 是敛尾的,因而是不规则的. 因为 $\aleph_\tau$ 不规则,所以数 τ 是极限数. 由此推知,在一切数 $\xi < \omega_\tau$ 之后,跟随着初始数 $\omega_\sigma < \omega_\tau$,实际上,如果在数 $\xi < \omega_\tau$ 之后(ξ 的势用 $\aleph_\nu$ 表示),不跟随任何初始数,那么,在一切基数小于 $\aleph_\tau$ 之中,数 $\aleph_\nu$ 应该是最大的,就是应有 $\tau = \nu + 1$,然而实际 τ 却是极限数①.

设集 W_τ 对于它的子集 Θ_1 不是敛尾的. 这时存在数 $\xi < \omega_\tau$,大于一切的 $\omega_a \in \Theta_1$,并且数 ξ 能够假定为初始数 $\xi = \omega_a < \omega_\tau$. 然而此时等式(1)右端的一切项

---

① 我们注明,如果 $\xi < \omega_\sigma < \omega_\tau$,就有 $\omega_{\sigma+1} < \omega_\tau$(否则就有 $\tau = \sigma + 1$). 于是,对于不规则的 ω_τ(甚至对于具有极限数 τ 的任何 ω_τ)在每个 $\xi < \omega_\tau$ 之后,跟随着形如 $\omega_{\sigma+1} < \omega_\tau$ 的初始数.

全应该小于$\aleph_\sigma$，又因为它们的个数小于这些项的每一个，那么自然小于$\aleph_\sigma$，所以等式(1)右端整个的和应该是小于或等于$\aleph_\sigma < \aleph_\tau$. 所得的矛盾就证明了数$\omega_\tau$对于数$\theta < \omega_\tau$的敛尾性.

② 假设ω_τ是不规则的而且对于数$\theta < \omega_\tau$是敛尾的. 因为ω_τ是初始数，所以θ有势$b < \aleph_\tau$. 集W_τ对于它自身的某个型为$\theta < \omega_\tau$而势$< \aleph_\tau$的子集Θ是敛尾的，由此推知

$$W_\tau = \bigcup_{\alpha \in \Theta} W(\alpha)$$

然而每个W_α具有势小于$\aleph_\tau$，而这些集的个数是$b < \aleph_\tau$. 所以$\aleph_\tau$是不规则的. 定理6.3.1证毕.

本节的主要结果是：

定理6.3.2(豪斯道夫) 势为$\aleph_\tau$的任何有序集A对于它自身的型为$\xi \leqslant \omega_\tau$的某良序子集①是敛尾的.

在证明这个定理之前，先作若干关于它的注解并由它导出若干结论，足以评量它的重要性.

首先，曾经示明，有序集A当且仅当具有末元素时，对于仅由一个元素所构成的子集是敛尾的.

其次，考虑最主要的情形，就是A是良序集，其型用θ表示. 因为A的势用$\aleph_\tau$表示. 所以$\theta \geqslant \omega_\tau$. 定理6.3.2说明，数$\theta$对于某$\theta \leqslant \omega_\tau$是敛尾的. 所以，如果$\theta > \omega_\tau$，也就是，若$\theta$不是初始数，那么它对于数$\xi \leqslant \omega_\tau < \theta$是敛尾的，亦即是不是规则的. 这样，由定理6.3.2推知，任何无限规则序数一定是初始数. 这使我们能把已证明的定理6.3.1表述为：

定理6.3.1′ 规则序数不过是规则势的初始数.

现在我们能把定理6.3.2加强一些. 首先，我们把它表述为：

势$\aleph_\tau$的任何序型θ对于某序数$\xi \leqslant \omega_\tau$是敛尾的.

对于给定序型θ，为取对于它的最小敛尾序数ξ，那么就可知ξ是规则的初始数$\xi = \omega_\sigma = \omega_\tau$(因而我们的最小数$\xi$倘若不是规则的，那么它对于某$\xi_1 < \xi$应是敛尾的，并且对此$\xi_1$，而$\theta$也应当是敛尾的).

因此：

定理6.3.2′ 对于势$\aleph_\tau$的任何序型θ，特别是，对于组Z_τ的任何序数θ，

---

① 我们回想，有序集A的任何子集A_1永远看作是有序集，并且集A_1的元素之间的顺序保持它们在A中所原有的.

存在着对于它敛尾的最小规则数 $\omega_\sigma \leqslant \omega_\tau$,并且序数 θ 当且仅当它是第一种数时对于 1 才是敛尾的.

由定理 6.3.2 又能导出一个关于不规则势的结论. 如果 $\aleph_\tau$ 不规则,那么集 W_τ 对于某个型为 $\xi < \omega_\tau$ 的子集 Θ_1 是敛尾的,使在 Θ_1 内一切形如 $\alpha = \omega_{\rho+1}$ 的元素不变(如果存在这样的元素),并将非这种形状的每个元素 α 代以跟随它最近的形如 $\omega_{\rho+1}$ 的数(这种数的存在性,参看前面的脚注),就能假定 Θ_1 是由形如 $\omega_{\rho+1}$ 的初始数所组成. 满足 $\omega_{\rho+1} \in \Theta_1$ 的那些序数 ρ 的集,用 Θ 表示,并且假定集 Θ 的序型 ξ 是最小可能有的,因而它是规则数 $\omega_\sigma < \omega_\tau$. 因为显然 $\aleph_\tau = \sum\limits_{\rho \in \Theta} \aleph_{\rho+1}$,所以有如下的结果:

定理 6.3.3 对于任何(无限的)不规则基数 $\aleph_\tau$,存在着最小的规则基数 $\aleph_\sigma < \aleph_\tau$,使得 $\aleph_\tau$ 是形如 $\aleph_{\rho+1} < \aleph_\tau$ 的严格递增基数的,具有规则型 $\aleph_\sigma$ 的,良序集的并.

最后转入定理 6.3.2 的证明.

假设 A 是势 $\aleph_\tau$ 的有序集. 势 $\aleph_\tau$ 的任何集,因而我们的集 A,都能与集 W_τ 之间建立一一对应的关系. 这等于说,集 A 的元素可以用 $\alpha < \omega_\tau$ 作为标数,于是得出型为 ω_τ 的良序集

$$B = \{x_0, x_1, \cdots, x_\alpha, \cdots\}$$

(α 遍历一切值小于 ω_τ),集合 B 的元素虽然与 A 全同,但其中的次序,一般说来,完全异于 A 中的次序(就是说,虽然 $\alpha < \beta$,但在 A 中可能是 $x_\alpha > x_\beta$). 现在我们来找出满足定理要求的那个良序子集. 称集 A 的元素 $x = x_\alpha$ 为正常的,如果对于 $\nu < \alpha$ 在 A 内有 $x_\nu < x_\alpha$. 元素 x_0 是正常元素. 于是,一切正常元素的集 C 是不空的. 作为有序集 A 的子集,集 C 内的次序与良序集 B 的次序相同(就是与加于 C 的元素的标数的次序相同),如果 $x_\alpha \in C, x_\beta \in C$ 而 $\alpha < \beta$,按照正常元素定义本身,在 A 内就有 $x_\alpha < x_\beta$. 这样一来,有序集 C 是有序集 A 的子集,同时又是(良)有序集 B 的子集. 于是,作为型为 ω_τ 的良序集 B 的子集,集 C 是型小于或等于 ω_τ 的良序集.

还要证明,有序集 A 对其自身的良序子集 C 是敛尾的. 如其不然,并设 A 内的元素 x_α 是在 A 内跟随 C 的一切元素之后且有最小标数 α 的元素. 我们断定,对于任意的 $\nu < \alpha$,在 A 内必有 $x_\nu < x_\alpha$. 实际上,在否定的情形,对于某一个 $\nu < \alpha$ 应有 $x_\nu > x_\alpha$,这就是说,x_ν 是跟随集 C 的一切元素之后而有最小标数 $\nu < \alpha$ 的元素.

于是,对于全部的 $\nu < \alpha$,的确有 $x_\nu < x_\alpha$. 然而这就说明了,x_α 是正常元素,

但与定义不符,因而 x_a 是集 C 的元素. 所得的矛盾就证明了定理.

注 定理 6.3.2 的证明终于确定了下面的虽然简单但有用的事实:我们依据这种方法把给定的势 $\aleph_\tau$ 的有序集 A 变为 ω_τ 型的良序集 B,一般来说. 虽然 A 与 B 间的次序不同,但是有序集 A 包含敛尾部分 C,其元素取于 A 的次序与取于 B 的次序相同.

第二部分
公理集合论

策梅罗与弗伦克尔的公理系统

第五章

§1 引 论

1.1 集论与数学基础

在近代数学的许多分支中,集论占有独特的地位,除了极少数外,在数学中研究和分析的对象都可以看作个体的某些特殊的集合或类①.这就是说,数学的许多分支可以在集论中加以形式定义.因此,关于数学本身的许多基本问题都可以归结为集论的问题.

做实际工作的数学家很少会关心"数是什么?"这一非常的问题.但是,为了精确地回答这个问题,在过去几百年中推动了数学家和哲学家在数学基础方面的许多工作.整数、有理数和实数的特性已成为魏尔斯特拉斯、戴德金、克罗内克、弗雷格②、皮亚诺、罗素、怀海德③、布劳威尔以及其他数学家的古典研究的中心问题.关于数的本性的难题并不是从19世纪才开始的.古希腊数学家的最伟大的贡献之一是欧多克索斯④的比例理论,它在欧几里得的"原理"的第 V 卷中叙述;欧多克索

---

① 直观上,我们用"集合"或"类"表示任一种类的对象的汇集.在普通数学中,"集合""类""汇集""聚集"等词都是同义词,因此,在本书中,除少数特别指出的外,它们也都表示同一个意思.

② 弗里德里希·路德维希·戈特洛布·弗雷格(Friedrich Ludwig Gottlob Frege,1848—1925),德国数学家、逻辑学家和哲学家.

③ 阿弗烈·诺夫·怀海德(Alfred North Whitehead,1861—1947),英国数学家、哲学家和教育理论家.

④ 欧多克索斯(Eudoxus,约公元前400—约公元前347),古代希腊数学家.

斯的主要目标是给出无理量,例如,1与2的等比中项的严格处理.的确可以说,从集论的一般公理出发而对数论和分析作详细发展,本质上是体现了欧多克索斯的精神.

集论的实际发展并不是由试图回答数的本性这一中心问题而直接产生的,而是由康托在1870年左右在无穷序列和分析的有关课题的理论研究中创立的.康托通常被人们认为是作为数学学科的集合论的创始人,他的工作使他研究了具有任意特性的无穷集合或类.1874年,他发表了著名的论证:实数集不可能与自然数集(即非负整数)一一对应.1878年,他引进了如果两个集合彼此一一对应,则它们等价或具有等势的基本概念.显然,两个有穷集等价当且仅当它们具有相同个数的元素.因此,在无穷集的情况下,势的概念便把自然数的概念推广到无穷基数的概念.超穷数一般理论的发展是康托数学研究的伟大成果之一.

康托引入的集论的许多基本概念的具体考虑将在适当时候给出.从数学基础的观点看,康托工作的哲学革命方面是他大胆地坚持实无限的主张,即坚持作为数学对象的无限集的存在性是与数及有穷集的存在性等同的.历史上,在数学基础的文献中无穷的概念与数的概念同样重要.

自从阿基米德①以来,几乎没有一个严肃的数学、哲学家而不充分研究这个难题的.人们希望任何一本集合论的书都应该介绍数和无穷这两个概念的精确分析.但是,另外一些课题,在基础研究中有争议的重要的课题,也是集合论的传统的内容,因此,也将在以下各节中加以讨论.有代表性的课题是集合代数、关系的一般理论、次序关系,尤其是函数等.目前我们不要求读者懂得这些名词的含义,但是,它却给出了全书详细内容的一条线索.

在本书的第二部分,集合论将不按直观方法而按公理化的方法发展.有几种考虑使我们选择了公理化的方法.其中的一个考虑是,我们认为集合论的公理发展应是近代数学的最重大成果之一.它对几十年甚至几百年来一直混淆不清的概念能够给出精确的定义.集合论的适当公理可对以下问题给出一个清楚的、构造性的回答:除初等逻辑外,作为近代数学的基础究竟要假定些什么?但是,迫在眉睫的考虑则是解决1900年左右在素朴的、直观的集论中发现的许多悖论,当时,素朴集论允许具有任何性质的个体均可组成集合.为了避免这些悖论,我们需要一些加以特殊限制的公理,这将在1.3,1.4中加以讨论.

---

① 阿基米德(Archimedes,公元前287—公元前212),伟大的古希腊哲学家、百科式科学家、数学家、物理学家、力学家.

1.2 逻辑与记号

为了精确和简短,我们将广泛使用逻辑符号.但是,证明主要用非形式的方式书写.我们把所发展的理论写成大家熟悉的来自几何及其他数学部分的那种公理理论,而不采用精确给出语法和语义的形式逻辑系统.证明的明显性足以使得任何熟悉数理逻辑的读者可以容易地按某个标准系统而提供形式的证明.但是,要弄懂本书任一部分都不要求熟悉数理逻辑.

现在,我们引进几个将要使用的逻辑符号.首先考察 5 个最普通的句子联结词符号.公式 P 的否定写为 $\neg P$.两个公式的合取写为 $P \& Q$. P, Q 的析取写为 $P \vee Q$. P 为前提,Q 为结论的蕴涵写为 $P \rightarrow Q$. P 当且仅当 Q 的等价式写为 $P \leftrightarrow Q$. "对于每个 x" 的全称量词记为 $\forall x$. "对于某个 x" 的存在量词记为 $\exists x$. "恰有一个 x" 的唯一量词记为 $E!\ x$. 这些记号可综述如下(表1):

表1

逻辑记号	含义
$\neg P$	非 P
$P \& Q$	P 且 Q
$P \vee Q$	P 或 Q
$P \rightarrow Q$	若 P,则 Q
$P \leftrightarrow Q$	P 当且仅当 Q
$(\forall v)P$	对每个 v, P
$(\exists v)P$	对某个 v, P
$(E!\ v)P$	恰有一个 v 使得 P

因此,句子:"对每个 x 存在一个 y,使得 $x < y$",可用逻辑符号表示为
$$(\forall x)(\exists y)(x < y) \tag{1}$$

句子:"对每个 ε 存在一个 δ,使得对每个 y,若 $|x-y| < \delta$,则 $|f(x) - f(y)| < \varepsilon$",可用逻辑符号表示为
$$(\forall \varepsilon)(\exists \delta)(\forall y)(|x-y| < \delta \rightarrow |f(x) - f(y)| < \varepsilon) \tag{2}$$

句子:"对每个 x,恰有一个 y,使得 $x + y = 0$",可用符号表示为
$$(\forall x)(E!\ y)(x + y = 0)$$

一个给定的逻辑符号可能对应于几个语句.因此,$(\forall x)P$ 可读作"对所有 x, P";也可读作"对每个 x, P".(1)和(2)说明括号可用作标点符号.形式的解

释似乎是不必要的. 但是, 关于命题联结词"&, ∀, →"及"↔"的相对优先级的约定将大大减少括号的数量. 这约定是"&, ∀"优先于"→, ↔". 因此, 公式
$$(x<y \ \& \ y<z) \rightarrow x<z$$
可以写成无括号形式
$$x<y \ \& \ y<z \rightarrow x<z \tag{3}$$
类似的
$$x+y \neq 0 \leftrightarrow (x \neq 0 \ \vee \ y \neq 0)$$
可写成
$$x+y \neq 0 \leftrightarrow x \neq 0 \ \vee \ y \neq 0$$

以后需要用到的但读者可能不熟悉的逻辑公式将在用到时给出直观的解释. 我们使用了一条原则, 即"="用作恒等符号, 这在数学家中存在着不同的用法. 公式 $x=y$ 读作"x 与 y 相同""x 等同于 y, 或"x 等于 y". 最后一个读法仅当"等于"与"恒等"被认为是一回事时才能允许的(这也是几乎所有普通数学内容中的意义). 在集论内恒等关系的精确用法在 2.2 中讨论.

对量词作一些说明是有益的. 量词的作用域是量词本身及跟在其后的最小公式. 什么是最小公式, 总将用括号指明. 因此, 在公式
$$(\exists x)(x<y) \ \vee \ y=0 \tag{4}$$
中, 量词"$\exists x$"的作用域是公式"$(\exists x)(x<y)$". 在数学中几乎一致的作法是在表述公理与定理时, 省写其作用域为整个公式的任何全称量词. 例如, 代替上述(1), 我们可写: $(\exists y)(x<y)$.

在有些地方, 我们需要约束变元与自由变元的概念. 一个公式中的变元的出现是约束的当且仅当它出现在使用该变元的量词的作用域中. 一个公式中的变元的出现若不是约束出现便是自由出现. 一个变元是一个公式的约束变元当且仅当至少有一个出现是约束的, 一个变元是公式的自由变元当且仅当至少有一个出现是自由的. 在公式(1)中, 一切变元是约束的, 在(3)中, 所有变元都是自由的; 在(4)中"x"是约束的而"y"是自由的. 根据前面关于公理与定理中的全称量词省略的约定, 出现在公理与定理中的一切变元都是约束变元.

1.3 抽象公理模式与罗素悖论

在集合论发展的开始阶段, 康托并不明显地从公理出发来讨论集合论. 但是, 剖析他的许多证明可知几乎他所证明的一切定理均可从三条公理得出:

(i) 集合的外延性公理, 即如果两个集合具有相同的元素, 则它们便相等.

(ii) 抽象公理, 即任给一性质, 都有一个集合, 其元素恰巧是具有这个性质

的那些个体.

（iii）选择公理，现在暂不表述它，它与当前的悖论讨论无关.

问题出在抽象公理. 它的第一个明显表述似乎是弗雷格（1893 年）的公理 V. 1901 年罗素发现从这条公理出发考虑具有不为自身的元素这一性质的所有的集合便会导出矛盾①. 由于历史上悖论在推动新的有限制的集论公理发展方面具有重要作用，所以，这里将给出它的推导. 为了符号表述，我们需要引入表示隶属关系的二元谓词"$\in$". 公式"$x \in y$"读作"x 为 y 的元素""x 属于 y"，或"x 在 y 中". 因此，若 A 为前 5 个正奇数的集合，则"$7 \in A$"为真，"$6 \in A$"为假.

使用"$\in$"及前面的逻辑符号，我们可以给出抽象公理的精确表述

$$(\exists y)(\forall x)(x \in y \leftrightarrow \varphi(x)) \tag{1}$$

这里假定 $\varphi(x)$ 是不以 y 为自由变元的公式. 为了得出罗素悖论，我们取 $\varphi(x)$ 为"x 不为 x 的元素". 相应的公式为

$$\neg(x \in x)$$

于是，我们得到抽象公理的一个特例

$$(\exists y)(\forall x)(x \in y \leftrightarrow \neg(x \in x)) \tag{2}$$

在(2)中取 $x = y$，我们推得

$$y \in y \leftrightarrow \neg(y \in y) \tag{3}$$

这在逻辑上等价于下述的矛盾

$$y \in y \,\&\, \neg(y \in y) \tag{4}$$

这个简单的推导对集论的公理基础有深远的影响.

它简单地阐明了把(1)作为公理我们承认得太多了. 如果我们坚持通常的逻辑，我们就不能在自身不矛盾的方式下坚持对每个性质均有一个由具有该性质的对象构成的集合.

在考虑如何重新建立集论公理时，或许要注意的第一件事是抽象公理实际

---

① 弗雷格在他的 1903 年出版的《算术基础》一书第 2 卷的著名附录中叙述了他对罗素悖论的反应. 这里引用其中的几行译文：

"对于一个科学家来说，几乎没有什么会比在他的工作已经结束时发现整个系统的基础被动摇而感到更大的不幸了.

正当本卷的印刷接近完成的时候，由于收到伯特兰·罗素先生的信使我恰好处于上述情景. 它与我的公理 V 有关. 我自己从未掩饰过公理 V 缺乏其他公理都具备的并且作为逻辑定律所必须具有的自明性……. 要是我知道用什么公理可以代替它的话，我将乐意删除这条公理. 甚至直到如今，我还看不出算术如何能科学地建立起来，数如何能看作逻辑对象并在此观点下构造出来，除非允许我们从一个概念（至少有条件地）过渡到它的外延. 是否我们总可以说一个概念的外延（说一个类）呢？如不能，又如何认识例外的情形呢？……这些就是罗素先生的信引起的问题."

上是无穷条公理而不是一条公理:当我们在(1)中用任何不含 y 为自由变元的公式代替表达式 $\varphi(x)$ 时,我们就得到一条新公理.这种允许代入以公式的公理称为公理模式.用"模式"这个名字的原因是清楚的.公式(1)不是一条确定的断言,而是可以作成无穷多个断言的模式.由模式出发,我们用确定的公式代替 $\varphi(x)$ 后便可得到一个确定的断言.

我们即将使用的模式是策梅罗(1908 年)提出来的.通常称为分出公理模式,因为它允许我们从给定集合中分出满足某个性质的元素并恰由这些元素组成一个新集合.例如,如果我们已知动物的集合是存在的,则我们可以用分出公理模式断定具有为人的那些动物所组成的集合的存在.即,为人这个性质可以使我们把人从动物中分出来.对应于(1),分出公理的精确形式为

$$(\exists y)(\forall x)[x \in y \leftrightarrow x \in z \,\&\, \varphi(x)] \tag{5}$$

由(1)到(5)的改变是轻微而有效的.式(1)无条件断言集合的存在.而(5)完全是有条件的.首先,我们要给出集合 z,然后,我们才能断言子集 y 的存在.

显然,我们不能由(5)推出像(4)那样的矛盾.再用公式"$\neg(x \in x)$"作为(5)的特例,我们有

$$(\exists y)(\forall x)[x \in y \leftrightarrow x \in z \,\&\, \neg(x \in x)] \tag{6}$$

再取 $x = y$,我们有

$$(y \in y \leftrightarrow y \in z \,\&\, \neg(y \in y)) \tag{7}$$

这并不矛盾.为了更清楚地弄清(7)的含义,设 z 为集合 A,它只有两个元素,一个元素是只含数 1 的集,另一个元素是只含数 2 的集,即

$$A = \{\{1\}, \{2\}\} \tag{8}$$

(在(8)中我们非形式地引进了一个表示集合的熟知的记号:我们用下面的方法表示一个集合:写下其元素的名称或其描述,并用逗号分开,再将其全体括在花括号中.在后面,我们将对这个记号加以形式定义).今考察集合 A 及罗素公式"$\neg(x \in x)$",我们由分出公理模式得

$$(\exists y)[(y \in y \leftrightarrow y \in A \,\&\, \neg(y \in y)] \tag{9}$$

如取 A 作为一个适当的 y,便可看出式(9)为真,由于 A 不是 A 的元素,故左边为假;又由于"$A(A \in A \,\&\, \neg(A \in A))$"矛盾,故右边也为假.

抽象公理模式和分出公理模式都这样地叙述,似乎已经完全明确什么公式可以代替"$\varphi(x)$".在后面我们将考虑"公式"的一个精确的语法定义.历史上重要的事是:要使得像分出公理那样的公理模式能够准确使用,那就必须对一个理论(这里是集合论)的公式作出精确的定义.策梅罗(1908 年)原来使用所谓具有"确定"特性的问题或语言来表述分出公理模式.粗略地讲,他说一个语句

是确定的指它可以按非任意的方式决定任何个体是否满足该语句[①]. 于是, 他的公理模式的表述是: 如果语句 $\varphi(x)$ 对集合 M 的一切元素是确定的, 则总存在一个 M 的子集 $M\varphi$, 它恰好包含那些属于 M 且使 $\varphi(x)$ 为真的元素.

斯柯伦[②][1922]第一个澄清了"确定"这一概念, 他把确定的语句刻画为满足公式的精确定义的语句. 进一步讨论见策梅罗(1929 年)和斯柯伦(1930 年)[③].

深入策梅罗, 斯柯伦的文章的细节是不可能的, 但是, 有些对清晰问题本身不感兴趣的读者可能发生疑问: 为什么策梅罗在首先把分出公理模式限制为"确定"的语句上那么感兴趣. 这个问题的回答, 在进一步讨论数学基础引起的悖论中更易得到解答.

在转到下一目的那些悖论之前, 对后面要考察的公理作一个历史的注记. 基本上, 它们很密切地与策梅罗(1908 年)的公理相对应. 但是, 当我们进入超穷归纳和序数算术的理论时, 我们需加进比分出公理模式更强的公理模式, 那就是通常所说的替换公理模式, 这条公理属于弗伦克尔[④](1922 年)[⑤]. 由于这些理由, 在本书中发展的公理集论系统常称为策梅罗 — 弗伦克尔集论, 虽然如果称其为策梅罗 — 弗伦克尔 — 斯柯伦集论则从历史上说更合适.

1.4 其他悖论

由于罗素悖论的简单性, 我们用它来说明为什么明显而直接的直观集论的公理化是矛盾的. 历史上, 在罗素之前就发现了其他悖论, 首先发表的是布拉里 — 福蒂的最大序数的悖论(1897 年). 对文献中已讨论过的 10 到 12 个悖论作全部分析将超出这里的篇幅. 有些悖论互相差异极少, 故我们仅简要地和非形式地描述比较突出的悖论.

拉姆齐[⑥](1926 年)似乎是第一个明确地、清楚地将悖论分为两类的人: 逻

---

① 决定并不包含能行或有穷过程. 对此, 进一步的推敲见策梅罗(1929 年).
② 斯柯伦(T. Skolem, 1887—1963), 挪威数学家、逻辑学家, 现代逻辑的建立者之一.
③ 策梅罗 1929 年的文章也是关于使确定这一概念更精确化的. 在不知道 1922 年斯柯伦的文章的情况下, 策梅罗写出了他的文章, 并且没有给出像斯柯伦文章中所提供的令人满意的表述. 在 1930 年, 斯柯伦在他的文章中批评了策梅罗的文章. 弗伦克尔(1922 年)独立地对"确定性"作了一个较欠详细但基本正确的解释.
④ 弗伦克尔(Fraenkel, Adolf Abraham, 1891—1965), 德国数学家.
⑤ 同一时期斯柯伦(1930 年)独立地提出了基本上相同的公理.
⑥ 弗兰克·普伦普顿·拉姆齐(Frank Plumpton Ramsey, 1903—1930), 英国哲学家、数学家、经济学家.

辑的或数学的悖论以及语言的或语义的悖论.粗略地讲,第一类是由纯数学构造所引起的;第二类是从我们用来讲数学和逻辑的语言的直接考察而得来的.

罗素悖论属于第一类,布拉里-福蒂悖论也属于第一类.后者的一般想法为:在直观集论中,每个良序集有一个序数.但是,所有序数的集合是良序的,故所有序数的集合有一序数,设其为 θ.但是,给定序数及比它小的一切序数组成的集合是良序的,因此有一个序数,这个序数应该超过给定的序数.因此,包括 θ 的一切序数的集有一个序数 $\theta+1$,它应该大于 θ.所以,θ 不是一切序数的序数.

人们可能猜想,任何防止直接产生罗素悖论的方法也可能防止布拉里-福蒂悖论,但是,事实不然.例如,罗瑟①(1942 年)在奎因②系统(1940 年)中导出了布拉里-福蒂悖论,从而说明了其系统的矛盾性,但是,显然在奎因系统中不可能直接产生罗素悖论.

另一个众所周知的第一类的悖论是康托的最大基数悖论,这个悖论在 1899 年被发现,于 1932 年被首次发表.我们又在直观集论中进行,我们考察一切集合的集 s 的基数 n.一方面,显然 n 为最大可能的基数.但是,我们又可考察 s 的一切子集的集且其基数为 p.根据直观集论的标准定理,p 必须大于 n.

在描述后两个悖论中自由地使用了基数和序数的概念.这里不给出精确分析,但显然,当构造集合的主要公理为策梅罗的分出公理模式时,则便不可能引出悖论,因为一切集合的集合或一切序数的集合是不能作出的.

最古老的语义悖论是伊壁孟尼德的谎话悖论.克利特岛人伊壁孟尼德③说"我正在撒谎".如果此话通常如下,试考虑语句"黑板上的仅有的一个句子是假的".若这个句子为真,它一定为假.反之亦然.

相传下来的一则有趣的难题是鳄鱼困境.一条鳄鱼偷了一个孩子并且对孩子的父亲说:"如果你正确地猜到我是否将还你孩子的话,我便还你孩子."父亲答道:"你将不还我孩子."鳄鱼将怎么办?

第一个发表的近代语义悖论似乎是理查德④悖论(1905 年),这关系到全体实数集合的不可数性的康托证明.试将所谓英语"表达式"定义为由 26 个字母,

---

① 罗瑟(John Barkley Rosser,1907—1989),美国逻辑学家.
② 奎因(Willard Van Orman Quine,1908—   ),美国著名哲学家、逻辑学家.
③ 伊壁孟尼德(Epimenides),半神话的希腊先知和哲学家、诗人(公元前 7 世纪或 6 世纪).据《新约书·提多书》记载:早在 2500 多年前,克利特人中一个本地先知伊壁孟尼德说:"克利特人总是撒谎,乃是恶兽,又馋又懒".后来,克利特哲学家欧布里德(生活在约公元前 4 世纪,欧几里得的学生,以提出一系列的诡辩而著称)将他的话改为"我现在正在说的这句话是谎话".
④ 理查德(J. Richard,1862—1956),法国第戎中学数学教师.

逗号,句号和空白任意组成的有穷序列;即一个"表达式"是这 29 个符号的任何有穷序列.现在按符号总数排列,再按字典次序排总数相同的序列.因此,我们有 $a,b,\cdots,aa,ab,\cdots,aaa,\cdots$.

现在去掉那些不定义实数的表达式;设 E 为剩下的子序列.试作出翻译并略带意译后,我们可用理查德原来的表述关于 E 而定义某个实数 N:"这个实数的整数部分为零,如果用 E 的第 n 个元素定义的实数的第 n 位十进数字为 p 且 $p \neq 8,9$,则 N 的第 n 个十进数字为 $p+1$;如第 n 个数字为 8,9,则它等于 1".根据构造,N 不是 E 的元素,因为它和 E 中每个实数至少在一个十进数位上不同,但是 N 用有穷表达式定义①,故它应当在 E 中,因此,这是一个矛盾.

第 3 个也是最后一个,这里要提到的语义悖论是格列林 — 纳尔逊②关于它谓的悖论(1908 年),如果将谓词应用于谓词本身而得到的句子为假,则这个谓词称为它谓的,因此,谓词"红"是它谓的,因为,句子"谓词'红'是红的"为假.试问:谓词"它谓"本身是它谓的吗? 这便引起矛盾.显然,如果它是,我们便推得它不是;如果它不是,却可推得它是.

这些语义悖论的详细讨论使我们离开集论的正题而远远深入到形式逻辑的一般领域中.但是,看看导出的悖论的推理如何在 ZF 集论中被排除掉是必要的.策梅罗在分出公理模式中专门引进了"确定性"的概念,用以防止语义悖论的产生(见策梅罗(1905 年)).如前面指出的,我们把确定性概念化归为公式这个语法概念可使它精确化.对照语义悖论,便可更清楚地看出这种化归.每个语义悖论都是由于在语言中有一些公式可以引用该语言中其他表达式而引起的.对表达式的能力这样不加限制的任何语言便会导出矛盾③.因此,区别目的语言(目前,目的语言为我们在其中谈论集合的语言)与元语言(谈论目的语言的语言)是重要的.虽然在本书中并未在完全形式化的方式下发展集论,但是,在下一节的开头,我们将对所用的目的语言中的"公式"给出精确定义.我们的元语言是一部分定义含糊的汉语加入一些通常数学中熟悉的符号而组成的.显

---

① 原文中定义 N 的句子为英语,故称"表达式",而在译文中已将它译为汉语.
② 格列林(Kurt Grelling,1886—1942),德国逻辑学家和哲学家.纳尔逊(Leonard Nelson,1882—1927),德国数学家.
③ 在塔斯基(Alfred Tarski,1901—1983,美国逻辑学家和数学家)(1956 年)的文章中,这个问题写得最清楚:"我们所遇到的困难的主要根源在于:人们常常忘记语义概念有一种相对特性,即这些概念总与一个特定的语言联系着.人们不知道,我们所谈论的语言绝无必要和我们在其中作谈论的那个语言相同.人们已把一个语言的语义引入该语言本身,而且,一般地说,他们好像觉得世界上只有一种语言似的.相反,对我们提到的悖论作分析后证明语义概念绝不在相关的语言中,凡包含本身的语义的语言(而且通常逻辑定律成立)都不可避免地将导致矛盾."

然,我们的目的语言不会提供构造任何语义悖论的直接方法.换句话说,我们用限制语言功能的方法来避免产生这些悖论.应当注意,当使用形式语言时,从直观上可知,很少有可能在该语言中导致语义悖论,而数学或逻辑悖论在直观上却往往不那么明显.

这些语义问题今后不再讨论.我们已粗略地讨论了这些问题,为的是弄清楚分出公理应作怎样的语义限制.此外,必须指出,为了证明在 ZF 集论①的元数学事实,一个完备的精确的目的语言的形式化是必需的.所谓"元数学事实"是指有关目的语言的事实.元数学事实的一个重要例子是分出公理模式不能用目的语言中的有限条公理代替.

最后应强调,ZF 集论只是走向数学基础的几条路中的一条.这里应该提到另一个与 ZF 集论紧密相连的集论,即诺依曼－贝尔纳斯－哥德尔②集论③.它们有两个基本差别.后一种理论只要求有穷多条公理.它要求构造有穷多个特殊的集合和类而不要求像分出公理模式那样的公理模式.

为简单起见,我们将这个系统叫作冯·诺依曼集论,在这个集论中,我们把集合与类作了人为的区分.每个集合必为类,但类未必都是集合.不为集合的类,我们称之为"真类",真类的特点是它不为其他类的元素.一切序数的类和一切集合的类都存在,但它们都是真类.因此它们不可能构成布拉里－福蒂悖论和康托悖论,因为这些悖论都要求它们成为其他类的元素.同样的说明也适用于罗素悖论.在后面的内容中,我们常常非形式地给出一些注释以指明在冯·诺依曼集论中对一些定理、定义或证明应作怎样微小的修改.策梅罗与冯·诺依曼集论如此密切,以致熟悉一个系统的人将会很快精通另一个系统.

---

① ZF 集论为 Zermelo-Fraekel 集论的简称.
② 冯·诺依曼(John von Neumann,1903—1957),匈牙利－美国数学家.贝尔纳斯(Paul Bernays,1888—1977),瑞士数学家.哥德尔(Kurt Gödel,1906—1978),奥地利－美国数学家、逻辑学家和哲学家.
③ 这个集论最初是由冯·诺依曼在(1925 年)(1928 年)(1929 年)等一系列文章中加以表述的.这个系统与 ZF 集论有极大的差别,因为它是将函数的概念而不是将类或集合的概念作为基本概念.在众符号逻辑杂志滩中,贝尔纳斯发表了一系列文章,修改了冯·诺依曼的方法,使得更靠近原来的 ZF 系统(各文章可参阅书末文献).贝尔纳斯引进两种隶属关系:一个是在集合之间的,一个是集合与类之间的.在哥德尔(1940 年)的文章中,这个理论得到了进一步的简化.它的基本概念是集合、类和隶属关系(虽然只用隶属关系即可).R. M. Robiosion(1937 年)的文章提出靠近冯·诺依曼原系统的一个简化系统.

§2 一般的展开

2.1 序言、公式和定义

现在让我们做两件事:(1) 明确定义分出公理模式(以及后来的替换公理模式)中需要的公式的概念;(2) 论述在引进必要的被定义符号时所采取的定义方法.

在 §1 中,我们对目的语言和元语言作了重要区分. 所谓目的语言就是我们在其中谈论集合的语言;而元语言就是我们在其中谈论目的语言的语言. 我们用元语言以精确地描述目的语言. 而我们的元语言是日常汉语加上一定数量的数学符号.

我们把目的语言的符号分为五类:常符号,变元,命题联结词,量词或算子,标点符号或括号[①].

这个语言中的两个常符号是在前面非形式地引进的隶属关系符号"$\in$"和表示空集的常符号"$\varnothing$". 此外,我们还取逻辑中表示等号的常谓词"$=$". 在一切个体上变化的变元用字母 $x, y, z, \cdots$ 表示,有时还标以下角标或上角标. 命题联结词为 1.2 中提到的 5 个,即 $\neg, \&, \vee, \rightarrow, \leftrightarrow$. 我们要用的量词或逻辑算子也是 1.2 中提到的三个,即 $\forall, \exists, E!$. 最后,我们仅需的标点符号是左右括号.

目的语言的表达式是该语言中这五类符号的有穷序列. 其中有些表达式纯粹由于它们的结构,被称为目的语言原始公式. 现在,我们来定义原始公式,使得只要凭借表达式的形式我们便可在有限步内机械地判定它是否为原始公式. 虽然这个定义纯粹是语言的或结构的,但是,恰恰只有满足这个定义的表达式才具有清楚的直观含义. 表达式"$(\rightarrow \in x$"不是原始公式,它亦没有直观含义.

我们首先定义原始原子公式:

一个原始原子公式是形如 $(V \in W)$ 或 $(V = W)$ 的表达式,其中 V 和 W 或

[①] 这五类符号最初是由冯·诺依曼(1927 年)提出的.

为变元或为常数"∅"①. 因此,"$x \in y$"及"$z = \emptyset$"都是原始原子公式.

现在,我们给出原始公式的所谓递归定义:

(1) 每个原始原子公式为原始公式;

(2) 若 P 为原始公式,则 $\neg(P)$ 也为原始公式;

(3) 若 P 和 Q 为原始公式,则 $(P\&Q),(P \vee Q),(P \to Q),(P \leftrightarrow Q)$ 也为原始公式;

(4) 若 P 为原始公式,V 为变元,则 $(\forall V)P, (\exists V)P, (E!\ V)P$ 也为原始公式.

(5) 只有(1)~(4)得出的表达式才是目的语言的原始公式.

以下是目的语言的非原子公式的原始公式的例子:"$(\exists x)(\forall y)\neg(y \in x)$""$x \in y \to y \in z$""$(E!\ z)(0 = z)$". 根据这个定义,分出公理模式的精确表述为:在目的语言中,任何形式如

$$(\exists v)((\exists w_1)(w_1 \in v \vee v = 0) \& (\forall w)(w \in v \leftrightarrow w \in u \& p))$$

的原始公式是一条公理,其中,变元 v 异于 u,w_1 且 v 在原始公式 φ 中不是自由的.

下目再指明对变元 v 作限制的理由.

原则上,以下提及的一切集论公理和定理均可写成目的语言的原始公式. 的确,我们正式的目的语言应当由这些原始公式构成. 但是,为了证明的需要,定义许多外加的符号将是有益的和方便的. 我们实际上把分出公理模式应用于不限于用原始记号写成的公式. 但是,由于在我们的展开的任一处,它的前面只出现若干有限定义,故这样的公式总可在有限步内用原始公式代替.

于是,对于定义,我们的观点是如果已经给出消去正文中新符号的明显方法,则可以非形式地允许它们. 因此,在目的语言中,引入新符号的公式必须满足以下条件:

(1) 可消性准则:一个引入新符号的公式 P 满足可消性准则当且仅当 Q_1 为有新符号在其中出现的公式时,便有一个原始公式 Q_2 使得 $P \to (Q_1 \leftrightarrow Q_2)$ 可从公理导出.

注意,我们只给出这个标准而没有给出公式的精确定义(与原始公式不

---

① 在这个定义中以及在其他地方我们用字母 $u,v,w,u_1,v_1,w_1,\cdots$ 表示以目的语言的变元 $x,y,z,\cdots$ 及常数"∅"为值的元数学变元. 我们用大写字母 $P,Q,\cdots$ 以及希腊字母"φ"和"ψ"表示以目的语言的公式为值的元数学变元. 这里遵用的有关使用与提及的约定(可能是相当明显的)有:(i) 常符号"∈"与"=",语句联结符,量词符以及左,右括号都用作它们本身;(ii) 表达式的名的毗连指称一个有关表达式的二元运算以产生新的表达式(例如,"$x \in y$"&"$y \in x$" = "$x \in y \& y \in x$").

同).如果我们将本书引入的符号全都排列起来,然后,像我们以前对原始记号所做的那样而按这张表重作定义,那么,这样的定义便可得到了.但是,这个工作的复杂性使我们不去做了;我们要做的是提出我们希望定义所需满足的第二个准则,即我们的定义必须不是创造的:

(2) 非创造性准则:一个引进新符号的公式 P 满足非创造性准则当且仅当不存在原始公式 Q,使得 $P \to Q$ 可以从公理导出而 Q 却不能从公理导出.

换言之,一个定义不应该具有创造公理的功能,从它可以推出只含原始记号的而以前不可证的公式.

对于任何精确描述的数学理论,定义理论的古典问题是提供几条定义规则,满足它们后便必然满足刚才提及的两个准则.这里我们可以限于定义运算符号的规则.稍加修改便得到定义关系符号和单个常数的规则.在这些规则中,我们使用优先定义,这意味着各定义将按固定的顺序给出而不是同时给出.这个方法允许我们在新符号的定义中使用已定义过的符号①.

运算符号的真正定义可以是等价式或等式.我们先讨论前者:

一个引入新 n 元运算符号 O 的等价式 P 是真正定义当且仅当 P 具有以下形式

$$O(v_1, \cdots, v_n) = w \leftrightarrow Q$$

并且满足以下限制:

(i) $v_1, \cdots, v_n, w$ 为不同的变元;

(ii) Q 除 $v_1, \cdots, v_n, w$ 外无别的自由变元;

(iii) Q 为一个公式其非逻辑常数只为原始符号或前面已定义过的集论符号;

(iv) 公式 $(E! W)Q$ 可从公理和前面的定义导出.

就(iii)中的"非逻辑常数"而言,逻辑常数只指本章1.2中引入的;其余的常数皆为非逻辑的.容易给出各限制的理由.这里我们只强调(iv)的重要性.考察以下初等算术中伪运算 $*$ 的定义

$$x * y = z \leftrightarrow x < z \tag{1}$$

显然,下式为假

$$(E! z)(x < z \& y < z)$$

因此,(1)违背了(iv).我们要证明这一违背将导致矛盾.因为 $1<3, 2<3, 1<$

---

① 单个常数事实上可看作零级运算符号.

4 和 $2<4$,我们直接由(1)推得:$1*2=3$ 且 $1*2=4$,故 $3=4$,而这是荒谬的.

在普通数学语言中,(iv)的观点等于要求执行一个运算后恒产生唯一的结果.

使用等式的定义,我们有以下规则:

一个引进新 n 元运算符号 O 的等式 P 是一个真正定义当且仅当 P 具有形式

$$O(v_1,\cdots,v_n)=t$$

且满足以下限制:

(i) $v_1,\cdots,v_n$ 为不同的变元;

(ii) 项 t 除 $v_1,\cdots,v_n$ 外无自由变元;

(iii) 项 t 中的所有非逻辑常项都是原始符号和前面已定义过的集论符号.

在算术中,借助等式所作的定义是由加法和负运算而得减法的定义

$$x-y=x+(-y)$$

易证,一个定义如果满足刚刚给定的规则或者满足关于关系符号和单个常数的定义的规则,则便满足可消性和非创造性准则.

遗憾的是,数学中许多通用的定义和许多后面要引进的定义并不满足可消性准则,因此,大多数运算符号的定义并不满足所引入的两条规则之一.这一失败的理由可简述为:这些定义在形式上常常是有条件的.在算术中,条件定义的典型例子是除法定义,对它引起了以零除的问题

$$y\neq 0 \rightarrow (\frac{x}{y}=z \leftrightarrow x=y\cdot z) \tag{2}$$

如用(2)作除法运算符号的定义,我们不能从下式消除引入的符号

$$\frac{1}{0}\neq 2$$

另一方面,我们可用(2)在一切"有趣"情况中(即一切满足(2)的假设的情况下)消去除法.此外,不难把所给的两条规则修改使得满足它们的条件定义,亦满足非创造性准则.

事实上,对定义运算符号的等价式的规则便可适当修改如下:

一个引进新运算符号 O 的蕴涵式 P 是一个条件定义当且仅当 P 具有下列形式

$$Q\rightarrow[O(v_1,\cdots,v_n)=w\leftrightarrow R]$$

且满足下列限制:

(i) 变元 w 在 Q 中不是自由的;

(ii) 变元 $v_1,\cdots,v_n,w$ 是不同的;

(iii) R 除 $v_1, \cdots, v_n, w$ 外无自由变元;

(iv) Q 和 R 为公式,在这些公式中,所有非逻辑常数都是原始符号和前面已定义的集论符号;

(v) 公式 $Q \to (E!\ w)R$ 可由公理和前面的定义导出.

一旦一个个体被选定而当条件定义的假设不满足时,这个个体可为执行该运算的结果,则把这个运算符号的条件定义转换为满足可消性准则的合适定义是一个例行的工作.

在算术中,最自然的选择是数零.同意了这一点,我们便可用下式代替除法的条件定义(2),有

$$\frac{x}{y} = z \leftrightarrow (y \neq 0 \to x = y \cdot z) \& (y = 0 \to z = 0)$$

在集论中相应的自然选择是空集.因此,满足上述规则的条件定义可以转换为如下写法的合适定义

$$O(v_1, \cdots, v_n) = w \leftrightarrow (Q \to R) \& (\neg Q \to w = \varnothing) \qquad (3)$$

以后,我们将继续使用条件定义,但附有下列的理解:我们总可以用条件定义改为(3)的合适定义的方法消去条件定义引进的记号以得到原始记号.

从逻辑观点看,我们已描述的那种定义是在目的语言中叙述的非创造公理.因为它们在定理推演中起着附加前提的作用,所以,它们是真正的公理;但是,它们的非创造性的特点保证它们实际上并未加强用基本创造的公理表述的集论.我们有时将引入定义模式,如分出公理模式那样,它们应该是在元语言中表述的.这种定义模式主要出现在与引入变元的新约束方法有关的地方.我们也将引入几类变元以扩大原始记号:以集合而不以个体为变域的集合变元($A, B, C, \cdots$),以基数为变域的基数变元($m, n, p, \cdots$),以序数为变域的序数变元($\alpha, \beta, \gamma, \cdots$),以非负整数为变域的整数变元($m, n, p, \cdots$),以非负有理数为变域的有理变元($M, N, P, \cdots$).我们将不去明显地考虑引入新变元或变元的新约束方法的定义模式的规则,但是,对实际使用的少数几个这样的模式将可表明如何去证明它们满足可消性准则和非创造性准则或如何去对它们略加修改以满足这些准则.

2.2　外延性公理和分出公理

我们从集合概念的定义开始.这定义的内容与直观想法是一致的:一个集合或是一个具有元素的对象或是空集.

定义 2.2.1　y 为集合 $\leftrightarrow (\exists x)(x \in y \vee y = \varnothing)$.

可以想到，我们的每一步都需要集合的概念. 例如，引进的大多数定义都将是条件定义，直观上希望只应用于集合. 为了避免经常写谓词"为集合"的麻烦，我们将采用下列关于变元的约定：大写字母 $A, B, C, \cdots$ 只用作集合，而小写字母 $x, y, z, \cdots$ 则可以以集合或个体为其值（我们称后面的符号为一般变元）. 清楚地记住这个约定，我们便省去谓词"为集合"而不会混淆.

把包含集合变元的句子翻译成一般变元的基本记号是直接的. 所需的三个规则是很简单的；不必给出它们的形式描述，我们用三个例子便可说明它们的应用：一个处理全称量词，一个处理存在量词，一个处理"恰有"量词.

句子
$$(\forall A)(\exists x)\neg(x \in A)$$
可译为
$$(\forall y)(y \text{ 为集} \to (\exists x)\neg(x \in y))$$
句子
$$(\forall x)(\exists A)\neg(x \in A)$$
可译为
$$(\forall x)(\exists y)(y \text{ 为集合} \& \neg(x \in y))$$
句子
$$(E!\ A)(\forall x)(x \in A)$$
可译为
$$(E!\ )(y \text{ 为集合} \& (\forall x)(x \in y))$$

需注意，表示空集的个体常项用在定义 2.2.1 的右端（定义项）中. 习惯上，在集论的许多公理展开中，空集这个符号是被定义的而不是把它作为原始符号而开始的. 但是，这里不可能，因为，这里的公理构造允许在讨论的范围内出现本元. 在这方面，我们遵循策梅罗 1908 年的集论的表述. 但是，我们的公理实际上并不假定任何本元的存在. 因此，它们与在讨论范围内只有集的观点是相容的. 空集的一个标准定义是
$$\emptyset = x \leftrightarrow (\forall y)(y \notin x)$$

但是，按照这个定义，易证任何本元都和空集相同，这实际上排除了本元. 在本目中要考虑的两个公理为外延性公理
$$(\forall x)(x \in A \leftrightarrow x \in B) \to A = B$$
和分出公理模式
$$(\exists B)(\forall x)(x \in B \leftrightarrow x \in A \& \varphi(x))$$
在分出公理模式中，我们假定变元 B 在 $\varphi(x)$ 中不是自由的. 这个模式的精确的

元数学公式已经给出在前一目中①. 为了直观起见,我们将保持刚刚所用的形式,这种形式是目的语言与元语言的混合物;但是,读者务必清楚地记住,这是一条公理模式而不是一条单独的公理. B 在 $\varphi(x)$ 中不自由的限制是重要的,否则,每当 A 非空时便可能导出矛盾. 要看出这一点,可令 $\varphi(x)=$ "¬$(x\in B)$",A 为由空集组成的集合(A 的存在由本节其他公理保证),于是,我们有

$$(\exists B)(\varnothing\in B\leftrightarrow\varnothing\in A\&\neg(\varnothing\in B))$$

由于 $\varnothing\in A$,故推得

$$(\exists B)(\varnothing\in B\leftrightarrow\neg(\varnothing\in B))$$

这是矛盾的. 另一方面,对 $\varphi(x)$ 而言,含有异于 x 的其他自由变元是允许的,有时是必要的,但绝不能含有 B. 我们现在转向系统的展开. 我们首先定义一个标准记号"$\notin$",它表示一个对象不属于别的对象.

定义 2.2.2 $x\notin y\leftrightarrow\neg(x\in y)$.

同样,从逻辑中引用记号"$x\neq x$"以表示"¬$(x=x)$".

作为第一条定理,我们有:

定理 2.2.1 $x\notin\varnothing$.

证明 取 $\varphi(x)$ 为"$x\neq x$",由分出公理模式得

$$(\exists A)(\forall x)(x\in A\leftrightarrow x\in\varnothing\&x\neq x) \tag{1}$$

现设某 x 在 A 中,则由(1),$x\neq x$,这是矛盾的. 故我们得

$$(\forall x)(x\notin A) \tag{2}$$

故由定义 2.2.1 得

$$A=\varnothing \tag{3}$$

故由(2)(3)定理得证. 证毕.

下一步我们证明关于空集唯一性的简单定理.

定理 2.2.2 $(\forall x)(x\notin A)\leftrightarrow A=\varnothing$.

证明 若 $A=\varnothing$,由定理 2.2.1,$x\notin A$. 又若对每个 $x,x\notin A$,则 A 中无元素,由定义 2.2.1,$A=\varnothing$.

本目其余部分是关于集合的包含和真包含这两个概念. 如果 A 与 B 为集合,使得 A 的每个元素都是 B 的元素,则说 A 包含在 B 中或 A 为 B 的子集,我

---

① 值得注意,严格地说,含有集合变元的公式比仅具有一种变元的元数学公式弱. 因为,前者读作
x 为集合 $\to(\exists y)(y$ 为集合 $\&(\forall z)(z\in y\leftrightarrow z\in x\&\varphi(z)))$
而前面的元数学公式没有这种条件形式. 但是,另一方面,当 x 为本元时,使用这个公理是没有实际兴趣的.

们记为:$A \subseteq B$. 因此,我们可以说

中国人的集合包含于人的集合中

或

中国人的集合是人的集合的子集

或

中国人的集合 $\subseteq$ 人的集合

形式地,我们有：

定义 2.2.3 $A \subseteq B \leftrightarrow (\forall x)(x \in A \to x \in B)$.

从形式观点看,定义 2.2.3 是二元关系符号的条件定义.按照前面的约定,定义 2.2.3 为条件定义可从使用大写字母而看出.同样的说法适用于一切使用集合变元的定义.

定理 2.2.3 $A \subseteq A$.

证明 由于 $(\forall x)(x \in A \to x \in A)$ 在逻辑演算中为真,故由定义 2.2.3 立即推得 $A \subseteq A$.

定理 2.2.3 简单断定包含关系是自反的;下一条定理将断定包含关系有反对称性,即:

定理 2.2.4 $A \subseteq B \& B \subseteq A \to A = B$.

证明 如果 $A \subseteq B$ 且 $B \subseteq A$,则由定义 2.2.3 知

$$(\forall x)(x \in A \leftrightarrow x \in B)$$

因此,由外延性公理 $A = B$.

定理 2.2.5 $A \subseteq \varnothing \to A = \varnothing$.

证明 根据定义 2.2.3 和定理的假设,如果 $x \in A$,则 $x \in \varnothing$. 但是,根据定理 2.2.1, $x \notin \varnothing$. 因此,对每个 x, $x \notin A$,这样,由定理 2.2.2, $A = \varnothing$.

以下定理断言包含的可传性.

定理 2.2.6 $A \subseteq B \& B \subseteq C \to A \subseteq C$.

证明 考虑任意元素 x. 因为 $A \subseteq B$,故如果 $x \in A$,则 $x \in B$,但是, $B \subseteq C$;因此,若 $x \in B$,则 $x \in C$. 因此,由蕴涵的可传性[①],如果 $x \in A$,则 $x \in C$. 证毕.

这里给出了非形式证明中使用的典型过程的一个例子.我们需要证明有关一切元素 x 的一个性质.为此,只要对于任意的 x 给出论证即可.使用"任意元

[①] "蕴涵的可传性"就是指由 $P \to Q$ 和 $Q \to R$ 可推出 $P \to R$.

素"一语相当于在逻辑语言的前提内引进一个自由变元(此处,前提为 $x \in A$).

现在,我们定义真包含.

定义 2.2.4 $A \subset B \leftrightarrow A \subseteq B \& A \neq B$.

因此,非形式地使用尚未形式定义的花括号记号,我们便有
$$\{1,2\} \subset \{1,2,3\}$$

但是,下式不成立
$$\{1,2\} \subset \{1,2\}$$

(这里,我们用一对花括号括住用逗号分开的元素来表示集合). 以下四条定理断言真包含的性质,它们的证明留作习题.

定理 2.2.7 $\neg (A \subset A)$.

定理 2.2.8 $A \subset B \rightarrow \neg (B \subset A)$.

定理 2.2.9 $A \subset B \& B \subset C \rightarrow A \subset C$.

定理 2.2.10 $A \subset B \rightarrow A \subseteq B$.

2.3 集合的交,并和差

这一目涉及集合的三个最基本的二元运算的基本性质. 对集合又非形式地使用花括号,以给出说明这些运算的简例. 如果 A 与 B 为集合,则 A 与 B 的交 $(A \cap B)$ 指同时属于 A, B 两者的一切元素所成的集合. 因此
$$\{1,2\} \cap \{2,3\} = \{2\}$$

且
$$\{1\} \cap \{2\} = \varnothing$$

A 与 B 的并 $(A \cup B)$ 指至少属于 A, B 之一的一切元素所成的集合. 例如
$$\{1,2\} \cup \{2,3\} = \{1,2,3\}$$

且
$$\{1\} \cup \{2\} = \{1,2\}$$

A 与 B 的差 $A - B$ 指属于 A 而不属于 B 的一切元素所成的集合. 因此
$$\{1,2\} - \{2,3\} = \{1\}$$

且
$$\{1\} - \{2\} = \{1\}$$

断言两集的交集与差集存在的基本定理可以用分出公理模式加以证明,但对两集的并集却不能这样做. 因此,我们将引进并集公理,以后,我们将证明根

据本节引入的全部集论公理,并集公理是多余的①
$$(\exists C)(\forall x)(x\in C\leftrightarrow x\in A\vee x\in B)$$
我们不立即用它,而是先展开交的性质.

定理 2.3.1 $(E!C)(\forall x)(x\in C\leftrightarrow x\in A\& x\in B)$.

证明 以下为分出公理模式的特例
$$(\exists C)(\forall x)(x\in C\leftrightarrow x\in A\& x\in B)$$
今证 C 是唯一的.假设有第二个集合 C',使得对每个 x 有
$$x\in C'\leftrightarrow x\in A\& x\in B$$
则对每个 $x, x\in C'$.根据外延性公理,$C'=C$.

刚才所证的定理形式地证实了交的定义是正确的.

定义 2.3.1 $A\cap B = y\leftrightarrow(\forall x)(x\in y\leftrightarrow x\in A\& x\in B)\& y$ 为集合.

当然,自然的倾向是代替定义 2.3.1 而写以下公式
$$A\cap B=C\leftrightarrow(\forall x)(x\in C\leftrightarrow x\in A\& x\in B) \tag{1}$$
但是,(1) 不能以满意的方式译成一般变元,因为,它变成
$$x,y,z \text{ 为集合},(x\cap y=z\leftrightarrow(\forall w)(w\in z\leftrightarrow w\in x\& w\in y)) \tag{2}$$
之所以要防止在(2)的假设有 z 的自由出现,其理由是明显的,如果,它有 z 的自由出现,则,例如,我们就不能对任何本元 z 证明 $\varnothing\cap\varnothing\neq z$.注意,前一目给出的条件定义的规则禁止这种 z 的自由出现.

如果本节开始所叙述的定义规则可以放宽一些,则我们可采取以下定理作为交的定义,在证明中,这个定义具有更易于处理的特点.之所以不把定义规则放宽,是因为定义的非创造性将变得更不明显,并且在许多情况下将难以证明.

定理 2.3.2 $x\in A\cap B\leftrightarrow x\in A\& x\in B$.

证明 利用恒等式:$A\cap B=A\cap B$,并令定义 2.3.1 中的 y 等于 $A\cap B$ 即得本定理.

以下两条定理断言交的可换性和可结合性.证明留作习题.

定理 2.3.3 $A\cap B=B\cap A$.

定理 2.3.4 $(A\cap B)\cap C=A\cap(B\cap C)$.

如果任何元素自身与自身进行某种二元运算的结果仍为该元素,则称这个运算为幂等的.以下定理断言交是幂等的:

定理 2.3.5 $A\cap A=A$.

---

① 在 2.6 中引入的和公理有时称为联集公理.这里,这条多余的公理必须不与之混淆.

证明 根据定理 2.3.2 有 $x \in A \cap A \leftrightarrow x \in A \& x \in A$,但 $x \in A \& x \in A \leftrightarrow x \in A$,故由定义 2.3.1 得 $A \cap A = A$.

以下叙述三个直观明显的定理;只证第一个:

定理 2.3.6 $A \cap \varnothing = \varnothing$.

证明 根据定理 2.3.2, $x \in A \cap \varnothing \leftrightarrow x \in A \& x \in \varnothing$,由定理 2.2.1, $x \notin \varnothing$,故 $x \notin A \cap \varnothing$.因为,本推理对每个 x 成立,故由定理 2.2.2, $A \cap \varnothing = \varnothing$.

定理 2.3.7 $A \cap B \subseteq A$.

定理 2.3.8 $A \subseteq B \leftrightarrow A \cap B = A$.

现在,我们转向证明集合并运算的定理.这条定理的证明包括并集公理的首次使用.

定理 2.3.9 $(E! \, C)(\forall x)(x \in C \leftrightarrow x \in A \vee x \in B)$.

证明 类似于定理 2.3.1 的证明,但在使用分出公理模式的地方使用并集公理.

定义 2.3.2 $A \cup B = y \leftrightarrow (\forall x)(x \in y \leftrightarrow x \in A \vee x \in B) \& y$ 为集合.

为了需要,我们马上推导一条类似于定理 2.3.2 的并运算的定理.

定理 2.3.10 $x \in A \cup B \leftrightarrow x \in A \vee x \in B$.

证明 类似于定理 2.3.2 的证明.

因为并集的定理的证明大多平行于交的定理,我们常用参照交的相应定理而一语了之,就如我们在定理 2.3.9 和定理 2.3.10 的证明中所做的那样.

以下三条定理断言并的可换性、结合性和幂等性:

定理 2.3.11 $A \cup B = B \cup A$.

定理 2.3.12 $(A \cup B) \cup C = A \cup (B \cup C)$.

定理 2.3.13 $A \cup A = A$.

以下四条定理断言另一些事实:

定理 2.3.14 $A \cup \varnothing = A$.

定理 2.3.15 $A \subseteq A \cup B$.

定理 2.3.16 $A \subseteq B \leftrightarrow A \cup B = B$.

定理 2.3.17 $A \subseteq C \& B \subseteq C \rightarrow A \cup B = C$.

现叙述交与并的两个基本的分配律,并证第一个:

定理 2.3.18 $(A \cup B) \cap C = (A \cap C) \cup (B \cap C)$.

证明 令 x 为任意元素.根据定理 2.3.2,有
$$x \in (A \cup B) \cap C \leftrightarrow x \in A \cap C \& x \in C$$
由定理 2.3.10,有

$$x \in A \cup B \& x \in C \leftrightarrow (x \in A \lor x \in B) \& x \in C$$

由命题演算分配律①

$$(x \in A \lor x \in B) \& x \in C \leftrightarrow (x \in A \& x \in C) \lor (x \in B \& x \in C)$$

再使用定理 2.3.2,有

$$(x \in A \& x \in C) \lor (x \in B \& x \in C) \leftrightarrow x \in A \cap C \lor x \in B \cap C$$

现再用定理 2.3.10,有

$$x \in (A \cap C) \lor x \in B \cap C \leftrightarrow x \in (A \cap C) \cup (B \cap C)$$

因此,由等价的可传性得

$$x \in (A \cup B) \cap C \leftrightarrow x \in (A \cap C) \cup (B \cap C)$$

因此,根据外延性公理知

$$(A \cup B) \cap C = (A \cap C) \cup (B \cap C)$$

证毕.

在定理 2.3.18 的证明中,我们反复使用了一种证法:为了证两个集合相等,我们着手考察每个集合的任意元素并且证明它属于此集合当且仅当它属于另一个集合. 使用外延公理,我们马上得到两集相等.

定理 2.3.19 $(A \cap B) \cup C = (A \cup C) \cap (B \cup C)$.

我们接着叙述并证明一条定理,从而定义集合差的运算.

定理 2.3.20 $(E!\,C)(\forall x)(x \in C \leftrightarrow x \in A \& x \in B)$.

证明 类似于定理 11,但 $\varphi(x)$ 取作 "$x \notin B$".

定义 2.3.3 $A - B = y \leftrightarrow (\forall x)(x \in y \leftrightarrow x \in A \& x \notin B) \& y$ 为集合.

定理 2.3.21 $x \in A - B \leftrightarrow x \in A \& x \notin B$.

证明类似于定理 2.3.2 的证明.

下一条定理证明:假使非空集合存在,则集合的差不是幂等的.

定理 2.3.22 $A - A = \varnothing$.

证明 由定理 2.2.1, $x \notin \varnothing$. 因此,由命题逻辑, $x \in \varnothing \leftrightarrow x \in A \& x \notin A$. 因此,由定义 2.3.3, $A - A = \varnothing$.

这一目的其余定理叙述关于交、并、差的集运算. 这些定理的证明易用和定理 2.3.18 类似的证法得到. 如同定理 2.3.18,我们的证明也依赖于与定理的形式性质相似的命题联结词所具有的形式性质. 这里,我们只给出其中第一条定理的证明.

---

① 这里的定律是当 P, Q, R 为任何公式时,由 $(P \lor Q) \& R$ 可推出 $(P\&R) \lor (Q\&R)$,反之亦然.

定理 2.3.23　$A-(A\cap B)=A-B$.

证明　设 x 为任意元素，则

$$x\in A-(A\cap B)\leftrightarrow x\in A\&\neg(x\in A\cap B)\quad（定理 2.3.21）$$
$$\leftrightarrow x\in A\&\neg(x\in A\&x\in B)\quad（定理 2.3.2）$$
$$\leftrightarrow x\in A\&(x\notin A\&x\notin B)\quad（命题逻辑）$$
$$\leftrightarrow (x\in A\&x\notin A)\vee(x\in A\&x\notin B)\quad（命题逻辑）$$
$$\leftrightarrow x\in A\&x\notin B\quad（命题逻辑）$$

证毕.

我们采用了"摆齐"格式，把一系列等价式类似于通常一串等式那样加以摊开. 读者可能发现，这里的方法比定理 2.3.18 证明中所用的比较烦琐的方法要清楚一些.

定理 2.3.24　$A\cap(A-B)=A-B$.

定理 2.3.25　$(A-B)\cup B=A\cup B$.

定理 2.3.26　$(A\cup B)-B=A-B$.

定理 2.3.27　$(A\cap B)-B=\emptyset$.

定理 2.3.28　$(A-B)\cap B=\emptyset$.

定理 2.3.29　$A-(B\cup C)=(A-B)\cap(A-C)$.

定理 2.3.30　$A-(B\cap C)=(A-B)\cup(A-C)$.

在冯·诺依曼集论中，全集 V（即一切集合的类）是存在的. 于是，一个集合 A 的补集 $\overline{A}$ 定义为

$$\overline{A}=V-A$$

但是，在 ZF 集论中全集不可能存在，详细地分析不可能存在的原因是有趣的. 与为了定义上述三种运算而需要证明几条定理一样，我们需要证明下式

$$(E!\,B)(\forall x)(x\in B\leftrightarrow x\notin A) \tag{3}$$

由此，我们将可定义补集

$$\overline{A}=y\leftrightarrow(\forall x)(x\in y\leftrightarrow x\notin A),\&y\text{ 为集合} \tag{4}$$

现在，假设能证明(3)，令 $A=\emptyset$，便有

$$(E!\,B)(\forall x)(x\in B) \tag{5}$$

即 B 为全集，一切个体都属于它，但利用 B，并取 A 作为全集 B，分出公理模式便退化为抽象公理模式，而罗素悖论又可如 §1,1.3 导出. 故我们得出结论：在 ZF 集论中式(3)不可能证明且定义(4)也不可能成立. 这个讨论可表述为一个有用的结论：不存在全集. 如刚才所指出的，这条定理的证明是通过反证法用罗素悖论为根据而证明的.

定理 2.3.31 $\neg(\exists A)(\forall x)(x \in A)$.

2.4 对偶公理和有序对

迄今考察的三条公理只使我们证明了有一个集合（空集）的存在. 我们现在引进一条公理，它断言任何两个元素，两个集合或两个本元，皆可组成一个集合. 这条公理常常称为对偶公理

$$(\exists A)(\forall z)(z \in A \leftrightarrow z = x \lor z = y)$$

如果在我们的系统中引入"并集公理"，那么我们就可以用更弱的公理代替这条对偶公理. 这条更弱的公理断言存在由任何元素组成的单元集合. 对偶公理便可从两个单元集合的并得到. 但是，如 §1 所指出的，到本节末尾，我们将证明并集公理可以从对偶公理和联集公理（目前尚未引入）导出.

作为对偶集合的定义的准备，我们需要如下定理所示的公理的加强形式：

定理 2.4.1 $(E! A)(\forall z)(z \in A \leftrightarrow z = x \lor z = y)$.

证明 类似于定理 2.3.1 的证明.

定义 2.4.1 $\{x, y\} = W \leftrightarrow (\forall z)(z \in W \leftrightarrow z = x \lor z = y) \& W$ 为集合.

现在可得通常的定理：

定理 2.4.2 $z \in \{x, y\} \leftrightarrow z = x \lor z = y$.

证明 类似于定理 2.3.2 的证明.

现在可证一条关于无序对集合的较不平凡而有用的定理.

定理 2.4.3 $\{x, y\} = \{u, v\} \to (x = u \& y = v) \lor (x = v \& y = u)$.

证明 根据定理 2.4.2，有

$$u \in \{u, v\}$$

因此，根据定理的假设

$$u \in \{x, y\}$$

再根据定理 2.4.2，有

$$u = x \lor u = y \tag{1}$$

同理可证

$$v = x \lor v = y \tag{2}$$

$$x = u \lor x = v \tag{3}$$

$$y = u \lor y = v \tag{4}$$

现在，我们可考虑两种情况：

情况 1. $x = y$，则由 (1)，$x = u$；由 (2)，$y = v$.

情况 2. $x \neq y$，由 (1) 知，或 $x = u$ 或 $y = u$.

假设 $x \neq u$，则 $y=u$，又由(3)知 $x=v$. 又假设 $y \neq u$，则 $x=u$；又由(4)知 $y=v$. 证毕.

为以后使用方便起见，我们定义单元集，三元集和四元集. 这些定义的含义是显而易见的.

定义 2.4.2 $\{x\}=\{x,x\}, \{x,y,z\}=\{x,y\} \cup \{z\}, \{x,y,z,w\}=\{x,y\} \cup \{z,w\}$.

作为定理 2.4.3 的直接推论，我们有一条关于单元集的直观上明显的定理. 其证明留作习题.

定理 2.4.4 $\{x\}=\{y\} \rightarrow x=y$.

我们现在可以使用单元集和无序对集来定义有序对了. 这个定义属于库拉托夫斯基[①](1921 年)，他把关系理论化归到集合论，在历史上起了重要作用，但是最早的这种化归的定义可见于维纳[②](1914 年).

定义 2.4.3 $\langle x,y \rangle = \{\{x\},\{x,y\}\}$.

如我们将在下一节看到的，在集论中，关系可定义为有序对的集合. 没有刚才的定义，便不可能发展关系理论，除非把有序对的概念当作原始概念. 本质上，我们关于有序对的仅有的直观概念是，它是表示确定次序的两个客体的实体. 以下定理保证对这个直观概念而言，定义 2.4.3 是适当的；即两个有序对仅当其一的第一个元素与另一个的第一个元素相等且两者的第二个元素也相等时才相等.

定理 2.4.5 $\langle x,y \rangle = \langle u,v \rangle \rightarrow x=u \& y=v$.

证明 根据定义 2.4.3 和本定理的假设有

$$\{\{x\},\{x,y\}\}=\{\{u\},\{u,v\}\}$$

因此，由定理 2.4.3 有

$$(\{x\}=\{u\} \& \{x,y\}=\{u,v\}) \vee (\{x\}=\{u,v\} \& \{x,y\}=\{u\}) \quad (5)$$

试假设(5)的前半部分成立，则因为

$$\{x\}=\{u\}$$

由定理 2.4.4 知

$$x=u$$

因此，由定理 2.4.3 和假设 $\{x,y\}=\{u,v\}$ 有

$$y=v$$

[①] 库拉托夫斯基(Kazimierz Kuratowski,1896—1980)，波兰数学家.

[②] 诺伯特·维纳(Norbert Wiener,1894—1964)，美国应用数学家，控制论的创始人.

这就得到了所要求的结果.

现在,假设(5)的后半部分成立,则因为$\{x\}=\{x,x\}$,由定理2.4.3知,$x=u$ & $x=v$.同理,$x=u$ & $y=u$,因此,$x=u$ & $y=v$,证毕.

在笛卡儿乘积(本节2.8目)与关系及函数(下一节)的理论中,有序对起了重要的作用.

2.5 抽象定义

近代数学的许多分支中习惯使用记号
$$\{x \mid \varphi(x)\}$$
它表示具有性质$\varphi(x)$的一切个体所组成的集合.例如
$$\{x \mid x > \sqrt{2}\}$$
为一切大于$\sqrt{2}$的实数的集合;另一个例子是
$$\{x \mid 1 < x < 4 \text{ \& } x \text{ 是整数}\} = \{2,3\}$$
把这个记号的使用称为抽象定义是明显的. 我们先考虑某个性质(例如大于$\sqrt{2}$),由这个性质,我们抽象出一切具有这个性质的个体所组成的集合. 我们的目标是给出这个抽象运算的形式定义,但是,应当注意,在定义这个运算时,我们既不引进新的关系符号和运算符号,也不引进个体常项. 我们引进的是一个算子,这个算子提供了对变元的新约束方法. 例如,在表达式$\{x \mid x > \sqrt{2}\}$中,记号$\{\cdots \mid \cdots\}$约束了变元x.

定义模式 2.5.1 $\{x \mid \varphi(x)\} \leftrightarrow [(\forall x)(x \in y \leftrightarrow \varphi(x)) \text{ \& } y \text{ 为集合}] \vee [y = \emptyset \text{ \& } \neg(\exists B)(\forall x)(x \in B \leftrightarrow \varphi(x))]$.

由这个定义,$\{x \mid \varphi(x)\}$为集合是立刻清楚的. 如果不存在满足性质φ的元素组成的非空集合,则定义中析取式的第二项便使$\{x \mid \varphi(x)\}$等于空集. 要译出用抽象来约束集合变元的那些公式是直接的. 例如,模式公式
$$\{A \mid \varphi(A)\}$$
可译成:$\{x \mid x \text{ 是集合} \text{ \& } \varphi(x)\}$.

有许多关于抽象运算的直观上明显的定理模式,其中,有些我们现在就加以叙述和证明.

定理模式 2.5.1 $y \in \{x \mid \varphi(x)\} \rightarrow \varphi(y)$.

证明 如果$y \in \{x \mid \varphi(x)\}$,则
$$\{x \mid \varphi(x)\} \neq \emptyset$$
故由定义模式2.5.1,有$y \in \{x \mid \varphi(x)\} \leftrightarrow \varphi(y)$.由本定理的假设即得结论.

定理 2.5.2 $A = \{x \mid x \in A\}$.

证明 $(\forall x)(x \in A \leftrightarrow x \in A)$ 在逻辑上是真的. 因此, 在定义 2.5.1 中, 取 $\varphi(x)$ 为 "$x \in A$", 我们立刻得到定理的证明.

定理 2.5.3 $\emptyset = \{x \mid x \neq x\}$.

证明 假设存在一个 y, 使得
$$y \in \{x \mid x \neq x\}$$
由定理 2.5.1 知
$$y \neq y$$
这是矛盾的.

类似于定理 2.3.31, 我们也有:

定理 2.5.4 $\emptyset = \{x \mid x = x\}$.

作为定理, 我们可以证明一些简单的公式, 这些公式也可能用来定义集合的交, 并与差.

定理 2.5.5 $A \cap B = \{x \mid x \in A \& x \in B\}$.

证明 用定理 2.3.2 和定义 2.5.1.

定理 2.5.6 $A \cup B = \{x \mid x \in A \vee x \in B\}$.

定理 2.5.7 $A - B = \{x \mid x \in A \& x \notin B\}$.

从方法说, 有兴趣的一点是, 如果把后三条定理当作三种运算的定义, 那么, 在定义之前便不需要保证定理了. (注意, 在本节 2.1 目中用等式而定义运算符号时, 其规则中并不需要这一条保证定理). 从定义 2.5.1 可知, 如果元素的直观上合适的集合并不存在, 则执行运算的结果是空集. 但是, 要能够对这些运算做一些严肃的工作, 我们需要直观上合适的集合存在, 这就归结为下列说法: 当我们用抽象法定义运算时, 保证定理应在定义之后而不是在定义之前引入. 这一点将在 2.7 中说明. 不需要保证定理的定义通常称为与公理无关的.

以后, 给出比定义 2.5.1 更灵活的抽象定义形式是方便的. 特别是, 我们需要在 "|" 号之前放复杂的项而不是放一个简单的变元. 例如, 在本节 2.8 中, 我们将如下定义两个集合的笛卡儿乘积
$$A \times B = \{\langle x, y \rangle \mid x \in A \& x \in B\} \tag{1}$$
而按照定义 2.5.1, 我们需要用以下更烦琐的表达式代替(1):
$$A \times B = \{x \mid (\exists y)(\exists z)(y \in A \& y \in B \& x = \langle y, z \rangle)\}$$

按定义 2.5.1 的格式, 我们有:

定义模式 2.5.2 $\{\tau(x_1, x_2, \cdots, x_n) \mid \varphi(x_1, x_2, \cdots, x_n)\} = \{y \mid (\exists x_1), \cdots, (\exists x_n)(y = \tau(x_1, x_2, \cdots, x_n) \& \varphi(x_1, x_2, \cdots, x_n))\}$.

易见,定义模式 2.5.1 和 2.5.2 与迄今引入的其他定义的区别在于这两个定义都是模式,它们将有一个元数学的表述. 例如,定义 2.5.2 可以用如下的形式给出:

如果:(i)$v_1,v_2,\cdots,v_n,w$ 是不同的变元;(ii)$\tau(v_1,v_2,\cdots,v_n)$ 为项,在这个项中,不出现约束变元,恰有 $v_1,v_2,\cdots,v_n$ 为自由变元;(iii) w 不出现在公式 φ 中,则等式$\{\tau(v_1,v_2,\cdots,v_n)\mid\varphi\}=\{w\mid(\exists v_1),\cdots,(\exists v_n)(w=\tau(v_1,v_2,\cdots,v_n)\&\varphi)\}$ 成立.

(i)~(iii) 写清楚了加在定义 2.5.2 上的限制. 实际上,要求 τ 没有约束变元是不必要的,而且有时可能带来不便,但在本书中则不会出现这种情况.

在使用定义 2.5.1 或 2.5.2 的地方,我们通常说根据抽象定义而不写出定义号码. 最后,我们用一条定理模式来结束本目,这条定理模式表示等价的性质必外延相等,它的证明留作习题.

定理模式 2.5.8 $(\forall x)(\varphi(x)\leftrightarrow\psi(x))\to\{x\mid\varphi(x)\}=\{x\mid\psi(x)\}$.

2.6 联集公理和集合的簇

作为本节基础的联集公理,假定集合簇的并集的存在①. 为了说明记号,令
$$A=\{\{1,2\},\{2,3\},\{4\},a\}$$
则
$$\bigcup A=\{1,2,3,4\}$$

这里,A 是集合的簇加上一个本元. A 的联或和(记为 $\bigcup A$)是所有属于 A 的任何元素的元素所组成的集合. 注意,A 中的本元与 $\bigcup A$ 无关. 在决定 $\bigcup A$ 时,我们只需考察 A 的非空集的元素.

$\bigcup A$ 的形式定义可用前一目引入的抽象记号给出:

定义 2.6.1 $\bigcup A=\{x\mid(\exists B)(x\in B\ \&\ B\in A)\}$.

我们从抽象定义的性质可知,如果合适的集合不存在,则 $\bigcup A$ 便为空集. 但是,要能够对集合簇的联集做一些严肃工作,我们必须保证合适的集合的存在.

为此,我们需引入以下联集公理
$$(\exists C)(\forall x)(x\in C\leftrightarrow(\exists B)(x\in B\ \&\ B\in A))$$

作为这条公理和 $\bigcup A$ 定义的一个推论,我们马上得到所要求的定理:

---

① "簇"与"集合"是同义词,我们可无区别地使用集合簇和集合的集合两词.

定理 2.6.1 $x \in \bigcup A \leftrightarrow (\exists B)(x \in B \& B \in A)$.

以下几条定理叙述了 $\bigcup$ 运算的最明显的基本性质. 其中有些定理的证明留作习题.

定理 2.6.2 $\bigcup \varnothing = \varnothing$.

证明 由定理 2.2.1, $\neg (\exists B)(B \in \varnothing)$. 因此,由定理 2.2.5,对每个 x, $x \notin \bigcup \varnothing$. 证毕.

定理 2.6.3 $\bigcup \{\varnothing\} = \varnothing$.

证明 如果 $B \in \{\varnothing\}$,则 $B = \varnothing$. 于是,$x \notin B$. 因此,根据定理 2.6.1,对每个 $x, x \notin \bigcup \{\varnothing\}$. 证毕.

如果预先假定没有本元,即每个元素都是一个集合,则我们可证,如果 $\bigcup A = \varnothing$,则或者 $A = \varnothing$ 或者 $A = \{\varnothing\}$. 但在目前,可以有许多不同的集合,其和可能为空,事实上,仅以本元和空集为元素的任何集合其和为空.

定理 2.6.4 $\bigcup \{A\} = A$.

定理 2.6.5 $\bigcup \{A, B\} = A \bigcup B$.

证明 根据无序对集的基本性质,如果 $C \in \{A, B\}$,则 $C = A \vee C = B$. 因此,根据定理 2.2.5 得
$$x \in \bigcup \{A, B\} \leftrightarrow x \in A \vee x \in B$$
由这个等式显然推得所求结果. 证毕.

定理 2.6.6 $\bigcup (A \bigcup B) = (\bigcup A) \bigcup (\bigcup B)$.

证明 $x \in \bigcup (A \bigcup B) \leftrightarrow (\exists C)(x \in C \& C \in A \bigcup B)$ (定理 2.6.1)

$\leftrightarrow (\exists C)((x \in C \& C \in A) \vee$

$(x \in C \& C \in B))$ (定理 2.3.10 及命题逻辑)

$\leftrightarrow (\exists C)(x \in C \& C \in A) \vee$

$(\exists C)(x \in C \& C \in B)$ (量词逻辑①)

$\leftrightarrow x \in \bigcup A \vee x \in \bigcup B$ (定理 2.6.1)

$\leftrightarrow x \in (\bigcup A) \bigcup (\bigcup B)$ (定理 2.3.10)

定理 2.6.7 $A \subseteq B \rightarrow \bigcup A \subseteq \bigcup B$.

证明 $x \in \bigcup A \leftrightarrow (\exists C)(x \in C \& C \in A)$ (定理 2.6.1)

$\rightarrow (\exists C)(x \in C \& C \in B)$ (定理的假设)

$\rightarrow x \in \bigcup B$ (定理 2.6.1)

---

① 显然,由 $\exists v(P \vee Q)$ 可推得 $(\exists v)P \vee (\exists v)Q$.

定理 2.6.8 $A \in B \to A \subseteq \bigcup B$.

定理 2.6.9 $\forall A(A \in B \to A \subseteq C) \to \bigcup B \subseteq C$.

定理 2.6.10 $\forall A(A \in B \to A \cap C = \varnothing) \to (\bigcup B) \cap C = \varnothing$.

定理 2.6.11 $\bigcup \langle x, y \rangle = \{x, y\}$.

证明 $\bigcup \langle x, y \rangle = \bigcup \{\{x\}, \{x, y\}\}$ （有序对的定义）

$\qquad\qquad = \{x\} \bigcup \{x, y\}$ （定理 2.6.5）

$\qquad\qquad = \{x, y\}$

定理 2.6.12 $\bigcup \bigcup \langle A, B \rangle = A \bigcup B$.

我们现在来讨论集合簇的交的定义和性质. 从有关联的讨论易知本概念的直观内容. 如前所述

$$A = \{\{1, 2\}, \{2, 3\}, \{4\}, a\}$$

则 $\bigcap A = \varnothing$. 这是因为, 作为 A 的元素的所有集合没有公共的数. 今看第二个例子, 假定

$$B = \{\{1, 2\}, \{2, 3\}\}$$

则

$$\bigcap A = \{1, 2\} \bigcap \{2, 3\} = \{2\}$$

以下的形式定义是无须多说的：

定义 2.6.2 $\bigcap A = \{x \mid \forall B(B \in A \leftrightarrow x \in B)\}$.

上面由定义 2.6.1 得定理 2.2.5, 但这里由定义 2.6.2 却得不到相应的定理, 即我们无法证明

$$x \in \bigcap A \leftrightarrow \forall B(B \in A \to x \in B) \qquad (1)$$

其道理是明显的. 如果 A 无一元素为集合, 则右端为真, 从而每个 x 均为 $\bigcap A$ 的元素. 但根据定理 2.3.31 的证明, 包括每个对象 x 为其一个元素的集合是不可能存在的. 我们能够证明的是较为狭隘的结果.

定理 2.6.13 $x \in \bigcap A \leftrightarrow (\forall B)(B \in A \to x \in B) \& (\exists B)(B \in A)$.

证明 必要性. 根据假设 $x \in \bigcap A$, 因此, $\bigcap A \neq \varnothing$, 由定义 2.6.2 和抽象定义的一般性质推得

$$x \in \bigcap A \leftrightarrow \forall B(B \in A \to x \in B) \qquad (2)$$

现在, 假设

$$\neg (\exists B)(B \in A) \qquad (3)$$

由此下式为真

$$\forall B(B \in A \to x \in B)$$

从而推得

$$\forall B(B \in A \to x \in B) \leftrightarrow x = x \tag{4}$$

由(2)(4)便得,对每个 x, $x \in \bigcap A \leftrightarrow x = x$,故由定理 2.5.8,$\{x \mid x \in \bigcap A\} = \{x \mid x = x\}$. 但由定理 2.5.2,左端为 $\bigcap A$,又由定理 2.5.4,右端为空集,故我们推出 $\bigcap A = \varnothing$,而这与假设 $x \in \bigcap A$ 矛盾,因此,证明假设(3)为假.

充分性. 根据假设有一个为 A 的元素的集合,设它为 B^*. 由此应用分出公理模式便得

$$(\exists C)(\forall x)(x \in C \leftrightarrow x \in B^* \,\&\, (\forall B)(B \in A \to x \in B)) \tag{5}$$

因此,由 $B^* \in A$ 及假设中另一部分,即 $(\forall B)(B \in A \to x \in B)$,可推得 $x \in B^*$,由此再由(5)可推得

$$(\exists C)(\forall x)(x \in C \leftrightarrow (\forall B)(B \in A \to x \in B)) \tag{6}$$

故由(6),$\bigcap A$ 的定义以及抽象定义的定义条件推得 $x \in \bigcap A$. 证毕.

在这个证明中,我们使用了方括号的记号,这种方法在等价式的证明中常常是方便的. 我们把等价式右边的公式看作是使等价式左边的公式成立的必要充分条件. 因此,如果我们欲证形如 $P \leftrightarrow Q$ 的定理,则我们可由 P 推出 Q,从而证明 Q 为 P 的必要条件;又可由 Q 推出 P,从而证明 Q 为 P 的充分条件.

这一目的展开顺序也不一定这样安排. 定理 2.6.13 的证明并不依赖于联集公理,因此,$\bigcap$ 运算的初等理论可以在联集公理之前考虑.

定理 2.6.14 $\bigcap \varnothing = \varnothing$.

证明 假定 $\bigcap \varnothing \neq \varnothing$,则有 $x \in \bigcap \varnothing$,又根据定理 2.6.13,有一集 $B \in \varnothing$,这是不可能的. 证毕.

值得注意,在冯·诺依曼集论中,允许一种集合,它不能作任何其他集合的元素,这种集合称为真类. 于是,在这个系统中,运算符号"$\bigcap$"便这样地定义,以致定理 2.6.14 为假. 事实上,这条定理便变为

$$\bigcap \varnothing = V \tag{7}$$

其中,V 为全集,即 V 是以一切元素为元素的真类. (7)与定理 2.6.14 之间的巨大差别便强调了任何形式的公理集合论都略微有些人为的特征. 从直观上看,似乎(7)比定理 2.6.14 略为好一些,但是,(7)需要允许出现真类,从朴素的、直观集论的观点看,真类总有点牵强.

定理 2.6.15 $\bigcap \{\varnothing\} = \varnothing$.

证明 假定有一个元素 x 在 $\bigcap \{\varnothing\}$ 中. 由定义 2.6.2,$x \in \varnothing$,这是不可能的. 证毕.

类似于前两个定理,以下四条定理是关于集合的极简单的簇的交. 其中两条定理的证明省略.

定理 2.6.16 $\bigcap \{A\} = A.$

证明 如果 $x \in \bigcap \{A\}$，则因为 $A \in \{A\}$，由定义 2.6.2 得 $x \in A$. 另一方面，如果 $x \in A$，则因为对每个 B 在 $\{A\}$ 中，都有 $B = A$，故由定理 2.6.13 得
$$x \in \bigcap \{A\}$$
证毕.

定理 2.6.17 $\bigcap \{A, B\} = A \cap B.$

定理 2.6.18 $\bigcap \langle x, y \rangle = \{x\}.$

定理 2.6.19 $\bigcap \bigcap \langle A, B \rangle = A.$

证明 根据定理 2.6.18，$\bigcap \langle A, B \rangle = \{A\}$，根据定理 2.6.16，$\bigcap \{A\} = A$. 证毕.

关于集合簇的交有五个一般蕴涵式如下:

定理 2.6.20 $A \subseteq B \& (\exists C)(C \in A) \to \bigcap B \subseteq \bigcap A.$

证明 设 x 为 $\bigcap B$ 的任一元素，则对每个 $C \in B$，我们应有: $x \in C$. 但是，定理的假设保证: 若 $C \in A$，则 $C \in B$. 因此，对每个 $C \in A$，我们必须有 $x \in C$，因此，$x \in \bigcap A$，得证.

在定理 2.6.20 的假设中，为什么需要条件 $(\exists C)(C \in A)$ 的详细说明留作习题.

定理 2.6.21 $A \in B \to \bigcap B \subseteq A.$

定理 2.6.22 $A \in B \& A \subseteq C \to \bigcap B \subseteq A.$

定理 2.6.23 $A \in B \& A \cap B = \varnothing \to (\bigcap B) \cap C = \varnothing.$

定理 2.6.24 $(\exists C)(C \in A) \& (\exists D)(D \in B) \to \bigcap (A \cup B) = (\bigcap A) \cap (\bigcap B).$

证明 $x \in \bigcap (A \cup B)$
$\leftrightarrow (\forall C)(C \in A \cup B \to x \in C)$ (定理 2.6.13 与本定理的假设)
$\leftrightarrow (\forall C)(C \in A \lor C \in B \to x \in C)$ (定理 2.3.10)
$\leftrightarrow (\forall C)(C \in A \to x \in C) \& (C \in B \to x \in C)$ (命题逻辑)
$\leftrightarrow (\forall C)(C \in A \to x \in C) \& (\forall C)(C \in B \to x \in C)$ (谓词逻辑①)
$\leftrightarrow x \in \bigcap A \& x \in \bigcap B$ (定理 2.6.13 及本定理的假设)
$\leftrightarrow x \in (\bigcap A) \cap (\bigcap B)$ (定理 2.3.2)

使用不同的公理集合论系统将会影响定理 2.6.24 的精确形式. 如果允许

---

① 显然，由 $(\forall v)((P \& Q)$ 我们可以推出 $(\forall v)P \& (\forall v)Q$ 且反之亦然.

真类,从而 $\cap \varnothing = V$,则这条定理可无条件地叙述成
$$\cap (A \cup B) = (\cap A) \cap (\cap B)$$
如果我们的系统是没有本元的策梅罗集论,则该公式简化成
$$A \neq \varnothing \& B \neq \varnothing \rightarrow = \cap (A \cap B) = (\cap A) \cap (\cap B) \tag{8}$$
允许本元的策梅罗集论则要求定理 2.6.24 中所给出的形式. 对于我们展开的框架,(8)的错误可由下例看出
$$A = \{a\} \neq \varnothing, B = \{\{a\}\} \neq \varnothing$$
于是
$$\cap A = \varnothing$$
因此
$$(\cap A) \cap (\cap B) = \varnothing$$
但是
$$\cap (A \cup B) = \{a\} \neq \varnothing$$
以下定理既有集合簇的交又有它们的并.

定理 2.6.25 $\cap A \subseteq \cup A$.

证明 如果 $x \in \cap A$,则由定理 2.6.13 有
$$(\forall B)(B \in A \rightarrow x \in B) \& (\exists B)(B \in A) \tag{9}$$
由(9)得
$$(\exists B)(B \in A \& x \in B)$$
因此,由定理 2.6.1,$x \in \cup A$. 证毕.

定理 2.6.26 $\cup \cap \langle A, B \rangle = A$.

定理 2.6.27 $\cap \cup \langle A, B \rangle = A \cap B$.

在许多数学书刊中,常常可以看到在 $\cup A$ 和 $\cap A$ 的地方使用记号
$$\bigcup_{B \in A} B \tag{10}$$
$$\bigcap_{B \in A} B \tag{11}$$
事实上,为了后面序数理论的需要,引进比(10)(11)更灵活的记号是方便的. 这里,在引进适当的定义模式时,我们需要引进项模式"$\tau(x)$",正如我们以前引进公式模式"$\varphi(x)$"一样.

定义模式 2.6.3 (a) $\bigcup\limits_{x \in A} \tau(x) = \cup \{y \mid (\exists x)(y = \tau(x) \& x \in A)\}$;

(b) $\bigcap\limits_{x \in A} \tau(x) = \cap \{y \mid (\exists x)(y = \tau(x) \& x \in A)\}$.

因此,如果 $A = \{1, 2, 3\}$ 且 $\tau(x) = \{x\} \cup \{4\}$,则
$$\bigcup_{x \in A} \tau(x) = \cup \{\{1,4\},\{2,4\},\{3,4\}\} = \{1,2,3,4\}$$

且
$$\bigcap_{x \in A} \tau(x) = \{4\}$$

有关集合簇的联与交的其他记号的设计也常是有用的,但不再形式地引进了. 例如
$$\bigcup_{\varphi(x)} \tau(x) = \bigcup \{x \mid \varphi(x)\}$$

从逻辑上看,定义 2.6.1, 2.6.2 两者与定义 2.6.3 之间有很大差异. 前两者引进了运算符号,而定义 2.6.3 则引进了一个算子,它提供了约束变元的新方法,从这一点来说,它和定义 2.5.1 及 2.5.2 是一类的.

我们只叙述而不证明有关由定义 2.6.3 所引进的概念的定理.

注意,这些定理和定理 2.6.24 一样给出了重要的一般分配律.

定理 2.6.28 $\bigcup_{x \in A} x = \bigcup A$.

定理 2.6.29 $\bigcap_{x \in A} x = \bigcap A$.

定理 2.6.30 $A \cap \bigcup B = \bigcup_{C \in B} (A \cap C)$.

定理 2.6.31 $(\exists D)(D \in B) \to A \cup \bigcap B = \bigcap_{C \in B} (A \cup C)$.

最后,我们来证明并集公理是可省的. 由于这条定理只与集论的公理有关,而与集合无关,故将它列为元定理,即作为元数学定理.

元定理 并集公理可由外延公理、对偶公理及联集公理导出.

证明 给定两个集合 A, B. 由对偶公理得集合 $\{A, B\}$.

现在
$x \in \bigcup \{A, B\} \leftrightarrow (\exists D)(D \in \{A, B\} \& x \in D)$ (定理 2.6.1)
$\leftrightarrow (\exists D)((D = A \lor D = B) \& x \in D)$ (定理 2.4.2)
$\leftrightarrow x \in A \lor x \in B$ (量词逻辑)

由上述等价式,易由谓词逻辑推得
$(\exists C)(\forall x)(x \in C \leftrightarrow x \in A \lor x \in B)$

这就是并集公理. 证毕.

就上述证明来说,易证其中用到的定理 2.4.2 及 2.6.1 只依赖于上面提到的三条公理. 明确识别需要外延公理的地方则留作习题.

2.7 幂集公理

在本节中,我们讨论给定集合的一切子集的集合的概念. 这个集合称为给定集合的幂集. "幂集"的来源如下:如果集 A 有 n 个元,则它的幂集(记为 $\mathscr{P}A$)有 2^n 个元素.

为说明这一概念，设 $A=\{1,2\}$，则 $\mathcal{P}A=\{\varnothing,\{1\},\{2\},A\}$. 由这个例子，直观上容易看出：空集是任一集合的幂集的元素，而任何集合本身也为它的幂集的元素. 合适的形式定义是显然的：

定义 2.7.1 $\mathcal{P}A=\{B\mid B\subseteq A\}$.

定义 2.7.1 与定义 2.6.1，2.6.2 一样是与公理无关的，但是，为了证明与 $\mathcal{P}A$ 有关的定理，需要以下保证直观上合适的幂集存在的幂集公理

$$(\exists B)(\forall C)(C\in B\leftrightarrow C\subseteq A)$$

值得注意的是，我们可取更弱的公式 $(\exists B)(\forall C)(C\subseteq A\to C\in B)$，然后，使用分出公理即得上述幂集公理. 我们直接可证：

定理 2.7.1 $B\in\mathcal{P}A\leftrightarrow B\subseteq A$.

证明 使用定义 2.7.1，幂集公理及抽象定义的性质.

定理 2.7.2 $A\in\mathcal{P}A$.

证明 由定理 2.2.5，$A\subseteq A$. 因此，由定理 2.7.1，我们得到所求结果. 证毕.

定理 2.7.3 $\varnothing\in\mathcal{P}A$.

定理 2.7.4 $\mathcal{P}\varnothing=\{\varnothing\}$.

证明 因为 $\varnothing\subseteq\varnothing$，故 $\varnothing\in\mathcal{P}\varnothing$. 此外，如果 $A\in\mathcal{P}\varnothing$，则由定理 2.7.1，有

$$A\subseteq\varnothing$$

但由定理 2.2.4，$A=\varnothing$. 证毕.

定理 2.7.5 $\mathcal{P}\mathcal{P}\varnothing=\{\varnothing,\{\varnothing\}\}$.

还只有以下四条有关幂集的定理是我们希望在本节中叙述的.

定理 2.7.6 $A\subseteq B\leftrightarrow\mathcal{P}A\subseteq\mathcal{P}B$.

证明 必要性. 如果 $C\in\mathcal{P}A$，则由定理 2.7.1，$C\subseteq A$.

因此，由假设得 $C\subseteq B$.

又由定理 2.7.1 得 $C\subseteq\mathcal{P}B$.

充分性. 由定理 2.7.2，$A\in\mathcal{P}A$，因此，根据我们的假设 $\mathcal{P}A\subseteq\mathcal{P}B$，故 $A\in\mathcal{P}B$，然后，由定理 2.7.1，$A\subseteq B$.

证毕.

定理 2.7.7 $(\mathcal{P}A)\cup(\mathcal{P}A)\subseteq\mathcal{P}(A\cup B)$.

证明 $C\in(\mathcal{P}A)\cup(\mathcal{P}B)\leftrightarrow C\in\mathcal{P}A\vee C\in\mathcal{P}B$

$$\leftrightarrow C\subseteq A\vee C\subseteq B$$

$$\to C\subseteq A\cup B$$

$$\rightarrow C \in \mathscr{P}(A \cup B).$$

证毕.

这个证明中的每一步骤的正确性是显然的.

定理 2.7.8 $\mathscr{P}(A \cap B) = (\mathscr{P}A) \cap (\mathscr{P}B)$.

定理 2.7.9 $\mathscr{P}(A - B) \subseteq ((\mathscr{P}A) - (\mathscr{P}B)) \cup \{\varnothing\}$.

2.8 集合的卡氏积

两个集合 A 和 B 的笛卡儿积(以下简称卡氏积并记为 $A \times B$ 是一切满足 $x \in A, y \in B$ 的有序对 $\langle x, y \rangle$ 所组成的集合.例如,如果 $A = \{1, 2\}, B = \{a, b\}$,则

$$A \times B = \{\langle 1, a \rangle, \langle 1, b \rangle, \langle 2, a \rangle, \langle 2, b \rangle\}$$

形式地,我们有:

定义 2.8.1 $A \times B = \{\langle x, y \rangle \mid x \in A \ \& \ y \in B\}$.

为了证明卡氏积的标准定理,我们必须证明直观上合适的集合确实存在.这个事实的证明本质上依赖于幂集公理.证明的关键思想是:

如果

$$x = \langle y, z \rangle, y \in A \text{ 且 } z \in B$$

则

$$x \in \mathscr{PP}(A \cup B)$$

定理 2.8.1 $(\exists C)(\forall x)(x \in C \leftrightarrow (\exists y)(\exists z)(y \in A \ \& \ z \in B \ \& \ x = \langle y, z \rangle))$

证明 根据分出公理

$$(\exists C)(\forall x)(x \in C \leftrightarrow x \in \mathscr{PP}(A \cup B) \ \&$$
$$(\exists y)(\exists z)(y \in A \ \& \ z \in B \ \& \ x = \langle y, z \rangle)) \tag{1}$$

因为本定理恰好是在(1)中去掉 $x \in \mathscr{PP}(A \cup B)$ 的结果,故我们的任务便是证明当这个句子省略时,(1)中给出的等价式仍然成立.给定(1),则由

$$x \in C \tag{2}$$

立即可推得

$$(\exists y)(\exists z)(y \in A \ \& \ z \in B \ \& \ x = \langle y, z \rangle) \tag{3}$$

为了证明相反的蕴涵,只需证(3)可推出(4)即满足

$$x \in \mathscr{PP}(A \cup B) \tag{4}$$

这是因为,由它,再由(1)知(3)推出(2)是显然的.

因此,我们只需证明(3)推出(4).现在,根据(3)和有序对的定义

$$x = \{\{y\}, \{y,z\}\}$$

又因假设 $y \in A$ 和 $z \in B$,故我们得
$$\{y\} \subseteq A \cup B$$
且
$$\{x,y\} \subseteq A \cup B$$
因此,由定理 2.7.1,有
$$\{y\} \in \mathscr{P}(A \cup B)$$
且
$$\{y,z\} \in \mathscr{P}(A \cup B)$$
因此
$$\{\{y\},\{y,z\}\} \subseteq \mathscr{P}(A \cup B)$$
即
$$x \subseteq \mathscr{P}(A \cup B)$$

又根据定理 2.7.1,我们得 $z \subseteq \mathscr{P}(A \cup B)$. 证毕.

于是,我们几乎直接可得以下两条有用的定理.

定理 2.8.2 $x \in A \times B \leftrightarrow (\exists y)(\exists z)(y \in A \& z \in B \& x = \langle y,z \rangle)$.

定理 2.8.3 $\langle y,z \rangle \in A \times B \leftrightarrow x \in A \& y \in B$.

以下我们转向一些直观上较明显的定理. 其中,有几条定理的证明已省略并留作习题.

定理 2.8.4 $A \times B = \emptyset \leftrightarrow A = \emptyset \vee B = \emptyset$.

证明 必要性. 我们用反证法. 根据假设 $A \times B = \emptyset$,现设 $A \neq \emptyset \& B \neq \emptyset$,则由定理 2.2.2,有
$$(\exists y)(y \in A) \& (\exists z)(z \in B)$$
因此,由定理 2.8.3,$\langle y,z \rangle \in A \times B$.

这与假设矛盾,从而证明我们的假设是假的.

充分性. 由条件 $A = \emptyset$ 或 $B = \emptyset$ 及定理 2.2.2,我们推得
$$\neg (\exists y)(y \in A) \vee \neg (\exists z)(z \in B) \tag{5}$$
再由(5)得
$$\neg (\exists y)(\exists z)(y \in A \& z \in B \& x = \langle y,z \rangle)$$
因此,由定理2.8.2,对每个 x, $x \notin A \times B$. 因此,由定理 2.2.2,$A \times B = \emptyset$. 证毕.

定理 2.8.5 $A \times B = B \times A \leftrightarrow (A = \emptyset \vee B = \emptyset \vee A = B)$.

证明 必要性. 假设 $A \neq \emptyset$ 且 $B \neq \emptyset$ 且 $A \neq B$,即假设条件不成立. 因

为 $A \neq B$,故必有 x 使得 $x \in A \& x \notin B$ 或者 $x \notin A \& x \in B$. 为确定起见,设第一种情况成立且令 y 为 B 的元素(因为 $B \neq \varnothing$,故存在这样的元素).

于是,由定理 2.8.3 有
$$\langle x, y \rangle \in A \times B$$
因此,由假设 $A \times B = B \times A$,即得
$$\langle x, y \rangle \in B \times A$$
又由定理 2.8.3 得 $x \in B$,这与我们的假设 $x \notin B$ 相矛盾.

充分性. 在三种可能性中,我们可使用定理 2.8.4 而将其中两种合并,即由 $A = \varnothing \lor B = \varnothing$,我们可推得
$$A \times B = \varnothing = B \times A$$
现在假定第三种可能性:$A = B$. 因为逻辑上显然有
$$A \times A = A \times A$$
故得 $A \times B = B \times A$. 证毕.

定理 2.8.6 $A \neq \varnothing \& A \times B \subseteq A \times C \to B \subseteq C$.

证明 如果 $B = \varnothing$,则证明是显然的,故假定 $B \neq \varnothing$. 因为根据假设 $A \neq \varnothing$,故可设
$$x \in A \& y \in B$$
因此,由定理 2.8.3 得 $\langle x, y \rangle \in A \times B$. 又由假设得 $\langle x, y \rangle \in A \times C$. 再用定理 2.8.3 得 $y \in C$.

由于 y 是 B 的任一元素,故证得 $B \subseteq C$. 证毕.

下一条定理的证明留作习题.

定理 2.8.7 $B \subseteq C \to A \times B \subseteq A \times C$.

以下三条定理给出了两个集合的卡氏积运算的三条分配律.

定理 2.8.8 $A \times (B \cap C) = (A \times B) \cap (A \times C)$.

证明 $\langle x, y \rangle \in A \times (B \cap C)$
$\leftrightarrow x \in A \& y \in B \cap C$ （定理 2.8.3）
$\leftrightarrow x \in A \& y \in B \& y \in C$ （定理 2.3.2）
$\leftrightarrow x \in A \& y \in B \& x \in A \& y \in C$ （命题逻辑）
$\leftrightarrow \langle x, y \rangle \in A \times B \& \langle x, y \rangle \in A \times C$ （定理 2.8.3）
$\leftrightarrow \langle x, y \rangle \in (A \times B) \cap (A \times C)$ （定理 2.3.2）

定理 2.8.9 $A \times (B \cup C) = (A \times B) \cup (A \times C)$.

定理 2.8.10 $A \times (B - C) = (A \times B) - (A \times C)$.

2.9 正规性公理

难以想象一个集合可以合理地设想为它自身的元素. 例如, 所有人的集合当然不是人, 因而, 不是它本身的元素. 或许有人说, 在直观集论中, 一切抽象的个体的集合或一切集合的集合将能提供一个自身为自身的元素的集合的例子, 以此使人信服. 然而, 正如 §1 中看到的, 一切集合的集合本身是一个矛盾概念.

这些想法暗示我们建立以下公理

$$A \notin A \tag{1}$$

但是, 假设(1)并不排除以下的反直观的情形: 有两个不同的集合 A,B, 使得

$$A \in B \,\&\, B \in A \tag{2}$$

(如果你不信(2)是反直观的, 那么, 请你试给出满足(2)的简单例子 A, B). 此外, 如果取(2)的否定作为公理, 则更长的反直观的隶属循环仍未被排除. 例如, 存在不同的集合 A,B,C 使得

$$A \in B \,\&\, B \in C \,\&\, C \in A \tag{3}$$

我们采用一条公理以防止任意 n 重循环的出现, 这条公理在其他公理(包括选择公理)的基础上等价于不存在无穷递降的集合序列(即, $A_{i+1} \in A_i$). 我们采用的公理称为正规性公理, 这条公理的形式属于策梅罗(1930年). 在策梅罗之前, 冯·诺依曼(1929年)[①]已提出了一条基本上等价但更为复杂的公理.

我们的正规性公理为

$$A \neq \varnothing \to (\exists x)(x \in A \,\&\, (\forall y)(y \in x \to y \notin A))$$

策梅罗称这条公理为良基公理. 从直观上看, 这条公理是说, 给定任一非空集 A, 存在一个 A 的元素 x, 使得 A 与 x 的交为空. 表示 A 与 x 的交为空的那一部分 $(\forall y)(y \in x \to y \notin A)$ 并未用更简单的公式 $A \cap x = \varnothing$ 来代替, 这是因为关于交的条件定义的缘故. 因为如果 x 为本元, 则该定义对 x 与其他对象相交并未给以直观意义. 但当 x 显然为集合时, 我们将在证明中使用这个更简单的公式.

现在, 我们用正规公理以证明(1)本身和(2)的反面作为定理.

定理 2.9.1 $A \notin A$.

[①] 其基本思想甚至更早地在冯·诺依曼(1925年)已表述了, 在它之前, 早在梅里玛诺夫(D. Mirimanoff, 1861—1945, 法国数学家)(1917年)时便已形成了.

证明 假设 A 为一集合,使得 $A \notin A$. 因为 $A \in \{A\}$,故有
$$A \in \{A\} \cap A \tag{4}$$
根据正规公理,有一个 $\{A\}$ 中的 x 使得 $\{A\} \cap x = \varnothing$. 但因 $\{A\}$ 为单元集,故 $x = A$. 因此, $\{A\} \cap x = \varnothing$ 与(4)矛盾. 证毕.

定理 2.9.2 $\neg (A \in B \& B \in A)$.

证明 假设 $A \in B \& B \in A$, 则
$$A \in \{A, B\} \cap B \text{ 且 } B \in \{A, B\} \cap A \tag{5}$$
根据正规公理,在 $\{A, B\}$ 中有一个 x,使得
$$\{A, B\} \cap A = \varnothing$$
由定理 2.4.2, $x = A$ 或 $x = B$. 因此, $\{A, B\} \cap A = \varnothing$ 或 $\{A, B\} \cap B = \varnothing$, 这与(5)矛盾. 证毕.

定理 2.9.2 的证明与前一定理的证明是完全一样的. 类似的,可证三个或三个以上的集合的循环是不可能的.

作为正规性公理为主的那类定理的例子,我们来证明一条关于卡氏积的定理,这条定理直观上看起来很明显,但是,只用以前引入的公理却无法证明它.

定理 2.9.3 $A \subseteq A \times A \rightarrow A = \varnothing$.

证明 根据假设 A 为 $A \times A$ 的子集,又根据卡氏积的定义知,如果 $z \in A$,则存在元素 x 和 y 使得
$$z = \langle x, y \rangle = \{\{x\}, \{x, y\}\} \tag{6}$$
$$x \in A \& y \in A \tag{7}$$
现在,假定定理不成立,而有 $A \neq \varnothing$. 我们对 $A \cup \bigcup A$ 使用正规性公理. 因此,便存在一个非空集 C 使得
$$C \in A \cup \bigcup A$$
和
$$C \cap (A \cup \bigcup A) = \varnothing \tag{8}$$
由(6)知, C 必为非空集合,不是空集也不是本元——A 和 $\bigcup A$ 的元素都必为非空集合. 试设 $C \in A$, 则由定理 2.6.8, $C \subseteq \bigcup A$, 又因 C 为非空,我们必须有
$$C \cap \bigcup A = \varnothing$$
这与(8)矛盾. 因此, C 必须属于 $\bigcup A$, 但根据(6), 存在元素 x, y 使得
$$C = \{x\} \vee C = \{x, y\}$$
又根据(7), $x, y \in A$, 因此,在任一情况下均有
$$C \cap A = \varnothing$$
这也与(8)矛盾. 由此证明了我们的假设 $A = \varnothing$ 是错误的,从而证明了本定理.

证毕.

尽管由正规性公理可推出一些很自然的结果并且正如策梅罗在 1930 年的文章中所强调的,它给出一个应在一切实际应用中都满足的条件,但是,构造出与正规性公理矛盾的一些集论系统却是可能的.

两个例子是林德爱斯基[①]的本体系统及奎因(1940 年)的系统.

2.10 公理综述

为了今后引用方便,这里将本章引进的六条非多余的公理综述如下. 并公理已省略,因为在本节 2.6 中已指出,它可以从外延性公理、对偶公理和联集公理导出. 这六条公理对与关系和函数有关的 §3 的一切展开是足够的.

外延性公理 $(\forall x)(x \in A \leftrightarrow x \in B), A = B.$

分出公理模式 $(\exists B)(\forall x)(x \in B \leftrightarrow x \in A \& \varphi(x)).$

对偶公理 $(\exists A)(\forall x)(z \in A \leftrightarrow z = x \lor z = y).$

联集公理 $(\exists C)(\forall x)(x \in C \leftrightarrow (\exists B)(x \in B \& B \in A)).$

幂集公理 $(\exists B)(\forall C)(C \in B \leftrightarrow C \subseteq A).$

正规性公理 $A \neq \varnothing \to (\exists x)(x \in A \& (\forall y)(y \in x \to y \notin A)).$

§3 关系和函数

3.1 对二元关系的运算

在数学中,我们常常谈到两个对象或几个对象之间成立一个关系. 比如说,三点之间有介于关系或集合之间的包含关系等. 当我们在通常情况下引用关系时,我们总认为直观地描述了在关系的一些项之间存在着某种连接. 幸运的是,这个含混不清的直观连接的概念可以用形式化的内容代替,而关系则可简单地定义为一个有序对的集合. 在这一节中,我们几乎只与二元关系的理论打交道,即只与在两个元素之间成立的关系打交道. 此外,我们可看到, n 元关系的理论可以在二元关系的理论中加以构造. 因此,在形式定义中,我们省掉形容词"二元".

[①] 林德爱斯基(Stanislaw Leśniewski,1886—1939),波兰哲学家、数学家和逻辑学家.

定义 3.1.1 A 为一个关系 $\leftrightarrow (\forall x)(x \in A \rightarrow (\exists y)(\exists z)(x = \langle y, z \rangle))$.

值得注意,这个定义是自 §2 定义 2.2.1 以来第一个一元关系符号的定义(§2 的定义 2.2.1 刻画了"为集合"这一性质). 一种自然的想法是,和集合的定义之后的其他定义一样,关于关系后面的定义大部分必须在形式上是条件定义. 然而,事实不然,后面的定义几乎适用于任意集合而不只限于偶然为关系的那些特殊集合.

把 n 元关系吸收于本定义之下可以用三元关系为例加以论证. 一个集合 A 是三元关系当且仅当 A 是关系并且

$$(\forall x)(x \in A \rightarrow (\exists y)(\exists z)(\exists w)(x = \langle \langle y, z \rangle, w \rangle))$$

另一方面应注意,并非每一个出现在集论中的直观性关系都有一个对应的有序对集合. 例如,没有一个集合对应于集合之间的包含关系. 在冯·诺依曼集论中,存在一个真类,这个真类为集合之间的包含关系,但是,没有一个真类可对应于真类之间的包含关系.

我们首先引进有用的记号:xAy,然后用三个简单的定理开始系统的讨论.

定义 3.1.2 $xAy \leftrightarrow \langle x, y \rangle \in A$.

定理 3.1.1 $\varnothing$ 是一个关系.

证明 因为空集没有元素,故由关系的定义立即得证.

定理 3.1.2 R 为关系 $\& S \subseteq R \rightarrow S$ 为关系.

证明 设 x 为 S 的任一元素. 则根据假设 $x \in R$.

因此,再根据我们的假设,存在 y 和 z 使得

$$x = \langle y, z \rangle$$

故按照定义 3.1.1, S 为关系.

定理 3.1.3 R 与 S 为关系 $\rightarrow R \cap S, R \cup S$ 及 $R - S$ 为关系.

后两个定理中使用变元 R 及 S 在形式上没有任何新鲜之处,因为一切大写斜体字母都是集合变元;它只是暗示了,虽然定理对任意集合成立,但这里我们直观上却想象为作为关系的那些集合.

如果 R 是关系,则 R 的定义域(记为:$\mathscr{D}R$)为所有 x 的集合,这些 x 使对某个 y 有 $\langle x, y \rangle \in R$. 因此,如果

$$R_1 = \{\langle 0, 1 \rangle, \langle 2, 3 \rangle\}$$

则 $\mathscr{D}R_1 = \{0, 2\}$.

R 的值域(记为:$\mathscr{R}R$)为一切 y 的集合,这些 y 使得有 x,使 $\langle x, y \rangle \in R$. 因此

$$\mathscr{R}R_1 = \{1, 3\}$$

关系的值域又称为反定义域或逆定义域. 关系 R 的场(记为:$\mathscr{F}R$)为它的定

义域和值域的并集. 例如
$$\mathscr{F}R_1 = \{0,1,2,3\}$$

关于定义域、值域和场这三个概念的明显的形式展开中，唯一的困难问题是去证明直观上合适的集合的存在. 与通常一样，定义本身是与公理无关的.

定义 3.1.3 $\mathscr{D}A = \{x \mid (\exists y)(xAy)\}$.

$\mathscr{D}A$ 为合适的集合可由以下定理验证：

定理 3.1.4 $x \in \mathscr{D}A \leftrightarrow (\exists y)(xAy)$.

证明 由分出公理得
$$(\exists B)(\forall x)(x \in B \leftrightarrow x \in \bigcup\bigcup A \,\&\, (\exists y)(xAy)) \tag{1}$$

我们设法从(1)中消去
$$x \in \bigcup\bigcup A \tag{2}$$

从而得到定理所要求的等价式. 因此，我们需证明(2)可由以下断言导出：存在一个 y，使得
$$xAy \tag{3}$$

下面一系列的蕴涵式便证明了这件事. 根据定义 3.1.2，由(3)得
$$\langle x, y \rangle \in A$$

因此，由有序对的定义知
$$\{\{x\}, \{x, y\}\} \in A$$

因此，由 §2 定理 2.6.1 得
$$\{x\} \in \bigcup A$$

再由定理 2.6.1 知 $x \in \bigcup\bigcup A$，因此，由(1)易得
$$(\exists B)(\forall x)(x \in B \leftrightarrow (\exists y)(xAy)) \tag{4}$$

余下要证明的部分纯属抽象定义的常规演算. 或许详细证明一下也是必要的. 对 §2 定义 2.5.1 中作适当代换即得
$$\mathscr{D}A = \{x \mid (\exists y)(xAy)\} \leftrightarrow [(\forall x)(x \in \mathscr{D}A \leftrightarrow (\exists y)(xAy) \vee$$
$$[\neg(\exists B)(\forall x)(x \in B \leftrightarrow (\exists y)(xAy)) \,\&\, \mathscr{D}A = \varnothing)]] \tag{5}$$

根据上述定义 3.1.3，我们从(5)立即得到
$$(\forall x)(x \in \mathscr{D}A \leftrightarrow (\exists y)(xAy)) \vee$$
$$(\neg(\exists B)(\forall x)(x \in B \leftrightarrow (\exists y)(xAy)) \,\&\, \mathscr{D}A = \varnothing) \tag{6}$$

由(4)(6)，我们直接可证得本定理成立. 证毕.

注意，尽管(5)(6)的形式看上去很烦琐，但由(4)(5)(6)及定义 3.1.3 到定理的推导却只用到命题演算.

定理 3.1.5 $\mathscr{D}(A \cup B) = \mathscr{D}A \cup \mathscr{D}B$.

证明 $x \in \mathscr{D}(A \bigcup B) \leftrightarrow (\exists y)(xA \bigcup By)$　（定理 3.1.4）

$\leftrightarrow (\exists y)(xAy \vee xBy)$　（§2 定理 2.3.10）

$\leftrightarrow (\exists y)(xAy) \vee (\exists y)(xBy)$　（谓词逻辑）

$\leftrightarrow x \in \mathscr{D}A \vee x \in \mathscr{D}B$　（定理 3.1.4）

$\leftrightarrow x \in \mathscr{D}(A \bigcup B)$（§2 定理 2.3.10）

证毕.

联系定义域与交与差的两条类似的定理,下面只叙述而不证明:

定理 3.1.6　$\mathscr{D}(A \bigcap B) = \mathscr{D}A \bigcap \mathscr{D}B.$

定理 3.1.7　$\mathscr{D}(A - B) = \mathscr{D}A - \mathscr{D}B.$

值域的概念可以与定义域的概念同样加以定义.

定义 3.1.4　$\mathscr{R}A = \{y \mid (\exists x)(xAy)\}.$

因为有关值域运算的定理与有关定义域运算的定理是平行的,故略去证明.此外,与定理 3.1.4 有明显的类似的定理就不写出来了.

定理 3.1.8　$\mathscr{R}(A \bigcup B) = \mathscr{R}A \bigcup \mathscr{R}B.$

定理 3.1.9　$\mathscr{R}(A \bigcap B) \subseteq \mathscr{R}A \bigcap \mathscr{R}B.$

定理 3.1.10　$\mathscr{R}A - \mathscr{R}B \subseteq \mathscr{R}(A - B).$

一个集合的场的概念可定义为:

定义 3.1.5　$\mathscr{F}A = \mathscr{D}A \bigcup \mathscr{R}A.$

目前,我们不证明关于场运算 $\mathscr{F}$ 的定理,但以后我们将使用这个概念.

我们现在转到逆运算这一重要的概念. 与刚刚引进的三个运算相同,逆运算定义不仅适用于关系,也适用于集合. 关系 R 的逆关系(记为: $\breve{R}$) 是一个关系,它使得对一切 x 和 y,xRy 当且仅当 $y\breve{R}x$. 关系的逆关系可简单地从颠倒一切构成关系的有序对的元素次序而得到. 因此,大于关系的逆关系是关系小于. 对于上面引进的简单关系 R_1 有

$$\breve{R}_1 = \{\langle 1,0 \rangle, \langle 3,2 \rangle\}$$

由这个定义可见,集合中不是有序对的元素并不属于该集合的逆,因此,每个集合的逆都是一个关系.

定义 3.1.6　$\breve{A} = \{\langle x,y \rangle \mid yAx\}.$

照通常那样,接着的问题应当去证明 §2 的公理足以保证直观上合适的逆集合的存在.

定理 3.1.11　$x\breve{A}y \leftrightarrow yAx.$

证明　由分出公理模式知

$$(\exists B)(\forall x)(x \in B \leftrightarrow x \in \mathcal{R}A \times \mathcal{D}A \& (\exists y)(\exists z)(x = \langle y, z \rangle \& zAy)) \quad (7)$$

与前面的证明一样,关键的步骤是证明由公式

$$(\exists y)(\exists z)(x = \langle y, z \rangle \& zAy) \quad (8)$$

可推出

$$x \in \mathcal{R}A \times \mathcal{D}A \quad (9)$$

以下推理是足够的,设给定 $x = \langle y, z \rangle$,则

$$zAy \to y \in \mathcal{R}A \& z \in \mathcal{D}A$$
$$\to \langle y, z \rangle \in \mathcal{R}A \times \mathcal{D}A$$
$$\to x \in \mathcal{R}A \times \mathcal{D}A$$

因此,由(7)我们可证得结论

$$(\exists B)(\forall x)(x \in B \leftrightarrow (\exists y)(\exists z)(x = \langle y, z \rangle \& zAy)) \quad (10)$$

根据前面所做的常规步骤(见定理 3.1.4 的证明),我们从(10)和定义 3.1.6 推得

$$x \in \hat{A} \leftrightarrow (\exists y)(\exists z)(x = \langle y, z \rangle \& zAy) \quad (11)$$

再对(11)使用谓词演算便直接可得出我们的定理. 证毕.

这个证明的策略如同其他应用分出公理证明某集合存在的作法一样,都自然地分为两步. 第一步,必须判定哪些已知其存在的集合具有所要求的集合为其子集. 这里的回答是,集合 B 在直观上为 A 的值域和定义域的卡氏积的子集. 第二步,必须证明,在分出公理中条件 φ 的满足便导出元素是属于较大的集合. 在这里,第二步便是由(8)而推出(9)的证明. 当这两步证明完成之后,其余部分的证明通常便是常规的事了.

我们现在转入有关逆运算的一些定理;它们的直观内容是显而易见的.

定理 3.1.12　$\hat{A}$ 是一个关系.

证明　如果 $x \in \hat{A}$,则根据逆运算的定义和 §2 的定理 2.5.1,便得

$$(\exists y)(\exists z)(x = \langle y, z \rangle)$$

于是,本定理便从关系的定义得到.

定理 3.1.13　$\hat{A} \subseteq A$.

定理 3.1.14　R 是关系 $\to \hat{R} = R$.

下面是三条分配律:

定理 3.1.15　$\widehat{A \cap B} \subseteq \hat{A} \cap \hat{B}$.

证明　根据定理 3.1.12 和定理 3.1.3,显然,我们仅需考察有序对

$$x \widehat{A \cap B} y \leftrightarrow y A \cap B x$$
$$\leftrightarrow y A x \,\&\, y B x$$
$$\leftrightarrow x \hat{A} y \,\&\, x \hat{B} y$$
$$\leftrightarrow x (\hat{A} \cup \hat{B}) y$$

证毕.(注意,在一系列等价式中,当根据以前的定理得知各步推导为显然时,我们不再给出各步证明的根据).

定理 3.1.16　$\widehat{A \cup B} \subseteq \hat{A} \cup \hat{B}$.

定理 3.1.17　$\widehat{A - B} \subseteq \hat{A} - \hat{B}$.

下面很自然地引进的概念是两个集合的关系乘积.

如果 R 和 S 是关系,则 R 和 S 的关系乘积(记为:R/S)为这样的关系:这个关系在 x 和 y 之间成立当且仅当存在 z 使得 R 在 x 和 z 之间成立且 S 在 z 和 y 之间成立.用符号表示,我们有:

定义 3.1.7　$A/B = \{\langle x,y \rangle \mid (\exists z)(xAz \,\&\, zBy)\}$.

例如,设 $R=\{\langle 1,3\rangle,\langle 2,3\rangle\}$,$S=\{\langle 3,1\rangle\}$,则 $R/S=\{\langle 1,1\rangle,\langle 2,1\rangle\}$,$S/R=\{\langle 3,3\rangle\}$.

下一条定理的证明留作习题,证明过程中需要使用分出公理模式以解决通常的存在问题.

定理 3.1.18　$x A/B y \leftrightarrow (\exists z)(xAz \,\&\, zBy)$.

以下四条定理的证明比较容易,故留作习题.

定理 3.1.19　A/B 是关系.

定理 3.1.20　$\emptyset / A = \emptyset$.

定理 3.1.21　$\mathscr{D}(A/B) \subseteq \mathscr{D}A$.

定理 3.1.22　$A \subseteq B \,\&\, C \subseteq D \to A/C \subseteq B/D$.

以下三条定理给出分配律,这里只给出一条定理的证明:

定理 3.1.23　$A/(B \cup C) = (A/B) \cup (A/C)$.

证明　根据定理 3.1.19 及前面已证的两关系的并为关系,我们立刻知道,$A/(B \cup C)$ 及 $(A/B) \cup (A/C)$ 皆为关系.因此,下列等价式便证明了我们的定理

$$xA/(B \cup C)y \leftrightarrow (\exists z)(xAz \& zB \cup Cy)$$
$$\leftrightarrow (\exists z)(xAz \& (zBy \vee zCy))$$
$$\leftrightarrow (\exists z)((xAz \& zBy) \vee (xAz \& zCy))$$
$$\leftrightarrow (\exists z)(xAz \& zBy) \vee (\exists z)(xAz \& zCy)$$
$$\leftrightarrow xA/By \vee xA/Cy$$
$$\leftrightarrow x(A/B) \cup (A/C)y$$

注意,容易看到,这类证明都需借助于谓词逻辑.

定理 3.1.24 $A/(B \cap C) \subseteq (A/B) \cap (A/C)$.

定理 3.1.25 $(A/B) - (A/C) \subseteq A/(B-C)$.

根据关系乘运算的定义可举例证明这个运算是不可交换的. 当它与逆运算结合时, 我们得到颠倒顺序的定理:

定理 3.1.26 $\widehat{A/B} = \hat{B}/\hat{A}$.

证明
$$x \widehat{A/B} y \leftrightarrow yA/Bx$$
$$\leftrightarrow (\exists z)(yAz \& zBx)$$
$$\leftrightarrow (\exists z)(x\hat{B}z \& z\hat{A}y)$$
$$\leftrightarrow x\hat{B}/\hat{A}y$$

证毕.

以下定理证明关系乘运算是可结合的,因此,当重复出现关系乘符号时,省略括号不会引起混淆.

定理 3.1.27 $(A/B)/C = A/(B/C)$.

定理的证明直接使用谓词逻辑,故省略.

我们现在对其定义域限于已知集合的关系的概念下定义. 和通常一样,该定义可应用于任意集合.

定义 3.1.8 $R \upharpoonright A = R \cap (A \times \mathscr{R}(R))$.

这个定义可以用一个简例说明.

设 $R = \{\langle 1,3 \rangle, \langle 2,3 \rangle, \langle a,b \rangle\}, A = \{1,2\}$,于是, $R \upharpoonright A = \{\langle 1,3 \rangle, \langle 2,3 \rangle\}$.

以下六条定理的证明留作习题.

定理 3.1.28 $xR \upharpoonright Ay \leftrightarrow xRy \& x \in A$.

定理 3.1.29 $A \subseteq B \rightarrow R \upharpoonright A \subseteq R \upharpoonright B$.

定理 3.1.30 $R \upharpoonright (A \cap B) = (R \upharpoonright A) \cap (R \upharpoonright B)$.

定理 3.1.31 $R \upharpoonright (A \cup B) = (R \upharpoonright A) \cup (R \upharpoonright B)$.

定理 3.1.32 $R \upharpoonright (A - B) = (R \upharpoonright A) - (R \upharpoonright B)$.

定理 3.1.33 $(R/S) \upharpoonright A = (R \upharpoonright A)/S$.

以下定义引进一个记号 $R"A$：这个记号读作在 R 之下集合 A 的映象. 因此，如果 R 和 A 如前例所定义，则 $R"A = \{2, 3\}$，并且 $R"\{a\} = \{b\}$.

定义 3.1.9 $R"A = \mathscr{R}(R \upharpoonright A)$.

有关集合映象的大多数定理的证明都省略了. 为了在这些定理的叙述中可省掉许多括号，我们使用"$\cup$""$\cap$""$-$"凌驾于""" 的约定. 例如，$R"A \cup B$ 指 $(R"A) \cup B$ 而不是指 $R"(A \cup B)$.

定理 3.1.34 $y \in R"A \leftrightarrow (\exists x)(xRy \ \& \ x \in A)$.

定理 3.1.35 $R"(A \cup B) = R"A \cup R"B$.

证明
$$y \in R"(A \cup B) \leftrightarrow (\exists x)(xRy \& x \in A \cup B)$$
$$\leftrightarrow (\exists x)(xRy \& x \in A) \vee$$
$$(\exists x)(xRy \& x \in B)$$
$$\leftrightarrow y \in R"A \vee y \in R"B$$
$$\leftrightarrow y \in R"A \cup R"B$$

证毕.

定理 3.1.36 $R"(A \cap B) \subseteq R"A \cap R"B$.

用简单的例子便可说明，这条定理的包含符号不能加强成等号. 设 $R_1 = \{\langle 1, 3 \rangle, \langle 2, 3 \rangle\}, A_1 = \{1\}, B_1 = \{2\}$，则 $R_1"(A_1 \cap B_1) = \varnothing$，但是 $R_1"A_1 \cap R_1"B_1 = \{3\}$.

定理 3.1.37 $R"A - R"B \subseteq R"(A - B)$.

证明
$$y \in R"A - R"B$$
$$\leftrightarrow y \in R"A \ \& \ y \notin R"B$$
$$\leftrightarrow (\exists x)(xRy \ \& \ x \in A) \& \neg (\exists z)(zRy \& z \in B)$$
$$\leftrightarrow (\exists x)(xRy \ \& \ x \in A) \& (\forall z)(zRy \leftrightarrow z \notin B)$$
$$\rightarrow (\exists x)(xRy \ \& \ x \in A \& x \notin B)$$
$$\rightarrow (\exists x)(xRy \ \& \ x \in A - B)$$
$$\rightarrow y \in R"(A - B)$$

证毕.

定理 3.1.36 所用例子中的特定集合又可以用来证明定理 3.1.37 中的包含关系不能加强为等号
$$R_1"A_1 - R_1"B_1 = \varnothing, R_1"(A_1 - R_1) = R_1"A_1 = \{3\}$$

定理 3.1.38 $A \subseteq B \rightarrow R"A \subseteq R"B$.

定理 3.1.39 $R``A = \varnothing \leftrightarrow \mathscr{D}R \cap A = \varnothing$.

以下定理有些意外:

定理 3.1.40 $\mathscr{D}R \cap A \subseteq \hat{R}``(R``A)$.

证明
$$x \in \mathscr{D}R \cap A \leftrightarrow (\exists y)(xRy \& x \in A)$$
$$\rightarrow (\exists y)(xRy \& y \in R``A)$$
$$\rightarrow (\exists y)(y\hat{R}x \& y \in R``A)$$
$$\rightarrow \hat{R}``(R``A)$$

用具体集合 R_1, A_1, B_1 可证明上述包含关系不能用等号代替以及说明证明过程中的第一行的等价为什么到了第二行要减弱为蕴涵

$$\mathscr{D}R_1 \cap A_1 = \{1\}$$

但

$$\hat{R}_1``(R_1``A_1) = \{1, 2\}$$

定理 3.1.41 $(R``A) \cap B \subseteq R``(A \cap \hat{R}``B)$.

证明
$$y \in (R``A) \cap B \leftrightarrow (\exists x)(xRy \& x \in A \& y \in B)$$
$$\leftrightarrow (\exists x)(xRy \& \hat{R}``B \& x \in A)$$
$$\leftrightarrow (\exists x)(xRy \& x \in A \cap \hat{R}``B)$$
$$\leftrightarrow y \in R``(A \cap \hat{R}``B)$$

证毕.

关于受限运算和映象运算的其他定理将在这一节的末尾附加假设 R 为一个函数之后再给出.

3.2 次序关系

对个体集合排序的关系出现在一切数学领域和许多经验科学的分支中. 关于各种有序关系和它们的性质, 几乎有无穷无尽多条有趣的定理. 这里, 我们只讨论一些有用的定理.

我们先讨论自反, 对称, 传递三种性质, 根据这些性质而定义不同类型的次序. 由于这些概念大家都很熟悉, 故很少举例说明.

关于定义的一般性, 情况与上一目完全相同, 这些定义不仅对关系成立, 而且对任意集合成立. 但是为了增强定理的直观性, 在本目中, 我们将在本来使用关系概念的地方系统地用字母 R, S, T 作为集合变元. 但是, 应当严格地理解,

变元 R,S,T 的使用并不意指对定义和定理有任何形式的限制. 例如, 我们不仅对关系, 而且对任意集合 R 而定义传递性. 又, 我们不给出编号的定义而使用大家熟悉的记号: "$x,y \in A$" 表示 "$x \in A \& y \in A$" 而 "$x,y,z \in A$" 表示 "$x \in A \& y \in A \& z \in A$".

我们从八个基本定义开始:

定义 3.2.1 R 在 A 中自反 $\leftrightarrow (\forall x)(x \in A \to xRx)$.

定义 3.2.2 R 在 A 中非自反 $\leftrightarrow (\forall x)(x \in A \to \neg(xRx))$.

定义 3.2.3 R 在 A 中对称 $\leftrightarrow (\forall x)(\forall y)(x,y \in A \& xRy \to yRx)$.

定义 3.2.4 R 在 A 中非对称 $\leftrightarrow (\forall x)(\forall y)(x,y \in A \& xRy \to \neg(yRx))$.

定义 3.2.5 R 在 A 中反对称 $\leftrightarrow (\forall x)(\forall y)(x,y \in A \& xRy \& yRx \to x=y)$.

定义 3.2.6 R 在 A 中传递 $\leftrightarrow (\forall x)(\forall y)(\forall z)(x,y,z \in A \& xRy \& yRz \to xRz)$.

定义 3.2.7 R 在 A 中连通 $\leftrightarrow (\forall x)(\forall y)(x,y \in A \& x \neq y \to xRy \vee yRx)$.

定义 3.2.8 R 在 A 中强连通 $\leftrightarrow (\forall x)(\forall y)(x,y \in A \to xRy \vee yRx)$.

为了把上述八个性质与前一目引进的运算联系起来, 考察相应的一元性质更合适, 即处理自反的关系而不是处理在某集合 A 中自反等. 刚刚给出的一般定义在后面是有用的. 为了简单起见, 我们一下子定义了八个一元性质; 这些定义是明显的, 只需把 A 取为关系的场即可.

定义 3.2.9 R 为 $\left\{\begin{array}{c}\text{自反的}\\ \vdots\\ \text{强连通的}\end{array}\right\} \leftrightarrow R$ 在 $\mathscr{F}$ 中为 $\left\{\begin{array}{c}\text{自反的}\\ \vdots\\ \text{强连通的}\end{array}\right\}$.

在表述所要求的定理时, 我们需要关于一个集合的相等关系的概念. 由 §2 的定理 2.5.4, 有

$$\{x \mid x=x\} = \varnothing$$

易知, 我们不能定义一般的相等关系, 我们能定义的是对每个集合 A 而定义 A 上的相等关系 $\mathscr{E}A$ (因此, "$\mathscr{E}$" 不是一个表示相等关系的个体常量, 而是一个一元运算符号).

定义 3.2.10 $\mathscr{E}A = \{\langle x,x\rangle \mid x \in A\}$.

除定义外, 我们需要一条常用的定理以保证仅当我们期望 $\mathscr{E}A$ 为空集时, 它

才为空.

定理 3.2.1 $x \mathcal{E} A \leftrightarrow x \in A$.

证明 因为 $\langle x,x \rangle = \{\{x\},\{x,x\}\} = \{\{x\}\}$. 显然有 $\mathcal{E}A \subseteq \mathcal{PP}A$. 但是,容易证明

$$x \in A \rightarrow \{\{x\}\} \in \mathcal{PP}A \tag{1}$$

根据分出公理模式和抽象定义,我们便可以根据(1)而使定理得证.证毕.

这里的证明和以后的证明使用了分出公理模式以证明某个集合的存在. 在这些证明中,我们仅限于考虑关键的两步:确定哪些已知存在的集合以所要求的集合为其子集,然后,第二步便去证明只要满足公理中的适当条件 φ(这里 φ 为 "$x \in A$")便可推出它必为较大集合中的元素. 或许应当阐明,形式证明并不需要推出

$$\mathcal{E}A \subseteq \mathcal{PP}A$$

尽管这是容易得到的. 但是,找寻以 $\mathcal{E}A$ 为子集的集合一事却是寻求正确证明的基本方法.

我们叙述三个关于相等关系的简单定理,但不加证明:

定理 3.2.2 $\mathcal{D}\mathcal{E}A = A$.

定理 3.2.3 $\mathcal{E}A/\mathcal{E}A = \mathcal{E}A$.

定理 3.2.4 R 为关系 $\leftrightarrow (\mathcal{E}\mathcal{D}R)/R = R$.

以下八个定理可以作为定义,它们常常被用作定义. 在证明中,对运算的熟知性质只使用而不明显指出相应的定理.

定理 3.2.5 R 为自反 $\leftrightarrow \mathcal{E}\mathcal{F}R \subseteq R$.

证明 必要性. 根据定义 3.2.10, $\mathcal{E}\mathcal{F}R$ 中的每个元素呈 $\langle x,x \rangle$ 形,因此,根据定理 3.2.1, $x \in \mathcal{F}R$, 于是,由假设 R 为自反的,便得 $\langle x,x \rangle \in R$.

充分性. 设 x 为 $\mathcal{F}R$ 的任意元素. 由于我们的假设为 $\mathcal{E}\mathcal{F}R \subseteq R$. 故立即得到 $\langle x,x \rangle \in R$. 因而, R 是自反的. 证毕.

这个证明是很浅显的,但是,它说明了证明其余七条定理的方法,其中大多数定理将不在此处证明了.

定理 3.2.6 R 非自反 $\leftrightarrow R \cap \mathcal{E}R = \varnothing$.

定理 3.2.7 R 对称 $\leftrightarrow \hat{R} = \hat{R}$.

定理 3.2.8 R 非对称 $\leftrightarrow R \cap \hat{R} = \varnothing$.

定理 3.2.9 R 反对称 $\leftrightarrow R \cap \hat{R} \subseteq \mathcal{E}\mathcal{D}R$.

定理 3.2.10 R 传递 $\leftrightarrow R/R \subseteq R$.

证明 必要性. 如果 $x(R/R)y$, 则存在 z 使得
$$xRz \& zRy$$
因此, 根据传递性的假设 xRy.

充分性. 根据我们的假设, $R/R \subseteq R$, 我们立刻可得
$$(\exists z)(xRz \& zRy) \rightarrow xRy \tag{2}$$
但(2)等价于下式是谓词逻辑中熟悉的事实
$$xRz \& zRy \rightarrow xRy$$
证毕.

定理 3.2.11 R 为连通 $\leftrightarrow (\mathscr{F}R \times \mathscr{F}R) - \mathscr{E}\mathscr{F}R \subseteq R \cup \check{R}$.

证明 必要性. 如果
$$x[(\mathscr{F}R \times \mathscr{F}R) - \mathscr{E}\mathscr{F}R]y \tag{3}$$
则
$$x \in \mathscr{F}R \& y \in \mathscr{F}R \& x \neq y \tag{4}$$
但是, 由(4)及假设 R 为连通即得
$$xRy \vee yRx \tag{5}$$
因此
$$x(R \cup \check{R})y \tag{6}$$
充分性. 我们需要根据以下假设由(4)推出(3)
$$(\mathscr{F}R \times \mathscr{F}R) - \mathscr{E}\mathscr{F}R \subseteq R \cup \check{R} \tag{7}$$
现在, 由(7)可推得(3)蕴涵(6), 但(3)等价于(4); (5)等价于(6). 证毕.

定理 3.2.12 R 为强连通 $\leftrightarrow \mathscr{F}R \times \mathscr{F}R = R \cup \check{R}$.

其他许多事实我们将不再给出, 其中有: 非对称推出不自反; 对称与传递推出自反; 定义 3.2.9 中的八个性质对逆运算依然成立等.

我们现在用这八个性质来定义五类有序关系. 这五类关系并不是相互排斥的. 例如, 半序又为准序.

定义 3.2.11 R 为 A 的准序 $\leftrightarrow R$ 在 A 中是自反的和传递的.

定义 3.2.12 R 为 A 的半序 $\leftrightarrow R$ 在 A 中是自反的, 反对称的和传递的.

定义 3.2.13 R 为 A 的单序 $\leftrightarrow R$ 在 A 中是反对称的, 传递的以及强连通的.

定义 3.2.14 R 为 A 的严格半序 $\leftrightarrow R$ 在 A 中是非对称的和传递的.

定义 3.2.15 R 为 A 的严格单序 $\leftrightarrow R$ 在 A 中是非对称的,传递的和连通的.

类似定义 3.2.7,我们也对适当的一元谓词加以定义.

定义 3.2.16 R 为 $\left\{\begin{array}{c}\text{半序}\\\vdots\\\text{严格单序}\end{array}\right\} \leftrightarrow R$ 为 $\mathscr{F}$ 的 $\left\{\begin{array}{c}\text{半序}\\\vdots\\\text{严格单序}\end{array}\right\}$.

定义 3.2.11 ~ 3.2.15 与实数的构造有关. 现在,我们叙述关于定义 3.2.16 中的各种次序的一些明显的定理.

定理 3.2.13 R 为半序 $\rightarrow R$ 为准序.

定理 3.2.14 R 为单序 $\rightarrow R$ 为半序.

定理 3.2.15 R 为单序 $\rightarrow \hat{R}$ 为单序.

定理 3.2.16 R 和 S 为准序 $\rightarrow R \cap S$ 为准序.

证明 我们需要证明 $R \cap S$ 是自反的和传递的. 设 x 为 $\mathscr{F}(R \cap S)$ 的任意元素. 则 $x \in \mathscr{F}S$,因此,根据假设 $xRx \And xSx$. 从而 $xR \cap Sx$. 传递性可由下面的蕴涵式推出,根据定理的假设,由第一行便可得到第二行

$$xR \cap Sy \And yR \cap Sz \rightarrow xRy \And yRz \And xSy \And ySz$$
$$\rightarrow xRz \And xSz$$
$$\rightarrow x R \cap Sz$$

证毕.

任意两个准序的并不是准序. 例如,设

$$R = \{\langle 1,1\rangle,\langle 2,2\rangle,\langle 1,2\rangle\}, S = \{\langle 2,2\rangle,\langle 3,3\rangle,\langle 2,3\rangle\}$$

则 R,S 都是准序的,但 $R \cup S$ 不是准序,因为,它不传递.

但是,如果 R 与 S 的域互不相交,则它们的并是准序的. 这可归纳为以下定理:

定理 3.2.17 R 和 S 为准序 $\And \mathscr{F}R \cap \mathscr{F}S = \varnothing \rightarrow R \cup S$ 为准序.

以下两条定理提供了半序与严格半序之间的关系的精确描述.

定理 3.2.18 R 为半序 $\rightarrow R - \mathscr{E}\mathscr{F}R$ 为严格半序.

定理 3.2.19 R 为严格半序 $\rightarrow R \cup \mathscr{E}\mathscr{F}S$ 为半序.

单序或严格单序为完备的,其意义如下:

定理 3.2.20 $R \subseteq S \subseteq A \times A \And R$ 和 S 为 A 的严格单序 $\rightarrow R = S$.

我们现在要引进一个重要的概念:一个关系良序一个集合. 如果 R 是 A 的

严格单序,则所谓 R 良序 A 是指 A 的每个非空子集都有首元素或最小元素(在关系 R 之下). 实际上,不久我们将看到,我们只需假定 R 在 A 中连通,而不必假定它为 A 的严格单序. 这样,R 在 A 中为反对称和传递便可证明了,此外,也可证明除 A 中最后(在 R 之下)一个元素外的任何元素都有一个直接后继.

由于良序的概念比前面引进的次序的概念更难一点,所以在给出形式定义和形式定理之前需考察某些例子. 在这些例子中,与以前的例子一样,我们将使用整数和实数,虽然对它们来说,在我们的集论系统中尚未加以形式定义.

设 N 为正整数的集合,则 N 被小于关系所良序,这是因为,N 的每个非空子集都有一个首元素,即该集的最小整数. 另一方面,N 不被大于关系所良序,这是因为,许多子集,特别是 N 本身,无首元素. 因为 N 无最大元素,故 N 关于 $>$ 无首元素.

良序的概念不同于迄今为止考察的其他次序的性质,它在逆运算下不是保持不变的,即如果 R 为良序却不能得出 $\breve{R}$ 为良序. 我们已经有了一个例子:$<$ 良序 N,但是 $\breve{<}$ 不良序 N. 给出另一个略微不同的例子是

$$A = \{0, \frac{1}{2}, \frac{2}{3}, \frac{3}{4}, \cdots, \frac{n-1}{n}, \cdots, 1\}$$

即

$$A = \{\frac{n-1}{n} \mid n \text{ 为正整数}\} \cup \{1\}$$

集合 A 被 $<$ 良序,但不被 $\breve{<}$(即 $>$)良序. 这里,集合 A 本身在关系 $>$ 之下有一个首元素,但子集 $A - \{1\}$ 没有首元素.

适当修改 A 的 R 首元的定义之后,我们便可以这样作出良序定义,使得或者 $<$ 良序 N,或者 $\leqslant$ 良序 N,即我们可以使我们的良序是单序或严格单序. 在很大程度上,选择哪一种良序是任意的,必要的话,我们还可以既不选单序也不选严格单序. 例如,如果 $A = \{1, 2, 3\}$ 而 $R = \{\langle 1, 1\rangle, \langle 2, 2\rangle, \langle 1, 2\rangle, \langle 2, 3\rangle, \langle 1, 3\rangle\}$,则直观上看 R 良序 A,虽然 R 既不是 A 的单序也不是 A 的严格单序.

我们现在转向形式的展开. 区分最小元素和首元素这两个概念在技巧上是方便的. 前面不再有元素的元素为最小元素,而首元素在每个其他元素之前. 显然,每个首元素是最小元素,但反之不然. 为了证明良序的非对称性,在良序的定义中使用最小元素的概念便较简单.

定义 3.2.17 x 为 A 的 R 最小元素 $\leftrightarrow x \in A \ \& \ (\forall y)(y \in A \rightarrow \neg (yRx))$.

这个定义的一个显然的特点是如果 $R \cap (A \times A)$ 为空,则 A 的每个元素是 R 最小元素. 但是,我们对这种退化的情况没有什么兴趣. 在良序的情况下,我们得到最小元素的唯一性.

定义 3.2.18 x 为 A 的 R 首元素 $\leftrightarrow x \in A \& (\forall y)(y \in A \& x \neq y x R y)$.

下面我们来定义良序. 以后,我们将叙述一个简单的必要充分条件:改用非对称和首元素而不用最小元素.

定义 3.2.19 R 良序 $A \leftrightarrow R$ 在 A 中连通 $\& (\forall B)(B \subseteq A \& B \neq \varnothing \to B$ 有一个 R 最小元素).

我们现在证明,在这个定义下,R 是非对称和传递的.

定理 3.2.21 R 良序 $A \to$ 在 A 中是非对称和传递的.

证明 为证明非对称,我们假定相反的情况,即 A 中有元素 x,y 使得 xRy 且 yRx. 于是,与 R 良序 A 的假设相矛盾,因为 A 的非空子集 $\{x,y\}$ 没有 R 最小元素. 为了证传递性,我们假定元素 $x,y,z \in A$,并假定 xRy 及 yRz,但 xRz 不成立. 因为 R 在 A 中连通,故必有 zRx. 这时,子集 $\{x,y,z\}$ 便没有 R 最小元素,因为,由 zRx 得出 x 不可能为 R 最小元素,由 xRy 得出 y 不可能为 R 最小元素,由 yRz 得出 z 不可能为 R 最小元素. 因此,我们的假设是错误的. 证毕.

我们将下列三个定理的证明留作习题.

定理 3.2.22 R 良序 $A \leftrightarrow R$ 在 A 中非对称且在 A 中连通 $\& (\forall B)(B \subseteq A \& B \neq \varnothing \to B$ 有一个 R 首元素).

定理 3.2.23 R 良序 $A \& A \neq \varnothing \to A$ 有唯一的 R 首元素.

定理 3.2.24 R 良序 $A \& B \subseteq A \leftrightarrow R$ 良序 B.

当然,另一方面,如果 R 良序 A 且 $S \subseteq R$,则一般不能推出 S 良序 A.

下面我们证明关于唯一直接后继的定理. 需要两个定义:

定义 3.2.20 y 为 x 的直接后继 $\leftrightarrow xRy \& (\forall z)(xRz \to z = y \vee yRz)$.

定义 3.2.21 x 为 A 的 R 最后元素 $\leftrightarrow x \in A \& (\forall y)(y \in A \& x \neq y \to yRx)$.

最后元素的定义显然类似于首元素的定义. 事实上,我们有:

定理 3.2.25 x 为 A 的 R 最后元素 $\leftrightarrow x$ 为 A 的 $\check{R}$ 首元素.

现在证明有关直接后继的结果.

定理 3.2.26 R 良序 $A \& x \in A \& x$ 不是 A 的 R 最后元素 $\to x$ 有一个唯一的 R 直接后继.

证明 考察 $B=\{y \mid xRy\}$. 根据假设集合 B 非空,因为 x 不是 A 的最后元素并且容易看出 B 有一个唯一的首元素,即 x 的直接后继. 证毕.

在序数理论中,使用 R 截段的概念以及有关截段的若干事实是很方便的. 此外,还引进一个密切相关的概念:集合中由一个元素所产生的 R 截段.

定义 3.2.22 B 为 A 的 R 截段 $\leftrightarrow B \subseteq A$ & $A \cap \hat{R}"B \subseteq B$.

因此,如果 B 的元素在 A 中的一切 R 前驱都属于 B,则集合 B 为集合 A 的 R 截段——显然,$\hat{R}"B$ 恰巧是 B 的元素的 R 前驱集. 例如,如果
$$A=\{1,2,3,4\}, B_1=\{1,2\}, B_2=\varnothing, B_3=\{2,3\}$$
则 B_1 和 B_2 为 A 的 $<$ 截段,但 B_3 不是,因为,$1<2$ 且 $1\in A-B_3$. 另外,B_1 也不是 A 的 $>$ 截段,因为,$3>2$ 且 $3\in A-B_1$.

定义 3.2.23 $\mathscr{L}(A,R,x)=\{y \mid y\in A \ \& \ yRx\}$.

记号 $\mathscr{L}(A,R,x)$ 读作:A 的由 x 产生的 R 截段. 集合 $\mathscr{L}(A,R,x)$ 就是 x 的在 A 中的 R 前驱的集合.

定理 3.2.27 $x\in A \ \& \ R$ 在 A 中传递 $\to \mathscr{L}(A,R,x)$ 为 A 的 R 截段.

证明 假设 $x\in \mathscr{L}(A,R,x)$. 我们需要证明作为 A 的元素的 y 的 R 前驱也是 $\mathscr{L}(A,R,x)$ 的元素. 设 x 为 y 的这种 R 前驱,即
$$x\in A \bigcup \hat{R}"\{y\}$$
因此
$$zRy \tag{8}$$
因为,$y\in \mathscr{L}(A,R,x)$,故有
$$yRx \tag{9}$$
因此,根据传递性的假定,由 (8) 及 (9) 可得
$$zRx$$
由此得到结论:$z\in \mathscr{L}(A,R,x)$. 证毕.

根据这个定理,易证:

定理 3.2.28 R 良序 $A \to (B$ 为 A 的 R 截段 & $B\neq A \leftrightarrow (\exists x)(x\in A$ & $B=\mathscr{L}(A,R,x)))$.

有关次序的其他概念,比如 x 的上界,x 的上确界,格等我们不再讨论了.

3.3 等价关系和分类

若一个关系在某集合中是自反、对称、传递的,则这个关系称为该集上的一个等价关系.

最常出现的例子是相等关系.直线间的平行关系为等价关系的一个熟悉的几何例子;图形之间的全等关系又为一例.

等价关系的主要意义在于它们证实了应用抽象的一般原理的正确性:在某方面等价的个体产生等价类.

对个体的等价类进行分析常常比对个体本身进行分析更简便.已给集合 A 的这种等价类簇便构成该集合的分类,即它为一并集等于 A 的非空的互不相交的 A 的子集的簇.反之,我们即将证明,集合的分类在该集上定义了唯一的一个等价关系.

为了简单起见,我们在同一编号下定义了相应的一元和二元谓词①.

定义 3.3.1 (i) R 为等价关系 $\leftrightarrow R$ 为关系 $\& R$ 为自反、对称、传递.

(ii) R 为 A 上等价关系 $\leftrightarrow A = \mathcal{F}R \& R$ 为等价关系.

这个定义与上一目的次序定义所不同的是它要求 R 为关系.在这里,要增加这个要求的主要原因是术语方面的.我们不可以说"R 是等价的",因为,"等价"在逻辑中与集论中可以有好多不同的含义.但当说"R 是等价关系"时,如果不要求 R 为关系似乎不妥.另一个原因是使得下一条定理变成简单.

定义 (ii) 中所以要求 $A = \mathcal{F}R$ 是为了在联系等价关系和分类时有技术上的方便;这种方便的明显性将在以后看到.

定理 3.3.1 R 为等价关系 $\leftrightarrow R/\hat{R} = R$.

下一条定理把准序和等价关系自然地联系起来.

定理 3.3.2 R 为准序 $\rightarrow \hat{R} \cap \check{R}$ 为等价关系.

以下定义引进记号:$R[x]$;我们称 $R[x]$ 为 x 的 R 傍系.直观上,$R[x]$ 简单地为与 x 成立关系 R 的一切个体的集合.当 R 为等价关系时,我们又称 $R[x]$ 为 x 的 $R-$ 等价类.

定义 3.3.2 $R[x] = \{y \mid xRy\}$.

举一个简单例子,设
$$R = \{\langle 1,1\rangle, \langle 2,2\rangle, \langle 3,3\rangle, \langle 1,2\rangle\}$$
则 R 为等价关系且 $R[1] = R[2] = \{1,2\}, R[3] = \{3\}$.

注意,定义 3.3.2 可改为
$$R[x] = R``\{x\}$$

---

① 即指含 R 和含 R,A 的两种定义.

数学家们不习惯于把等价类$[x]$所据以抽象的那个关系R清楚地写出. 但是, 在定义中省略自由变元R是与我们的定义规则不协调的. 必须强调, 记号$R[x]$不是标准的, 可能只在本书中使用, 而记号$[x]$则为通常使用的符号.

我们先有惯常的定理, 它可用分出公理证明.

定理 3.3.3 $y \in R[x] \leftrightarrow xRy$.

以下两条定理介绍本节开头提到的抽象原则的有系统的基础. 我们将看到, 这两条定理提供了等价关系与分类之间的基本联系.

定理 3.3.4 $x, y \in \mathscr{F}R \& R$ 为等价关系 $\to (R[x] = R[y] \leftrightarrow xRy)$.

证明 假设 $R[x] = R[y]$. 因为 R 自反, 我们有 yRx, 因此, 根据前面的定理

$$y \in R[y]$$

因此, 根据假设 $y \in R[x]$. 再根据前面的定理得 xRy.

现在, 假设 xRy. 设 z 为 $R[y]$ 的任意元素. 根据前面的定理, 我们有

$$yRz$$

又因为 R 传递 xRz, 因此, $z \in R[x]$. 我们得到

$$R[y] \subseteq R[x] \tag{1}$$

现在设 u 为 $R[x]$ 的任意元素; 我们立即得到: xRu. 因为 R 对称, 我们由假设得: yRx. 因此, 根据 R 的传递性得 yRu 及 $u \in R[y]$. 因此

$$R[x] \subseteq R[y] \tag{2}$$

由(1)(2) 直接可推得 $R[x] = R[y]$. 证毕.

上述证法我们利用了一种带普遍性的方法. 我们欲证集合 $R[x]$ 和 $R[y]$ 相等. 使用类似于前几节证明中用过的一系列等价式的运算是不方便的. 我们的方法宁可是证明 $R[y]$ 的任意元素为 $R[x]$ 的元素, 因此, $R[y]$ 为 $R[x]$ 的子集. 然后, 再证 $R[x]$ 为 $R[y]$ 的子集. 这两个结果合起来便证明了这两个集合相等.

提及的第二条定理证明了等价类不会相重叠.

定理 3.3.5 R 为等价类 $\to R[x] = R[y] \lor R[x] \cap R[y] = \varnothing$.

注意, 这条定理不同于前一条定理, 在这条定理中没有必要假定 x, y 在 $\mathscr{F}R$ 中, 因为, 如果 $x \notin \mathscr{F}R$, 则 $R R[x] = \varnothing$ 且定理的结论依然成立.

我们现在来讨论分类. 粗略地讲, 一个集合 A 的分类是 A 的互不相交的非空子集的簇, 而这些子集的并集等于 A. 例如, 若 $A = \{1, 2, 3, 4, 5\}$, 而 $\Pi = \{\{1, 2\}, \{3, 5\}, \{4\}\}$, 则 Π 为 A 的分类.

分类的形式定义为:

定义 3.3.3　Π 为 A 的分类 $\leftrightarrow \bigcup \Pi = A \, \& \, (\forall B)(\forall C)(B \in \Pi \, \& \, C \in \Pi \, \& \, B \neq C \rightarrow B \cap C = \varnothing) \, \& \, (\forall x)(x \in \Pi \rightarrow (\exists y)(y \in x))$.

使用字母"Π"并无形式上的意义,但是,这个字母反映了一个既是习惯的又是暗示的实践.注意,定义中的最末子句排除了个体和空集作为分类的元素.但是,空集是一个分类,即它本身的分类.反之,对于非空集,我们有:

定理 3.3.6　$A \neq \varnothing \rightarrow \{A\}$ 为 A 的分类.

常常使用一个分类比另一个分类更细的概念.直观的想法是:如果 Π_1 的每个元素都是 Π_2 的某个元素的子集,而且,其中至少有一个 Π_1 的元素为 Π_2 的元素的真子集,则说 Π_1 比 Π_2 更细.例如,若 $A = \{1,2,3\}$, $\Pi_1 = \{\{1\},\{2,3\}\}$, $\Pi_2 = \{A\}$,则 Π_1 比 Π_2 更细.又若 $\Pi_3 = \{\{1,2\},\{3\}\}$,则 Π_1 与 Π_3 的任一个都不比另一个细;它们在细的程度上是不可比较的.我们可以用 $\Pi_1 \neq \Pi_2$ 这一条件代替 Π_1 的一个元素为 Π_2 的某个元素的真子集的说法.如在以下形式定义中那样,它是用条件形式的.

定义 3.3.4　Π_1 和 Π_2 是 A 的分类 $\rightarrow (\Pi_1$ 比 Π_2 更细 $\leftrightarrow \Pi_1 \neq \Pi_2 \, \& \, (\forall A)(A \in \Pi_1 \rightarrow (\exists B)(B \in \Pi_2 \, \& \, A \subseteq B)))$.

我们把以下定理的证明留作较深的习题.

定理 3.3.7　每个集合都有一个最细的分类.

所谓"最细的分类"的含义是显而易见的,它指比集合的任何其他分类都细的分类.关于证明可作下列提示,考虑已知集合的幂集以及分出公理模式.任一集合的最细分类在直观上是很清楚的.问题在于怎样证明它.

为了精确地建立等价类与分类之间的密切联系,我们现在定义一个集合,当 R 为 A 的等价关系时,这个集合便是由 R 产生的 A 的分类.

定义 3.3.5　$\Pi(R) = \{B \mid (\exists x)(B = R[x] \, \& \, B = \varnothing)\}$.

例如,若 $A_1 = \{1,2,3\}$, $R_1 = \{\langle 1,2 \rangle, \langle 2,1 \rangle, \langle 1,1 \rangle, \langle 2,2 \rangle, \langle 3,3 \rangle\}$,则
$$\Pi(R_1) = \{\{1,2\},\{3\}\}$$

显然,R_1 为 A_1 的等价关系而 $\Pi(R_1)$ 为 A_1 的分类.更一般地,我们有以下定理:

定理 3.3.8　R 为 A 上的等价关系 $\leftrightarrow \Pi(R)$ 为 A 的分类.

我们又有一条涉及等价关系的包含性与相应分类的细致性之间的关系的定理:

定理 3.3.9　R_1 和 R_2 为 A 上的等价关系 $\rightarrow (R_1 \subset R_2 \leftrightarrow \Pi(R_1)$ 比 $\Pi(R_2)$ 更细).

注意,如果我们当初在等价关系的定义中不要求 $A = \mathscr{F}R$,则这条定理需重

新构造,因为,R_1 可能包含其元素不在 A 中的有序对.

我们现在来定义由分类产生的关系.这个定义在形式上是一般的,因此,不一定只限于分类.

定义 3.3.6　　$R(\Pi) = \{\langle x, y \rangle \mid (\exists B)(B \in \Pi \& x \in B \& y \in B)\}$.

我们有惯常的定理:(在定义 3.3.5,类似的定理省略了).

定理 3.3.10　　$xR(\Pi)y \leftrightarrow (\exists B)(B \in \Pi \& x \in B \& y \in B)$.

对应于定理 3.3.8,我们有以下定理:

定理 3.3.11　　Π 为 A 的分类 $\rightarrow R(\Pi)$ 为 A 上的等价关系.

证明　　首先,因为 Π 是 A 的分类,故给定 A 的任一元素 x,存在一个 Π 中的 B,使得 $x \in B$,因此,$xR(\Pi)x$,即 $R(\Pi)$ 是自反的.其次,假设 $xR(\Pi)y$,则存在一个 $B \in \Pi$,使得 $x \in B$ 且 $y \in B$.因此,根据定义 3.3.6 有

$$yR(\Pi)x$$

因此,$R(\Pi)$ 在 A 中是对称的.再假定 $xR(\Pi)y$ 及 $yR(\Pi)z$,则存在 B,使得 $x \in B$ 且 $y \in B$ 且存在 C 使得 $y \in C$ 且 $z \in C$.因为 y 在 B,C 中,故由分类的定义得到 $B = C$.因此,$z \in B$.从而,由定义 3.3.6,有 $xR(\Pi)z$,即 $R(\Pi)$ 在 A 中是传递的.证毕.

下一条定理证明,如果我们用一个等价关系 R 产生一个分类,则由这个分类产生的等价关系就是 R;类似的,如果由一个分类产生一个等价关系,则这个等价关系便产生所给的那个分类.

定理 3.3.12　　Π 为 A 的分类 $\& R$ 为 A 上的等价关系 $\rightarrow (\Pi = \Pi(R) \rightarrow R(\Pi) = R)$.

3.4　函数

自从 18 世纪以来,函数概念的澄清及其推广越来越引人注意.傅里叶[①]把"任意"函数(实际上是分段光滑的连续函数)用三角级数表示的方法遭到了广泛的反对.后来,当魏尔斯特拉斯和黎曼[②]给出了不可导的连续函数时,数学家们拒绝严肃地讨论它们.直至今日,许多微积分学的教科书都未给出数学上满意的函数定义.在我们的集论中,立即可得出一个精确而非常一般的定义.简单地说,一个函数是一个多1关系,即对这个关系的定义域中的任一元素恰恰只

---

① 让·巴普蒂斯·约瑟夫·傅里叶(Jean Baptiste Joseph Fourier,1768—1830),法国数学家、物理学家.

② 波恩哈德·黎曼(Georg Friedrich Bernhard Riemann;1826—1866)德国著名的数学家.

对应于值域中的一个元素.(当然,定义域中的不同元素可以对应于值域中的同一个元素).其定义是显然的.

定义 3.4.1 f 为函数 $\leftrightarrow f$ 为关系 $\&(\forall x)(\forall y)(\forall z)(xfy \& xfz \rightarrow y=z)$.

使用变元"f"无任何形式意义.我们在 A,R 的位置使用 f 是为了与通常数学中的用法相一致.归纳一下迄今使用的变元

$$A,B,C,\cdots,R,S,T,\cdots,f,g,\cdots$$

为取集合为其值的变元(带或不带足码).

$$x,y,z,\cdots$$

为取集合或个体为其值的变元(带或不带足码).

关于函数,我们不仅使用记号 xfy,而且也使用记号:$f(x)=y$,其中,"$f(x)$"读作"x 的 f".

定义 3.4.2 $f(x)=y \leftrightarrow [(E!\, z)(xfz) \& xfy] \vee [\neg\,(E!\, z)(xfz) \& y=\varnothing]$.

这个定义指明,对任一集合 f 及任一个体 x,记号"$f(x)$"有确切的含义.例如,若

$$f=\{\langle 1,0\rangle,\langle 2,0\rangle,\langle 3,4\rangle\}$$

则 $f(1)=0, f(2)=0, f(3)=4$.

构造两个函数的复合函数的运算在某些数学分支中被广泛地使用,对复合运算采用了许多特殊的符号,我们现在用小圈"。"表示复合运算.

因此,非形式地

$$(f\circ g)(x)=f(g(x))$$

由关系乘直接可定义复合运算;我们引进新的符号"。",而不使用关系乘符号是因为"f"和"g"在"$f\circ g$"中的次序是函数的自然次序,而它们在关系乘中的次序则为颠倒的次序.

定义 3.4.3 $f\circ g=g/f$.

我们有两条简单的定理:

定理 3.4.1 f 和 g 为函数 $\rightarrow f\cap g$ 及 $f\circ g$ 也为函数.

定理 3.4.2 f 和 g 为函数 $\rightarrow (f\circ g)(x)=f(g(x))$.

回顾受限关系定义域的概念,我们有:

定理 3.4.3 $(f\circ g)\upharpoonright A=f\circ (g\upharpoonright A)$.

假定 f 为函数,则我们可以加强关于映射运算的前面的两条定理(定理 3.1.36 及 3.1.37).

定理 3.4.4 f 为函数 $\rightarrow \hat{f}"(A\cap B)=\hat{f}"A\cap \hat{f}"B \& \hat{f}"A-\hat{f}"B=$

$\hat{f}``(A-B)$.

又我们对 f 的值域可以加强为类似于定理 3.1.40 的定理.

定理 3.4.5 f 为函数 $\to (\mathscr{R}f) \cap B = f``(\hat{f}``B)$.

我们现在定义一一对应的函数的概念.

定义 3.4.4 f 为一一对应的函数 $\leftrightarrow f$ 和 $\hat{f}$ 皆为函数.

我们有明显的结论：

定理 3.4.6 f 为一一对应的函数 $\& x_1 \in \mathscr{D}f \& x_2 \in \mathscr{D}f \to (f(x_1) = f(x_2) \leftrightarrow x_1 = x_2)$.

当 f 为一一对应的函数时，其反函数可简单定义如下：

定义 3.4.5 f 为一一对应的函数 $\leftrightarrow f^{-1} = \hat{f}$.

在以下五条定理中给出了一些有用的事实：

定理 3.4.7 f 为一一对应的函数 $\to (f^{-1}(y) = x \leftrightarrow f(x)y)$.

定理 3.4.8 f 为一一对应的函数 $\& x \in \mathscr{D}f \to f^{-1}(f(x)) = x$.

定理 3.4.9 f 为一一对应的函数 $\& y \in \mathscr{R}f \to f(f^{-1}(y)) = y$.

定理 3.4.10 f 和 g 为一一对应的函数 $\to f \cap g$ 为一一对应的函数.

定理 3.4.11 f 和 g 为一一对应的函数 $\& \mathscr{D}f \cap \mathscr{D}g = \varnothing \& \mathscr{R}f \cap \mathscr{R}g = \varnothing \to f \cup g$ 为一一对应的函数.

这里形式地定义一些常常大量使用的标准的数学用语将是适当的. 我们综合为一个定义：

定义 3.4.6 (i) f 为 A 到 B 中的函数 $\leftrightarrow f$ 为函数 $\& \mathscr{D}f = A \& \mathscr{R}f \subseteq B$.

(ii) f 为 A 到 B 上的函数 $\leftrightarrow f$ 为函数 $\& \mathscr{D}f = A \& \mathscr{R}f = B$.

(iii) f 映射 A 到 B 中 $\leftrightarrow f$ 为一一对应的函数 $\& \mathscr{D}f = A \& \mathscr{R}f \subseteq B$.

(iv) f 映射 A 到 B 上 $\leftrightarrow f$ 为一一对应的函数 $\& \mathscr{D}f = A \& \mathscr{R}f = B$.

在这个定义中的"A 到 B 中"与"A 到 B 上"的差别是数学著作中统一的用法，而且，与日常的用法也是一致的. 当一个一一对应的函数 f 的值域为 B 的全体时，f 映射 A 到 B 上；而当 f 的值域为 B 的某个子集时，f 映射到 B 中.

我们定义一切由 B 到 A 的函数所组成的集合以结束本目，这个集合通常记为 A^B. 这个概念在许多数学领域中都是有用的.

定义 3.4.7 $A^B = \{f \mid f$ 为函数 $\& \mathscr{D}f = B \& \mathscr{R}f \subseteq A\}$.

根据分出公理模式，我们可以证明下列的惯常定理：

定理 3.4.12 $f \in A^B \leftrightarrow f$ 为函数 $\& \mathscr{D}f = B \& \mathscr{R}f \subseteq A$.

我们叙述五个基本定理但不加证明：

定理 3.4.13 $A^\varnothing = \{\varnothing\}$.

定理 3.4.14　$A \neq \varnothing, \varnothing^A = \varnothing$.

定理 3.4.15　$A^B = \varnothing \leftrightarrow A = \varnothing \& B \neq \varnothing$.

定理 3.4.16　$A^{\{x\}} = \{\{\langle x, y \rangle\} \mid y \in A\}$.

定理 3.4.17　$A \subseteq B \to A^C \subseteq B^C$.

参考文献

[1] 豪斯道夫 F.集论[M].张义良,颜家驹,译.北京:科学出版社,1960.

[2] 那汤松 И П.实变函数论[M].徐瑞云,译.北京:商务印书馆,1953.

[3] 张锦文.集合论浅说[M].北京:科学出版社,1984.

[4] 张锦文,阎金童.集合论发展史[M].桂林:广西师范大学出版社,1993.

[5] 刘壮虎.素朴集合论[M].北京:北京大学出版社,2001.

[6] 耿素云,屈婉玲,王捍贫.离散数学教程[M].北京:北京大学出版社,2004.

[7] 巴什玛柯娃 И Г,尤什凯维奇 А П,普罗斯库李亚柯夫 И В.苏俄教育科学院初等数学全书:第一卷《算术》第一分册[M].刘绍祖,译.北京:高等教育出版社,1959.

[8] 胡作玄.近代数学史[M].济南:山东教育出版社,2006.

[9] 吴文俊.世界著名数学家传记[M].北京:科学出版社,2003.

[10] 张家龙.数理逻辑发展史:从莱布尼茨到哥德尔[M].北京:社会科学文献出版社,1993.

[11] 谢邦杰.超穷数与超穷论法[M].长春:吉林人民出版社,1979.

[12] 陈建功.实函数论[M].北京:科学出版社,1958.

[13] 菲赫金哥尔茨 Г М.微积分学教程:第一卷第一分册[M].叶彦谦,译.北京:人民教育出版社,1956.

[14] 江泽坚,吴智泉.实变函数论[M].2版.北京:高等教育出版社,1994.

[15] 程其襄,张奠宙,魏国强,等.实变函数与泛函分析基础[M].北京:高等教育出版社,1983.

[16] 约翰·塔巴克.数学之旅丛书·数[M].王献芬,王辉,张红艳,译.胡作玄,校.北京:商务印书馆,2008.

[17] 齐纳 Р W,约翰逊 R L.集合论初步[M].麦卓文,麦绍文,译.北京:科学出版社,1986.

[18] 编辑委员会.逻辑学辞典[M].长春:吉林人民出版社,1983.

[19] 孙吉贵,杨凤杰,欧阳丹彤,等.离散数学[M].北京:高等教育出版社,2002.

[20] 唐乃尔.初等数学教程·理论和实用算术[M].朱德祥,译.上海:上海科学技术出版社,1982.
[21] 左孝凌,李为鉴,刘永才.离散数学[M].上海:上海科学技术文献出版社,1982.
[22] 唐复苏.中学数学现代基础与结构[M].北京:北京师范大学出版社,1988.
[23] 幼狮数学大辞典编辑小组.幼狮数学大辞典[M].台北:幼狮文化事业公司,1982.
[24] 符遥.从无穷到连续统假设[D].上海:复旦大学,2006.
[25] Patrick Suppes. Axiomatic Set Theory[M]. Dover Publications,1972.

刘培杰数学工作室
已出版(即将出版)图书目录——初等数学

书　　名	出版时间	定　价	编号
新编中学数学解题方法全书(高中版)上卷(第2版)	2018—08	58.00	951
新编中学数学解题方法全书(高中版)中卷(第2版)	2018—08	68.00	952
新编中学数学解题方法全书(高中版)下卷(一)(第2版)	2018—08	58.00	953
新编中学数学解题方法全书(高中版)下卷(二)(第2版)	2018—08	58.00	954
新编中学数学解题方法全书(高中版)下卷(三)(第2版)	2018—08	68.00	955
新编中学数学解题方法全书(初中版)上卷	2008—01	28.00	29
新编中学数学解题方法全书(初中版)中卷	2010—07	38.00	75
新编中学数学解题方法全书(高考复习卷)	2010—01	48.00	67
新编中学数学解题方法全书(高考真题卷)	2010—01	38.00	62
新编中学数学解题方法全书(高考精华卷)	2011—03	68.00	118
新编平面解析几何解题方法全书(专题讲座卷)	2010—01	18.00	61
新编中学数学解题方法全书(自主招生卷)	2013—08	88.00	261
数学奥林匹克与数学文化(第一辑)	2006—05	48.00	4
数学奥林匹克与数学文化(第二辑)(竞赛卷)	2008—01	48.00	19
数学奥林匹克与数学文化(第二辑)(文化卷)	2008—07	58.00	36′
数学奥林匹克与数学文化(第三辑)(竞赛卷)	2010—01	48.00	59
数学奥林匹克与数学文化(第四辑)(竞赛卷)	2011—08	58.00	87
数学奥林匹克与数学文化(第五辑)	2015—06	98.00	370
世界著名平面几何经典著作钩沉——几何作图专题卷(共3卷)	2022—01	198.00	1460
世界著名平面几何经典著作钩沉(民国平面几何老课本)	2011—03	38.00	113
世界著名平面几何经典著作钩沉(建国初期平面三角老课本)	2015—08	38.00	507
世界著名解析几何经典著作钩沉——平面解析几何卷	2014—01	38.00	264
世界著名数论经典著作钩沉(算术卷)	2012—01	28.00	125
世界著名数学经典著作钩沉——立体几何卷	2011—02	28.00	88
世界著名三角学经典著作钩沉(平面三角卷Ⅰ)	2010—06	28.00	69
世界著名三角学经典著作钩沉(平面三角卷Ⅱ)	2011—01	38.00	78
世界著名初等数论经典著作钩沉(理论和实用算术卷)	2011—07	38.00	126
世界著名几何经典著作钩沉(解析几何卷)	2022—10	68.00	1564
发展你的空间想象力(第3版)	2021—01	98.00	1464
空间想象力进阶	2019—05	68.00	1062
走向国际数学奥林匹克的平面几何试题诠释.第1卷	2019—07	88.00	1043
走向国际数学奥林匹克的平面几何试题诠释.第2卷	2019—09	78.00	1044
走向国际数学奥林匹克的平面几何试题诠释.第3卷	2019—03	78.00	1045
走向国际数学奥林匹克的平面几何试题诠释.第4卷	2019—09	98.00	1046
平面几何证明方法全书	2007—08	48.00	1
平面几何证明方法全书习题解答(第2版)	2006—12	18.00	10
平面几何天天练上卷·基础篇(直线型)	2013—01	58.00	208
平面几何天天练中卷·基础篇(涉及圆)	2013—01	28.00	234
平面几何天天练下卷·提高篇	2013—01	58.00	237
平面几何专题研究	2013—07	98.00	258
平面几何解题之道.第1卷	2022—01	38.00	1494
几何学习题集	2020—10	48.00	1217
通过解题学习代数几何	2021—04	88.00	1301
圆锥曲线的奥秘	2022—06	88.00	1541

刘培杰数学工作室
已出版(即将出版)图书目录——初等数学

书　名	出版时间	定　价	编号
最新世界各国数学奥林匹克中的平面几何试题	2007—09	38.00	14
数学竞赛平面几何典型题及新颖解	2010—07	48.00	74
初等数学复习及研究(平面几何)	2008—09	68.00	38
初等数学复习及研究(立体几何)	2010—06	38.00	71
初等数学复习及研究(平面几何)习题解答	2009—01	58.00	42
几何学教程(平面几何卷)	2011—03	68.00	90
几何学教程(立体几何卷)	2011—07	68.00	130
几何变换与几何证题	2010—06	88.00	70
计算方法与几何证题	2011—06	28.00	129
立体几何技巧与方法(第2版)	2022—10	168.00	1572
几何瑰宝——平面几何500名题暨1500条定理(上、下)	2021—07	168.00	1358
三角形的解法与应用	2012—07	18.00	183
近代的三角形几何学	2012—07	48.00	184
一般折线几何学	2015—08	48.00	503
三角形的五心	2009—06	28.00	51
三角形的六心及其应用	2015—10	68.00	542
三角形趣谈	2012—08	28.00	212
解三角形	2014—01	28.00	265
探秘三角形:一次数学旅行	2021—10	68.00	1387
三角学专门教程	2014—09	28.00	387
图天下几何新题试卷.初中(第2版)	2017—11	58.00	855
圆锥曲线习题集(上册)	2013—06	68.00	255
圆锥曲线习题集(中册)	2015—01	78.00	434
圆锥曲线习题集(下册·第1卷)	2016—10	78.00	683
圆锥曲线习题集(下册·第2卷)	2018—01	98.00	853
圆锥曲线习题集(下册·第3卷)	2019—10	128.00	1113
圆锥曲线的思想方法	2021—08	48.00	1379
圆锥曲线的八个主要问题	2021—10	48.00	1415
论九点圆	2015—05	88.00	645
论圆的几何学	2024—06	48.00	1736
近代欧氏几何学	2012—03	48.00	162
罗巴切夫斯基几何学及几何基础概要	2012—07	28.00	188
罗巴切夫斯基几何学初步	2015—06	28.00	474
用三角、解析几何、复数、向量计算解数学竞赛几何题	2015—03	48.00	455
用解析法研究圆锥曲线的几何理论	2022—05	48.00	1495
美国中学几何教程	2015—04	88.00	458
三线坐标与三角形特征点	2015—04	98.00	460
坐标几何学基础.第1卷,笛卡儿坐标	2021—08	48.00	1398
坐标几何学基础.第2卷,三线坐标	2021—09	28.00	1399
平面解析几何方法与研究(第1卷)	2015—05	28.00	471
平面解析几何方法与研究(第2卷)	2015—06	38.00	472
平面解析几何方法与研究(第3卷)	2015—07	28.00	473
解析几何研究	2015—01	38.00	425
解析几何学教程.上	2016—01	38.00	574
解析几何学教程.下	2016—01	38.00	575
几何学基础	2016—01	58.00	581
初等几何研究	2015—02	58.00	444
十九和二十世纪欧氏几何学中的片段	2017—01	58.00	696
平面几何中考.高考.奥数一本通	2017—07	28.00	820
几何学简史	2017—08	28.00	833
四面体	2018—01	48.00	880
平面几何证明方法思路	2018—12	68.00	913
折纸中的几何练习	2022—09	48.00	1559
中学新几何学(英文)	2022—10	98.00	1562
线性代数与几何	2023—04	68.00	1633

刘培杰数学工作室
已出版（即将出版）图书目录——初等数学

书　　名	出版时间	定　价	编号
四面体几何学引论	2023—06	68.00	1648
平面几何图形特性新析.上篇	2019—01	68.00	911
平面几何图形特性新析.下篇	2018—06	88.00	912
平面几何范例多解探究.上篇	2018—04	48.00	910
平面几何范例多解探究.下篇	2018—12	68.00	914
从分析解题过程学解题：竞赛中的几何问题研究	2018—07	68.00	946
从分析解题过程学解题：竞赛中的向量几何与不等式研究(全2册)	2019—06	138.00	1090
从分析解题过程学解题：竞赛中的不等式问题	2021—01	48.00	1249
二维、三维欧氏几何的对偶原理	2018—12	38.00	990
星形大观及闭折线论	2019—03	68.00	1020
立体几何的问题和方法	2019—11	58.00	1127
三角代换论	2021—05	58.00	1313
俄罗斯平面几何问题集	2009—08	88.00	55
俄罗斯立体几何问题集	2014—03	58.00	283
俄罗斯几何大师——沙雷金论数学及其他	2014—01	48.00	271
来自俄罗斯的5000道几何习题及解答	2011—03	58.00	89
俄罗斯初等数学问题集	2012—05	38.00	177
俄罗斯函数问题集	2011—03	38.00	103
俄罗斯组合分析问题集	2011—01	48.00	79
俄罗斯初等数学万题选——三角卷	2012—11	38.00	222
俄罗斯初等数学万题选——代数卷	2013—08	68.00	225
俄罗斯初等数学万题选——几何卷	2014—01	68.00	226
俄罗斯《量子》杂志数学征解问题100题选	2018—08	48.00	969
俄罗斯《量子》杂志数学征解问题又100题选	2018—08	48.00	970
俄罗斯《量子》杂志数学征解问题	2020—05	48.00	1138
463个俄罗斯几何老问题	2012—01	28.00	152
《量子》数学短文精粹	2018—09	38.00	972
用三角、解析几何等计算解来自俄罗斯的几何题	2019—11	88.00	1119
基谢廖夫平面几何	2022—01	48.00	1461
基谢廖夫立体几何	2023—04	48.00	1599
数学：代数、数学分析和几何(10—11年级)	2021—01	48.00	1250
直观几何学：5—6年级	2022—04	58.00	1508
几何学：第2版.7—9年级	2023—08	68.00	1684
平面几何：9—11年级	2022—10	48.00	1571
立体几何.10—11年级	2022—01	58.00	1472
几何快递	2024—05	48.00	1697

谈谈素数	2011—03	18.00	91
平方和	2011—03	18.00	92
整数论	2011—05	38.00	120
从整数谈起	2015—10	28.00	538
数与多项式	2016—01	38.00	558
谈谈不定方程	2011—05	28.00	119
质数漫谈	2022—07	68.00	1529

解析不等式新论	2009—06	68.00	48
建立不等式的方法	2011—03	98.00	104
数学奥林匹克不等式研究(第2版)	2020—07	68.00	1181
不等式研究(第三辑)	2023—08	198.00	1673
不等式的秘密(第一卷)(第2版)	2014—02	38.00	286
不等式的秘密(第二卷)	2014—01	38.00	268
初等不等式的证明方法	2010—06	38.00	123
初等不等式的证明方法(第二版)	2014—11	38.00	407
不等式·理论·方法(基础卷)	2015—07	38.00	496
不等式·理论·方法(经典不等式卷)	2015—07	38.00	497
不等式·理论·方法(特殊类型不等式卷)	2015—07	48.00	498
不等式探究	2016—03	38.00	582
不等式探秘	2017—01	88.00	689

— 3 —

刘培杰数学工作室
已出版（即将出版）图书目录——初等数学

书　名	出版时间	定　价	编号
四面体不等式	2017—01	68.00	715
数学奥林匹克中常见重要不等式	2017—09	38.00	845
三正弦不等式	2018—09	98.00	974
函数方程与不等式：解法与稳定性结果	2019—04	68.00	1058
数学不等式.第1卷,对称多项式不等式	2022—05	78.00	1455
数学不等式.第2卷,对称有理不等式与对称无理不等式	2022—05	88.00	1456
数学不等式.第3卷,循环不等式与非循环不等式	2022—05	88.00	1457
数学不等式.第4卷,Jensen不等式的扩展与加细	2022—05	88.00	1458
数学不等式.第5卷,创建不等式与解不等式的其他方法	2022—05	88.00	1459
不定方程及其应用.上	2018—12	58.00	992
不定方程及其应用.中	2019—01	78.00	993
不定方程及其应用.下	2019—02	98.00	994
Nesbitt不等式加强式的研究	2022—06	128.00	1527
最值定理与分析不等式	2023—02	78.00	1567
一类积分不等式	2023—02	88.00	1579
邦费罗尼不等式及概率应用	2023—05	58.00	1637
同余理论	2012—05	38.00	163
[x]与{x}	2015—04	48.00	476
极值与最值.上卷	2015—06	28.00	486
极值与最值.中卷	2015—06	38.00	487
极值与最值.下卷	2015—06	28.00	488
整数的性质	2012—11	38.00	192
完全平方数及其应用	2015—08	78.00	506
多项式理论	2015—10	88.00	541
奇数、偶数、奇偶分析法	2018—01	98.00	876
历届美国中学生数学竞赛试题及解答（第一卷）1950—1954	2014—07	18.00	277
历届美国中学生数学竞赛试题及解答（第二卷）1955—1959	2014—04	18.00	278
历届美国中学生数学竞赛试题及解答（第三卷）1960—1964	2014—06	18.00	279
历届美国中学生数学竞赛试题及解答（第四卷）1965—1969	2014—04	28.00	280
历届美国中学生数学竞赛试题及解答（第五卷）1970—1972	2014—06	18.00	281
历届美国中学生数学竞赛试题及解答（第六卷）1973—1980	2017—07	18.00	768
历届美国中学生数学竞赛试题及解答（第七卷）1981—1986	2015—01	18.00	424
历届美国中学生数学竞赛试题及解答（第八卷）1987—1990	2017—05	18.00	769
历届国际数学奥林匹克试题集	2023—09	158.00	1701
历届中国数学奥林匹克试题集（第3版）	2021—10	58.00	1440
历届加拿大数学奥林匹克试题集	2012—08	38.00	215
历届美国数学奥林匹克试题集	2023—08	98.00	1681
历届波兰数学竞赛试题集.第1卷,1949～1963	2015—03	18.00	453
历届波兰数学竞赛试题集.第2卷,1964～1976	2015—03	18.00	454
历届巴尔干数学奥林匹克试题集	2015—05	38.00	466
历届CGMO试题及解答	2024—03	48.00	1717
保加利亚数学奥林匹克	2014—10	38.00	393
圣彼得堡数学奥林匹克试题集	2015—01	38.00	429
匈牙利奥林匹克数学竞赛题解.第1卷	2016—05	28.00	593
匈牙利奥林匹克数学竞赛题解.第2卷	2016—05	28.00	594
历届美国数学邀请赛试题集（第2版）	2017—10	78.00	851
全美高中数学竞赛：纽约州数学竞赛（1989—1994）	2024—08	48.00	1740
普林斯顿大学数学竞赛	2016—06	38.00	669
亚太地区数学奥林匹克竞赛题	2015—07	18.00	492
日本历届（初级）广中杯数学竞赛试题及解答.第1卷（2000～2007）	2016—05	28.00	641
日本历届（初级）广中杯数学竞赛试题及解答.第2卷（2008～2015）	2016—05	38.00	642
越南数学奥林匹克题选：1962—2009	2021—07	48.00	1370
欧洲女子数学奥林匹克	2024—04	48.00	1723
360个数学竞赛问题	2016—08	58.00	677

刘培杰数学工作室
已出版（即将出版）图书目录——初等数学

书　　　名	出版时间	定　价	编号
奥数最佳实战题.上卷	2017—06	38.00	760
奥数最佳实战题.下卷	2017—05	58.00	761
解决问题的策略	2024—08	48.00	1742
哈尔滨市早期中学数学竞赛试题汇编	2016—07	28.00	672
全国高中数学联赛试题及解答:1981—2019(第4版)	2020—07	138.00	1176
2024年全国高中数学联合竞赛模拟题集	2024—01	38.00	1702
20世纪50年代全国部分城市数学竞赛试题汇编	2017—07	28.00	797
国内外数学竞赛题及精解:2018~2019	2020—08	45.00	1192
国内外数学竞赛题及精解:2019~2020	2021—11	58.00	1439
许康华竞赛优学精选集.第一辑	2018—08	68.00	949
天问叶班数学问题征解100题.Ⅰ,2016—2018	2019—05	88.00	1075
天问叶班数学问题征解100题.Ⅱ,2017—2019	2020—07	98.00	1177
美国初中数学竞赛:AMC8准备(共6卷)	2019—07	138.00	1089
美国高中数学竞赛:AMC10准备(共6卷)	2019—08	158.00	1105
王连笑教你怎样学数学:高考选择题解题策略与客观题实用训练	2014—01	48.00	262
王连笑教你怎样学数学:高考数学高层次讲座	2015—02	48.00	432
高考数学的理论与实践	2009—08	38.00	53
高考数学核心题型解题方法与技巧	2010—01	28.00	86
高考思维新平台	2014—03	38.00	259
高考数学压轴题解题诀窍(上)(第2版)	2018—01	58.00	874
高考数学压轴题解题诀窍(下)(第2版)	2018—01	48.00	875
突破高考数学新定义创新压轴题	2024—08	88.00	1741
北京市五区文科数学三年高考模拟题详解:2013~2015	2015—08	48.00	500
北京市五区理科数学三年高考模拟题详解:2013~2015	2015—09	68.00	505
向量法巧解数学高考题	2009—08	28.00	54
高中数学课堂教学的实践与反思	2021—11	48.00	791
数学高考参考	2016—01	78.00	589
新课程标准高考数学解答题各种题型解法指导	2020—08	78.00	1196
全国及各省市高考数学试题审题要津与解法研究	2015—02	48.00	450
高中数学章节起始课的教学研究与案例设计	2019—05	28.00	1064
新课标高考数学——五年试题分章详解(2007~2011)(上、下)	2011—10	78.00	140,141
全国中考数学压轴题审题要津与解法研究	2013—04	78.00	248
新编全国及各省市中考数学压轴题审题要津与解法研究	2014—05	58.00	342
全国及各省市5年中考数学压轴题审题要津与解法研究(2015版)	2015—04	58.00	462
中考数学专题总复习	2007—04	28.00	6
中考数学较难题常考题型解题方法与技巧	2016—09	48.00	681
中考数学难题常考题型解题方法与技巧	2016—09	48.00	682
中考数学中档题常考题型解题方法与技巧	2017—08	68.00	835
中考数学选择填空压轴好题妙解365	2024—01	80.00	1698
中考数学:三类重点考题的解法例析与习题	2020—04	48.00	1140
中小学数学的历史文化	2019—11	48.00	1124
小升初衔接数学	2024—06	68.00	1734
赢在小升初——数学	2024—08	78.00	1739
初中平面几何百题多思创新解	2020—01	58.00	1125
初中数学中考备考	2020—01	58.00	1126
高考数学之九章演义	2019—08	68.00	1044
高考数学之难题谈笑间	2022—06	68.00	1519
化学可以这样学:高中化学知识方法智慧感悟疑难辨析	2019—07	58.00	1103
如何成为学习高手	2019—09	58.00	1107
高考数学:经典真题分类解析	2020—04	78.00	1134
高考数学解答题破解策略	2020—11	58.00	1221
从分析解题过程学解题:高考压轴题与竞赛题之关系探究	2020—08	88.00	1179
从分析解题过程学解题:数学高考与竞赛的互联互通探究	2024—06	88.00	1735
教学新思考:单元整体视角下的初中数学教学设计	2021—03	58.00	1278
思维再拓展:2020年经典几何题的多解探究与思考	即将出版		1279
中考数学小压轴汇编初讲	2017—07	48.00	788
中考数学大压轴专题微言	2017—09	48.00	846

刘培杰数学工作室
已出版(即将出版)图书目录——初等数学

书　名	出版时间	定　价	编号
怎么解中考平面几何探索题	2019—06	48.00	1093
北京中考数学压轴题解题方法突破(第9版)	2024—01	78.00	1645
助你高考成功的数学解题智慧:知识是智慧的基础	2016—01	58.00	596
助你高考成功的数学解题智慧:错误是智慧的试金石	2016—04	58.00	643
助你高考成功的数学解题智慧:方法是智慧的推手	2016—04	68.00	657
高考数学奇思妙解	2016—04	38.00	610
高考数学解题策略	2016—05	48.00	670
数学解题泄天机(第2版)	2017—10	48.00	850
高中物理教学讲义	2018—01	48.00	871
高中物理教学讲义:全模块	2022—03	98.00	1492
高中物理答疑解惑65篇	2021—11	48.00	1462
中学物理基础问题解析	2020—08	48.00	1183
初中数学、高中数学脱节知识补缺教材	2017—06	48.00	766
高考数学客观题解题方法和技巧	2017—10	38.00	847
十年高考数学精品试题审题要津与解法研究	2021—10	98.00	1427
中国历届高考数学试题及解答.1949—1979	2018—01	38.00	877
历届中国高考数学试题及解答.第二卷,1980—1989	2018—10	28.00	975
历届中国高考数学试题及解答.第三卷,1990—1999	2018—10	48.00	976
跟我学解高中数学题	2018—07	58.00	926
中学数学研究的方法及案例	2018—05	58.00	869
高考数学抢分技能	2018—07	68.00	934
高一新生常用数学方法和重要数学思想提升教材	2018—06	38.00	921
高考数学全国卷六道解答题常考题型解题诀窍:理科(全2册)	2019—07	78.00	1101
高考数学全国卷16道选择、填空题常考题型解题诀窍.理科	2018—09	88.00	971
高考数学全国卷16道选择、填空题常考题型解题诀窍.文科	2020—01	88.00	1123
高中数学一题多解	2019—06	58.00	1087
历届中国高考数学试题及解答:1917—1999	2021—08	98.00	1371
2000~2003年全国及各省市高考数学试题及解答	2022—05	88.00	1499
2004年全国及各省市高考数学试题及解答	2023—08	78.00	1500
2005年全国及各省市高考数学试题及解答	2023—08	78.00	1501
2006年全国及各省市高考数学试题及解答	2023—08	88.00	1502
2007年全国及各省市高考数学试题及解答	2023—08	98.00	1503
2008年全国及各省市高考数学试题及解答	2023—08	88.00	1504
2009年全国及各省市高考数学试题及解答	2023—08	88.00	1505
2010年全国及各省市高考数学试题及解答	2023—08	98.00	1506
2011~2017年全国及各省市高考数学试题及解答	2024—01	78.00	1507
2018~2023年全国及各省市高考数学试题及解答	2024—03	78.00	1709
突破高原:高中数学解题思维探究	2021—08	48.00	1375
高考数学中的"取值范围"	2021—10	48.00	1429
新课程标准高中数学各种题型解法大全.必修一分册	2021—06	58.00	1315
新课程标准高中数学各种题型解法大全.必修二分册	2022—01	68.00	1471
高中数学各种题型解法大全.选择性必修一分册	2022—06	68.00	1525
高中数学各种题型解法大全.选择性必修二分册	2023—01	58.00	1600
高中数学各种题型解法大全.选择性必修三分册	2023—04	48.00	1643
高中数学专题研究	2024—05	88.00	1722
历届全国初中数学竞赛经典试题详解	2023—04	88.00	1624
孟祥礼高考数学精刷精解	2023—06	98.00	1663
新编640个世界著名数学智力趣题	2014—01	88.00	242
500个最新世界著名数学智力趣题	2008—06	48.00	3
400个最新世界著名数学最值问题	2008—09	48.00	36
500个世界著名数学征解问题	2009—06	48.00	52
400个中国最佳初等数学征解老问题	2010—01	48.00	60
500个俄罗斯数学经典老题	2011—01	28.00	81
1000个国外中学物理好题	2012—04	48.00	174
300个日本高考数学题	2012—05	38.00	142
700个早期日本高考数学试题	2017—02	88.00	752

— 6 —

刘培杰数学工作室
已出版(即将出版)图书目录——初等数学

书　　名	出版时间	定　价	编号
500个前苏联早期高考数学试题及解答	2012—05	28.00	185
546个早期俄罗斯大学生数学竞赛题	2014—03	38.00	285
548个来自美苏的数学好问题	2014—11	28.00	396
20所苏联著名大学早期入学试题	2015—02	18.00	452
161道德国工科大学生必做的微分方程习题	2015—05	28.00	469
500个德国工科大学生必做的高数习题	2015—06	28.00	478
360个数学竞赛问题	2016—08	58.00	677
200个趣味数学故事	2018—02	48.00	857
470个数学奥林匹克中的最值问题	2018—10	88.00	985
德国讲义日本考题.微积分卷	2015—04	48.00	456
德国讲义日本考题.微分方程卷	2015—04	38.00	457
二十世纪中叶中、英、美、日、法、俄高考数学试题精选	2017—06	38.00	783
中国初等数学研究　2009卷(第1辑)	2009—05	20.00	45
中国初等数学研究　2010卷(第2辑)	2010—05	30.00	68
中国初等数学研究　2011卷(第3辑)	2011—07	60.00	127
中国初等数学研究　2012卷(第4辑)	2012—07	48.00	190
中国初等数学研究　2014卷(第5辑)	2014—02	48.00	288
中国初等数学研究　2015卷(第6辑)	2015—06	68.00	493
中国初等数学研究　2016卷(第7辑)	2016—04	68.00	609
中国初等数学研究　2017卷(第8辑)	2017—01	98.00	712
初等数学研究在中国.第1辑	2019—03	158.00	1024
初等数学研究在中国.第2辑	2019—10	158.00	1116
初等数学研究在中国.第3辑	2021—05	158.00	1306
初等数学研究在中国.第4辑	2022—06	158.00	1520
初等数学研究在中国.第5辑	2023—07	158.00	1635
几何变换(Ⅰ)	2014—07	28.00	353
几何变换(Ⅱ)	2015—06	28.00	354
几何变换(Ⅲ)	2015—01	38.00	355
几何变换(Ⅳ)	2015—12	38.00	356
初等数论难题集(第一卷)	2009—05	68.00	44
初等数论难题集(第二卷)(上、下)	2011—02	128.00	82,83
数论概貌	2011—03	18.00	93
代数数论(第二版)	2013—08	58.00	94
代数多项式	2014—06	38.00	289
初等数论的知识与问题	2011—02	28.00	95
超越数论基础	2011—03	28.00	96
数论初等教程	2011—03	28.00	97
数论基础	2011—03	18.00	98
数论基础与维诺格拉多夫	2014—03	18.00	292
解析数论基础	2012—08	28.00	216
解析数论基础(第二版)	2014—01	48.00	287
解析数论问题集(第二版)(原版引进)	2014—05	88.00	343
解析数论问题集(第二版)(中译本)	2016—04	88.00	607
解析数论基础(潘承洞,潘承彪著)	2016—07	98.00	673
解析数论导引	2016—07	58.00	674
数论入门	2011—03	38.00	99
代数数论入门	2015—03	38.00	448

刘培杰数学工作室
已出版(即将出版)图书目录——初等数学

书　名	出版时间	定　价	编号
数论开篇	2012—07	28.00	194
解析数论引论	2011—03	48.00	100
Barban Davenport Halberstam 均值和	2009—01	40.00	33
基础数论	2011—03	28.00	101
初等数论100例	2011—05	18.00	122
初等数论经典例题	2012—07	18.00	204
最新世界各国数学奥林匹克中的初等数论试题(上、下)	2012—01	138.00	144,145
初等数论（Ⅰ）	2012—01	18.00	156
初等数论（Ⅱ）	2012—01	18.00	157
初等数论（Ⅲ）	2012—01	28.00	158
平面几何与数论中未解决的新老问题	2013—01	68.00	229
代数数论简史	2014—11	28.00	408
代数数论	2015—09	88.00	532
代数、数论及分析习题集	2016—11	98.00	695
数论导引提要及习题解答	2016—01	48.00	559
素数定理的初等证明.第2版	2016—09	48.00	686
数论中的模函数与狄利克雷级数(第二版)	2017—11	78.00	837
数论:数学导引	2018—01	68.00	849
范氏大代数	2019—02	98.00	1016
解析数学讲义.第一卷,导来式及微分、积分、级数	2019—04	88.00	1021
解析数学讲义.第二卷,关于几何的应用	2019—04	68.00	1022
解析数学讲义.第三卷,解析函数论	2019—04	78.00	1023
分析·组合·数论纵横谈	2019—04	58.00	1039
Hall 代数:民国时期的中学数学课本:英文	2019—08	88.00	1106
基谢廖夫初等代数	2022—07	38.00	1531
基谢廖夫算术	2024—05	48.00	1725
数学精神巡礼	2019—01	58.00	731
数学眼光透视(第2版)	2017—06	78.00	732
数学思想领悟(第2版)	2018—01	68.00	733
数学方法溯源(第2版)	2018—08	68.00	734
数学解题引论	2017—05	58.00	735
数学史话览胜(第2版)	2017—01	48.00	736
数学应用展观(第2版)	2017—08	68.00	737
数学建模尝试	2018—04	48.00	738
数学竞赛采风	2018—01	68.00	739
数学测评探营	2019—05	58.00	740
数学技能操握	2018—03	48.00	741
数学欣赏拾趣	2018—02	48.00	742
从毕达哥拉斯到怀尔斯	2007—10	48.00	9
从迪利克雷到维斯卡尔迪	2008—01	48.00	21
从哥德巴赫到陈景润	2008—05	98.00	35
从庞加莱到佩雷尔曼	2011—08	138.00	136
博弈论精粹	2008—03	58.00	30
博弈论精粹.第二版(精装)	2015—01	88.00	461
数学 我爱你	2008—01	28.00	20
精神的圣徒 别样的人生——60位中国数学家成长的历程	2008—09	48.00	39
数学史概论	2009—06	78.00	50

刘培杰数学工作室
已出版(即将出版)图书目录——初等数学

书　名	出版时间	定　价	编号
数学史概论(精装)	2013—03	158.00	272
数学史选讲	2016—01	48.00	544
斐波那契数列	2010—02	28.00	65
数学拼盘和斐波那契魔方	2010—07	38.00	72
斐波那契数列欣赏(第2版)	2018—08	58.00	948
Fibonacci数列中的明珠	2018—06	58.00	928
数学的创造	2011—02	48.00	85
数学美与创造力	2016—01	48.00	595
数海拾贝	2016—01	48.00	590
数学中的美(第2版)	2019—04	68.00	1057
数论中的美学	2014—12	38.00	351
数学王者　科学巨人——高斯	2015—01	28.00	428
振兴祖国数学的圆梦之旅:中国初等数学研究史话	2015—06	98.00	490
二十世纪中国数学史料研究	2015—10	48.00	536
《九章算法比类大全》校注	2024—06	198.00	1695
数字谜、数阵图与棋盘覆盖	2016—01	58.00	298
数学概念的进化:一个初步的研究	2023—07	68.00	1683
数学发现的艺术:数学探索中的合情推理	2016—07	58.00	671
活跃在数学中的参数	2016—07	48.00	675
数海趣史	2021—05	98.00	1314
玩转幻中之幻	2023—08	88.00	1682
数学艺术品	2023—09	98.00	1685
数学博弈与游戏	2023—10	68.00	1692
数学解题——靠数学思想给力(上)	2011—07	38.00	131
数学解题——靠数学思想给力(中)	2011—07	48.00	132
数学解题——靠数学思想给力(下)	2011—07	38.00	133
我怎样解题	2013—01	48.00	227
数学解题中的物理方法	2011—06	28.00	114
数学解题的特殊方法	2011—06	48.00	115
中学数学计算技巧(第2版)	2020—10	48.00	1220
中学数学证明方法	2012—01	58.00	117
数学趣题巧解	2012—03	28.00	128
高中数学教学通鉴	2015—05	58.00	479
和高中生漫谈:数学与哲学的故事	2014—08	28.00	369
算术问题集	2017—03	38.00	789
张教授讲数学	2018—07	38.00	933
陈永明实话实说数学教学	2020—04	68.00	1132
中学数学学科知识与教学能力	2020—06	58.00	1155
怎样把课讲好:大罕数学教学随笔	2022—03	58.00	1484
中国高考评价体系下高考数学探秘	2022—03	48.00	1487
数苑漫步	2024—01	58.00	1670
自主招生考试中的参数方程问题	2015—01	28.00	435
自主招生考试中的极坐标问题	2015—04	28.00	463
近年全国重点大学自主招生数学试题全解及研究.华约卷	2015—02	38.00	441
近年全国重点大学自主招生数学试题全解及研究.北约卷	2016—05	38.00	619
自主招生数学解证宝典	2015—09	48.00	535
中国科学技术大学创新班数学真题解析	2022—03	48.00	1488
中国科学技术大学创新班物理真题解析	2022—03	58.00	1489
格点和面积	2012—07	18.00	191
射影几何趣谈	2012—04	28.00	175
斯潘纳尔引理——从一道加拿大数学奥林匹克试题谈起	2014—01	28.00	228
李普希兹条件——从几道近年高考数学试题谈起	2012—10	18.00	221
拉格朗日中值定理——从一道北京高考试题的解法谈起	2015—10	18.00	197

刘培杰数学工作室
已出版（即将出版）图书目录——初等数学

书　名	出版时间	定　价	编号
闵科夫斯基定理——从一道清华大学自主招生试题谈起	2014—01	28.00	198
哈尔测度——从一道冬令营试题的背景谈起	2012—08	28.00	202
切比雪夫逼近问题——从一道中国台北数学奥林匹克试题谈起	2013—04	38.00	238
伯恩斯坦多项式与贝齐尔曲面——从一道全国高中数学联赛试题谈起	2013—03	38.00	236
卡塔兰猜想——从一道普特南竞赛试题谈起	2013—06	18.00	256
麦卡锡函数和阿克曼函数——从一道前南斯拉夫数学奥林匹克试题谈起	2012—08	18.00	201
贝蒂定理与拉姆贝克莫斯尔定理——从一个拣石子游戏谈起	2012—08	18.00	217
皮亚诺曲线和豪斯道夫分球定理——从无限集谈起	2012—08	18.00	211
平面凸图形与凸多面体	2012—10	28.00	218
斯坦因豪斯问题——从一道二十五省市自治区中学数学竞赛试题谈起	2012—07	18.00	196
纽结理论中的亚历山大多项式与琼斯多项式——从一道北京市高一数学竞赛试题谈起	2012—07	28.00	195
原则与策略——从波利亚"解题表"谈起	2013—04	38.00	244
转化与化归——从三大尺规作图不能问题谈起	2012—08	28.00	214
代数几何中的贝祖定理（第一版）——从一道IMO试题的解法谈起	2013—08	18.00	193
成功连贯理论与约当块理论——从一道比利时数学竞赛试题谈起	2012—04	18.00	180
素数判定与大数分解	2014—08	18.00	199
置换多项式及其应用	2012—10	18.00	220
椭圆函数与模函数——从一道美国加州大学洛杉矶分校(UCLA)博士资格考题谈起	2012—10	28.00	219
差分方程的拉格朗日方法——从一道2011年全国高考理科试题的解法谈起	2012—08	28.00	200
力学在几何中的一些应用	2013—01	38.00	240
从根式解到伽罗华理论	2020—01	48.00	1121
康托洛维奇不等式——从一道全国高中联赛试题谈起	2013—03	28.00	337
西格尔引理——从一道第18届IMO试题的解法谈起	即将出版		
罗斯定理——从一道前苏联数学竞赛试题谈起	即将出版		
拉克斯定理和阿廷定理——从一道IMO试题的解法谈起	2014—01	58.00	246
毕卡大定理——从一道美国大学数学竞赛试题谈起	2014—07	18.00	350
贝齐尔曲线——从一道全国高中联赛试题谈起	即将出版		
拉格朗日乘子定理——从一道2005年全国高中联赛试题的高等数学解法谈起	2015—05	28.00	480
雅可比定理——从一道日本数学奥林匹克试题谈起	2013—04	48.00	249
李天岩—约克定理——从一道波兰数学竞赛试题谈起	2014—06	28.00	349
受控理论与初等不等式：从一道IMO试题的解法谈起	2023—03	48.00	1601
布劳维不动点定理——从一道前苏联数学奥林匹克试题谈起	2014—01	38.00	273
伯恩赛德定理——从一道英国数学奥林匹克试题谈起	即将出版		
布查特—莫斯特定理——从一道上海市初中竞赛试题谈起	即将出版		
数论中的同余数问题——从一道普特南竞赛试题谈起	即将出版		
范·德蒙行列式——从一道美国数学奥林匹克试题谈起	即将出版		
中国剩余定理：总数法构建中国历史年表	2015—01	28.00	430
牛顿程序与方程求根——从一道全国高考试题解法谈起	即将出版		
库默尔定理——从一道IMO预选试题谈起	即将出版		
卢丁定理——从一道冬令营试题的解法谈起	即将出版		
沃斯滕霍姆定理——从一道IMO预选试题谈起	即将出版		
卡尔松不等式——从一道莫斯科数学奥林匹克试题谈起	即将出版		
信息论中的香农熵——从一道近年高考压轴题谈起	即将出版		

刘培杰数学工作室
已出版（即将出版）图书目录——初等数学

书　　名	出版时间	定　价	编号
约当不等式——从一道希望杯竞赛试题谈起	即将出版		
拉比诺维奇定理	即将出版		
刘维尔定理——从一道《美国数学月刊》征解问题的解法谈起	即将出版		
卡塔兰恒等式与级数求和——从一道IMO试题的解法谈起	即将出版		
勒让德猜想与素数分布——从一道爱尔兰竞赛试题谈起	即将出版		
天平称重与信息论——从一道基辅市数学奥林匹克试题谈起	即将出版		
哈密尔顿-凯莱定理：从一道高中数学联赛试题的解法谈起	2014—09	18.00	376
艾思特曼定理——从一道CMO试题的解法谈起	即将出版		
阿贝尔恒等式与经典不等式及应用	2018—06	98.00	923
迪利克雷除数问题	2018—07	48.00	930
幻方、幻立方与拉丁方	2019—08	48.00	1092
帕斯卡三角形	2014—03	18.00	294
蒲丰投针问题——从2009年清华大学的一道自主招生试题谈起	2014—01	38.00	295
斯图姆定理——从一道"华约"自主招生试题的解法谈起	2014—01	18.00	296
许瓦兹引理——从一道加利福尼亚大学伯克利分校数学系博士生试题谈起	2014—08	18.00	297
拉姆塞定理——从王诗宬院士的一个问题谈起	2016—04	48.00	299
坐标法	2013—12	28.00	332
数论三角形	2014—04	38.00	341
毕克定理	2014—07	18.00	352
数林掠影	2014—09	48.00	389
我们周围的概率	2014—10	38.00	390
凸函数最值定理：从一道华约自主招生题的解法谈起	2014—10	28.00	391
易学与数学奥林匹克	2014—10	38.00	392
生物数学趣谈	2015—01	18.00	409
反演	2015—01	28.00	420
因式分解与圆锥曲线	2015—01	18.00	426
轨迹	2015—01	28.00	427
面积原理：从常庚哲命的一道CMO试题的积分解法谈起	2015—01	48.00	431
形形色色的不动点定理：从一道28届IMO试题谈起	2015—01	38.00	439
柯西函数方程：从一道上海交大自主招生的试题谈起	2015—02	28.00	440
三角恒等式	2015—02	28.00	442
无理性判定：从一道2014年"北约"自主招生试题谈起	2015—01	38.00	443
数学归纳法	2015—03	18.00	451
极端原理与解题	2015—04	28.00	464
法雷级数	2014—08	18.00	367
摆线族	2015—01	38.00	438
函数方程及其解法	2015—05	38.00	470
含参数的方程和不等式	2012—09	28.00	213
希尔伯特第十问题	2016—01	38.00	543
无穷小量的求和	2016—01	28.00	545
切比雪夫多项式：从一道清华大学金秋营试题谈起	2016—01	38.00	583
泽肯多夫定理	2016—03	38.00	599
代数等式证题法	2016—01	28.00	600
三角等式证题法	2016—01	28.00	601
吴大任教授藏书中的一个因式分解公式：从一道美国数学邀请赛试题的解法谈起	2016—06	28.00	656
易卦——类万物的数学模型	2017—08	68.00	838
"不可思议"的数与数系可持续发展	2018—01	38.00	878
最短线	2018—01	38.00	879
数学在天文、地理、光学、机械力学中的一些应用	2023—03	88.00	1576
从阿基米德三角形谈起	2023—01	28.00	1578

刘培杰数学工作室
已出版（即将出版）图书目录——初等数学

书　　名	出版时间	定　价	编号
幻方和魔方（第一卷）	2012—05	68.00	173
尘封的经典——初等数学经典文献选读（第一卷）	2012—07	48.00	205
尘封的经典——初等数学经典文献选读（第二卷）	2012—07	38.00	206
初级方程式论	2011—03	28.00	106
初等数学研究（Ⅰ）	2008—09	68.00	37
初等数学研究（Ⅱ）（上、下）	2009—05	118.00	46,47
初等数学专题研究	2022—10	68.00	1568
趣味初等方程妙题集锦	2014—09	48.00	388
趣味初等数论选美与欣赏	2015—02	48.00	445
耕读笔记（上卷）：一位农民数学爱好者的初数探索	2015—04	28.00	459
耕读笔记（中卷）：一位农民数学爱好者的初数探索	2015—05	28.00	483
耕读笔记（下卷）：一位农民数学爱好者的初数探索	2015—05	28.00	484
几何不等式研究与欣赏.上卷	2016—01	88.00	547
几何不等式研究与欣赏.下卷	2016—01	48.00	552
初等数列研究与欣赏·上	2016—01	48.00	570
初等数列研究与欣赏·下	2016—01	48.00	571
趣味初等函数研究与欣赏.上	2016—09	48.00	684
趣味初等函数研究与欣赏.下	2018—09	48.00	685
三角不等式研究与欣赏	2020—10	68.00	1197
新编平面解析几何解题方法研究与欣赏	2021—10	78.00	1426
火柴游戏（第2版）	2022—05	38.00	1493
智力解谜.第1卷	2017—07	38.00	613
智力解谜.第2卷	2017—07	38.00	614
故事智力	2016—07	48.00	615
名人们喜欢的智力问题	2020—01	48.00	616
数学大师的发现、创造与失误	2018—01	48.00	617
异曲同工	2018—09	48.00	618
数学的味道（第2版）	2023—10	68.00	1686
数学千字文	2018—10	68.00	977
数贝偶拾——高考数学题研究	2014—04	28.00	274
数贝偶拾——初等数学研究	2014—04	38.00	275
数贝偶拾——奥数题研究	2014—04	48.00	276
钱昌本教你快乐学数学（上）	2011—12	48.00	155
钱昌本教你快乐学数学（下）	2012—03	58.00	171
集合、函数与方程	2014—01	28.00	300
数列与不等式	2014—01	38.00	301
三角与平面向量	2014—01	28.00	302
平面解析几何	2014—01	38.00	303
立体几何与组合	2014—01	28.00	304
极限与导数、数学归纳法	2014—01	38.00	305
趣味数学	2014—03	28.00	306
教材教法	2014—04	68.00	307
自主招生	2014—05	58.00	308
高考压轴题（上）	2015—01	48.00	309
高考压轴题（下）	2014—10	68.00	310

刘培杰数学工作室
已出版(即将出版)图书目录——初等数学

书 名	出版时间	定 价	编号
从费马到怀尔斯——费马大定理的历史	2013—10	198.00	I
从庞加莱到佩雷尔曼——庞加莱猜想的历史	2013—10	298.00	II
从切比雪夫到爱尔特希(上)——素数定理的初等证明	2013—07	48.00	III
从切比雪夫到爱尔特希(下)——素数定理100年	2012—12	98.00	III
从高斯到盖尔方特——二次域的高斯猜想	2013—10	198.00	IV
从库默尔到朗兰兹——朗兰兹猜想的历史	2014—01	98.00	V
从比勃巴赫到德布朗斯——比勃巴赫猜想的历史	2014—02	298.00	VI
从麦比乌斯到陈省身——麦比乌斯变换与麦比乌斯带	2014—02	298.00	VII
从布尔到豪斯道夫——布尔方程与格论漫谈	2013—10	198.00	VIII
从开普勒到阿诺德——三体问题的历史	2014—05	298.00	IX
从华林到华罗庚——华林问题的历史	2013—10	298.00	X
美国高中数学竞赛五十讲.第1卷(英文)	2014—08	28.00	357
美国高中数学竞赛五十讲.第2卷(英文)	2014—08	28.00	358
美国高中数学竞赛五十讲.第3卷(英文)	2014—09	28.00	359
美国高中数学竞赛五十讲.第4卷(英文)	2014—09	28.00	360
美国高中数学竞赛五十讲.第5卷(英文)	2014—10	28.00	361
美国高中数学竞赛五十讲.第6卷(英文)	2014—11	28.00	362
美国高中数学竞赛五十讲.第7卷(英文)	2014—12	28.00	363
美国高中数学竞赛五十讲.第8卷(英文)	2015—01	28.00	364
美国高中数学竞赛五十讲.第9卷(英文)	2015—01	28.00	365
美国高中数学竞赛五十讲.第10卷(英文)	2015—02	38.00	366
三角函数(第2版)	2017—04	38.00	626
不等式	2014—01	38.00	312
数列	2014—01	38.00	313
方程(第2版)	2017—04	38.00	624
排列和组合	2014—01	28.00	315
极限与导数(第2版)	2016—04	38.00	635
向量(第2版)	2018—08	58.00	627
复数及其应用	2014—08	28.00	318
函数	2014—01	38.00	319
集合	2020—01	48.00	320
直线与平面	2014—01	28.00	321
立体几何(第2版)	2016—04	38.00	629
解三角形	即将出版		323
直线与圆(第2版)	2016—11	38.00	631
圆锥曲线(第2版)	2016—09	48.00	632
解题通法(一)	2014—07	38.00	326
解题通法(二)	2014—07	38.00	327
解题通法(三)	2014—05	38.00	328
概率与统计	2014—01	28.00	329
信息迁移与算法	即将出版		330

刘培杰数学工作室
已出版(即将出版)图书目录——初等数学

书　名	出版时间	定价	编号
IMO 50 年.第 1 卷(1959—1963)	2014—11	28.00	377
IMO 50 年.第 2 卷(1964—1968)	2014—11	28.00	378
IMO 50 年.第 3 卷(1969—1973)	2014—09	28.00	379
IMO 50 年.第 4 卷(1974—1978)	2016—04	38.00	380
IMO 50 年.第 5 卷(1979—1984)	2015—04	38.00	381
IMO 50 年.第 6 卷(1985—1989)	2015—04	58.00	382
IMO 50 年.第 7 卷(1990—1994)	2016—01	48.00	383
IMO 50 年.第 8 卷(1995—1999)	2016—06	38.00	384
IMO 50 年.第 9 卷(2000—2004)	2015—04	58.00	385
IMO 50 年.第 10 卷(2005—2009)	2016—01	48.00	386
IMO 50 年.第 11 卷(2010—2015)	2017—03	48.00	646
数学反思(2006—2007)	2020—09	88.00	915
数学反思(2008—2009)	2019—01	68.00	917
数学反思(2010—2011)	2018—05	58.00	916
数学反思(2012—2013)	2019—01	58.00	918
数学反思(2014—2015)	2019—03	78.00	919
数学反思(2016—2017)	2021—03	58.00	1286
数学反思(2018—2019)	2023—01	88.00	1593
历届美国大学生数学竞赛试题集.第一卷(1938—1949)	2015—01	28.00	397
历届美国大学生数学竞赛试题集.第二卷(1950—1959)	2015—01	28.00	398
历届美国大学生数学竞赛试题集.第三卷(1960—1969)	2015—01	28.00	399
历届美国大学生数学竞赛试题集.第四卷(1970—1979)	2015—01	18.00	400
历届美国大学生数学竞赛试题集.第五卷(1980—1989)	2015—01	28.00	401
历届美国大学生数学竞赛试题集.第六卷(1990—1999)	2015—01	28.00	402
历届美国大学生数学竞赛试题集.第七卷(2000—2009)	2015—08	18.00	403
历届美国大学生数学竞赛试题集.第八卷(2010—2012)	2015—01	18.00	404
新课标高考数学创新题解题诀窍:总论	2014—09	28.00	372
新课标高考数学创新题解题诀窍:必修 1～5 分册	2014—08	38.00	373
新课标高考数学创新题解题诀窍:选修 2—1,2—2,1—1,1—2分册	2014—09	38.00	374
新课标高考数学创新题解题诀窍:选修 2—3,4—4,4—5 分册	2014—09	18.00	375
全国重点大学自主招生英文数学试题全攻略:词汇卷	2015—07	48.00	410
全国重点大学自主招生英文数学试题全攻略:概念卷	2015—01	28.00	411
全国重点大学自主招生英文数学试题全攻略:文章选读卷(上)	2016—09	38.00	412
全国重点大学自主招生英文数学试题全攻略:文章选读卷(下)	2017—01	58.00	413
全国重点大学自主招生英文数学试题全攻略:试题卷	2015—07	38.00	414
全国重点大学自主招生英文数学试题全攻略:名著欣赏卷	2017—03	48.00	415
劳埃德数学趣题大全.题目卷.1:英文	2016—01	18.00	516
劳埃德数学趣题大全.题目卷.2:英文	2016—01	18.00	517
劳埃德数学趣题大全.题目卷.3:英文	2016—01	18.00	518
劳埃德数学趣题大全.题目卷.4:英文	2016—01	18.00	519
劳埃德数学趣题大全.题目卷.5:英文	2016—01	18.00	520
劳埃德数学趣题大全.答案卷:英文	2016—01	18.00	521

刘培杰数学工作室
已出版(即将出版)图书目录——初等数学

书　　名	出版时间	定　价	编号
李成章教练奥数笔记.第1卷	2016—01	48.00	522
李成章教练奥数笔记.第2卷	2016—01	48.00	523
李成章教练奥数笔记.第3卷	2016—01	38.00	524
李成章教练奥数笔记.第4卷	2016—01	38.00	525
李成章教练奥数笔记.第5卷	2016—01	38.00	526
李成章教练奥数笔记.第6卷	2016—01	38.00	527
李成章教练奥数笔记.第7卷	2016—01	38.00	528
李成章教练奥数笔记.第8卷	2016—01	48.00	529
李成章教练奥数笔记.第9卷	2016—01	28.00	530
第19~23届"希望杯"全国数学邀请赛试题审题要津详细评注(初一版)	2014—03	28.00	333
第19~23届"希望杯"全国数学邀请赛试题审题要津详细评注(初二、初三版)	2014—03	38.00	334
第19~23届"希望杯"全国数学邀请赛试题审题要津详细评注(高一版)	2014—03	28.00	335
第19~23届"希望杯"全国数学邀请赛试题审题要津详细评注(高二版)	2014—03	38.00	336
第19~25届"希望杯"全国数学邀请赛试题审题要津详细评注(初一版)	2015—01	38.00	416
第19~25届"希望杯"全国数学邀请赛试题审题要津详细评注(初二、初三版)	2015—01	58.00	417
第19~25届"希望杯"全国数学邀请赛试题审题要津详细评注(高一版)	2015—01	48.00	418
第19~25届"希望杯"全国数学邀请赛试题审题要津详细评注(高二版)	2015—01	48.00	419
物理奥林匹克竞赛大题典——力学卷	2014—11	48.00	405
物理奥林匹克竞赛大题典——热学卷	2014—04	28.00	339
物理奥林匹克竞赛大题典——电磁学卷	2015—07	48.00	406
物理奥林匹克竞赛大题典——光学与近代物理卷	2014—06	28.00	345
历届中国东南地区数学奥林匹克试题及解答	2024—06	68.00	1724
历届中国西部地区数学奥林匹克试题集(2001~2012)	2014—07	18.00	347
历届中国女子数学奥林匹克试题集(2002~2012)	2014—08	18.00	348
数学奥林匹克在中国	2014—06	98.00	344
数学奥林匹克问题集	2014—01	38.00	267
数学奥林匹克不等式散论	2010—06	38.00	124
数学奥林匹克不等式欣赏	2011—09	38.00	138
数学奥林匹克超级题库(初中卷上)	2010—01	58.00	66
数学奥林匹克不等式证明方法和技巧(上、下)	2011—08	158.00	134,135
他们学什么:原民主德国中学数学课本	2016—09	38.00	658
他们学什么:英国中学数学课本	2016—09	38.00	659
他们学什么:法国中学数学课本.1	2016—09	38.00	660
他们学什么:法国中学数学课本.2	2016—09	28.00	661
他们学什么:法国中学数学课本.3	2016—09	38.00	662
他们学什么:苏联中学数学课本	2016—09	28.00	679

刘培杰数学工作室
已出版（即将出版）图书目录——初等数学

书　名	出版时间	定　价	编号
高中数学题典——集合与简易逻辑·函数	2016—07	48.00	647
高中数学题典——导数	2016—07	48.00	648
高中数学题典——三角函数·平面向量	2016—07	48.00	649
高中数学题典——数列	2016—07	58.00	650
高中数学题典——不等式·推理与证明	2016—07	38.00	651
高中数学题典——立体几何	2016—07	48.00	652
高中数学题典——平面解析几何	2016—07	78.00	653
高中数学题典——计数原理·统计·概率·复数	2016—07	48.00	654
高中数学题典——算法·平面几何·初等数论·组合数学·其他	2016—07	68.00	655
台湾地区奥林匹克数学竞赛试题.小学一年级	2017—03	38.00	722
台湾地区奥林匹克数学竞赛试题.小学二年级	2017—03	38.00	723
台湾地区奥林匹克数学竞赛试题.小学三年级	2017—03	38.00	724
台湾地区奥林匹克数学竞赛试题.小学四年级	2017—03	38.00	725
台湾地区奥林匹克数学竞赛试题.小学五年级	2017—03	38.00	726
台湾地区奥林匹克数学竞赛试题.小学六年级	2017—03	38.00	727
台湾地区奥林匹克数学竞赛试题.初中一年级	2017—03	38.00	728
台湾地区奥林匹克数学竞赛试题.初中二年级	2017—03	38.00	729
台湾地区奥林匹克数学竞赛试题.初中三年级	2017—03	28.00	730
不等式证题法	2017—04	28.00	747
平面几何培优教程	2019—08	88.00	748
奥数鼎级培优教程.高一分册	2018—09	88.00	749
奥数鼎级培优教程.高二分册.上	2018—04	68.00	750
奥数鼎级培优教程.高二分册.下	2018—04	68.00	751
高中数学竞赛冲刺宝典	2019—04	68.00	883
初中尖子生数学超级题典.实数	2017—07	58.00	792
初中尖子生数学超级题典.式、方程与不等式	2017—08	58.00	793
初中尖子生数学超级题典.圆、面积	2017—08	38.00	794
初中尖子生数学超级题典.函数、逻辑推理	2017—08	48.00	795
初中尖子生数学超级题典.角、线段、三角形与多边形	2017—07	58.00	796
数学王子——高斯	2018—01	48.00	858
坎坷奇星——阿贝尔	2018—01	48.00	859
闪烁奇星——伽罗瓦	2018—01	58.00	860
无穷统帅——康托尔	2018—01	48.00	861
科学公主——柯瓦列夫斯卡娅	2018—01	48.00	862
抽象代数之母——埃米·诺特	2018—01	48.00	863
电脑先驱——图灵	2018—01	58.00	864
昔日神童——维纳	2018—01	48.00	865
数坛怪侠——爱尔特希	2018—01	68.00	866
传奇数学家徐利治	2019—09	88.00	1110

刘培杰数学工作室
已出版(即将出版)图书目录——初等数学

书　　名	出版时间	定　价	编号
当代世界中的数学.数学思想与数学基础	2019—01	38.00	892
当代世界中的数学.数学问题	2019—01	38.00	893
当代世界中的数学.应用数学与数学应用	2019—01	38.00	894
当代世界中的数学.数学王国的新疆域(一)	2019—01	38.00	895
当代世界中的数学.数学王国的新疆域(二)	2019—01	38.00	896
当代世界中的数学.数林撷英(一)	2019—01	38.00	897
当代世界中的数学.数林撷英(二)	2019—01	48.00	898
当代世界中的数学.数学之路	2019—01	38.00	899

书　　名	出版时间	定　价	编号
105个代数问题:来自AwesomeMath夏季课程	2019—02	58.00	956
106个几何问题:来自AwesomeMath夏季课程	2020—07	58.00	957
107个几何问题:来自AwesomeMath全年课程	2020—07	58.00	958
108个代数问题:来自AwesomeMath全年课程	2019—01	68.00	959
109个不等式:来自AwesomeMath夏季课程	2019—04	58.00	960
110个几何问题:选自各国数学奥林匹克竞赛	2024—04	58.00	961
111个代数和数论问题	2019—05	58.00	962
112个组合问题:来自AwesomeMath夏季课程	2019—05	58.00	963
113个几何不等式:来自AwesomeMath夏季课程	2020—08	58.00	964
114个指数和对数问题:来自AwesomeMath夏季课程	2019—09	48.00	965
115个三角问题:来自AwesomeMath夏季课程	2019—09	58.00	966
116个代数不等式:来自AwesomeMath全年课程	2019—04	58.00	967
117个多项式问题:来自AwesomeMath夏季课程	2021—09	58.00	1409
118个数学竞赛不等式	2022—08	78.00	1526
119个三角问题	2024—05	58.00	1726

书　　名	出版时间	定　价	编号
紫色彗星国际数学竞赛试题	2019—02	58.00	999
数学竞赛中的数学:为数学爱好者、父母、教师和教练准备的丰富资源.第一部	2020—04	58.00	1141
数学竞赛中的数学:为数学爱好者、父母、教师和教练准备的丰富资源.第二部	2020—07	48.00	1142
和与积	2020—10	38.00	1219
数论:概念和问题	2020—12	68.00	1257
初等数学问题研究	2021—03	48.00	1270
数学奥林匹克中的欧几里得几何	2021—10	68.00	1413
数学奥林匹克题解新编	2022—01	58.00	1430
图论入门	2022—09	58.00	1554
新的、更新的、最新的不等式	2023—07	58.00	1650
几何不等式相关问题	2024—04	58.00	1721
数学归纳法——一种高效而简捷的证明方法	2024—06	48.00	1738
数学竞赛中奇妙的多项式	2024—01	78.00	1646
120个奇妙的代数问题及20个奖励问题	2024—04	48.00	1647

刘培杰数学工作室
已出版(即将出版)图书目录——初等数学

书　　名	出版时间	定　价	编号
澳大利亚中学数学竞赛试题及解答(初级卷)1978~1984	2019—02	28.00	1002
澳大利亚中学数学竞赛试题及解答(初级卷)1985~1991	2019—02	28.00	1003
澳大利亚中学数学竞赛试题及解答(初级卷)1992~1998	2019—02	28.00	1004
澳大利亚中学数学竞赛试题及解答(初级卷)1999~2005	2019—02	28.00	1005
澳大利亚中学数学竞赛试题及解答(中级卷)1978~1984	2019—03	28.00	1006
澳大利亚中学数学竞赛试题及解答(中级卷)1985~1991	2019—03	28.00	1007
澳大利亚中学数学竞赛试题及解答(中级卷)1992~1998	2019—03	28.00	1008
澳大利亚中学数学竞赛试题及解答(中级卷)1999~2005	2019—03	28.00	1009
澳大利亚中学数学竞赛试题及解答(高级卷)1978~1984	2019—05	28.00	1010
澳大利亚中学数学竞赛试题及解答(高级卷)1985~1991	2019—05	28.00	1011
澳大利亚中学数学竞赛试题及解答(高级卷)1992~1998	2019—05	28.00	1012
澳大利亚中学数学竞赛试题及解答(高级卷)1999~2005	2019—05	28.00	1013
天才中小学生智力测验题.第一卷	2019—03	38.00	1026
天才中小学生智力测验题.第二卷	2019—03	38.00	1027
天才中小学生智力测验题.第三卷	2019—03	38.00	1028
天才中小学生智力测验题.第四卷	2019—03	38.00	1029
天才中小学生智力测验题.第五卷	2019—03	38.00	1030
天才中小学生智力测验题.第六卷	2019—03	38.00	1031
天才中小学生智力测验题.第七卷	2019—03	38.00	1032
天才中小学生智力测验题.第八卷	2019—03	38.00	1033
天才中小学生智力测验题.第九卷	2019—03	38.00	1034
天才中小学生智力测验题.第十卷	2019—03	38.00	1035
天才中小学生智力测验题.第十一卷	2019—03	38.00	1036
天才中小学生智力测验题.第十二卷	2019—03	38.00	1037
天才中小学生智力测验题.第十三卷	2019—03	38.00	1038
重点大学自主招生数学备考全书:函数	2020—05	48.00	1047
重点大学自主招生数学备考全书:导数	2020—08	48.00	1048
重点大学自主招生数学备考全书:数列与不等式	2019—10	78.00	1049
重点大学自主招生数学备考全书:三角函数与平面向量	2020—08	68.00	1050
重点大学自主招生数学备考全书:平面解析几何	2020—07	58.00	1051
重点大学自主招生数学备考全书:立体几何与平面几何	2020—08	48.00	1052
重点大学自主招生数学备考全书:排列组合·概率统计·复数	2019—09	48.00	1053
重点大学自主招生数学备考全书:初等数论与组合数学	2019—08	48.00	1054
重点大学自主招生数学备考全书:重点大学自主招生真题.上	2019—04	68.00	1055
重点大学自主招生数学备考全书:重点大学自主招生真题.下	2019—04	58.00	1056
高中数学竞赛培训教程:平面几何问题的求解方法与策略.上	2018—05	68.00	906
高中数学竞赛培训教程:平面几何问题的求解方法与策略.下	2018—06	78.00	907
高中数学竞赛培训教程:整除与同余以及不定方程	2018—01	88.00	908
高中数学竞赛培训教程:组合计数与组合极值	2018—01	48.00	909
高中数学竞赛培训教程:初等代数	2019—04	78.00	1042
高中数学讲座:数学竞赛基础教程(第一册)	2019—06	48.00	1094
高中数学讲座:数学竞赛基础教程(第二册)	即将出版		1095
高中数学讲座:数学竞赛基础教程(第三册)	即将出版		1096
高中数学讲座:数学竞赛基础教程(第四册)	即将出版		1097

刘培杰数学工作室
已出版(即将出版)图书目录——初等数学

书　　名	出版时间	定　价	编号
新编中学数学解题方法1000招丛书.实数(初中版)	2022—05	58.00	1291
新编中学数学解题方法1000招丛书.式(初中版)	2022—05	48.00	1292
新编中学数学解题方法1000招丛书.方程与不等式(初中版)	2021—04	58.00	1293
新编中学数学解题方法1000招丛书.函数(初中版)	2022—05	38.00	1294
新编中学数学解题方法1000招丛书.角(初中版)	2022—05	48.00	1295
新编中学数学解题方法1000招丛书.线段(初中版)	2022—05	48.00	1296
新编中学数学解题方法1000招丛书.三角形与多边形(初中版)	2021—04	48.00	1297
新编中学数学解题方法1000招丛书.圆(初中版)	2022—05	48.00	1298
新编中学数学解题方法1000招丛书.面积(初中版)	2021—07	28.00	1299
新编中学数学解题方法1000招丛书.逻辑推理(初中版)	2022—06	48.00	1300
高中数学题典精编.第一辑.函数	2022—01	58.00	1444
高中数学题典精编.第一辑.导数	2022—01	68.00	1445
高中数学题典精编.第一辑.三角函数・平面向量	2022—01	68.00	1446
高中数学题典精编.第一辑.数列	2022—01	58.00	1447
高中数学题典精编.第一辑.不等式・推理与证明	2022—01	58.00	1448
高中数学题典精编.第一辑.立体几何	2022—01	58.00	1449
高中数学题典精编.第一辑.平面解析几何	2022—01	68.00	1450
高中数学题典精编.第一辑.统计・概率・平面几何	2022—01	58.00	1451
高中数学题典精编.第一辑.初等数论・组合数学・数学文化・解题方法	2022—01	58.00	1452
历届全国初中数学竞赛试题分类解析.初等代数	2022—09	98.00	1555
历届全国初中数学竞赛试题分类解析.初等数论	2022—09	48.00	1556
历届全国初中数学竞赛试题分类解析.平面几何	2022—09	38.00	1557
历届全国初中数学竞赛试题分类解析.组合	2022—09	38.00	1558
从三道高三数学模拟题的背景谈起:兼谈傅里叶三角级数	2023—03	48.00	1651
从一道日本东京大学的入学试题谈起:兼谈π的方方面面	即将出版		1652
从两道2021年福建高三数学测试题谈起:兼谈球面几何学与球面三角学	即将出版		1653
从一道湖南高考数学试题谈起:兼谈有界变差数列	2024—01	48.00	1654
从一道高校自主招生试题谈起:兼谈詹森函数方程	即将出版		1655
从一道上海高考数学试题谈起:兼谈有界变差函数	即将出版		1656
从一道北京大学金秋营数学试题的解法谈起:兼谈伽罗瓦理论	即将出版		1657
从一道北京高考数学试题的解法谈起:兼谈毕克定理	即将出版		1658
从一道北京大学金秋营数学试题的解法谈起:兼谈帕塞瓦尔恒等式	即将出版		1659
从一道高三数学模拟测试题的背景谈起:兼谈等周问题与等周不等式	即将出版		1660
从一道2020年全国高考数学试题的解法谈起:兼谈斐波那契数列和纳卡穆拉定理及奥斯图达定理	即将出版		1661
从一道高考数学附加题谈起:兼谈广义斐波那契数列	即将出版		1662

刘培杰数学工作室
已出版(即将出版)图书目录——初等数学

书 名	出版时间	定 价	编号
代数学教程.第一卷,集合论	2023—08	58.00	1664
代数学教程.第二卷,抽象代数基础	2023—08	68.00	1665
代数学教程.第三卷,数论原理	2023—08	58.00	1666
代数学教程.第四卷,代数方程式论	2023—08	48.00	1667
代数学教程.第五卷,多项式理论	2023—08	58.00	1668
代数学教程.第六卷,线性代数原理	2024—06	98.00	1669
中考数学培优教程——二次函数卷	2024—05	78.00	1718
中考数学培优教程——平面几何最值卷	2024—05	58.00	1719
中考数学培优教程——专题讲座卷	2024—05	58.00	1720

联系地址:哈尔滨市南岗区复华四道街 10 号　哈尔滨工业大学出版社刘培杰数学工作室

邮　　编:150006

联系电话:0451－86281378　　13904613167

E-mail:lpj1378@163.com